Wolfgang Stoll (Hrsg.)

Klinik der menschlichen Sinne

SpringerWienNewYork

Univ.-Prof. Dr. med. Wolfgang Stoll
Klinik und Poliklinik für Hals-, Nasen- und Ohrenheilkunde, Westfälische Wilhelms-Universität Münster, Deutschland

Das Werk ist urheberrechtlich geschützt.
Die dadurch begründeten Rechte, insbesondere die der Übersetzung, des Nachdruckes, der Entnahme von Abbildungen, der Funksendung, der Wiedergabe auf photomechanischem oder ähnlichem Wege und der Speicherung in Datenverarbeitungsanlagen, bleiben, auch bei nur auszugsweiser Verwertung, vorbehalten.

Die Wiedergabe von Gebrauchsnamen, Handelsnamen, Warenbezeichnungen usw. in diesem Buch berechtigt auch ohne besondere Kennzeichnung nicht zu der Annahme, dass solche Namen im Sinne der Warenzeichen- und Markenschutz-Gesetzgebung als frei zu betrachten wären und daher von jedermann benutzt werden dürfen.
Produkthaftung: Sämtliche Angaben in diesem Fachbuch erfolgen trotz sorgfältiger Bearbeitung und Kontrolle ohne Gewähr. Insbesondere Angaben über Dosierungsanweisungen und Applikationsformen müssen vom jeweiligen Anwender im Einzelfall
an Hand anderer Literaturstellen auf ihre Richtigkeit überprüft werden. Eine Haftung des Autors oder des Verlages aus dem Inhalt dieses Werkes ist ausgeschlossen.

© 2008 Springer-Verlag / Wien
Printed in Austria

SpringerWienNewYork ist ein Unternehmen von
Springer Science + Business Media
springer.at

Satz und Druck: Holzhausen Druck & Medien GmbH, 1140 Wien, Österreich

Gedruckt auf säurefreiem, chlorfrei gebleichtem Papier – TCF
SPIN: 12077281

Mit 121 (teils farbigen) Abbildungen

Bibliografische Information der Deutschen Nationalbibliothek
Die Deutsche Bibliothek verzeichnet diese Publikation in der Deutschen Nationalbibliografie, detaillierte bibliografische Daten sind im Internet über http://dnb.d-nb.de abrufbar.

ISBN 978-3-211-76632-3 SpringerWienNewYork

Inhaltsverzeichnis

VII   Verzeichnis der Autoren

XI   Die menschlichen Sinne
    W. Stoll

Klinik des Hörorgans

3   Chirurgische Möglichkeiten der Verbesserung der Schalltransmission bei Hörstörungen
    T. Deitmer

13   Moderne Hörhilfen
    J. Alberty

19   Erfahrungen mit Cochlea-Implantaten
    A. van Olphen

23   Sprech- und Sprachstörungen aus der Sicht des Phoniaters
    H.-J. Radü

Klinik des Riechorgans

33   Klinik von Riech- und Schmeckstörungen
    K.-B. Hüttenbrink

43   Riechstörungen unter medicolegalen Gesichtspunkten
    F. Waldfahrer

51   Aerodynamik im Bereich des Riechorgans
    K.-W. Delank

59   Pheromone: Spekulation oder Wissen?
    G. Rettinger, A. Köhl

67   The Nose And Beyond – No Nose
    E. H. Huizing

83   Ästhetik des Riechorgans
    R. Siegert

91   Rhinochirurgische Aspekte bei Visusminderung
    C. Rudack

Klink des Sehorgans

101   Optische Täuschungen
    H. Busse

105   Optische – entoptische Phänomene
    P. Kroll

115   Die subjektive visuelle Vertikale aus augenärztlicher Sicht
    U. Grenzebach

Klinik des peripheren gleichgewichtsregulierenden Systems

127 Klinik der vestibulären Gleichgewichtsstörungen
F. Schmäl

133 Otolithenfunktion
A. Blödow, M. Westhofen

141 Labyrinthdysfunktion und Tubenventilationsstörung – Kausalität oder Koinzidenz
M. Westhofen

151 Medikamentöse Therapie der Labyrinthfunktion vor dem Hintergrund haarzellphysiologischer Untersuchungen
T.A. Doung-Dinh, M. Westhofen

155 Vestibulär evozierte myogene Potenziale – Stellenwert eines neueren Untersuchungsinstruments zur Beurteilung der Sakkulusfunktion
J.-H. Krömer, T. Basel, B. Lütkenhöner

161 Schwindelbeschwerden im Zusammenhang mit dem Tauchen
C. Klingmann, P. K. Plinkert

Klinik der zentralen Gleichgewichtsregulation

177 Posturographie – Evaluation neuer sensomotorischer Trainingsmethoden bei Patienten mit peripher-vestibulärer Störung
A.-W. Scholtz

185 Störungen des Stehens und Gehens aus der Sicht des Neurologen
P. Schwenkreis

191 Klinik und Therapie von Herzrhythmusstörungen
G. Mönnig

199 Differentialdiagnose: Kopfschmerz
S. Evers

207 Die kardiovasculäre Gleichgewichtsregulation – Klinische Relevanz bei Schwindel und Synkope
E. Most

Klinik der HWS unter besonderer Berücksichtigung von Tinnitus

217 Juristische Grundbegriffe für die Begutachtung
M. Stoll

223 Schalldruckbelastung von PKW-Insassen durch Airbags
M. Rohm

231 Der unfallanalystische Beitrag zur interdisziplinären Begutachtung eines HWS-Schleudertraumas, Schutzhaltung RISP (Rear Impact Self Protection)
M. Becke

245 Das „HWS-Schleudertrauma" aus orthpädisch-traumatologischer Sicht
U. Lepsien, I. Mazzotti, W.M.H. Castro

257 Tinnitus nach HWS-Schleudertrauma
O. Michel, T. Brusis

263 Das chronische HWS-Beschleunigungstrauma
I. W. Husstedt

Verzeichnis der Autoren

Priv.-Doz Dr.med. Jürgen Alberty
Universitäts-HNO-Klinik, Münster
Kardinal-von-Galen-Ring 10, 48149 Münster, Deutschland
albertyhno@uni-muenster.de

Dr.med. Türker Basel
Universitäts-HNO-Klinik
Münster Kardinal-von-Galen-Ring 10, 48149 Münster, Deutschland
baseltu@ukmuenster.de

Dipl. Ing. Manfred Becke
Ingenieurbüro-Sachverständiger
Münsterstraße 101, 48155 Münster, Deutschland
kontakt@ureko.de

Dr. med. Alexander Blödow
Universitäts-HNO-Klinik, Klinikum Aachen
Pauwelsstraße 10, 52057 Aachen, Deutschland
abloedow@ukaachen.de

Prof.Dr.med. Tilman Brusis
Köln, Deutschland

Prof.Dr.med. Holger Busse
Universitäts-Augenklinik, Münster
Domagkstraße 15, 48149 Münster, Deutschland
busseho@mednet.uni-muenster.de

Prof.Dr.med. William M.H. Castro
Orthopädisches Forschungsinstitut
Berliner Allee 69, 40212 Düsseldorf, Deutschland
kontakt@westreko.de

Prof.Dr.med. Thomas Deitmer
Städtische Kliniken HNO-Klinik, Dortmund
Beurhausstraße 40, 44137 Dortmund, Deutschland
thomas.deitmer@klinikumdo.de

Prof.Dr.med. K.-Wolfgang Delank
Städt.Klinikum HNO-Klinik, Ludwigshafen
Bremser Straße 79, 67063 Ludwigshafen, Deutschland
delank.w@klilu.de

Dr. med. Thien An Duong Dinh
Universitäts-HNO-Klinik, Klinikum Aachen
Pauwelsstr. 30, 52057 Aachen, Deutschland
tduongdinh@ukaachen.de

Prof.Dr.med. Stefan Evers
Klinik und Poliklinik für Neurologie / Uniklinikum Münster
Albert-Schweizer-Str. 33, 48149 Münster, Deutschland
stefan.evers@ukmuenster.de

Dr.med. Ulrike Grenzebach
Universitäts-Augenklinik, Münster
Domagkstraße 15, 48149 Münster, Deutschland
ulrike.grenzebach@ukmuenster.de

Prof. Dr. med. E. H. Huizing
Hart Nibbrig Laan 8, 1251 EH Laren, Niederlande
ehhuizing@planet.nl

Prof. Dr. med. Ingo-W. Husstedt
Klinik und Poliklinik für Neurologie / Uniklinikum Münster
Albert-Schweizer-Straße 33, 48149 Münster, Deutschland
husstedt@uni-muenster.de

Prof.Dr.med. Karl-Bernd Hüttenbrink
Universitäts-HNO-Klinik, Köln
Joseph-Stelzmann-Straße 9, 50931 Köln, Deutschland
huettenbrink.k-b@uni-koeln.de

Dr. med. Christoph Klingmann
Universitäts-HNO-Klinik, Heidelberg
Im Neuenheimer Feld 400, 69120 Heidelberg, Deutschland
Christoph.Klingmann@med.uni-heidelberg.de

Prof.Dr.med. Peter Kroll
Universitäts-Augenklinik, Marburg
Robert-Koch-Straße 4, 35033 Marburg, Deutschland
krollp@med.uni-marburg.de

Dr.med. Jan-Hendrik Krömer
Universitäts-HNO-Klinik, Münster
Kardinal-von-Galen-Ring 10, 48149 Münster, Deutschland
kroemer@uni-muenster.de

Prof. Dr. med. ULRICH LEPSIEN
Orthopädisches Forschungsinstitut
Berliner Allee 69, 40212 Düsseldorf, Deutschland
kontakt@westreko.de

Prof.Dr.med. BERND LÜTKENHÖNER
Universitäts-HNO-Klinik, Abtlg. Experimentelle Audiologie
Kardinal-von-Galen-Ring 10, 48149 Münster, Deutschland
bernd.luetkenhoener@ukmuenster.de

Prof. Dr. med. OLAF MICHEL
Afdelingshoofd, Dienst Keel-Neus-Oren KNO-ORL
Laarbeeklaan 101, 1090 Brüssel, Belgien
omichel@uzbrussel.be

Prof. Dr. med. GEROLD MÖNNIG
Universität Münster, Medizinische Klinik C, Kardiologie
Albert-Schweitzer-Straße 33, 48149 Münster, Deutschland
gerold.moennig@ukmuenster.de

Prof.Dr.med. EKKHART MOST
St. Vinzenzkrankenhaus, Innere Abteilung
Am Busdorf 2–4, 33098 Paderborn, Deutschland
e.most@vincenz.de

Prof. Dr. med. PETER K. PLINKERT
Universitäts-HNO-Klinik, Heidelberg
Im Neuenheimer Feld 400, 69120 Heidelberg, Deutschland
peter.plinkert@med.uni-heidelberg.de

Dr.med. HANS-JOACHIM RADÜ
Universitäts-HNO-Klinik, Abtlg. Phoniatrie
Bleichstraße 15, 44787 Bochum, Deutschland
h.radue@klinikum-bochum.de

Dipl. Ing. MICHAEL ROHM
Ingenieurbüro-Sachverständiger
Münsterstraße 101, 48155 Münster, Deutschland
kontakt@ureko.de

Prof.Dr.med. GERHARD RETTINGER
Universitäts-HNO-Klinik, Ulm
Frauensteige 12, 89075 Ulm, Deutschland
gerhard.rettinger@uniklinik-ulm.de

Prof.Dr.med. CLAUDIA RUDACK
Universitäts-HNO-Klinik, Münster
Kardinal-von-Galen-Ring 10, 48149 Münster, Deutschland
rudack@uni-muenster.de

Prof.Dr.med. FRANK SCHMÄL
Universitäts-HNO-Klinik, Münster
Kardinal-von-Galen-Ring 10, 48149 Münster, Deutschland
schmael.hno@uni-muenster.de

Prof. Dr. med. ARNE W. SCHOLTZ
Funktionsabteilung Neurootologie der HNO-Klinik d. Univ. Innsbruck
Anichstraße 35, 6020 Innsbruck, Österreich
arne.scholtz@i-med.ac.at

Priv.-Doz. Dr. med. PETER SCHWENKREIS
BG Kliniken Bergmannsheil Neurologische Klinik
Bürke-de-la-camp-Platz 1, 44789 Bochum, Deutschland
peter.schwenkreis@rub.de

Prof.Dr.med. RALF SIEGERT
HNO-Klinik am Prosper-Hospital, Recklinghausen
Mühlenstraße 27, 45659 Recklingshausen, Deutschland
ralf.siegert@prosper-hospital.de

Prof. Dr. WOLFGANG STOLL
Universitäts-HNO-Klinik, Münster
Kardinal-von-Galen-Ring 10, 48149 Münster, Deutschland
stollhno@uni-muenster

Dr. jur. MARTIN STOLL
Thüringer Justizgericht Landessozialgericht
Rudolfstraße 46, 99092 Erfurt, Deutschland

Prof.Dr.med. ADRIAN VAN OLPHEN
Universitair Medisch Centum, ORL-Dept.
P.O. Box 85500, 3508 Ga Utrecht, Niederlande
a.f.olphenumcutrecht.nl

Dr. med. FRANK WALDFAHRER
Universitätsklinik und Poliklinik für HNO-Kranke
Erlangen Waldstraße 1, 91054 Erlangen, Deutschland
frank.waldfahrer@HNO.imed.uni-erlengen.de

Prof. Dr. med. MARTIN WESTHOFEN
Universitäts-HNO-Klinik, Klinikum Aachen
Pauwelsstraße 30, 52057 Aachen, Deutschland
Mwesthofen@ukaachen.de

Die menschlichen Sinne

W. Stoll

Sinnesorgane dienen der Wahrnehmung der Umwelt.

Sie bestehen aus Rezeptoren, die spezifische Reize aufnehmen und an das ZNS weiterleiten. Dabei kann die Reizverarbeitung ähnlich wie bei den einfachen Lebewesen reflektorisch über den ältesten Teil des Gehirns, den Hirnstamm, erfolgen. Sehr viel differenzierter sind jedoch die Reizantworten, die über das Großhirn und insbesondere die Hirnrinde mit ihren 10–20 Milliarden Neuronen kontrolliert und gesteuert werden. Da jede einzelne Nervenzelle zum Teil noch über 10.000 Verknüpfungen (Synapsen) im System hat, ist die Vielzahl der Reaktionsmöglichkeiten fast unendlich. Diese Bauelemente lassen uns Identität, Persönlichkeit, Bewusstsein und die Welt der Gefühle erleben.

Mit den Sinnesorganen kann der Mensch bekanntlich sehen, hören, sein Gleichgewicht regulieren, riechen, schmecken sowie Druck und Berührung wahrnehmen. Die Rezeptoren füttern das Gehirn mit vielfältigen Informationen, die eine faszinierende Umsetzung finden und für die Sonnen- und Schattenseiten im Leben verantwortlich sind.

Im Alltag fällt kaum auf, dass der Mensch trotz intakter Sinne im Vergleich zu anderen Lebewesen nicht optimal ausgestattet ist. Gattungen, die besser sehen, besser hören, besser riechen oder besser schmecken, die schwindelfrei klettern oder ultraschallgesteuert schwimmen und tauchen oder einen ausgeprägten Tastsinn haben, sind uns aus der Biologie reichlich bekannt.

Defizite im Bereich der einzelnen Wahrnehmungen gleicht der Homo sapiens konkurrenzlos durch seine Koordinationsfähigkeit aus.

Auch die Fähigkeit, einzelne Defizite und Ausfälle zu kompensieren, ist beim Menschen einzigartig.

Die Faszination für diese physiologischen Gegebenheiten wird noch gesteigert, wenn man die Entwicklung der Sinne im Spiegel der Evolution betrachtet.

Vor ca. 700 bis 800 Mio. Jahren begannen Mikroorganismen, die ersten Lebewesen, in den Urozeanen RNA-DNA-Proteinketten anzulegen, aus denen durch Fortpflanzung und Differenzierung die gesamte Tier- und Pflanzenwelt entstand. Schon die ersten biochemischen Reaktionen bedurften der Energiezufuhr. Als Energiequelle stand das Licht zur Verfügung. Ein Beispiel dafür ist die Photosynthese, bei der bekanntlich UV-Licht zur Einleitung der chemischen Reaktion, die auch Sauerstoff freisetzt, notwendig ist. Eine derartige Lichtreaktion ist nicht mit dem eigentlichen optischen Sehen vergleichbar.

Dennoch kennt die Natur auch das augenlose Sehen, wie es z. B. bei einigen Pflanzen beobachtet wird, die ihre Sprossen dem Licht zuwenden oder ihre Blüten je nach Sonnenstand öffnen und schließen.

In der Weiterentwicklung der Lichtreizverarbeitung findet man bei Egeln, Quallen oder Einzellern, wie Euklemineae, bereits sog. Augenflecken, eine Ansammlung von Lichtsinneszellen. Etwas differenzierter funktioniert das Grubenauge, das bei niederen Tieren und Stachelhäutern zu finden ist. Ihm folgte in der Evolution das Blasen- und Lochauge sowie das Facettenauge, bestehend aus tausend Facetten mit jeweils einer kleinen Linse (z. B. bei Insekten). Das Lochauge arbeitet nach dem Prinzip der Camera obscura. Die Ansprüche an Bildschärfe, Farbsehen, Stereosehen etc. führten zur Entstehung des Linsenauges, das wie ein herkömmlicher Fotoapparat funktioniert. Auf der Netzhaut steht allerdings das Bild auf dem Kopf und ist seitenverkehrt. Das eigentliche Sehen, d. h. die Bildverarbeitung und Konstanz der Wahrnehmung, findet erst im Gehirn statt.

Dies war z. B. Leonardo da Vinci, der sich bekanntlich sehr intensiv mit Anatomie und Physiologie beschäftigte, noch nicht bekannt. Er gilt als Erstbeschreiber der Camera obscura und wies auch darauf hin, dass die Abbildung auf der Hinterwand „umgekehrt erscheint". Vage Vorstellungen hatte er allerdings von der Anatomie des Gehirns, das er in drei Kammern anordnete. Die erste enthalte das Eindrucksvermögen („imprensiva"), die zweite den Gemeinsinn („senso comune") und die dritte das Gedächtnis („memoria").

Kehren wir zurück zu den ersten Lebewesen auf dieser Welt, so stellen wir fest, dass für die räumliche Orientierung die Wahrnehmung der Lichtreaktion ebenso wichtig war, wie die Wahrnehmung der Gravitation. Dementsprechend kann man schon bei den ersten Lebewesen Schweresinnesorgane finden. Zur Wahrnehmung der Schwerkraft wird grundsätzlich in primitiven Gleichgewichtsanlagen die Bewegung eines Körpers in oder entgegen der Schwerkraftausrichtung ausgenutzt. Diese Körper können in einer Zelle liegen (Litholithen) oder in einem Hohlraum eingeschlossen sein (Statolithen).

Einige Protozoen besitzen bis heute Vesikel, die mit runden mineralischen Ablagerungen gefüllt sind und den Lagewechsel anzeigen. Lithozytenorgane und Statozysten helfen seit Mio. Jahren niederen Lebewesen bei der Orientierung im Wasser und an Land.

Die ersten Landbewohner wurden bereits mit Drehsinnesorganen ausgerüstet. So haben Frosch und Schildkröte z. B. schon drei Bogengänge, aber noch ein völlig rudimentäres Innenohr.

Ontogenetisch gesehen ist das Otolithensystem (Sakkulus und Utrikulus) sehr viel älter als das Bogengangssystem. Dies lässt sich dadurch erklären, dass die horizontale und vertikale räumliche Orientierung in der Evolution früher beansprucht wurde als die Wahrnehmung von Dreh- und Beschleunigungsreizen. Der jüngste Teil des Innenohres ist die

Abb. 1: Die Entwicklung zum Homo sapiens und die Einflüsse der Sinne

Cochlea. Dies zeigt, dass das Hören der vestibulären Regulation nachgeschaltet war. Die Rangordnung hat sich später geändert, da der Mensch sehr stark auf Kommunikation angewiesen ist.

Ähnlich wie beim Auge ist festzustellen, dass die Verarbeitung der Schallwellen an eine sehr umfangreiche zentrale Verarbeitungsstation im Gehirn gebunden ist. Die Differenzierung von Gehörtem und die Umsetzung in Sprache sind ebenso zentrale Leistungen wie die Analyse von Tönen mit der Umsetzung in Rhythmus und Musikalität.

Wie die Differenzierung der Sinnesorgane mit der Zunahme des Hirnvolumens korreliert, zeigt die nachfolgende Ahnentafel.

Sahelanthropus Tschadensis, genannt Toumai, gehört zur ältesten Menschenfamilie. Er lebte in Zentralafrika. Mit 320 – 380 cm^3 Gehirnvolumen war für ihn ein gutes Hören und Sprechen noch nicht möglich. Bei Australopithecus africanus (um 3,9 bis 3 Mio.) wurden deutlich größere Innenohrstrukturen gefunden als bei Schimpansen. Sein Hirnvolumen betrug immerhin schon 400 cm^3. Sein Nachfolger, der Homo habilis (2,5 bis 1,8 Mio.), hatte schon 700 – 800 cm^3 Gehirnvolumen. Als fähiger, geschickter Hominide arbeitete er bereits mit Werkzeugen und richtete seinen Körper weiter auf. Dies änderte die Atemtechnik, was für die Entwicklung der Sprache entscheidend war.

Vierbeiner atmen nämlich noch bei jedem Schritt. Dies macht ein Sprechen unmöglich. Erst in aufrechter Körperposition konnten sich das Lungensystem und der Resonanzraum ausbilden. Der Kehlkopf sank nach unten, so dass die Voraussetzungen für das Sprechen geschaffen waren. Als Nebeneffekt der veränderten Atemtechnik war der Mensch nun auch in der Lage, seiner Freude durch lautes Lachen Ausdruck zu verleihen, was z. B. der Affe nicht kann, da er nach jedem Freudenschrei Luft holen muss.

Eine weitere Zunahme des Hirnvolumens auf 900–1225 cm^3 wie beim Homo erectus (1,8 bis 0,25 Mio.), war notwendig, um auch zerebral ein Sprachzentrum anzulegen.

Der Homo erectus richtete auch schon Lagerfeuer ein, die ihm als Wärmespender dienten und auch als Kochgelegenheit. Er erweiterte die Speisekarte, was ihm das Überleben erleichterte.

In der Steinzeit (400.000 Jahre) lebte der Homo heidelbergensis in Höhlen. Es folgten die Neandertaler und später der Homo sapiens mit bis zu 1.500 cm^3 Hirnvolumen.

Ein sprunghafter Fortschritt im menschlichen Dasein wurde erst vor einigen tausend Jahren mit der Einführung von Schrift und Zeichnungen erreicht. Die Erfindung der Drucktechnik durch Johann Gutenberg im frühen 15. Jahrhundert war ein weiterer wichtiger Schritt, da seither menschliches Wissen nachlesbar wurde, so dass nicht mehr jede Generation „das Rad neu erfinden musste". Damit waren auch die Voraussetzungen für das Lernen in Schulen und Universitäten geschaffen.

Die Drucktechnik hat sicherlich den technischen Fortschritt ebenso stark angekurbelt und verbessert, wie in jüngster Zeit die Motorisierung und Computertechnik.

Ob der Mensch trotz seiner beeindruckenden Leistungsfähigkeit all seine Möglichkeiten sinnvoll und intelligent ausschöpft, kann erst in der Zukunft beurteilt werden.

Die Tatsache, dass er offensichtlich zurzeit das gesamte globale System umdreht, wird wahrscheinlich noch nicht vorhersehbare Folgen haben.

Bezüglich der Sinnesphysiologie und ihrer klinischen Aspekte sind die Erfolge, die der Mensch in den letzten 150 Jahren erarbeitet hat, hervorzuheben.

Defekte im Sehsystem lassen sich meistens durch Brillen oder Operationen ausgleichen. Brillen dürften das am häufigsten eingesetzte Hilfsmittel sein. Dennoch gibt es auch ophthalmologisch noch Phänomene, die enträtselt werden müssen. Dazu zählen z. B. Illusionen des Sehens.

Die veränderte Altersstruktur unserer Bevölkerung zwingt zu immer neuen und weiteren Erfindungen. So nimmt in den letzten Jahren die Verbreitung von Hörgeräten enorm zu. Aber auch

Abb. 2: Leonardo da Vinci (1452 – 1519). Anatomische Studien Kat. 353

die gehörverbessernde Chirurgie mit einem Arsenal von Mittelohrprothesen dient dem Ausgleich von bestimmten Läsionen im Sinnesorgan Ohr. Das Cochlea-Implantat ist die technische Meisterleistung, die zur Behebung einer vollständigen Ertaubung eingesetzt wird. Sie dient dem vollständigen Ersatz eines Sinnesorganes, was bisher einmalig ist. Am „künstlichen Auge" wird noch fieberhaft gearbeitet.
Neben den technischen Fortschritten imponiert im klinischen Alltag nach wie vor die enorme Kompensationsfähigkeit bei Defekten oder Ausfällen im Bereich der Sinnesorgane.
Gehörlose können z. B. kompensatorisch auf das Auge zurückgreifen und visuell die Gebärdensprache erlernen und auch einsetzen. Blinden steht nach wie vor zum Lesen über den Tastsinn die Blindenschrift zur Verfügung. Defekte im vestibulären System, die Schwindel und Gehstörungen nach sich ziehen, lassen sich zentral kompensieren, wobei durch Training die Regulation über das Auge vermehrt in Anspruch genommen wird.

Lediglich bei Defekten im Bereich des Geruchs- und Geschmackssinnes sind Kompensationen so gut wie nicht bekannt. Der Betroffene gewöhnt sich zwar an den Zustand des verminderten oder aufgehobenen Riechens. Er muss aber mit diesen Ausfällen leben. Damit geht ihm auch ein Stück Lebensqualität verloren.
Ähnlich problematisch ist die Kompensation von Schäden im Bereich des Tastsinnes bzw. des somatosensorischen Systems. Je nach Lokalisation der primären Schädigung lassen sich gewisse Kompensationsmechanismen aufbauen. Dies gilt auch für alle zentral ausgelösten Defizite, wobei letztlich eine 100%-ige Kompensation nicht erreicht wird.
Besonders problematisch ist die Bewertung von Defekten und Ausfällen in der Begutachtung, da der subjektive Leidensdruck und die tabellarische Festlegung des Grades der Behinderung bzw. der Minderung der Erwerbsfähigkeit häufig auf Unverständnis stoßen. Wie soll man auch verstehen, dass eine komplette einseitige Gesichtsnervenlähmung mit einem GdB von 40 bewertet wird und in der privaten Unfallversicherung der Verlust eines Ohres eine Invalidität von 30 % nach sich zieht. Dem gegenüber wird der völlige Verlust des Riechvermögens mit Beeinträchtigung des Geschmackssinnes mit einem GdB von 10 bis 15 bewertet.
Auch wenn solche Zahlenangaben zunächst widersprüchlich erscheinen, so ergeben sie doch im Gesamtkonzept der Begutachtung von Schäden und Erkrankungen eine ausgewogene Bewertung, die natürlich auf unser soziales System zugeschnitten wurde.
Der weite einführende Ausflug über die Evolution unterstreicht die Bedeutung der Sinnesorgane für unser tägliches Leben. Im klinischen Bereich bemühen sich verschiedene Fachdisziplinen bei entsprechenden Erkrankungen hochdifferenzierte Behandlungsmethoden einzusetzen. Dabei werden erstaunliche Erfolge registriert. Die Aktualität der Entwicklung erfordert aber auch einen regen interdisziplinären Gedankenaustausch.

Klinik des Hörorgans

Chirurgische Möglichkeiten zur Verbesserung der Schalltransmission bei Hörstörungen

T. Deitmer

Einleitung

Das Hören ist neben dem Sehen einer der wesentlichen Kommunikationskanäle des Menschen. Über das Hören wird vornehmlich die sprachliche Kommunikation übermittelt, wobei auch die Fähigkeit zum Sprechen, die Ordnung einer Grammatik, die Vermittlung vieler anderer Fertigkeit und die strukturelle Systematik des Denkens mit der gedanklichen Ordnung einer Sprache verknüpft sind. Jedoch nicht nur solche rein intellektuellen Kommunikationen und Fertigkeiten sind über das Hören vermittelt. Der Spach- und Stimmklang einer Stimme vermittelt uns viele Erkenntnisse über die psychische Verfassung einer Person, Emotionen werden so von der Beruhigung bis zur Aggressivität übertragen. Das Hören von Musik ist ein weiteres Beispiel für die Übermittlung von Emotionen über das Hörorgan. Während die hier erwähnten Wirkungen des Hörens in der Regel in hohen, corticalen Regionen der Hörbahn realisiert werden, befasst sich dieser Artikel mit vergleichsweise banalen, physikalischen Voraussetzungen des Hörens, nämlich der Schalltransformation vom Luftschall, der das Ohr erreicht, bis zur Weitergabe dieser physikalischen Information an das Innenohr, die Hörschnecke, in der letztendlich eine Transformation des Schallsignales in Nervenimpulse erfolgt.

Die Schalltransformation vom Luftschall bis zur Anregung einer Lymphschwingung im Innenohr wird durch die Ohrmuschel, den Gehörgang, das Trommelfell und vor allen Dingen durch die kompliziert aufgebaute Gehörknöchelchenkette bewirkt. Während Störungen an diesen Strukturen auch durch Hörgeräte gebessert werden können, stellt nicht zuletzt der betroffene Patient natürlich die Frage, ob nicht eine definitive Behebung einer solchen Störung durch eine operative Maßnahme und somit ohne äußerlich zu tragende Hilfsmittel bewirkt werden kann.

Chirurgische Maßnahmen an den Ohren wurden schon lange durchgeführt, um vor allen Dingen in der vor-antibiotischen Ära lebensbedrohliche entzündliche Erkrankungen beherrschen zu können. Eine Verbesserung des Hörvermögens war damals nicht das Ziel der Operation und lag als eine nicht erreichbare Wunschvorstellung in weiter Ferne. Die Einführung eines binolkular lupenvergrößernden sogenannten Operationsmikroskopes in die Ohrchirurgie schlug in den fünfziger Jahren des letzten Jahrhunderts in Deutschland die Möglichkeiten einer intendierten Hörverbesserung bei der Ohrchirurgie und somit durch Etablieren der Mikrochiurgie des Ohres ein weltweit neues Kapitel in den Möglichkeiten der chirurgischen Hörverbesserung auf. Eine chirurgische Technik zur Restitution einer Sinneswahrnehmung findet sich schon lange in der Ophthalmologie in der chirurgischen Behandlung der Katarakt-Erkrankung. Auch hier ist die erfolgreiche Operation für den Patienten ein überwältigendes Erlebnis welches ihm in dieser Sinnesdimension wieder Welten eröffnet. Auch wenn wir als Hals-Nasen-Ohrenärzte manchem Patienten durch eine Nasenoperation den verlorenen Geruchssinn wieder geben können, ist die Dankbarkeit für wieder gewonnene Lebensqualität groß. Gleiches erleben wir im Rahmen mikrochirurgischer Hörverbesserung.

Es ist also ein zwar technisch anspruchsvolles aber durchaus lohnenswertes Thema, sich den Möglichkeiten und Techniken der chirurgischen Möglichkeiten zur Verbesserung der Schalltransmission bei Hörstörungen; kurz der hörverbessernden Chirurgie zuzuwenden.

Die hörverbessernde Chirurgie, über die unzählige Zeitschriftenartikel, zahlreiche Monographien und ganze Symposiumsberichte dokumentiert sind, in einem beschränkten Artikel darstellen zu wollen, verlangt Fokussierungen. Da Ansprechpartner dieses Bandes nicht allein Hals-Nasen-Ohrenärzte sind, soll eine fachmedizinisch verständliche Darstellung auch mit den aktuellen Erkenntnissen gewürzt eine möglichst breite Leserschaft ansprechen. Die Literaturstellen geben Hinweise auf ein umfassendes und vertieftes Studium dieses interessanten und breiten wissenschaftlichen Feldes.

Einflussnahmen auf ein Sinnesorgan setzen wichtige Kenntnisse zur Anatomie und Physiologie der normalen und gestörten Funktion voraus. Deswegen ist ein kurzer Abriss zu diesen Themen selbst einer kursorischen Abhandlung voranzustellen.

Anatomie und Physiologie der Schalltransmission

Die Struktur des äußeren Gehörganges hat vor allen Dingen bezüglich des Volumens Einwirkungen darauf, wie der Schall das Trommelfell erreicht. So kann durch Änderungen im äußeren Gehörgang eine Veränderung des Frequenzganges über veränderte Resonanzfrequenzen eintreten (Zahnert 2005). Dieses ist für operative Maßnahmen zur Hörverbesserung ohne praktische Bewandtnis, hat jedoch bei der Anpassung von Hörgeräten, wobei ein Lautsprecher im Gehörgang platziert werden muss, eine erhebliche Bedeutung für das Hörergebnis.

Das Trommelfell hat nicht allein den Zweck die empfindliche Schleimhaut des Mittelohres vor äußeren Einflüssen zu schützen, sondern ist der entscheidende Schallaufnehmer, der die Luftvibrationen auf die Gehörknöchelchenkette überträgt. Mit einer Dicke von weniger als einem Hundertstel Millimeter muss es einerseits deutliche Luftdruckschwankungen auffangen können, andererseits jedoch auch sehr schwache Schallvibrationen weiterleiten. Da entzündliche Erkrankungen des Mittelohres mit Lochbildungen oder tiefen Unterdruck-bedingten Einziehungen des Trommelfelles verbunden sind, steht der Operateur vor zwei widerstreitenden Bedingungen: Im Sinne einer sicheren Ausheilung möchte er ein besonders stabiles und dickes Trommelfell rekonstruieren und benutzt hierfür z.B. körpereigenes Knorpelmaterial des Patienten. Im Sinne einer möglichst optimalen Wiederherstellung des Hörvermögens darf das Trommelfell jedoch nicht soviel Steifigkeit aufweisen, dass es den auftreffenden Schall weitgehend reflektieren und nicht an den Gehörknöchelchenapparat weiterleiten würde. Unter diesem Aspekt bietet sich für die Rekonstruktion des Trommelfelles körpereigene Faszie des Temporalismuskels oder Perichondrium vom Ohrknorpel an.

Die Bedeutung des insgesamt vibrierende Komplexes von Trommelfell, Gehörknöchelchen und als Kontakt zum Innenohr der Fußplatte des Steigbügels liegt im wesentlich darin, den Vibrationswiderstand (Impedanz) aus der Luftschwingung des Schalles auf die Flüssigkeitsschwingung des Innenohres anzupassen. Dieses wird durch die Überleitung der mechanischen Vibration von der großen Fläche des Trommelfelles auf die viel kleinere Fläche der Steigbügelfußplatte bewirkt. Entscheidend für einen guten Hörerfolg ist auch, dass die nicht kompressible Flüssigkeit in der Hörschnecke an der Membran zum runden Fenster ausweichen kann. Ohne solch eine Ausgleichsmöglichkeit träte eine erhebliche Dämpfung der Flüssigkeitsmechanik in der festen knöchernen Kapsel der Hörschnecke ein. Die phasengerechte Auslenkung der Membran des runden Fensters darf jedoch auch nicht dadurch gestört werden, dass der hierzu gegenphasige Schall über das Mittelohr die Membran zum runden Fenster von außen trifft. Deswegen ist bei der chirurgischen Rekonstruktion des Mittelohres eine Belüftung des Raumes vor dem runden Fenster von der Ohrtrompete aus und somit die Protektion des runden Fensters vor direkter Schalleinwirkung vom Gehörgang aus wichtig. Diese Erkenntnisse stehen hinter der Definition der Tympanoplastik des Typs IV nach Wullstein.

In der Funktion der Mittelohrknöchelchen sind zwei wesentliche Bewegungseffekte zu unterscheiden: 1. Das Mittelohr muss langsame atmosphärische Schwankungen des Luftdruckes ausgleichen können, damit die empfindlichen Haarzellrezeptoren in der Hörschnecke vor solchen starken Energieeinwirkungen geschützt werden. Hierzu können die Knöchelchen Gleitbewegungen in ihren Gelenken vollziehen, so dass bei solchen Einwirkungen die Bewegungen der Knöchelchenkette unter Nutzung ihre Gelenke und Aufhängungsbänder zum Tragen kommen. Diese langsamen Bewegungen lösen keine Hörempfindung aus und sind von den Dimensionen der Bewegungsausmaße um Zehnerpotenzen größer als die eigentlichen Bewegungen bei Sinneswahrnehmungen. Diese Ausgleichsbewegungen sind fraglos mit dem Auge unter Hilfe der Lupenvergrößerung eines Operationsmikroskopes zu erkennen. 2. Die eigentlichen Hörempfindungen werden durch Vibrationen der gesamten Knöchelchenkette im Nanometerbereich vermittelt, wobei die Knöchelchenkette dann als ein gesamter Block vibriert und Bewegungen in den Gelenken nicht stattfinden (Hüttenbrink 2000). Die Gehörknöchelchenkette hat somit für das empfindliche Innenohr eine Wächterfunktion: langsame im Vergleich zum Schall riesige Druckschwankungen werden durch die Gelenkfunktionen abgefedert und können dem Innenohr nicht schaden. Durch diese Abfederung kommt es nicht zu einer Auslenkung des Steigbügels in der ovalen Fensternische in eine Position die durch Spannung des Ringbandes zu einer schlechteren Übertragung der schallübermittelnden feinsten Vibrationen führte. Gleichzeitig lässt die Knöchelchenkette durch ihre Gesamtvibration als Körper die Schallempfindungen verlustfrei und unter Impedanzanpassung an das Innenohr heran.

Die Vibrationsbewegungen der Gehörknöchelchenkette im Nanometerbereich sind mit normalen Lichtmikroskopischen Verfahren aus rein methodischen Gründen nicht untersuchbar (Hüttenbrink 2000) Eine praktikable Möglichkeit der Untersuchung ergibt sich mit einem Laser-Doppler-Vibrometer. Mit diesem Instrument können die Bewegungen der Ossikelkette unter Ausnutzung des Dopplereffektes in dem reflektierten Laserlicht messtechnisch erfasst werden. Hiermit ergibt sich eine rationale Untersuchungsmöglichkeit.

Für die Darstellung der akustischen Effekte bei hörverbessernden Operationen macht sich die Forschung computerisierte Simulationstechniken zunutze, die im Bereich der Ingenieurswissenschaften, namentlich des Maschinenbaues zunehmende Bedeutung gewonnen haben. Bei der Finite-Elemente Technik werden die beweglichen Teile des Mittelohres in mechanisch relevante, kleine virtuelle Teile zerlegt. Diese werden im Computermodell mit ihren physikalischen Eigenschaften beschrieben und die Verbindungen gegeneinander ebenfalls im virtuellen Modell dargestellt. Mit solchen Modell-Rechnungen am Computer lassen sich durch gezielte Änderungen an den Modellen die Effekte von Maßnahmen an der Gehörknöchelchenkette vorausberechnen. So wird zumindest für die beschreibbare Mechanik der Ossikelkette eine rational begründete Methode gefunden, akustisch wirksame Eingriffe im Modell darzustellen (Hüttenbrink 2000)

Wichtige Aspekte der hörverbessernden Chirurgie

Zustand des Mittelohres

Während in der zweiten Hälfte des letzten Jahrhunderts sehr viele Forschungsaktivitäten dokumentiert sind, die sich um die Frage eines optimalen Materials für den Ersatz defekter Anteile der Knöchelchenkette bewegen (Dost 2000), setzte sich zunehmend die Erkenntnis durch, dass die Frage des Hörerfolges einer solchen Rekonstruktion kaum vom Material sondern mehr von dem Entzündungs- bzw. Heilungszustand des Mittelohres, der Möglichkeit isobarer Druckverhältnisse in Mittelohr und Gehörgang, freier Vibrationsfähigkeit der Rekonstruktion, schallharter Ankoppelung an schallübertragende vorhandene Anteile, sicherer und bleibender Position des Knöchelchenersatzes und bleibender Stabilität des Ersatzmateriales abhängig ist. Auch wenn sich letztlich Metallimplantate aus Goldlegierungen oder Titan durchgesetzt haben, so kann eine mikroskopisch kleine Verschiebung solcher Implantate zur physikalisch-akustischen Trennung in der Weiterleitung der Vibration führen und einen Hörerfolg zunichte machen oder es entstehen je nach Material und Heilungszustand Extrusionen von Prothesen durch das Trommelfell hindurch (Geyer und Rocker 2002). In der Mikrochirurgie des Mittelohres muss man auch mit der über Monate währenden Entwicklung postoperativer Narben rechnen. Diese können zu Distraktionen und narbigen, schallweichen Unterbrechungen der Kette führen. Ein klinisch typisches Phänomen einer solchen Situation ist es, dass der Patient berichtet, dass er nach einem Druckausgleich im Mittelohr für einige Minuten nur besser hört. Hierbei kommt vermutlich eine weiche narbige Überbrückung der Knöchelchenkette durch Überdruckbildung unter Zugspannung und überträgt so eine Zeitlang den Schall. Man kennt das Phänomen von den sogenannten Büchsentelefonen, bei denen zwei Konservenbüchsen durch eine Schnur verbunden sind. Hier findet die Schallübertragung auch nur statt, wenn die verbindende Schnur unter Zugspannung ist (Abb.1).

Hörverbessernde Chirurgie wird oftmals in einem unmittelbaren Zusammenhang mit der sanierenden Operation einer Mittelohrentzündung vorgenommen. Sanierung und Hörverbesserung in einem Operationsschritt durchzuführen bringt für den Patienten den offensichtlichen Vorteil nur einer Operation. Unter den Aspekten der Hörverbesserung muss man jedoch nach der Sanierung einer Mittelohrentzündung über einige Monate noch mit Narbenbildungen im Rahmen einer gewünschten Ausheilung rechnen. Hierdurch kann sich die Geometrie des Mittelohres noch nachhaltig

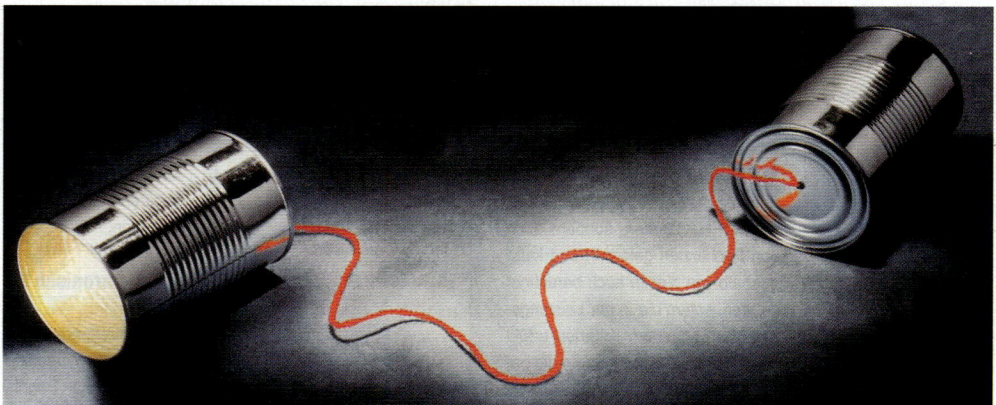

Abb. 1
Büchsentelefon als Kinderspielzeug, nur unter Spannung des Fadens findet Schallübertragung statt.

ändern. Will man ein Optimum an Hörverbesserung erzielen, ist es deshalb sinnvoll, den Schritt der Rekonstruktion in einer zweiten Operation nach etlichen Monaten dem Patienten anzubieten. Ein Kompromiss kann gefunden werden, indem man eine sofortige Rekonstruktion versucht, bei mangelndem Erfolg dann jedoch bereits die Option einer Nachkorrektur nach Ausheilung der Entzündungsreaktionen in Aussicht stellt.

Im Rahmen hörverbessernder Chirurgie im Mittelohr darf nicht vergessen werden, dass auch die optimale Rekonstruktion der Schallübertragung im Mittelohr wertlos ist, wenn es nicht gelingt, die Funktion des Innenohres zu erhalten. Schäden am Innenohr können im Rahmen solcher Operationen durch zu grobe Manipulationen an der Kette entstehen. Wird im Mittelohr ein hochtouriger Bohrer gebraucht, so darf dieser nicht schallleitende Strukturen tangieren, da sonst hohe Schallimmissionen das Innenohr schädigen. Gerade im Rahmen von Operationen zur Sanierung von Mittelohrentzündungen besteht die Gefahr, dass durch kleinste Spaltbildungen in den Innenohrfenstern, Keime oder mikrobiologisch erzeugte Toxine in das Innenohr gelangen können, welches als ein Raum ohne Blutzellen, einer solchen Kontamination nur wenig zelluläre Abwehrmechanismen entgegensetzen kann.

Kommt es durch Unterdruckbildung im Mittelohr zu neuerlichen Sekretansammlungen, so tritt durch die Dämpfung der Flüssigkeit an den vibrierenden Strukturen ein neuerlicher Hörverlust trotz einer übertragungsfähigen Kette auf. Insofern kommt einer hinreichenden Funktion der Tuba Eustachii eine entscheidende Bedeutung zu.

Material von Ersatzknöchelchen oder Trommelfellersatz

Für die Rekonstruktion des Trommelfelles haben sich alloplastische, z.B. Kunststoffmaterialen deshalb nicht bewährt, weil eine Einheilung nicht zu erzielen ist. Auch Transplantate aus menschlichen Leichenohren haben die Erwartungen nicht erfüllt, die man an Einheilung und Optimierung der Schallübertragung durch Transplantation der gesamten Funktionseinheit setzte.

Gehörknöchelchen von menschlichen Leichen gewonnen und in einem aufwendigen Verfahren desinfiziert und denaturiert haben über lange Jahrzehnte zu guten Ergebnissen bezüglich Einheilung und Funktionsergebnis geführt. Da jedoch mit Aufkommen der slow-virus-Infektionen (Jakob-Creutzfeld-Erkrankungen) eine hinreichende Sicherheit dieser Transplantationen nicht gewährleistet werden konnte, habe solche Transplantations-Knöchelchen stark an Bedeutung verloren, da sie durch infektionssichere Bearbeitungverfahren auch an Bearbeitbarkeit durch ein sehr sprödes Material stark eingebüßt haben. Heute werden in Europa weitestgehend als Alloplasten Metalle verwendet (Dost 2000), während die in Deutschland doch eher schlechten Ergebnisse mit Plastipore-Kunststoff aus USA nicht bestätigt werden (House und Teufert 2001). Wichtig in der Verträglichkeit und der Extrusionsneigung alloplastischer Prothesen erscheint es, dass zwischen einem alloplastischen Ossikel und dem Trommelfell eine wenn auch dünne Scheibe autologen Knorpels zwischengelegt wird (Abb. 2).

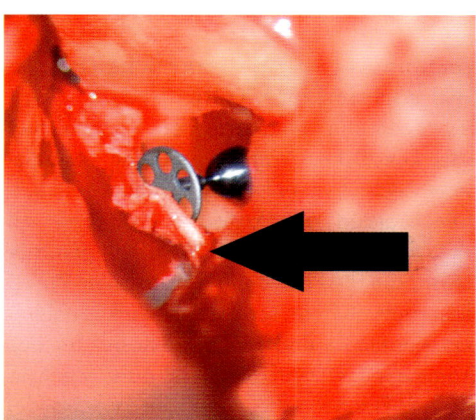

Abb. 2
Titan-PORP im Mittelohr, zwischen Ankopplungsteller und Trommelfell ist eine dünne Knorpelscheibe gelegt.

Angesichts der winzigen Vibrationen des Schalles stellt sich die Frage, ob das Gewicht von Ersatzmaterialien durch die Trägheit der Masse von Bedeutung ist. Hierzu wurde gemessen, dass dieser Effekt eher marginal ist, Ersatzmaterialien heutzutage oft sogar leichter sind als die Originalknöchelchen und der tympanoplastische Ersatz natürlich auf eine durch Defekt leichtere Kette angewendet wird (Hüttenbrink 2000) (Abb. 3).

Abb. 3
TORP aus Titan auf einem Zentimetermaßstab

Neueste Entwicklungen bei Ersatzprothesen gehen dahin, dass Gelenke in die Prothesen eingebaut werden, um wie bei der physiologischen Kette, statische Druckveränderungen abfangen zu können (Beleites et al. 2007).

Verbindung von Ersatzknöchelchen und vorhandener Kette
Zur Fixierung eingebrachter Knöchelchen oder künstlicher Prothesen wurden verschiedene Techniken entwickelt. Schon seit langem werden alloplastische Prothesen mit Mulden, Vertiefungen und Abkantungen fabriziert, die die Position in gewünschter Weise dauerhaft sichern sollen. Die Ankoppelung von Kunststoff- und Metallprothesen an das Trommelfell erfolgt mit mehr oder weniger großen Flächen, die wie Teller ausgebildet sind. Sie sind in der Regel perforiert, damit sie narbig durchwachsen und so fixiert werden. Die Größe eines solchen Tellers bewegt sich zwischen der Chance einer möglichst umfassenden Schallaufnahme durch einen großen Teller einerseits und dem Risiko einer Verkippung eines solch großen Tellers und einem schallharten Festwachsen an festen Knochenstrukturen im Mittelohr andererseits. Es wurden auch Prothesen entwickelt, die mit feinen Metallbändern am Steigbügel in situ befestigt werden können (Hüttenbrink et al. 2004b). Beim Aufsetzen eines Ersatzknöchelchens auf die Fußplatte des Steigbügels besteht das Risiko, dass der Kontaktpunkt sich zunehmend an den Rand der Fußplatte verschiebt und so in Kontakt zur festen Knochenumgebung nicht mehr vibrieren kann. Hier wurde eine Einlage in die ovale Fensternische ersonnen, die aus einer Knorpelscheibe gefertigt und mit einem zentralen Loch versehen, den Kontaktpunkt zur Fußplatte genau zentriert stabilisiert (Hüttenbrink et al. 2004a). Vorteilhaft für eine sichere Position erscheint es, dass das z.Z. favorisierte Implantatmetall Titan offensichtlich eine solche Verträglichkeit hat, dass es eine stabile Verbindung zu den Gehörknöchelchen eingehen kann, die einem Zusammenwachsen ähnelt (Schwager 2002). Diese feste Verbindung muss jedoch beachtet werden, falls man bei einer Titan-Tympanoplastik im Rahmen einer Revisionsoperation eine solche Verbindung wieder lösen möchte (Abb. 4).

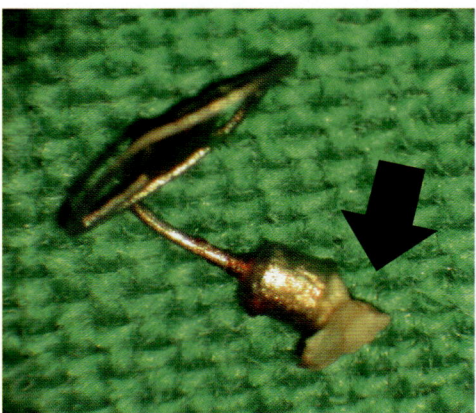

Abb. 4
Entnommener Titan-PORP, ein Teil des Steigbügelköpfchens ist sehr fest mit dem Metall verbunden

An replantierten autologen Knöchelchen wird mit feinen Diamantbohrern so gearbeitet, dass z.B. für das Steigbügelköpfchen eine passende Aufnahmehöhlung entsteht oder mit einer eingeschliffenen Rinne das Knöchelchen hinter den Hammergriff gehakt werden kann. Der Ausdruck, dass ein eingesetztes Knöchelchen wie ein „Schlüssel ins Schloss" passen müsse, stellt die gewünschte Mechanik der Situation gut mit einem Vergleich aus dem Alltagsleben dar.

Manche Autoren empfehlen, dass ein Ersatzknöchelchen möglichst nicht nur Kontakt zum Trommelfell haben soll, sonder innerhalb des Trommelfelles auch Kontakt zu dem in die Trommelfellstruktur eingewobenen Hammergriff. Der Vorteil soll darin liegen, dass die Schallvibrationen des Trommelfelles am Hammergriff konvergieren und dort der Abgriff der Schallenergie am effektivsten erfolgen kann. Gegen eine solche Konstruktion wird vorgebracht, dass eine stabile Verbindung von Hammergriff zu Steigbügelstrukturen einen deutlichen Winkel zur Schalltransport-Achse des Mittelohres hat, hierdurch die Effizienz der Schallweiterleitung gemindert und ein Abrutschen oder Verkippen einer solchen Konstruktion leichter möglich ist.

Beim Einpassen einer Prothese muss der Operateur einen Mittelweg finden: Da er einen Knöchelchenersatz im Ohr nur schwer mechanisch fixieren kann, muss dieser zwischen vorhandenen Strukturen passgenau „eingeklemmt" werden. So kann das Implantat gegen eine Dislokation gesichert werden. Wird dieses „Einklemmen" jedoch zu stark betont, kommt die gesamte Kette unter eine Situation zunehmender Versteifung in ihren Aufhängungen und schwache Schallvibrationen können nicht mehr übertragen werden. Auch ein zu festes Aufsetzen eines Implantates auf die sehr zarte Fußplatte des Steigbügels als die entscheidende Trennfläche zu den Innenohrflüssigkeiten hin, kann bei der Langzeiteinwirkung zu Knochenzerstörungen an der Fußplatte und somit einem Eindringen der Implantatanteile in das Innenohr führen (Mürbe et al. 2001). Erfahrung, Handruhe und Fingerspitzengefühl eines Operateurs sind deswegen ganz entscheidende Parameter für einen mikrochirurgischen Erfolg. (Beutner et al. 2007) Es wird an intraoperativen Messmethoden gearbeitet, mit deren Hilfe während der Operation Aussagen zur Güte der Schallübertragung möglich wären. Dieses wäre ein entscheidender Fortschritt, da die selbst unter dem Operationsmikroskop zu beobachtende Beweglichkeit der Kette nach physiologischem Wissen kein Maß für die Qualität der Schalltransmission darstellt (Zahnert et al. 2001).

Spezielles der Steigbügelchirurgie

Ist durch Knochenstoffwechselstörungen die Steigbügelfußplatte in der ovalen Fensternische festgewachsen (Krankheitsbild der Otosklerose), so resultiert eine erhebliche Behinderung der Schallübertragung, da technisch dargestellt der Gleitweg zwischen Kolben und Zylinder nicht mehr funktioniert (Abb. 5). Da eine Mobilisierung dieser Verwachsungen erfahrungsgemäß nur für einige Wochen oder Monate zu einer Hörverbesserung führt, wurde schon vor etlichen Jahrzehnten bewiesen, dass beste Ergebnisse nur mit einem kompletten Ersatz des Steigbügels erzeugt werden können. Entsprechende Prothesen werden bei sonst intakter Kette am langen Schenkel des Amboss befestigt und reichen dann bis in die ovale Fensternische. (Häusler 2000) Während man früher nach

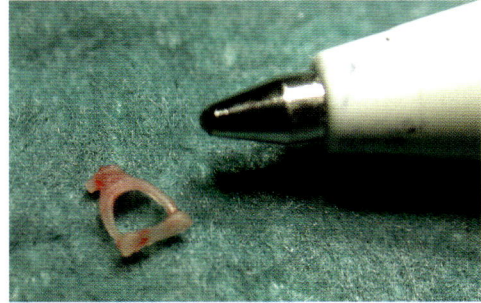

Abb. 5
Menschlicher Steigbügel neben einer Kugelschreiberspitze

Entfernung der gesamten Steigbügelfußplatte einen autologen Bindegewebspfropf in der Fensternische mit einem Draht an den Amboss ankoppelte (Schuknecht-Prothese), werden heute nur kleine Löcher mit Handperforatoren, kleinsten Bohrgeräten (sog. Skeeter) oder mit Laserstrahlen in der Fußplatte angelegt. In Dimensionen von 0,4 bis 0,8 mm Durchmesser werden dann wie kleine Kolben Prothesen durch das Loch in den Flüssigkeitsraum des Innenohres eingesetzt, die ebenfalls am langen Schenkel des Amboss befestigt sind (Piston-Prothesen). Risikoreich ist bei den Steigbügel-Operationen, dass es zu einer freien Eröffnung des Innenohres kommt (Hüttenbrink 2003). Durch die nur kleine Eröffnung des Innenohres bei der Pistontechnik hofft man auch nur geringere Risiken der Innenohralteration bei der Operation zu erzeugen. Anteile der Fußplatte oder gar die Fußplatte selbst dürfen nicht im Innenohrraum verschwinden, da sie dort erhebliche Sinnesstörungen besonders am Gleichgewichtsorgan erzeugen können. Hitze und übermäßige Schalleinwirkungen bei Bohrvorgängen oder Laseranwendung können die empfindliche Innenchrfunktion gefährden, und nicht zuletzt ist eine mikrobielle Infektion oder das Eindringen von Toxinen oder Pharmaka mit deletären Wirkungen denkbar.

Ein weiterer kritischer Punkt in der Steigbügel-Chirurgie ist die Befestigung der Prothesen am langen Ambossschenkel. Ein festes Anklemmen dieser Drahtösen soll die Schallübertragung verbessern. Andererseits ist der lange Ambossschenkel kein biologisch inertes Gewebe, sondern kann unter zu starkem Druck mit Knochenarrosionen bis hin zu einer Kontinuitätsdurchtrennung durch Nekrose reagieren. Ein dosierter Druck beim Anklemmvorgang scheint wichtig (Hüttenbrink und Beutner 2005).

Trotz dieser vielen vorgebrachten Probleme ist die hörverbessernde Mikrochirurgie bei Otosklerose die erfolgreichste Technik hörverbessernder Operationen.

Schlussbetrachtungen

Für die tägliche Praxis eines Ohrenarztes stellt sich immer die Frage einer Entscheidung und Beratung, wie für den Patienten bei einer Mittelohrschwerhörigkeit ein möglichst großer und nachhaltig positiver Effekt erzielt werden kann. Zunächst konkurriert hier die Frage eines Hörgerätes mit der Frage einer operativen Hörverbesserung. Verständlicherweise tendiert der Patient zur Operation, weil man sich heutzutage mit einem Hörgerät nicht so abfinden mag wie mit einer Brille. In der Beratung zur Operation gehört jedoch recht viel Erfahrung und kritische Abwägung dazu, dem Patienten realistisch die Chancen voraussagen und darlegen zu können. Beachtenswert sind selbstverständlich auch die Risiken solcher Operationen, die gerade bei hörverbessernden Revisionsoperationen in Form von Schwindelerscheinungen über eine Verschlechterung des Hörvermögens bis hin zum drohenden Gespenst für einen hörverbessernden Operateur, nämlich der denkbaren Fazialisparese reichen können (Zahnert und Hüttenbrink 2005).

Insofern liegt in der hörverbessernden Chirurgie eine zwar lohnenswerte und oftmals für Patient und Operateur befriedigende, aber auch verantwortungsvolle Aufgabe.

Literatur

Beleites T, Bornitz M, Offergeld C, Neudert M, Hüttenbrink KB, Zahnert T (2007) Experimentelle Untersuchungen zu Mittelohrimplantaten mit integriertem mikromechanischem Gelenk. Laryngorhinootologie 86 (Online-Publikation)

Beutner D, Stumpf R, Preuss SF, Zahnert T, Hüttenbrink KB (2007) Zur Gefahr einer Fraktur der Fussplatte durch unterschiedlich große TORP-Prothesenfüße. Laryngorhinootologie 86: 112-116

Dost P (2000) Biomaterialien in der rekonstruktiven Mittelohrchirurgie. Laryngorhinootologie 79: 53-72

Geyer G, Rocker J (2002) Ergebnisse der Tympanoplastik Typ III mit autogenem Amboss sowie Ionomerzement- und Titanimplantaten. Laryngorhinootologie 81: 164-170

Häusler R (2000) Fortschritte in der Stapeschirurgie. Laryngorhinootologie 79: 95-139

House JW, Teufert KB (2001) Extrusion rates and hearing results in ossicular reconstruction. Otolaryngol Head Neck Surg 125: 135-141

Hüttenbrink KB, Beutner D (2005) A new crimping device for stapedectomy prostheses. Laryngoscope 115: 2065-2067

Hüttenbrink KB (2003) Biomechanics of stapesplasty: a review. Otol Neurotol 24: 548-557

Hüttenbrink KB, Zahnert T, Beutner D, Hofmann G (2004a) Der Knorpelschuh zur Stabilisierung einer Columella-Prothese auf der Fussplatte. Laryngorhinootologie 83: 450-456

Hüttenbrink KB, Zahnert T, Wustenberg EG, Hofmann G (2004b) Titanium clip prosthesis. Otol Neurotol 25: 436-442

Hüttenbrink K (2000) Zur Rekonstruktion des Schallleitungsapparates unter biomechanischen Gesichtspunkten. Laryngorhinootologie 79: 23-51

Mürbe D, Hüttenbrink KB, Zahnert T, Vogel U, Tassabehji M, Kuhlisch E, Hofmann G (2001) Tremor in otosurgery: influence of physical strain on hand steadiness. Otol Neurotol 22: 672-677

Schwager K (2002) Titan als Material zum Gehörknöchelchenersatz – Grundlagen und klinische Anwendungen. Laryngorhinootologie 81: 178-183

Zahnert T (2005) Gestörtes Hören – Chirurgische Verfahren. Laryngorhinootologie 84: 37-50

Zahnert T, Hüttenbrink,KB (2005) Fehlermöglichkeiten bei der Ossikelkettenrekonstruktion. HNO 53: 89-102

Zahnert T, Hüttenbrink KB, Bornitz M, Hofmann G (2001) Intraoperative Messung der Steigbügelbeweglichkeit mittels einer handgeführten elektromagnetischen Sonde. Laryngorhinootologie 80: 71-77

Moderne Hörhilfen

J. Alberty

Einführung

In den vergangenen Jahren wurden wir Zeugen rasch fortschreitender Verbesserungen der Rehabilitation schwerhöriger oder gehörloser Patienten durch moderne Hörhilfen. Viele Schwerhörige, für die noch vor ein bis zwei Dekaden eine Versorgung mit technischen Hilfsmitteln nicht in Frage kam, können heute wieder Höreindrücke erhalten, die ihnen eine lautsprachliche Kommunikation ermöglichen.
Diese Verbesserungen umfassen nicht nur erhebliche Fortschritte in der Technologie von konventionellen Hörgeräten. Darüber hinaus stehen heute knochenverankerte Hörgeräte zur mechanischen Stimulation des Innenohres ebenso selbstverständlich zur Verfügung wie Cochlea-Implantate für eine direkte Signalübertragung auf den Hörnerven. Aktive Mittelohrimplantate ermöglichen - als Alternative zu konventionellen Hörgeräten - eine direkte Stimulation der Cochlea über das Mittelohr. Zentrale auditorische Implantate können auditorische Zentren des Hirnstamms direkt stimulieren, wenn kein Hörnerv mehr zur Verfügung steht. Zudem stehen schwerhörigen Menschen heute eine Reihe weiterer innovativer technischer Hilfsmittel zur Rehabilitation ihrer Behinderung zur Verfügung, die ihnen helfen, ihr tägliches Leben zu meistern.
Der folgende Beitrag soll im Rahmen des Münsteraner Symposiums „Klinik der menschlichen Sinne" dem in der Praxis tätigen HNO-Arzt einen Überblick über die zur Verfügung stehenden modernen Hörhilfen geben.

Konventionelle Hörgeräte

Konventionelle Hörgeräte nutzen das noch zur Verfügung stehende Hörvermögen eines Schwerhörigen durch Verarbeitung und Verstärkung des auf das Ohr einwirkenden Schalls. Unterschieden werden Luftleitungs- und Knochenleitungshörgeräte.

Luftleitungshörgeräte
Der technische Aufbau von Luftleitungshörgeräten umfasst ein oder mehrere Mikrofone, die Technik zur Signalverarbeitung und -verstärkung sowie einen Hörer zur Schallabgabe. Alle Komponenten wurden und werden kontinuierlich verbessert. Vor allem die Einführung von Mikroelektronik und Digitaltechnik hat zu einer wesentlich differenzierteren Signalaufnahme und -verarbeitung geführt und zudem auch eine Veränderung der Bauformen ermöglicht (Schorn, 2006).
In der Mikrofontechnik werden neben den bisher verwendeten omnidirektionalen Mikrofonen, die praktisch den gesamten Schall aus allen Richtungen aufnehmen und der Verarbeitung zuführen, zunehmend undidirektionale Mikrofone, so genannte Richtmikrofone, eingesetzt. Verwendung finden zumeist Kombinationen von zwei Richtmikrofonen in anteriorer und posteriorer Ausrichtung, die diesen Hörgeräten eine Richtungsanalyse des einwirkenden Schalls ermöglichen und so dazu beitragen, das Verhältnis von Nutz- und Störschall zu optimieren (Kim und Barrs, 2006).
Moderne volldigitale Hörgeräte sind zudem in der Lage, Hörsituationen zu analysieren

und zu klassifizieren. Diese so genannten „intelligenten Hörsysteme" können so beispielsweise zwischen Sprache in ruhiger Umgebung, Sprache in geräuschvoller Umgebung, Geräuschkulisse ohne Sprache (z.B. Straßenverkehr) oder auch Musik unterscheiden. Diese Unterscheidung ermöglicht eine aktive und selbsttätige Steuerung der Verstärkung und eine selektive Unterdrückung von Störschall.

Die weitgehende Eliminierung von Rückkoppelungen ermöglicht eine Hörgeräteanpassung ohne Verschluss des Gehörgangs durch eine Otoplastik. Damit kann ein noch zur Verfügung stehendes Restgehör optimal genutzt werden (Kießling 2006). Diese so genannte „offene Versorgung" führt nicht nur zu einem „natürlicheren" Sprachklang, sondern erhöht auch den Tragekomfort und beugt entzündlichen Reaktionen im Gehörgang vor. Auch ist die Anfertigung von individuellen Maßotoplastiken nicht erforderlich. Die kosmetisch günstige geringe Baugröße und der wenig auffällige dünne Schallschlauch zum Gehörgang fördern noch die Akzeptanz dieser Systeme durch den Patienten.

Der Frequenzgang eines Hörgerätes wird maßgeblich durch den verwendeten Hörer beeinflusst. Während der bekannte und gängige Hörschlauch aus Silikon auf Grund seiner Materialeigenschaften wie ein Tiefpassfilter wirkt und die Übertragung ab etwa 4 kHz deutlich einschränkt, kann die Schallzuführung vom Hörgerät über eine von retroaurikulär in den knorpeligen Anteil des äußeren Gehörgangs implantierte Metallhülse (RetroX®) die obere Grenzfrequenz erweitern. Darüber hinaus existieren bereits spezielle Hochtonhörer, die bei offener Versorgung die obere Grenzfrequenz auf bis zu 8 kHz erweitern sollen und damit zu einer weiteren Verbesserung von Sprachverstehen und Hörkomfort beitragen.

Neben den bereits längere Zeit etablierten FM-Systemen zur Kommunikation zwischen externen Mikrofonen und Hörgeräten werden vermehrt Hörgeräte angeboten, die über Funk von Ohr zu Ohr Informationen austauschen können. Dies ermöglicht nicht nur bei CROS- oder BICROS-Versorgungen einen Verzicht auf die Kabelverbindung zwischen den Hörgeräten der rechten und linken Seite, sondern könnte in der Zukunft auch für eine differenzierte Interaktion der Hörgeräte zur Förderung des binauralen Hörens genutzt werden.

Knochenleitungshörgeräte
Konventionelle Knochenleitungshörgeräte in Hörbrillen oder Stirnbändern werden auf Grund ihres geringen Tragekomforts und der eingeschränkten Übertragung der mechanischen Schwingungen über die den Knochen bedeckenden Weichteile kaum noch verwendet.

Sie werden zunehmend durch Hörgeräte mit Verankerung durch über eine Titanschraube im Knochen (so genannte „bone anchored hearing aids" – BAHA) ersetzt. BAHAs ermöglichen eine deutlich bessere mechanische Stimulation des Innenohres und werden für die Versorgung von Schallleitungsschwerhörigen genutzt, wenn aus anatomischen Gründen (z.B. bei Fehlbildungen) oder bei entzündlichen Erkrankungen des äußeren Ohres eine Versorgung mit Luftleitungshörgeräten nicht möglich ist. Darüber hinaus werden sie – alternativ zu CROS-Versorgungen und mit größerem Erfolg als diese – für die Versorgung von einseitigen Taubheiten eingesetzt (Lin et al. 2006). Sie werden dann auf der nicht hörenden Seite implantiert und leiten den Schall über den Schädelknochen auf das hörende Ohr über.

Implantierbare Hörgeräte und -systeme
Auch chirurgische Verfahren haben zu einer Erweiterung des Spektrums für den Einsatz von Hörhilfen beigetragen. Systematisch werden teilimplantierbare Systeme - zu denen streng genommen bereits das BAHA® und RetroX® gehören – und vollimplantierbare Systeme unterschieden. Je nach Ort der Stimulation werden aktive Mittelohrimplantate, Cochlea-Implantate und zentrale auditorische Implantate unterschieden (Abb. 1).

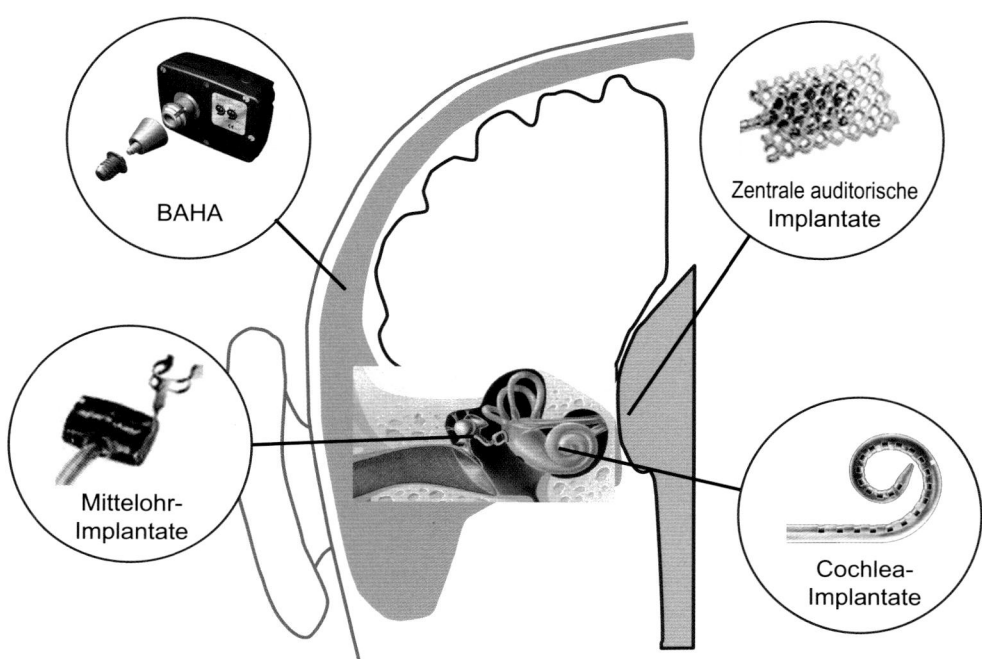

Abb. 1
Hörimplantate

Aktive Mittelohrimplantate
Aktive Mittelohrimplantate sind eine neuere Option für die Versorgung von mittel- bis hochgradigen sensorineuralen Schwerhörigkeiten (Übersicht bei: Leuwer 2005). Sie übertragen Schall mechanisch unter Umgehung des Trommelfells direkt auf die Ossikelkette bzw. die Fenstermembranen und stimulieren so die Cochlea. Dies führt u. a. zu einer gegenüber konventionellen Hörgeräten deutlich wirksameren Verstärkung der höheren Frequenzen und damit zu einem „natürlicheren" Klang (Böheim et al. 2006). Derzeit stehen in Deutschland die Vibrant Soundbridge® (Med-El, Innsbruck, Österreich) als teilimplantierbares System sowie die voll implantierbaren Systeme Carina® (Otologics, Boulder Colorada, USA) und das Esteem®-Hörimplantat (Envoy Medical Corporation, Minnesota, USA) zur Verfügung.
Bei der Vibrant Soundbridge® wird – ähnlich wie bei einem Cochlea-Implantat eine „vibrating ossicular prosthesis" über dem Mastoid subperiostal implantiert. Mit dieser ist ein selbst oszillierender, so genannter floating mass transducer verbunden, welcher an die Ossikelkette (Ambossfortsatz oder Stapes) angekoppelt wird und diese so mechanisch in Schwingungen versetzt. Alternativ kann bei Fehlbildungen oder Defektzuständen auch eine Positionierung an der Rundfenstermembran (Colletti et al. 2006) oder – nach Hüttenbrink (vergl. Hoth 2006) – am ovalen Fenster vorgenommen werden. Mikrofon sowie ein Sprachprozessor werden (analog zum Cochlear Implant) extern hinter dem Ohr getragen und kommunizieren transkutan mit dem Implantat.
Bei dem ursprünglich auch unter dem Kürzel MET (middle ear transplant) bekannt gewordenen, jetzt vollimplantierbaren Hörgerät Carina® wird die Ossikelkette durch einen im Mastoid fest verankerten elektromechanischen Wandler mit einer Pleuelstange in

Schwingungen versetzt (Jorge et al. 2006). Das Mikrofon, eine Magnetspule zur Programmierung und Energieversorgung sowie der digitale Signalprozessor werden ebenfalls unter der Haut über dem Mastoid implantiert. Das Esteem®-Hörimplantat unterscheidet sich vom MET vor allem durch die Nutzung des Trommelfells für die Schallperzeption durch einen an das Trommelfell bzw. den Ambosskörper angekoppelten, piezoelektrischen Transducer an Stelle eines konventionellen Mikrofons. Zudem muss zur Ankoppelung des piezoelektrischen „drivers" an den Steigbügel die Schallleitungskette unterbrochen werden, sodass bei einem Geräteausfall zusätzlich ein Schallleitungsblock resultiert (Chen et al. 2004).

Cochlea-Implantate
Seit den ersten Berichten über eine direkte Stimulation des Hörnervs durch eine intracochleär eingeführte Elektrode durch House vor etwa 30 Jahren hat sich die Cochlea-Implantation als Standardverfahren bei beidseitiger cochleärer Ertaubung etabliert (Übersicht bei: Müller 2005). Während nach dem Spracherwerb (postlingual) ertaubte Patienten oft bereits wenige Wochen nach der CI-Einstellung Sprache verstehen können, ist bei vor dem Spracherwerb (prälingual) ertaubten Kindern eine mehrjährige, intensive Betreuung erforderlich. Insbesondere frühzeitig, möglichst in den ersten beiden Lebensjahren implantierte Kinder können so immer öfter eine Regelschule besuchen und ein weitgehend normales Leben führen.
Ein Cochlea-Implantat (CI) besteht aus zwei Teilen. Ein externer Sprachprozessor nimmt den Schall auf und übersetzt ihn in elektrische Signale, die dann transkutan auf das auf dem Mastoid platzierte Implantat übertragen werden. Dieses Implantat demoduliert die Signale und stimuliert über eine in die Hörschnecke eingeführte, mehrkanalige Elektrode den Hörnerven.
Wesentliche Fortschritte wurden in der jüngeren Vergangenheit durch eine höhere Leistungsfähigkeit der Sprachprozessoren und die damit verbundenen Möglichkeiten einer differenzierteren Sprachkodierung erreicht. So kann heute mit einem CI ein Satzverständnis von bis zu 100% erzielt werden (Hoth, 2006). Das Sprachverstehen mit einem CI ist dem eines mit konventionellen Hörgeräten versorgten, resthörigen Patienten oft überlegen, sodass mittlerweile bei geeigneten Patienten auch im Falle des Vorliegens einer Resthörigkeit zu einer Implantation geraten wird. Eine binaurale CI-Implantation ermöglicht eine weitere Steigerung des Sprachverstehens im Störschall sowie ein Richtungshören (Senn et al. 2005) und kann als neuer Standard angesehen werden.

Zentrale auditorische Implantate
Bei nicht funktionsfähigen Hörnerven, z. B. bei Patienten mit einer Neurofibromatose, kommt eine Cochlea-Implantation nicht in Frage. In geeigneten Fällen ist durch zentrale auditorische Implantate auch eine direkte Stimulation der Hörbahn möglich (Übersicht bei: Müller 2005). Zur Verfügung stehen Hirnstamm-Implantate (ABI – auditory brainstem implant) und Mittelhirnimplantate (AMI – auditory midbrain implant). Das ABI bewirkt eine Stimulation im Bereich des zweiten Neurons im Nucleus cochlearis, beim AMI wird eine penetrierende Elektrode in den Colliculus inferior platziert. Das durch zentrale auditorische Implantate erreichbare Hörergebnis ist derzeit allerdings noch weit von den Resultaten nach Cochlea-Implantation entfernt.

Weitere Hörhilfen
Patienten mit hohen Schwerhörigkeitsgraden benötigen neben Hörgeräten weitere technische Unterstützung zur Bewältigung ihres Alltags. Zur Verfügung stehen zahlreiche Hilfsmittel, die direkt an Hörgeräte angeschlossen werden können oder drahtlos mit diesen kommunizieren. Mit einem Audioeingang bzw. einem Audioschuh und einem Kabel mit 3,5-mm-Klinkensteller können heute fast alle Fernseh- oder Rundfunkgeräte, MP3-Player

etc., aber auch FM-, Induktiv- oder Infrarotempfänger direkt mit dem Hörgerät verbunden werden. In Unterrichts- oder Konferenzsituationen kann Sprache über handliche FM- oder Infrarotanlagen auch über größere Distanzen drahtlos vom Sprecher zum Schwerhörigen übertragen werden. Telefonieren wird durch die Verwendung von Freisprechern oder von Telefonspulen in den Hörgeräten deutlich erleichtert. Viele öffentliche Räume sind heute mit Induktiven Höranlagen ausgestattet, bei denen das Audiosignal einer Beschallungsanlage zusätzlich über im Raum verlegte Induktionsschleifen zur Verfügung gestellt wird und so von Hörgeräten mit Telefonspulen abgegriffen werden kann.

Fazit

Schwerhörigen und ertaubten Patienten stehen heute zahlreiche Hörhilfen zur Verfügung, die ihnen bei der Bewältigung ihres Alltags helfen. Allerdings ist die Anpassung moderner Hörgeräte auch viel anspruchsvoller geworden. Moderne teil- und vollimplantierbare Hörhilfen ermöglichen einem immer größer werdenden Teil der konventionell nicht zu versorgenden Patienten wieder eine lautsprachliche Kommunikation. Ein Ende dieser Entwicklung ist nicht abzusehen.

Literatur

Böheim K, Nahler A, Schlögel M. (2006) Rehabilitation der Hochtoninnenohrschwerhörigkeit: Einsatz eines aktiven Mittelohrimplantats. HNO Dezember 2006 *(Epub ahead of print)*

Chen DA, Backous DD, Arriaga MA, Garvin R, Kobylek D, Littman T, Walgren S, Lura D (2004) Phase 1 clinical trial results of the Envoy System: a totally implantable middle ear device for sensorineural hearing loss. Otolaryngol Head Neck Surg 131: 904-16.

Colletti V, Soli SD, Carner M, Colletti L. (2006) Treatment of mixed hearing losses via implantation of a vibratory transducer on the round window. Int J Audiol 45: 600-8

Hoth S (2007) ADANO-Herbsttagung 2006 in Freiburg. HNO 55: 5-11

Jorge JJ, Pfister M, Zenner HP, Zalaman IM, Maassen MM (2006) In Vitro Model for Intraoperative Adjustments in an Implantable Hearing Aid (MET). Laryngoscope 116(3): 473-81.

Kießling J (2006) Neue Aspekte zur Hörgeräteversorgung bei Lärmschwerhörigkeit. HNO 54: 573-82

Kim HH, Barrs DM (2006) Hearing aids: A review of whats new. Otolaryngology, Head and Neck Surgery 134: 1043-1050

Leuwer R (2005) Gestörtes Hören. Die apparative Versorgung der Schwerhörigkeit: Konventionelle und implantierbare Horgerate. Laryngorhinootologie 84 Suppl 1: S51-9

Lin LM, Bowditch S, Anderson MJ; May B, Cox K, Niparko JK (2006) Amplification in the Rehabilitation of Unilateral Deafness: Speech in Noise and Directional Hearing Effects with Bone-Anchored Hearing and Contralateral Routing of Signal Amplification. Otology & Neurotology 27: 172-182

Müller J (2005) Gestörtes Hören. Die apparative Versorgung der Schwerhörigkeit: Cochlea-Implantate und Hirnstammimplantate–Aktuelle Entwicklungen der letzten 10 Jahre. Laryngorhinootologie 84 - Suppl 1: S60-9

Schorn K (2006) Die Aufgaben des Hals-Nasen-Ohren-Arztes bei der Hörgeräteversorgung. Teil 1: Indikation, gezielte Diagnostik und Verordnung. HNO 54: 233-51.

Senn P, Kompis M, Vischer M, Häusler R (2005) Minimum audible angle, just noticeable interaural differences and speech intelligibility with bilateral cochlear implants using clinical speech processors. Audiol Neurootol 10: 342-52

Erfahrungen mit Cochlea-Implantaten

A. F. van Olphen

Bedeutung des Hörens

Die menschlichen Sinne informieren in ihrer Gesamtheit über die Umwelt und die Position des menschlichen Körpers in seiner Umgebung. Diese Informationen sind für die Entwicklung der kognitiven Funktionen notwendig. Das Gehör spielt dabei eine sehr wichtige Rolle. Seine Bedeutung wird besonders auffällig, wenn es nicht richtig funktioniert und gar ausgefallen ist. Bei Kindern führt dies zu erheblichen Entwicklungsstörungen. Bei Erwachsenen ist soziale Isolierung die Folge. Heutzutage werden Cochlea-Implantate eingesetzt, um diese Probleme zu vermeiden.

Beim Hören kann man vier Stufen unterscheiden:

1. Detektierung
2. Diskriminierung
3. Identifizierung
4. Verstehen

Elektrostimulierung

Es ist schon seit Galvani und Volta bekannt, dass Nerven mit Elektrizität gereizt werden können. Beim Hörorgan kann man damit erreichen, dass die erste Stufe, die Detektierung realisiert wird. Djourno und Eyries haben das versucht. Mit ihren Versuchen hat die Ära der Cochlea-Implantation ihren Anfang genommen.

Mit Beginn der Cochlea-Implantationen galt es, folgende Fragen zu beantworten: Wie werden die Elektroden den Kontakt mit dem Nervus acusticus herstellen? Ist es möglich, zuverlässig und sicher Elektronik zu implantieren? Wie wird diese Elektronik gespeichert? Wie kann der Kontakt zu dem nicht implantierten Zubehör, wie Mikrofon, Batterie und Sprachprozessor hergestellt werden? Was ist die richtige Stimulierungsstrategie?

Das Basiskonzept, das die meisten Probleme löste, kam von House und Urban aus den Vereinigten Staaten. Sie entwickelten das erste kommerziell zur Verfügung stehende Implantat, das bei Menschen als technisches Hilfsmittel bei völliger Ertaubung zur Verfügung stand. Die meisten Patienten konnten mit diesem Gerät nur auf der Detektierungsebene hören, obwohl einige auch schon damit verstehen konnten. Dies war umso erstaunlicher, da das House-Gerät nur eine Elektrode hatte und damit nicht die Tonotopie in dem Gehörnerven herstellen konnte.

Das House-Urban-Gerät trug den Namen „3M House Implantat", da es von der 3M-Company hergestellt wurde. Seine Konfiguration war einfach. Es bestand aus einem Mikrofon, das wie ein Hörgerät an der Ohrmuschel getragen wurde, einem kleinen Kästchen mit Elektronik des Sprachprozessors und einer Magnetspule. Diese Technik wurde am Körper getragen. Retroaurikulär wurde subkutan oberhalb des Ohrmuschelansatzes eine Spule und ein Magnet plaziert. Von außen wurden Spulen und Magnete dagegengesetzt, die sich gegenseitig anzogen. Die induktive Koppelung zwischen den Spulen förderte die Übertragung von Energie und Information transdermal. Die innere Spule war mit den Elektroden in der Cochlea verbunden.

Bei den ersten Versuchen mit den 3M-House-Geräten fand man sehr schnell heraus, wie wichtig es ist, auf der Detektierungsebene hören zu können. Beim Sehen beobachtet man immer nur einen Teil seiner Umgebung. Beim Hören kann man aber rundum wahrnehmen. Das Hören geht sogar über den Raum hinaus, in dem man sich gerade befindet. Diese Fähigkeit vergrößert die Position zur Umwelt und ermöglicht es, sie zu antizipieren.

Problematisch ist bis heute die Kontaktherstellung mit dem N. acusticus. Mittlerweile gibt es auch Erfahrungen, die Elektrode in die Cochlea einzulegen und um den Mediolus herumzuführen. Damit wird die Möglichkeit geschaffen, die ausgefächerten Neuronen tonotopisch zu stimulieren.

Gelegentlich wird auch eine Obliteration der Cochlea gefunden. Dann ist das Einlegen der Elektrode sehr schwierig oder unmöglich. In seltenen Fällen kommt es auch vor, dass der N. acusticus seine Funktion eingestellt hat.

Um die genannten Schwierigkeiten zu überwinden, wurden mittlerweile weitere Fortschritte erzielt. Die ersten Stimulierungen des Hirnstammes ergaben erfolgversprechende Ergebnisse. Im Labor ist es auch bereits gelungen, Nerven mit Elektroden anzukoppeln. Insgesamt sind die Ergebnisse seit Verbesserung der Multielektrodentechnik in der Cochlea sehr viel zufriedenstellender als früher. Die Multielektrodentechnik benötigt allerdings eine komplexe Elektronik. Diese Elektronik sollte von den Flüssigkeiten des Körpers getrennt werden. Dies bedeutet, dass das Gehäuse wasserfest sein soll, auch wenn es mechanisch belastet wird, wie z. b. bei einem Kopftrauma.

Die induktive Koppelung zwischen innerer und äußerer Spule ermöglicht die Übertragung von Energie und Daten.

Hören mit Cochlea-Implantaten

Es ist verständlich, dass man mit einem Cochlea-Implantat nicht absolut normal hören kann. Mit dem normalen Gehör können wir Sprachverstehen, Richtungshören und Signale von Rauschen trennen und komplexe Signale wie Musik genießen. Die Frage ist: Kann mit einem Cochlea-Implantat eine ähnliche Hörleistung erreicht werden oder was darf man bei einem Cochlea-Implantatträger erwarten? Was sind die Ziele bei der Indikation zur Cochlea-Implantation?

Realistisch gesehen kann es nicht das Ziel sein, Normalhörigkeit wieder herzustellen. Das Ziel bei Kindern ist aber, die Entwicklung zu fördern, was auch gelingt. Bei Erwachsenen geht es darum, die Kommunikationsfähigkeit wiederherzustellen und vor sozialer Isolierung zu schützen. Dazu kann die technische Hörhilfe gezielt eingesetzt werden.

Wie ist es möglich, dass ein hochdifferenziertes Organ wie die Cochlea von einem relativ groben Gerät wie einem Cochlea-Implantat ersetzt werden kann? Ferner stellt sich die Frage, ob dies mit der Art des Hörens zusammenhängt? Gehen wir davon aus, dass Hören kein analytischer Prozess sondern ein „Matchingprozess" ist, so bedeutet dies, dass wir in einer Art Datei, die in unserem Memorybereich im Gehirn gespeichert ist, nach Begriffen suchen, die am besten zu dem passen, was wir bereits schon einmal gehört haben. Die Erwartung, was wir hören, spielt aufgrund des Kontextes dabei eine wichtige Rolle. Ferner muß bedacht werden, dass die Sprache meistens sehr redundant ist.

Was bietet das Cochlea-Implantat beim Hören? Sieht man sich das laufende Signal an, so wird ausschließlich die Kontur übertragen. Die Feinstruktur geht verloren. Für das Sprachverstehen ohne Umgebungsgeräusche genügt dieser Vorgang. Feinstruktur braucht man für komplexe Signale und z. B. für Musik. Sprachverstehen im Rauschen und Richtungshören sind nur möglich, wenn man komplexe Signale übertragen kann. Es gibt zwei Möglichkeiten, die Feinstruktur zu ermitteln. Erstens können dazu mehrere oder kleinere Gruppen von Nervenfasern aktiviert und zweitens das Restgehör benutzt werden.

Die erste Lösung bedarf einer sehr preziösen Verbindung zwischen Elektroden und Nervenfasern. Anhand von Untersuchungen weiß man bereits, wie Nerven wachsen und welche Stoffe das Wachstum stimulieren, der Weg zur Anwendung dieser Erkenntnisse in der Praxis ist aber noch nicht begehbar.

Die zweite Lösung steht bereits bei elektroakustischer Stimulierung zur Verfügung. Dabei werden Patienten mit Restgehör teilweise akustisch und teilweise elektrisch gereizt. Problematisch ist es allerdings, die Elektroden so zu inserieren, dass das Gehör erhalten bleibt. Die chirurgische Technik, Elektroden einzuführen, ohne die Cochlea zu verletzen, ist noch entwicklungsbedürftig und muss verbessert werden. Wenn dies gelingt, kann noch sehr vielen Patienten mit Restgehör durch elektroakustische Stimulierung geholfen werden.

Die Behandlung von Tinnitus und die Bewältigung dieses Phänomens gehören zu den schwierigsten Problemen. Obwohl Tinnitus keine lebensbedrohende Erkrankung ist, so beeinträchtigt Tinnitus doch die Qualität des Lebens. Über die Ursachen und die Pathophysiologie von Tinnitus ist noch wenig bekannt. Doch wächst im Bereich der Forschung das Interesse für dieses Phänomen. Funktionelle MRI und Maskierung mit Cochlea-Implantaten werden sicherlich in Zukunft für die Tinnitustherapie zur Verfügung stehen. In den letzten Jahren beobachtet man auch immer häufiger, dass die Indikation zur binauralen Stimulierung gestellt wird. Die Kernfrage ist, welche Vorteile bringt die binaurale elektroakustische Stimulierung? Der Einsatz von zwei Mikrofonen beseitigt zumindest den Schatteneffekt. Außerdem wird die Cochlea vor Obliteration geschützt. Die akustische Simulation ist außerdem für die Hörfunktion des Cerebrums von Vorteil.

Für ein verbessertes Richtungshören und ein Verstehen für Sprache bei Störgeräuschen bedarf es der Feinstruktur, die die Informationen aus den verschiedenen Bereichen zusammenführt. Binaural implantierte Patienten berichten immer häufiger von den Vorteilen der beidseitigen Versorgung, insbesondere wenn sie Berufe ausüben, die mit einer erhöhten Anforderung an das Gehör verbunden sind (z. B. Lehrer).

Schlussfolgerung

Seit Anfang der 80-iger Jahre ist es möglich, mit Cochlea-Implantaten zu hören. Anfangs war dies auf das Detektieren beschränkt. Heute ist ein Sprachverstehen von über 90% oftmals erreichbar. Aus unserer Erfahrung wissen wir, dass viele Ertaubte mit einem Cochlea-Implantat Sprache verstehen können, ohne von den Lippen abzulesen. Das Problem mit der Feinstruktur der Schallwahrnehmung ist noch immer nicht optimal gelöst, da beim Hören unter Störgeräuschen, beim Richtungshören und Musik genießen, immer noch Defizite in Kauf genommen werden müssen.

Literatur

Galvin KL, Mok M, Dowell RC (2007) Perceptual benefit and functional outcomes for children using sequential bilateral cochlear implants. Ear Hear 28(4): 470-82

Kiefer J, Pok M, Adunka O, Stürzebecher E, Baumgartner W, Schmidt M, Tillein J, Qing Ye O, Gstoetner W (2005) Combined Electric and Acoustic Stimulation of the Auditory System: Results of a Clinical Study Audiology Neurotology 10: 134-144

McDermott HJ (2004) Music perception with cochlear implants: a review. Trends Amplif 8(2):49-82

O'Donoghue GM, Nikolopoulos TP, Archbold SM, Tait M (1998) Speech perception in children after cochlear implantation. Am J Otol 19(6): 762-767

van Olphen AF (1992) De elektrische binnenoorprothese HET MEDISCH JAAR Hoofdstuk 23. Bohn Stafleu van Lochem, Houten/Zaventem, pp 242-252 van Olphen AF, van Dijk JE, Langereis MC, Smoorenburg GF (1995) Recognition of Dutch phonemes by cochlear implant users with the Multipeak strategy. Ann Otol Rhinol Laryngol Suppl 166: 365-8

Quaranta N, Wagstaff S, Baguley DM (2004) Tinnitus and cochlear implantation. Int J Audiol 43(5): 245-51 (Review)

Smoorenburg GF, van Olphen AF (1988) Pre-operative electrostimulation of the auditory nerve and postoperative results with the House/3M cochlear implant, Proc Int Cochlear Implant Symposium, Rudolf Bermann GmbH, Erkelenz, pp 227-230

Yonehara E, Mezzalira R, Porto PR, Bianchini WA, Calonga L, Curi SB, Stoler G (2006) Can cochlear implants decrease tinnitus? Int Tinnitus J 12(2): 172-4

Sprech- und Sprachstörungen aus der Sicht des Phoniaters

H.-J. Radü

Sprech- und Sprachstörungen aus der Sicht des Phoniaters

Definition Sprache: Hadamud Bussmann (Bussmann 2002) definiert Sprache:
Auf kognitiven Prozessen basierendes gesellschaftlich bedingtes, historischer Entwicklung unterworfenes Mittel zum Ausdruck bzw. Austausch von Gedanken, Vorstellungen, Erkenntnissen und Informationen sowie zur Fixierung und Tradierung von Erfahrung und Wissen. In diesem Sinn bezeichnet Sprache eine artspezifische, dem Menschen eigene Ausdrucksform, die sich durch Kreativität, die Fähigkeit zu begrifflicher Abstraktion und Möglichkeit zu metasprachlicher Reflexion von anderen Kommunikationssystemen unterscheidet.

Bedeutung der Sprache

Mehr und mehr wird bei der Begleitung von sprachgestörten Kindern die Bedeutung der Sprache für den abzuleistenden Bildungsprozess deutlich, gelingt es diesen Kindern nicht, einen ihren kognitiven Fähigkeiten entsprechenden Bildungsabschluss zu erzielen. Soziale Unzufriedenheiten resultieren aus diesen Umständen.

Lebensalter	Merkmale der Sprachentwicklung
– 7. Woche	Reflektorisches Schreien
2. – 6. Monat	1. Lallperiode
6. – 9. Monat	Lallperiode Die typischen Urlaute werden auf das muttersprachliche Lautmuster reduziert.
8. – 12. Monat	Sprachverständnis
12. – 18. Monat	Einwortsätze erste sinnbezogene Worte
18. – 24. Monat	Zweiwortsätze, ungeformte Mehrwortsätze
2. – 3. Lebensjahr	geformte Mehrwortsätze
– 4. Lebensjahr	vollständige Sätze, kompletter Lautbestand
4. – 6. Lebensjahr	komplexe Satzstrukturen
6. – 10. Lebensjahr	Verständnis schwieriger Satzkonstruktionen

Tabelle 1
Zeittafel der Sprachentwicklung

So sind die Bemühungen des Schulministeriums NRW mit der „Delfin 4" Untersuchung zu verstehen, Sprachstandserhebungen bei vierjährigen Kindern durchzuführen, um frühzeitig Sprachdefizite aufzudecken und diese dann in geeigneter Form auszugleichen. Zu schnell wird aber bei diesen Untersuchungen vergessen, dass die Entwicklung der Sprache auch von intakten Sprachwerkzeugen abhängt und man nicht allein durch Feststellung des Produktmangels auf eine notwendige Sprachförderung schließen kann. Vielmehr ist es immer notwendig, eine umfangreiche Diagnostik der Sprachwerkzeuge durchzuführen, um dann eine kausale Therapie einleiten zu können.

Voraussetzungen für die normale Sprachentwicklung des Kindes
- Das Hörvermögen sollte einohrig im Frequenzbereich zwischen 300–3000 Hertz ohne größere Hörschädigung vorhanden sein.
- Der Hörverlust sollte in der Phase des Spracherwerbs, also innerhalb der ersten sieben Lebensjahre, nicht über 15 dB liegen.
- Die Jahreshörbilanz sollte ausgeglichen sein.
- Das zentrale hörverarbeitende System sollte nicht geschädigt sein.
- Eine adäquate allgemeine geistige Entwicklung ist eine wichtige Voraussetzung für die Spache.
- Keine hereditäre Sprachschwäche
  Bei guter allgemeiner Intelligenz gibt es deutliche Unterschiede in der Sprachbegabung, zum einen geschlechtsabhängig – Jungen zeigen Mädchen gegenüber eher eine verzögerte Sprachentwicklung-, zum anderen auch begabungsabhängig, – technische, mathematische und naturwissenschaftliche Begabungen koinzidieren häufig mit einer Verzögerung der Sprache.
- Cerebrale Dysfunktionen im visuellen, grob-, fein- und mundmotorischen Bereich können ihrerseits zu einer Sprachentwicklungsverzögerung führen.
- Ein gefestigtes soziokulturelles und psychisches Umfeld ist ebenfalls von Nöten.
- Organische Veränderungen des Sprechapparates können zur Entstehung lokalisationstypischer Aussprachestörungen führen. Hier sind Dysgnathien im Bereich des Ober- und Unterkiefers, Lippen,- Kiefer- und Gaumenspalten und Störungen der Lippen- und Zungenmotorik zu nennen.

Altersgemäße Wahrnehmungsleistungen des auditiven, visuellen und taktilkinästhetischen Systems sollten bestehen.

Die Leistungen der zentralen Wahrnehmung des auditorischen Systems sind für den Sprach- und Schriftspracherwerb von entscheidender Bedeutung:
- Auditive Aufmerksamkeit
- Richtungsgehör/Lokalisation
- Trennung zwischen Nutz- und Störschall (auditive Figur – Grund - Wahrnehmung)
- Erkennen der Beziehung zwischen Klangbild und Bedeutung (Sinnbezug/Begriffsdifferenzierung)
- Analyse von auditiven Reizen (Strukturierung/Phonemdiskrimination)
- Auditive Merkfähigkeit
  Simultane Gedächtnisspanne
  Sequentielle Gedächtnisspanne

Sprachentwicklungsbehindernde Faktoren
Entwicklungsstörungen können prä-, peri- und postnatal auftreten. Hier sind Entwicklungsstörungen gemeint, die Missbildungen des Gehirns, Hirnschäden und Verlust der Seh- und Hörfähigkeit einschließen. Eine von der Norm abweichende kommunikative Störung ist der Autismus. Unterschiedliche Begabungen können ebenfalls gravierend den Spracherwerb beeinträchtigen.
Zudem kommt es in unserer Gesellschaft durch die Belastung der Eltern nicht selten auch zu Deprivationserscheinungen. Fehlt doch z.B. der Mehr-Generationen-Haushalt, der sich in vielen Lebenslagen auf eigene Art helfen kann, um solche ungewollten Deprivationen

zu vermeiden. Belastende Familiensituationen, z.B. Eltern leben getrennt, alleinerziehendes Elternteil, Doppelbelastungen durch Beruf und Familie, Arbeitslosigkeit bedingt sind.

Für den Pädaudiologen ist es wichtig, auf das sogenannte undulierende Hörvermögen, das die Sprachentwicklung negativ beeinflussen kann, besonders zu achten.

Northern und Downs (2001) weisen darauf hin, dass Kinder in der Phase des Spracherwerbs nicht in der Lage sind, einen Hörverlust über 15 dB pantonal zu kompensieren. Aus der klinischen Routine aber wissen wir, dass nicht selten Mittelohrergüsse über Monate fortbestehen können und wechselnd stark das Hörvermögen der Kinder beeinträchtigen können, so dass die Jahreshörbilanz (Ptok und Eysoldt 2005; Radü 1987) bei diesen Kindern keinen regelrechten Spracherwerb ermöglicht. Deprivationsuntersuchungen für das visuelle und das auditorische System weisen auf die Notwendigkeit der frühen intensiven Aktivierung der zentralen Strukturen von peripher hin, um so eine adäquate Entwicklung der zentralen Strukturen zu ermöglichen (Hubel und Wiesel 1970a, b, 1959, 1964).

In diesem Zusammenhang mag die Beobachtung von Lentze (1993) interessant sein. Er weist daraufhin, dass die Säuglinge die Ringmuskulatur des Gastrointestinaltractes erst nach Erfordernis entwickeln und man so davon ausgehen muss, dass sich die Flüssigkeiten im Intestinaltrakt frei flottierend bewegen können und bei geeigneter Lagerung auch in das Mittelohr gelangen können. Die beobachtete Infektfreiheit von Eskimokindern mag auch an den Tragegewohnheiten der Mütter liegen, die das Kind in der Regel aufrecht am Körper tragen, so dass physikalisch ein Reflux unterbunden wird (Borkowski et al. 1999, 1997; Deschner und Benjamin 1989; Stein 1999; Tasker et al. 2002a, b; Velepic et al. 2002; White et al. 2002]. So ergibt sich möglicherweise eine andere Erklärung als der häufige Infekt für die beobachteten rezidivierenden Mittelohrfunktionsstörungen im frühen Säuglingsalter.

Untersuchungsmethodik

Wie oben aufgezeigt, gibt es verschiedene Faktoren, die die Sprachentwicklung wesentlich behindern können. Deswegen ist es nötig, eine umfangreiche Diagnostik durchzuführen.

Audiometrie

Differenzierte Überprüfungen des kindlichen Hörvermögens sind von entscheidender Bedeutung. Während man ärztlich gewohnt ist, momentane Befunde zu werten, ist der Weg aber bei der kindlichen Hörprüfung ein anderer. Hier ist notwendig, mehr bilanzierend das Hörvermögen zu beurteilen. Die Jahreshörbilanz (Ptok und Eysoldt 2005; Radü 1987) ist besonders für die Sprachentwicklung des Kindes von Bedeutung. Während der Erwachsene ohne kommunikative Probleme einen Hörverlust von dreißig Dezibel kompensiert, ist das Kind in der Phase des Spracherwerbs, also in den ersten sieben Lebensjahren, darauf angewiesen, keinen Hörverlust über 15 Dezibel pantonal zu erleiden. Diese leichten Hörstörungen machen sich nicht durch die aktuelle Ausprägung bemerkbar sondern durch die zeitliche Dauer. Schönweiler (1993, 1998) empfiehlt deswegen, bei Kindern mit Sprachstörungen das Hörvermögen mindestens dreimal zu untersuchen. Mit der Verordnungspraxis für die Sprachtherapie wird man dieser Forderung gerecht, solche leichten Hörstörungen zu erkennen und adäquat konsequent zu therapieren.

Sprachuntersuchung

Bei dieser Untersuchung ist es von Bedeutung, die expressiven und rezeptiven Sprachleistungen sowie die auditiven und visuellen Wahrnehmungsstörungen und die Grob-, Fein- und Mundmotorik zu erfassen und auch gleichzeitig mit der Altersnorm zu vergleichen, um so behandlungsbedürftige Verzögerungen der Sprachentwicklung aufzudecken.

Psychologie

Gerade eine sichere Beurteilung der kognitiven Fähigkeiten mit sprachfreien IQ-Tests ist wegleitend für die zielgerichtete Therapie, um dann mit dem Blick auf die Ergebnisse der Sprachuntersuchung den Sprachstand und den Entwicklungsstand zu vergleichen. Sollte sich bei sprachlichen Rückständen und langer Therapiedauer herausstellen, dass gleichzeitig eine kognitive Entwicklungsverzögerung vorliegt, ist vorrangig eine heilpädagogische Frühförderung einzuleiten, weil gezielte Sprachtherapie den Bedürfnissen der Kinder nicht entgegenkommt und nicht selten eine Überforderung darstellt.

Ärztliche Untersuchung

Bei der ärztlichen Untersuchung sollten die möglichen prä-, peri- und postnatalen Ursachen der Sprachentwicklungsverzögerung und die weitere Diagnostik im Hinblick auf andere erworbenen Krankheiten, die die Hirnfunktion einschränken können, aufgedeckt werden.

Einer differenzierten Spiegeluntersuchung – vor allem der ohrmikroskopischen Untersuchung – kommt ein besonderer Stellenwert zu. Werden doch allein durch den pathologischen ohrmikroskopischen Befund Hinweise für eine gestörte Jahreshörbilanz und ein undulierendes Hörvermögen gefunden.

Eigene Untersuchungen (siehe Abb. 1)

In der Zeit vom 01.02.1995 bis zum 30.04.2007 wurden in der Abteilung für Phoniatrie und Pädaudiologie folgende Untersuchungen durchgeführt:

Es wurden insgesamt 30.622 Kinder in der Abteilung für Phoniatrie und Pädaudiologie sprachlich untersucht. Es waren 5.126 dreijährige, 11.520 vierjährige und 13.976 fünfjährige Kinder. Zwar nimmt die Artikulationskompetenz (F80.01-partielle Dyslalie; F80.02-multiple Dyslalie; F80.03- universelle Dyslalie) mit zunehmendem Alter zu, jedoch erstaunt es aber doch noch, dass im Alter von fünf Jahren fast 20 Prozent der vorgestellten Kinder eine universelle Dyslalie haben. Bei der Untersuchung von Herrn Doleschal im Jahre 1996 finden wir lediglich bei 3 Prozent der vierjährigen Kinder eine so schwere Sprachstörung.

Auffallend ist dann die Reduzierung des aktiven Wortschatzes (F80.1) bei 70 Prozent der untersuchten Kinder (s. Abb. 1), ebenfalls besorgniserregend ist der hohe Anteil an Sprachverständnisstörungen (F80.2). Daraus resultiert auch die große Zahl der Kinder mit phonematischer Inkompetenz. Die Wahrnehmungsleistungen im visuellen Bereich und die Motorikleistungen (Fein- und Grobmotorik) waren im Wesentlichen unauffällig.

Bei der Überprüfung der Mundmotorik waren fast 60 Prozent der Kinder auffällig.

Gleichzeitig muss man davon ausgehen, dass offensichtlich ein undulierendes Hörvermögen bei einem Teil der Kinder für Sprachstörungen verantwortlich ist. Diese Zahl ist mit 30 Prozent anzusetzen. Man muss bei dieser Betrachtung bemerken, dass es sich hier um die Zusammenfassung der täglichen Routinediagnostik einer Abteilung für Phoniatrie und Pädaudiologie handelt, wobei eben nur sprachgestörte Kinder vorgestellt werden.

Zunehmend häufig sehen wir auch Kinder, die eine unterschiedliche Sozialisation erlebt haben und muttersprachlich in einer anderen Sprache als der deutschen gefördert wurden, so dass der hohe Anteil der Wortschatzstörungen, der Sprachverständnisstörungen und der phonematischen Diskriminations – Minderleistungen erklärbar sind.

Hier sind die Bemühungen des Schulministeriums als richtig anzusehen, werden doch frühzeitig erheblich bildungssprachinkompetente Kinder erkannt und können dann noch im Kindergartenalter in diesem Bereich durch adäquate Maßnahmen bis zur Einschulung gefördert werden. Auch bei der jetzt abgeschlossenen VERA-Untersuchung im dritten Schuljahr zeigt sich, dass die mangelnde Sprachkompetenz der Kinder in den Sprachverständnisleistungen zu erheblichen Minderleistungen geführt hat, denn bei der alleinigen Informationsweitergabe in der Schriftsprache haben diese Kinder kein Verständnis und können deswegen keine Lösungsstrategien entwickeln.

Man muss sich vor Augen führen, dass die Patienten, die in ihrer frühen Kindheit eine andere Muttersprache als Deutsch erlernt haben, natürlich auch andere Vokale und Konsonanten in ihrer Sprache erlernt haben bzw. das deutsche Vokal- und Konsonantensystem nicht unbedingt phonematisch diskriminieren können. So gelingt es diesen Kindern nicht, beim Diktat sicher die Phonem-Graphem-Zuordnung zu leisten. Es ist bei diesen Kindern zu beobachten, dass sie muttersprachlich bedingt typische Rechtschreibfehler in der deutschen Sprache machen (Slembek 1995).

Synopsis der Befundergebnisse von 5126 dreijährigen, 11520 vierjährigen und 13976 fünfjährigen Kindern
Insgesamt 30622 Kinder
Befundergebnisse der Abteilung für Phoniatrie und Pädaudiologie am St. Elisabeth Hospital Bochum

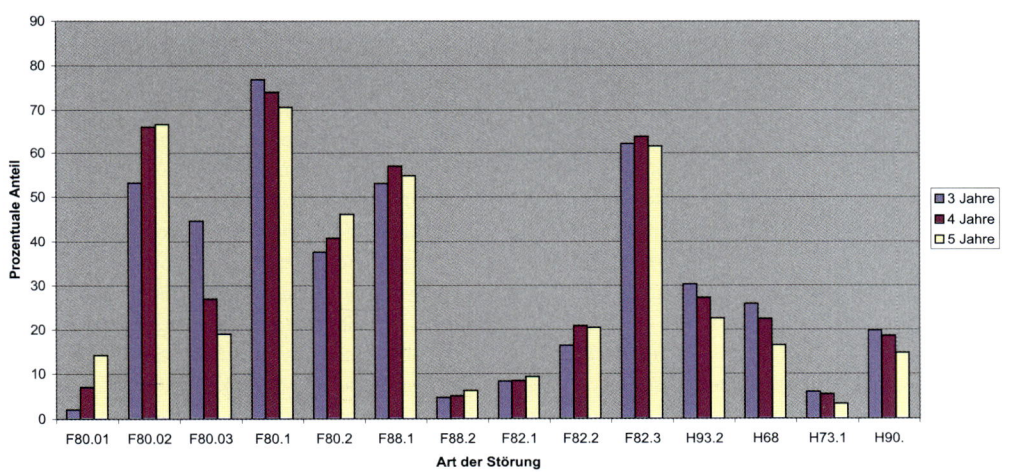

Abb. 1

F80.01: (Partielle Dyslalie)
Ein einzelner Laut oder nur wenige Laute sind betroffen. Sprache entstellt, aber gut verständlich.
F80.02: (Multiple Dyslalie)
Eine größere Anzahl Laute werden gestammelt. Sprachverständlichkeit stärker eingeschränkt.
F80.03: (Universelle Dyslalie)
Der vorhandene Lautbestand erstreckt sich auf nur wenige Laute. Sprache unverständlich.
F80.1: Expressive Sprachstörung, Artikulationsstörung, Dysgrammatismus, Wortschatz
F80.2: Rezeptive Sprachstörung
F88.1: Sonstige umschriebene Entwicklungsstörungen; (Wahrnehmungsstörungen im auditiven Bereich)
F88.2: Sonstige umschriebene Entwicklungsstörungen; (Wahrnehmungsstörungen im visuellen Bereich)
F82.1: Störung der Grobmotorik
F82.2: Störung der Feinmotorik
F82.3: Störung der Mundmotorik
H93.2: Zeitweilige Hörschwellenverschiebung; (undulierendes Hörvermögen)
H68: Entzündung und Verschluss der Tuba auditiva
H73.1: Chronische Myringitis
H90: Hörverlust durch Schallleitungs- oder Schallempfindungsstörung

Schönweiler (1993, 1998) stellt die Ergebnisse von Untersuchungen an 1305 Kindern zusammen, die von April 1988 bis zum September 1999 in der Abteilung des St. Elisabeth Hospitals für Phoniatrie und Pädaudiologie Bochum vorgestellt wurden. Resümierend stellt er fest:

1) Kindliche Sprachstörungen sind medizinrelevant und haben Krankheitswert.
2) Hörstörungen und allgemeine Entwicklungsverzögerungen sind die häufigsten Ursachen einer gestörten Sprachentwicklung.
3) Hörstörungen und allgemeine Entwicklungsverzögerungen sowie daraus resultierende Sprachstörungen treten häufiger, aber auf keinen Fall ausschließlich bei Kindern aus Stadtbezirken mit niedrigem Sozialstatus auf.
4) Bei sprachauffälligen und sprachentwicklungsverzögerten Kindern sollte der HNO-Arzt zunächst eine kritische ohrmikroskopische Untersuchung durchführen. Wir können nachweisen, dass er damit die für die häufigen geringgradigen für eine Schallleitungsschwerhörigkeit verantwortlichen Tubenventilationsstörungen aufdeckt.
5) Gegen die alleinige Tympanometrie als Mittelohr-Screening sprechen die vielen falschen negativen Befunde im Vergleich mit der Ohrmikroskopie und der operativen Kontrolle.
6) Der zeitlichen Dynamik eines undulierenden, d. h. im Rahmen einer Tubenventilationsstörung wechselnden Hörvermögens, sollte mit wiederholten ohrmikroskopischen und audiometrischen Untersuchungen Rechnung getragen werden.
7) Bei sprachauffälligen und sprachentwicklungsverzögerten Kindern sollten auch geringgradige Schwerhörigkeiten konsequent operativ, auch mit der Einlage von Paukenröhrchen saniert werden.
8) Durch die frühzeitige Erkennung von Hörstörungen mit konsequenter Optimierung des Hörvermögens, aber auch durch frühzeitige Erfassung und Behandlung von Entwicklungsstörungen kann die Sprachentwicklung verbessert, das Krankheitsbild in seiner Ausprägung gemildert, in vielen Fällen logopädische Therapie und Sonderbeschulung vermieden werden und ein regelrechter Bildungsgang beim Kind sichergestellt werden.

Die soziodemographische Verteilung und Sprache bei Kindern einer Großstadt im Alter zwischen vier und fünf Jahren hat Herr Doleschal bei Untersuchungen an Bochumer Kindern im Jahre 1996 zusammengestellt. Es handelt sich allein um eine isolierte Untersuchung der Sprachleistungen. Er zieht folgende Schlüsse:

In unserer Untersuchung zeigt sich, dass 25 Prozent der vier- bis fünfjährigen Kindergartenkinder eine abklärungsbedürftige Artikulationsstörung aufweisen. Die universelle Dyslalie betrifft dabei nur drei Prozent der vier- bis fünfjährigen Kinder. Auffällig in der Untersuchung war der relativ hohe Anteil von Einschränkungen bei den Sprachverständnisleistungen und bei der Formkonstanzbeobachtung in der visuellen Wahrnehmung. Hierbei sind soziokulturelle Entwicklungen, aber auch testmethodische Probleme zu diskutieren. Bei der Betrachtung sozialer Faktoren ergaben sich statistische Hinweise auf einen Einfluss bei den Sprachverständnisleistungen, dem aktiven Wortschatz und der phonematischen Diskrimination. Bei der Lautbeherrschung zeigten sich keine wesentlichen Unterschiede im Vergleich zu den Untersuchungsbefunden von Kindern aus Württemberg 1980. Die geringen Unterschiede bei der S-Laut-Beherrschung können sowohl dialektal als auch psychoakustisch durch unterschiedliche Perzeption der Untersucher bedingt sein.

Überlegungen zur unterschiedlichen Sprachkompetenz bei den Generationen der Migranten

Erste Generation

Bei den Migranten der ersten Generation erreichte man eine gute weil die Frequenz des Bildungsspracherwerbs in der Schule ständig gegeben war, da in der Regel anfänglich wenige Schüler mit Migrationshintergrund in der

Klasse waren. Die Notwendigkeit, ständig die Bildungssprache aktiv zu nutzen, hat bei dieser Generation doch zu einer guten Sprachkompetenz geführt. In nicht wenigen Fällen wurden die Kinder nicht in Deutschland geboren und kamen erst im Kindesalter in unser Land.

Zweite Generation
In der zweiten Generation der Migranten überstieg der Anteil der Migrantenkinder selten 20 Prozent in der Klasse, so dass auch diese Kinder ausreichend häufig die Bildungssprache nutzen mussten. Auch die Kommunikationsmedien Zeitungen, Radio und Fernsehen waren in der Regel nur in Bildungssprache zu erschwinglichen Preisen zu erhalten.

Dritte Generation
In der dritten Generation ist es nun zu einer regionalen Häufung von Kindern mit Migrationshintergrund gekommen, so dass nicht selten der Anteil dieser Kinder in den Klassen bis zu einer Höhe von 80 Prozent liegt. Die Frequenz der Bildungssprache wird nur auf die reine Unterrichtszeit reduziert. Bei den übrigen Aktivitäten werden dann herkunftsspezifische Sprachen zur Kommunikation eingesetzt. Auch der leichte und bequeme Zugang zu den Kommunikationsmedien in anderen Sprachen ist einfacher geworden. So gelingt es mehr und mehr, bildungssprachferne Zeitungen zu lesen und entsprechende Radio- und Fernsehsendungen zu empfangen.
Sprachlich bilden sich Parallelwelten aus. Die Sprachkompetenz verringert sich nicht selten auch in der Muttersprache und in der Bildungssprache, so dass wir in nicht wenigen Fällen die Kreolisierung der Sprache erleben und von einer doppelten Halbsprachigkeit sprechen (Wendlandt 2000).

Schriftspracherwerb und Sprachvermögen
Diese Ergebnisse sind auch durch die Delfin-4-Untersuchungen des Kultusministeriums und Schulministeriums NRW bestätigt worden. Obwohl dieser Trend in der Diagnostik schon lange abzusehen war (siehe auch Abbildung von 30622 Untersuchungen bei Kindern mit Sprachentwicklungsverzögerungen), dominiert doch im Wesentlichen bei den Sprachstörungen der mangelnde aktive Wortschatz und die deutlich reduzierten rezeptiven Sprachleistungen (Informationen werden nicht verstanden, wenn der Informationsträger allein die Sprache ist). Daraus resultiert auch die mangelnde auditive Wahrnehmung, bei der in der phonematischen Diskrimination, in der Wahrnehmung, in der Hörgedächtnisspanne, in der auditiven Aufmerksamkeit Defizite festgestellt werden. Intensives Bemühen in Kooperation mit den Tageseinrichtungen der Kindergärten in Bochum haben das Problem zwar frühzeitig offengelegt; allerdings haben die darauf angesprochenen Eltern eher negativ reagiert und haben kaum Anstrengungen unternommen, die Sprachkompetenz der Kinder in der Bildungssprache zu fördern. Die nächste große Gruppe der Kinder, die in der Abteilung vorstellt werden, sind Kinder mit einer Lese- Rechtschreibstörung. Diese Kinder sind in der phonematischen Diskrimination unsicher, was auch den unterrichtenden Lehrern auffällt. Zum einen mag eine mangelnde Sprachkompetenz Ursache dafür sein, zum anderen kann man aber auch beobachten, dass verschiedene Methoden des Lese- und Rechtschreiberwerbs offensichtlich ursächlich für diese mangelnde Lese-Rechtschreibkompetenz verantwortlich sein können. So werden uns Kinder vom ersten bis sechsten Schuljahr vorgestellt mit der Frage nach dem Phonemgehör (Kind hört verschiedene Laute nicht). In der Regel kann man eine ursächliche periphere Hörstörung ausschließen. Es ergeben sich in nicht wenigen Fällen Hinweise auf kognitive Störungen und Minderleistungen des auditiven Systems. Erstaunlicherweise ist zu bemerken, dass diese Probleme von Seiten der Pädagogen früh aufgedeckt werden, aber anstatt intensiv und adäquat frühzeitig zu reagieren, werden diese Störungen begleitet. Erst beim Eintritt ins dritte Schuljahr, wenn die Basis des Lese- Rechtschreiberwerb schon

gelegt ist und die Anforderungen im sprachlichen Bereich gesteigert werden (Aufsätze verfassen, Sachaufgaben selbstständig lösen, weitgehend ungeübte Diktate schreiben und Regelwissen der Rechtschreibung anwenden, werden diese Kinder massiv auffällig. Nicht selten wird die weitere Schullaufbahn dieser Kinder auf Grund der beschriebenen Minderleistungen erheblich beeinträchtigt.

Redeflussstörungen im Kindesalter bedürfen wie aufgezeigt auch der intensiven multidisziplinären Diagnostik, sind aber in der Häufigkeit des Vorkommens eher selten. Sie können aber dann lange Zeit die Individualentwicklung hemmen.

Zusammenfassung

Ich hoffe in der Situationsbeschreibung deutlich gemacht zuhaben, dass die Diagnostik von hör-, sprech- und sprachgestörten Kindern immer eine multidisziplinäre Aufgabe ist. Ohne die Synopsis medizinischer, sprachlicher und kognitiver Fertigkeiten des Individuums gelingt es nicht, eine an den Bedürfnissen des Betroffenen ausgerichtete Förderung zu veranlassen. Isolierte Teilstücke der Diagnostik geben zwar ein Defizit an, aber sie können nicht die Basis für ein umfassendes Förderkonzept sein.

Literatur

Borkowski G, Sommer P, Stark T, Sudhoff H, Luckhaupt H (1999) Recurrent respiratory papillomatosis associated with gastroesophageal reflux disease in children. Eur Arch Otorhinolaryngol 256(7): 370-372

Borkowski G, Sudhoff H, Koslowski F, Hackstedt G., Radü HJ, Luckhaupt H (1997) A possible role of Helicobacter pylori infection in the etiology of chronic laryngitis. Eur Arch Otorhinolaryngol 254(9-10): 481-482

Bussmann H (2002) Lexikon der Sprachwissenschaft. Kröner, Stuttgart

Deschner WK, Benjamin SB (1989) Extraesophageal manifestations of gastroesophageal reflux disease. Am J Gastroenterol 84: 1-5

Hubel DH, Wiesel TN (1970a) Stereoscopic vision in macaque monkey. Nature 225: 41-42

Hubel DH, Wiesel TN (1970b) The period of suseptibility to the physiological effects of unilateral eye closure in kittens. J Physiol 206: 419-436

Hubel DH, Wiesel TN (1959) Receptive fields of single neurones in the cat`s striate cortex. J Physiol 148: 574-591

Hubel DH, Wiesel TN (1964) Receptive fields and functional architecture in two nonstriate visual areas. J Neurophysiol 28: 229-289

Lentze MJ (1993) Entwicklung des Gastointestinaltraktes und deren Auswirkungen auf die Ernährung von Frühgeborenen. In: Manns F, Springer S, Wachtel U (Hrsg.) Zur Optimierung der enteralen Ernährung von Frühgeborenen. Georg Thieme, Stuttgart, S 50-75

Northern JL, Downs MP (2001) Hearing in Children. 5th ed. Williams and Wilkins

Ptok M, Eysholdt U (2005) Auswirkungen rezidivierender Paukenergüsse auf den Spracherwerb. HNO 53(1): 71 ff

Radü H-J (1987) Die Bedeutung entwicklungsphysiologischer Untersuchungsergebnisse. Laryng Rhinol Otol 66: 660-663

Schönweiler R (1993) Audiometrische, sprachliche, entwicklungspsychologische und soziodemographische Befunde bei 1300 sprachauffälligen Kindern und deren Bedeutung für ein individuelles Rehabilitationskonzept. Sprache-Stimme-Gehör 17: 6-11

Schönweiler RM, Ptok M, Radü H-J (1998) A cross-sectional study of speech- and language-abilities of children with normal hearing, mild fluctuating conductive hearing loss, or moderate to profound sensoneurinal hearing loss Int J Pediatr Otorhinolaryngol 44: 252-258

Slembek E (1995) Lehrbuch der Fehleranalyse und Fehlertherapie: Deutsch hören, sprechen und schreiben. Für Lernende mit griechischer, italienischer, polnischer, russischer und türkischer Muttersprache. 2. erw. Aufl. Agentur Dieck, Heinsberg

Stein M (1999) Gastroesophageal reflux disease an airway disease. Lung biology in health and Disease 129

Tasker, AD, Panetti, M, Koufma, J, Birchall, J, Pearson, JP (2002a) Is gastric reflux a cause of otitis media with effusion in children? Laryngoscope 112: 1930-1934

Tasker, AD, Dettmar, PW, Panetti, M, Koufman, JA, Birchall, JP (2002b) Reflux of gastric juice and glue ear in children. Lancet 359: 493

Velepic M, Rozmanic V, Bonifacic M (2002) Gastroesophageal reflux, allergy and chronic tubotympanal disorders. Int J Pediatr Otorhinolaryngol 55: 187 – 90

Wendlandt W (2000) Sprachstörungen im Kindesalter. 4.Aufl. Thieme, Stuttgart

White DR, Heavner S, Hardy SM, Prazma J (2002) Gastroesophageal reflux and Eustachian tube dysfunction in an animal. Laryngoscope 112: 955-61

Klinik des Riechorgans

Klink von Riech- und Schmeckstörungen

K.-B. Hüttenbrink

Riechstörungen

Funktion des olfaktorischen Systems

Die Luftmoleküle gelangen beim Einatmen mit dem Luftstrom in die regio olfaktoria der Nasenschleimhaut, die sich kranial der mittleren Nasenmuschel sowohl an der lateralen Wand der Nasenhaupthöhle als auch auf der oberen Septumschleimhaut befindet. Hier sind in das respiratiorische Epithel Olfaktorische Rezeptorneurone (ORN) eingebettet, deren Axone durch die lamina cribrosa des Siebbeines zu den bulbi olfactorii ziehen. Die bipolaren ORN weisen an ihrer lumenwärts gelegenen Oberfläche Zilien auf, die mit olfaktorischen Rezeptoren besetzt sind. Auf der zentralen Seite bilden die Axone der ORN innerhalb des bulbus olfactorius Synapsen mit den nachgeschalteten zweiten Neuronen, den Mitralzellen. Typisch für die Entschlüsselung des Riechreizes ist die Konvergenz sämtlicher ORN-Axone, die denselben olfaktorischen Rezeptor ausbilden, auf ein einzelnes so genanntes „Glomerulus". In der weiteren zentralen Projektion folgen die Axone der Mitralzellen dem traktus olfactorius, und projizieren direkt auf piriforme und entorhinale Rindenareale sowie zu den Amygdala. Ein geringerer Anteil wird über den Thalamus zum orbitofrontalen Cortex geleitet. Dabei projiziert die Mehrzahl der olfaktorischen Fasern ungekreuzt auf ipsilaterale Hirnareale. Auffallend ist die frühzeitige Projektion der meisten olfaktorischen Fasern direkt zum piriformen Cortex, zur Amygdala und dem entorhinalen Cortex, was aufgrund der dort gelegenen Verarbeitung von Emotionen und Erinnerungen mitverantwortlich für den emotionalen Charakter vieler olfaktorischer Gedächtnisinhalte angesehen wird.

Neben der olfaktorischen Erregung umfasst die chemosensorische Wahrnehmung auch die Reizung des trigeminalen Systems, da die Mehrzahl der Duftstoffe auch eine trigeminale Komponente aufweist. Dadurch werden viele Duftsubstanzen auch von anosmischen Patienten wahrgenommen. Im Gegensatz zum olfaktorischen System, das keine Seitenunterscheidung vermag, ist im trigeminalen System eine seitengetrennte Lokalisation der Geruchsquelle möglich (Hummel 2000).

Einteilung der Riechstörungen

Quantitative Riechstörungen

Hierin wird die subjektiv beschriebene Stärke der Riechleistung beschrieben: Anosmie beschreibt das Fehlen des Riechvermögens, spezifische Anosmie die Unfähigkeit einen bestimmten Duftstoff wahrnehmen zu können, Hyposmie bedeutet ein vermindertes, Hyperosmie ein verstärktes Riechvermögen.

Qualitative Riechstörungen

Hiermit werden die subjektiv veränderten Geruchseindrücke beschrieben. Eine Parosmie beschreibt eine verzerrte Wahrnehmung von Gerüchen in Gegenwart einer Reizquelle (typisches Beispiel ist der unangenehme Geruch von Kaffee nach Jauche). Eine Phantosmie beschreibt die Wahrnehmung von Gerüchen in Abwesenheit einer entsprechenden Duftquelle.

Diagnostik der Riechstörungen

Nach einer detaillierten Anamneseerhebung ist die ausführliche endoskopische Untersuchung der Nase obligat zu Beginn der diagnostischen Verfahren einzusetzen. Denn nur die sorgfältige visuelle Überprüfung der freien Zugänglichkeit der regio olfaktoria bis an das Dach der Nasenhaupthöhle mit möglichst dünnen Endoskopen bietet die Gewissheit, ob überhaupt Duftmoleküle bei der Nasenatmung das Riechepithel erreichen können (Hüttenbrink 1997). Zur Testung der Riechfunktion wurden psycho-physische Verfahren eingesetzt, die allerdings auf die Mitarbeit des Probanden angewiesen sind (sogenannte subjektive Tests). Objektive Verfahren sind unabhängig von der Mitarbeit der Testperson. Grundsätzlich sind Selbsteinschätzungen zur olfaktorischen Leistungsfähigkeit ausgesprochen unzuverlässig. In der diagnostischen Stufenleiter sind weiterhin bildgebende Verfahren (MRT, CT) von zentraler Bedeutung zum Ausschluss sinunasaler oder zentraler Ursachen einer Riechstörung.

Psycho-physische Methoden
Am gebräuchlichsten ist für die Identifikation verschiedener Duftsubstanzen, die der Proband benennen muss. Historisch ist aus einer Vielzahl von Substanzvorschlägen, mit denen im praktischen Alltag an Fläschchen mit zum Teil undefinierbaren überlagerten Duftproben geschnüffelt wurde, auf Initiative der Arbeitsgemeinschaft Olfaktologie/Gustologie der Deutschen Gesellschaft für Hals-Nasen-Ohrenheilkunde, Kopf und Halschirurgie der so genannte Riechstifte-Test entwickelt worden (Hummel 1997). Bei diesem Test werden Duftaromen in verschließbaren Plastikhülsen dem Probanden angeboten und er muss aus einer Vorgabe von vier verbalen Antwortmöglichkeiten eine Auswahl treffen (forced-choice). In den USA ist ein mikroverkapselter Riechtest sehr erfolgreich. Allerdings müssen in der Bewertung auch interkulturelle Unterschiede berücksichtigt werden (so ist der Geruch von Ahornsirup oder Wurzelbier in Europa wenig bekannt). Daher sind auch die in Japan verbreiteten Testverfahren nicht ohne weiteres übertragbar. Die Duftstifte werden je nach Einsatz in 8 – 12 (orientierende Prüfung) oder 16 (kompletter Test) Aromen angeboten.

Für die Schwellenbestimmung werden wiederholt auf- und absteigende Konzentrationen desselben Duftstoffes angeboten, wobei ebenfalls eine die „forced-choice"-Antwort eingesetzt wird. In dem Diskriminationstest muss aus drei Teststiften mit zwei identischen Gerüchen der unterschiedliche Duft bestimmt werden.

Die Summe der erhaltenen Antworten aus dem Schwellen-, Diskriminations- und Identifikationstest (SDI) bildet eine Zahl, die als Riechleistung interpretiert werden kann. Durch umfangreiche Probandenuntersuchungen (mit Absicherung durch objektive Testverfahren) konnte unter Berücksichtigung der altersabhängigen physiologischen Funktionsänderung der Riechleistung ein Wert von über 30 für die Normosmie und von kleiner als 15 als Anosmie festgelegt werden (Kobal 2000).

Simulationsprüfungen
Besonders für gutachterliche Fragestellungen sind früher eine Vielzahl von Simulationsprüfungen eingesetzt worden, um die Unzulänglichkeiten der auf die Mitarbeit des Probanden basierenden psycho-physischen Prüfungen zu beheben. Umfangreiche Kontrolluntersuchung unter Einschluss objektiver Verfahren haben jedoch gezeigt, dass diese Tests, die zum Teil auf der retronasalen-gustatorischen Prüfung (Güttich-Test) oder der Trigeminus-Sensitivität beruhen, eine hohe Zahl von Falschinformationen lieferten (Hummel 2002). Diese Simulationsprüfungen sollten daher nicht mehr zum Einsatz kommen und sind durch die im Folgenden beschriebenen objektiven Testverfahren ersetzt.

Objektive Testverfahren
Von den früher vielfach eingesetzten so genannten objektiven Verfahren der Messung verschiedener Körperreaktionen auf angebotene Duftreize (Änderung der Atmung, der

Körper-Position, des Hautwiderstandes etc.) ist aufgrund ihrer zu geringen Reliabilität nur anekdotisch zu berichten. Durchgesetzt hat sich trotz des großen Messaufwandes die Aufzeichnung der chemosensorisch (olfaktorisch) evozierten Potentiale (Hummel et al. 2000). Hierbei werden mit einer aufwändigen mechanischen Duftzuführung (Artefakte durch Aktivierung mukosaler, trigeminaler Reizungen beim Einblasen des Duftstoffes müssen unbedingt vermieden werden) in einen ständig fließenden Luftstrom Geruchsmoleküle repetitiv eingebettet. Die bei Reizung der Riechsinneszellen ausgelösten olfaktorisch evozierten Potenziale sind aus dem EEG abgeleitete, polyphasische Antworten, welche durch die Aktivierung cortikaler Neurone entstehen. Zur Extraktion dieser Potenziale aus dem verrauschten EEG-Signal ist eine aufwändige Mittlung individueller Antworten (nach den repetitiven Stimuli) erforderlich. Eine große Anforderung an die apparative Reizung ist der erforderliche steile Anstieg (unter 20 Millisekunden) der Duftreizung, damit bei Reizbeginn die Aktivität möglichst vieler cortikaler Neurone synchronisiert wird. In den Ableitpositionen der Mittellinie gegen die Referenzelektroden werden typischerweise zwischen 500 und 1500 Millisekunden nach der Reizung die Amplituden N1 und P2 registriert. Stets ist die Ableitung der Potenziale mit einer vorhergehenden trigeminalen (CO_2) Stimulation verbunden. Hierdurch kann die korrekte Messmethodik überprüft werden.

Das wichtigste Anwendungsgebiet der olfaktorisch evozierten Potenziale liegt in der klinischen Olfaktometrie bei unklaren psychophysischen Ergebnissen, z. B. zum Ausschluss einer simulierten Anosmie. Weitergehende Fragestellungen sind für die Erforschung der funktionellen Zusammenhänge des Riechvorganges zu sehen.

Mehr wissenschaftlichen Hintergrund haben Elektroolfaktogramme, bei denen lokalisiert die elektrischen Potenziale des olfaktorischen Epithels bei einer olfaktorischen Reizung durch Auflegen einer Messsonde auf das Riechepithel gewonnen werden. Hiermit können Informationen über die Ausdehnung des olfaktorischen Epithels sowie Ausschlüsse einer peripheren Anosmie untersucht werden. Die Fortschritte auf dem Gebiet der apparativen Bildgebung ermöglichen neue Untersuchungstechniken mit der funktionellen MRT sowie der Positronenemissionstomographie (PET). Hiermit lassen sich in der Forschung interessante Erkenntnisse gewinnen; vom Einsatz in der klinischen Routine sind diese sehr aufwändigen Testverfahren allerdings noch weit entfernt.

Ursachen von Riechstörungen

In der Bevölkerung ist die Inzidenz von Riechstörungen größer als früher vermutet. Detaillierte Untersuchungen (mit dem SDI-Testverfahren) konnten zeigen, dass ca. 5% der Bevölkerung eine Anosmie aufweisen (Landis 2004). Bekannt ist die Abnahme der Riechleistung mit zunehmendem Alter, wobei das männliche Geschlecht deutlich stärker betroffen ist (über 80-jährige Männer weisen in ca. 50% eine Anosmie auf).

Die derzeit gängige Einteilung der Riechstörung richtet sich im Wesentlichen nach der Patientenanamnese. Danach werden Riechstörungen in fünf große Gruppen eingeteilt: nach einem Infekt (postinfektiös), bei einer entzündlichen Veränderung bzw. Polypen (sinunasal), nach einem Unfall (posttraumatisch), bei neurologischen Erkrankungen (neurodegenerativ, z.B. Morbus Parkinson oder Morbus Alsheimer) und bei unbekannter Ursache (idiopathisch). Bei einem kleinen Teil der Patienten ist die Riechstörung angeboren. Andere Ursachen von Riechstörungen können toxisch-medikamentöse Ursachen haben oder im Zusammenhang mit internistischen Erkrankungen auftreten.

Postviraler Riechverlust
Der Riechverlust nach einer Infektion der oberen Luftwege ist eine der hauptsächlichen Ursachen für Veränderungen der olfaktorischen Funktion. Typischerweise geht dem Riechverlust eine Erkältungsperiode voraus, während

der es zum Verlust des Riechvermögens kommt, was den Patienten jedoch anfänglich nicht sonderlich beunruhigt. Erst wenn einige Zeit nach Verschwinden der Nasenatmungsbehinderung die Riechfunktion immer noch nicht zurückkehrt, werden die meisten Patienten misstrauisch. Exakte Erkenntnisse über die Pathogenität der auslösenden Viren (oder bakterielle Toxine) bzw. ob es sich um eine überschießende Immunreaktion gegen das olfaktorische Epithel handelt, sind nicht bekannt (Sugiura 1998). Die Patienten müssen darüber informiert werden, dass sich im Anschluss an den postviralen Riechverlust eine Parosmie entwickeln kann. Sie tritt meist ca. 2 bis 6 Monate nach der Infektion auf, kann aber auch direkt im Anschluss an die Infektion bemerkt werden. Die Inzidenz der Parosmien ist wahrscheinlich höher als bisher angenommen; wahrscheinlich leiden bis zu 25% der Patienten mit postviralen Riechstörungen an Parosmie bzw. Phantosmie (Frasnelli 2004).

Sinunasale Riechstörungen
Die meisten Patienten, die sich mit Riechstörungen in der HNO-Praxis vorstellen, weisen sinunasale Erkrankungen auf. Diese ist leicht nachvollziehbar, wenn eine nasale Polyposis durch die mechanische Obstruktion der Nasenhaupthöhle den Zustrom der Aromamoleküle beeinträchtigt. Auf Funktionsstörungen im olfaktorischen Epithel weisen Riechstörungen bei allergischen oder der unkomplizierten chronischen Rhinosinusitis hin (Klimek 1998). Manche dieser Patienten können durch lokale Abschwellungen (mittels Tupfereinlage in die Riechspalte) oder Cortisongabe eine temporäre Verbesserung ihres Riechvermögens angeben, was auf die lokalisierte Funktionsstörung im Riechepithel (z.B. Ödem) hinweist. Bei Bestehen einer langjährigen chronischen Sinusitis kann auch durch die entzündliche Affektion der Riechschleimhaut sowie eine irreversiblen Schädigung der olfaktorischen Rezeptoren eine Degeneration des olfaktorischen Epithels eintreten (Lee 2000).

Posttraumatische Riechstörung
Am häufigsten werden okzipitale Traumata, manchmal mit recht banaler Krafteinwirkung, als Ursache einer Riechstörung geschildert. Grundsätzlich allerdings korreliert der Riechverlust mit der Schwere eines Schädel-Hirn-Traumas, insbesondere bei lateraler Gewalteinwirkung (Yousem et al. 1999). Dabei können die fila olfaktoria beim Durchtritt durch die lamina cribrosa abscheren, sei es durch die direkte Gewalteinwirkung, oder durch die „coup-contre-coup" Läsion durch die trägheitsbedingte Hirnverlagerung. Auch direkte Zerstörungen von intracerebralen Strukturen (im MRT als Einblutung nachweisbar) können mit einer Riechstörung einhergehen (Delank 1996). Typischerweise werden die Einschränkungen des Riechvermögens erst mit einer gewissen Latenz bemerkt, wenn die Patienten in die häusliche Umgebung nach Abheilung der begleitenden Verletzungen zurückkehren und die gewohnten Gerüche nicht mehr wahrnehmen.

Neurodegenerative Ursachen einer Riechstörung
Beim idiopathischen Parkinsonsyndrom sind olfaktorische Störungen ein früh- und dominierendes Symptom (Mesholam 1998). Sie werden bei 80 – 90% der Patienten festgestellt. Die Riechstörung beim Parkinsonsyndrom wird so verlässlich aufgefunden, dass es als Kardinalsymptom der Erkrankung angesehen wird. Die olfaktorischen Störungen können den motorischen Störungen ca. 4-6 Jahre vorausgehen, so dass möglicherweise bei einigen Patienten mit einem idiopathischen Riechverlust sich im Laufe ihres späteren Lebens ein Parkinsonsyndrom entwickeln könnte.
Ebenfalls sehr häufig werden olfaktorische Störungen bei der Alzheimer Demenz festgestellt.

Idiopathische Riechstörung
In vielen Fällen kann trotz ausgiebiger Diagnostik keine zugrunde liegende Ursa-

che einer geklagten bzw. gemessenen Riechstörung gefunden werden. Allerdings ist mit zunehmender Kenntnis über die Funktionsweise und die Pathomechanismen der Riechstörung eine Abnahme dieser Zuordnung zu erwarten (s. Parkinsonsyndrom). Eine probatorische Cortison-Gabe kann ein möglicherweise sinunasal bedingtes Ödem in der Riechschleimhaut, das endoskopisch nicht verifiziert werden kann, darstellen.

Sonstige Ursachen
Selten werden Riechstörungen bei endokrinen Erkrankungen (Diabetes Mellitus, Hypothyreodismus, Pseudohypoparathyreodismus) in Verbindung gebracht. Nur wenige Studien konnte eine häufigere Hyposmie, jedoch selten eine Anosmie nachweisen (Landis 2004). Bei einer Epilepsie wird die Einschränkung der Riechfunktion hauptsächlich zentralnervösen Strukturen zugeschrieben (Kohler 2001). Ungeklärt ist die Ursache einer Anosmie nach Allgemeinanästhesie bei chirurgischen Interventionen, über die vereinzelt berichtet wird (Landis 2004). Die Angabe von einer Häufigkeit von 1% wird allerdings in anderen Untersuchungen bezweifelt (Damm 2003). Toxische Zerstörungen der Riechschleimhaut wurden meistens auf Einzelbeobachtungen bezogen. Auch medikamentöse Nebenwirkungen (kardiovaskuläre, antihypertensive Medikamente oder Antibiotika) können zu temporären Riechstörungen führen, die allerdings nach Absetzen der jeweiligen Medikamente sistieren (Doty 2003).
Kongenitale Anosmien sind sehr selten und zeigen typischerweise im MRT eine Aplasie des bulbus olfaktorius. Am häufigsten ist das Kallmannsyndrom, das neben der Anosmie einen hypogonadotropen Hypogonadismus aufweist (Abolmaali 2002). Intrakranielle Tumoren, wie Meningeome in den Mittellinienstrukturen oder Aesthesioneuroblastome können sich in Ausnahmefällen mit einer Riechstörung als erstem Symptom sich manifestieren (Welge-Luessen 2001).

Therapie von Riechstörungen
Aufgrund der Regeneration des Riechepithels kann auch eine komplette Anosmie sich nach Wochen bis Monaten (bis Jahre werden beschrieben) rückbilden und in Ausnahmefällen zu einer Wiederkehr der normalen Riechfunktion führen. Die höchste Besserungstendenz ist bei posttraumatischen und postviralen Riechstörungen im ersten Jahr der Erkrankung zu erwarten (Murphy 2003). Allerdings kann die individuelle Prognose nicht vorhergesagt werden. Es scheint jedoch, dass jüngere Patienten bessere Heilungsraten verzeichnen. Der früher angenommene Hinweis, dass eine Parosmie als Zeichen von Regeneration innerhalb des olfaktorischen Systems eine gute Prognose habe, ließ sich jedoch nicht bestätigen (Hummel 2004).

Behandlung sinunasal bedingter Riechstörungen
Im Falle einer Verlegung der Atemwege durch Polypen bzw. einer chronischen Rhinosinusitis verspricht die chirurgische Intervention mit Freilegung der Atemwege und Ausheilung der chronischen Infektion der Nasenschleimhäute die größte Erfolgsaussicht. Dennoch bleiben viele dieser Patienten in ihrer Riechleistung gestört, was möglicherweise auf die chronisch entzündlichen Veränderungen im Bereich der Riechschleimhaut hinweist. In diesen Fällen kann durch eine systemische Steroidgabe in manchen Fällen eine temporäre Verbesserung der Riechleistung erzielt werden (Klimek 1997). Die lokale Weiterführung mittels topisch verabreichter Steroide in Sprayform ist allerdings wenig erfolgreich, da das Riechepithel in seinem geschützten Bereich der oberen Nasenhöhle von den Tröpfchen nicht erreicht wird (Heilmann 2004). Eine Verbesserung der Effektivität dieser Behandlung mit Nasensprays lässt sich in manchen Fällen durch eine Applikation in Kopfhängelage erreichen. Auch durch Antibiotika kann eine evtl. bakteriell bedingte Störung im respiratorischen- und Riechepithel erfolgreich behandelt werden.

Therapie postviraler und posttraumatischer Riechstörungen

Die Vielzahl von Vorschlägen in der Literatur über unterschiedlichste Wirksubstanzen weist eher auf die geringe Einflussnahme medikamentöser Substanzen auf diese Form der Riechstörungen hin. Denn aufgrund der ungeklärten pathomechanischen Vorgänge (funktionelle Veränderungen oder Untergang der Riechsinneszellen) kann nur in Einzelfällen durch eine medikamentöse Unterstützung eine Funktionsrückkehr erzielt werden (Hendriks 1988). Im Rahmen von Multicenterstudien, über die Arbeitsgemeinschaft Olfaktologie/Gustologie der Deutschen HNO-Gesellschaft initiiert, wurden verschiedene Substanzen, wie Alpha Liponsäure oder der NMDA-Antagonist Caroverin untersucht, allerdings nicht mit überzeugenden Ergebnissen (Quint 2002). Auch Zink, obgleich häufig als Therapieoption im Gespräch, hat sich in doppelblind durchgeführten Studien nicht als wirksam erwiesen, außer bei Patienten in Haemodialyse mit schwerem Zinkmangel als Substitution (Henkin 1976). Auch oral verabreichte Vitamine (A, B etc.) konnten ihre Wirksamkeit bisher nicht bestätigen (Heilmann, Just, 2004). Das Grundproblem von Medikamentenstudien ist, dass nur wissenschaftlich begleitete Doppelblind-Studien gegen Placebo-Kontrolle verlässliche Ergebnisse liefern können, da die subjektiven Aussagen von Patienten aufgrund der großen Diskrepanz zwischen subjektiver Wahrnehmung und objektiver Messung insbesondere retrospektive Studien mit verschiedenen Substanzen nicht verwertbar erscheinen lässt. Auch aktuelle Prüfungen mit der Akupunktur müssen daher erst mit validen Ergebnissen untermauert werden.

Einen viel versprechenden ersten Eindruck hat das so genannte Riechtraining hinterlassen (das allerdings ebenfalls mit einer zurzeit durchgeführten Doppeltblind-Studie untermauert werden muss). Hierbei trainieren die Patienten mit fünf deutlich überschwelligen Riechreizen über mehrere Wochen täglich ihr Riechvermögen. Erste Eindrücke scheinen eine Verbesserung der Riechleistung aufzuzeigen.

Schmeckstörungen

Funktion des Geschmackssinns

Die Schmeckfunktion ist eng mit dem Riechsinn sowie der Somatosensorik des Oropharynx verbunden. Bei der Nahrungsaufnahme wird die Substanz mit den Geschmackspapillen geschmeckt, mit der Zungensensibilität in ihrer Konfiguration geprüft und gleichzeitig beim Kauvorgang durch die retronasal aufströmenden Aromen mit dem Riechepithel gerochen. Die Geschmackswahrnehmung stellt sich somit als Mosaikbild verschiedener nervaler Erregungen dar. Drei verschiedene Hirnnervenpaare sind an der Geschmackswahrnehmung im Orophaynx beteiligt: der n. facialis (über die chorda tympani), der n. glossopharyngeus und der n. vagus. Aufgrund dieser multifunktionalen Anbindung ist ein kompletter Verlust der Geschmackswahrnehmung z. B. durch ein Trauma äußerst unwahrscheinlich. Allerdings müssen die Schmecksubstanzen in Flüssigkeit gelöst in die Geschmackspapillen eindringen können, so dass z. B. eine extreme Austrocknung der Schleimhaut (Siccasyndrom) bereits eine Schmeckstörung bewirken kann (Johnson 2001). Die Qualitätsunterscheidung des Schmecksinns ist im Vergleich zu den anderen Sinnesorganen äußerst begrenzt. So werden nur die Geschmacksqualitäten süß, sauer, salzig und bitter sowie der „Umami"-Geschmack wahrgenommen.

Einteilung der Schmeckstörungen

In Analogie zum Riechsinn werden quantitative von qualitativen Störungen unterschieden. Die quantitativen beschreiben das Ausmaß des Schmeckverlustes, von Ageusie (kompletter Schmeckverlust) über Hypogeusie (verminderte Schmeckfähigkeit) bis Normogeusie. In der qualitativen Klassifizierung wird eine veränderte Schmeckwahrnehmung mit Dysgeusie (auch Parageusie) bezeichnet. Hier werden Schmeckreize oft als bitter, sauer oder metallisch wahrgenommen, auch wenn sie eine andere Schmeckqualität aufweisen.

Eine Phantogeusie wird bei Epilepsie, Schläfenlappentumoren oder akuten Psychosen berichtet.

Diagnostik der Riechstörung
Neben der Anamnese ist eine ausführliche Untersuchung des Mundraumes erforderlich. Dentogene Erkrankungen, der Zustand der Schleimhaut, etc. weisen auf lokale Ursachen hin. Eine Ohrmikroskopie ist zur Beurteilung der chorda tympani ebenfalls erforderlich. Weitere Untersuchungen können die mikrobiologische Testung auf Pilze und Bakterien und die Speicheluntersuchung mit Sialochemie und Sialometrie sein (Hüttenbrink 1997).

Psycho-physische Verfahren
Eine Schmecktestung wird entweder in Form eines Ganzmundtests oder als lokaler Test durchgeführt. Regionale Schmecktests dienen dazu, lokalisierte (halbseitige) Schmeckstörungen nachzuweisen. Mit dem Ganzmundtest kann mehr die alltagsrelevante Schmeckfunktion geprüft werden. Hierbei werden kleine Mengen (2-10 ml) der Schmecklösung verabreicht und der Patient bewegt diese im Mund. Zwischen den einzelnen Testungen muss mit Wasser nachgespült werden. Die Testsubstanzen sind süß (Glukose), sauer (Zitronensäure), salzig (Kochsalz) und bitter (Chininhydrochlorid). Bei der lokalisierten Testung wird die Prüfsubstanz entweder im Tropfentest oder mit Filterpapierstreifen oder Baumwollstäbchen, die mit dem Schmeckstoff getränkt sind, eingesetzt. Der Vorteil der Papierstreifentechnik ist die lange Haltbarkeit des Tests. Unterschiedliche Konzentrationen der vier Schmeckstoffe können über die quantitative Einschränkung des Schmecksinnes Auskunft geben (Hummel et al. 1997).
Die Elektrogustometrie (ein anodischer elektrischer Strom induziert gustatorische Empfindungen, die als metallisch beschrieben werden) ist einfach durchführbar und erlaubt eine gewisse Quantifizierung der Schmeckstörung. Neuere Überprüfungen dieses Verfahrens zeigten jedoch eine nur geringe Korrelation zwischen den Schwellen für elektrische und chemische Reize, so dass dieses Verfahren an Bedeutung verloren hat (Murphy 1995).

Objektive Prüfungen
Die Aufzeichnung gustatorisch evozierter Potenziale steht nur an speziellen Zentren zur Verfügung, da sie methodisch äußerst aufwendig ist. Denn es dürfen nur Geschmacksreize wirken, eine gleichzeitige sensible Stimulation ist in Analogie zu den olfaktorisch evozierten Potenzialen unbedingt zu vermeiden. Dabei wird einem permanenten Wasserfluss über der zu prüfenden Zungenregion sporadisch mit möglichst steiler Anstiegskante der Schmeckreiz zugemischt bei gleichzeitiger Registrierung der gemittelten EEG-Antworten (Kobal 1985).

Apparative Zusatzdiagnostik
Aufgrund der vielen an der Geschmackswahrnehmung beteiligten Hirnnerven sind zusätzlich Messungen der Trigeminusfunktion (Blinkreflex) oder Hirnstammuntersuchungen einsetzbar. Bildgebende Verfahren, z. B. mittels MRT, können zentrale Störungen nachweisen. Mittels mikrobiologischer Untersuchungen lassen sich Infektionen der Mundschleimhaut feststellen, die möglicherweise Schmeckstörungen verursachen. Da der Speichel die Trägerfunktion für die Schmeckmoleküle darstellt, können mit Sialometrie und Sialochemie hier Störungen erfasst werden. Eine gleichzeitige zahnärztliche und neurologische Diagnostik ist bei den vielfältigen Ursachen von Schmeckstörungen zu empfehlen.

Ursachen von Schmeckstörungen
Periphere Nervenläsionen
Da an der Wahrnehmung des Geschmacks mehrere Hirnnerven beteiligt sind, können Ausfälle einzelner Nerven die Geschmackswahrnehmung beeinflussen. Am häufigsten ist der 7. Hirnnerv betroffen, so z. B. bei der idiopathischen Facialisparese oder einer Läsion der chorda tympani, z. B. nach Ohrentzündungen oder Ohroperationen. Auch Läsionen

des n. trigeminus können mit Schmeckstörungen einhergehen. Störungen des n. glossopharyngeus sind häufig mit einer Schluckstörung oder Schluckschmerzen vergesellschaftet.

Zentrale Störungen
Bei einer Schädigung in Höhe des Hirnstamms sind die berichteten Schmeckstörungen selten isoliert, sondern meistens von anderen gravierenderen Zeichen begleitet. Läsionen im Thalamus, im Mittelhirn sowie im Inselcortex oder im orbito-frontalen Cortex können ebenfalls mit Schmeckstörungen einhergehen. Hierbei kann eine Vielzahl von neurologischen Ursachen zum Teil durch begleitende klinische Symptomatik oder durch moderne bildgebende Verfahren als Ursache erkannt werden. Auch neurologische Erkrankungen ohne festgelegte Lokalisation, wie beim Guillain-Barré Syndrom oder der Kreuzfeld-Jakob Erkrankung können Störungen in der zentralen Schmeckbahn mit begleitenden Schmeckstörungen verursachen.

Lokale Ursachen
Veränderungen der normalen Mundschleimhaut-Physiologie, z. B. Schleimhautatrophie, physikalische oder chemische Verletzungen oder Veränderungen der Speichelzusammensetzung können Störungen in der Geschmackswahrnehmung nach sich ziehen.

1. *Antibiotika* Tetracyclin Lincomycin Metronidazol	7. *Lipidsenker* Clofibrat Colestyramin
2. *Antidiabetika* Biguanide	8. *Myonotonolytika* Baclofen
3. *Antimykotika* Griseofulvin Amphotericin B	9. *Psychopharmaka* Amphetamin Clormetazon L-Dopamin Lithium Carbamazepin Disulfiram
4. *Antiphlogistika* Phenylbutazon Azetylsalizylsäure	
5. *Antirheumatika* D-Penicillamin Auranofin Allopurinol Gold	10. *Thyreostatika* Thiamazol Carbimazol Methimazol Thiouracil
	11. *Tuberkulostatika* Ethambutol
6. *Kardiaka* Captopril Enalapril Nifedipin Dipyridamol Amrinon Oxyfedrin	12. *Zytostatika* 5-Fluoro-Uracil Bleomycin Azathioprin

Tabelle 1. Auswahl medikamentös ausgelöster Schmeckstörungen

Medikamenten-bedingte Schmeckstörungen

Relativ häufig werden Schmeckstörungen nach Einnahme von Medikamenten aus unterschiedlichsten Wirkgruppen berichtet (Doty 2004). Erforderlich für den Kausalzusammenhang ist eine enge zeitliche Verbindung zwischen dem Auftreten der Schmeckstörung und der Medikamenteneinnahme. In vielen Fällen ist die Funktionsstörung nach Absetzen der Medikamente reversibel. Tabelle 1 gibt Auskunft über einige Substanzgruppen, die mit Schmeckstörungen in Verbindung gebracht werden.

Therapie von Schmeckstörungen

Im Gegensatz zu den Riechstörungen sind systemische Corticoid- oder Antibiotikagaben nicht generell zur Therapie von Schmeckstörungen zu empfehlen (Stoll 1994). Allerdings können bei Vorliegen der entsprechenden pathomechanischen Ursachen (Entzündung, Autoimmunprozesse) diese Wirksubstanzen hilfreich sein. Eine generelle und gezielte Behandlungsmöglichkeit von Schmeckstörungen ist nicht bekannt. Häufig wird ein Behandlungsversuch mit Zink (140 mg/d) empfohlen, obgleich aus klinischen Studien unterschiedliche Ergebnisse berichtet werden (Heckmann et al. 2005). Bei Patienten mit Burning-Mouth-Syndrom werden Antidepressiva oder Benzodiazepine empfohlen. Ansonsten sollte ein Therapieversuch stets in Relation zu den erkannten Ursachen (z. B. zahnärztliche, hautärztliche oder HNO-ärztliche Untersuchung) erfolgen (Grushka 1998).

Literatur Riechstörungen

Abolmaali ND, Hietschold V, Vogl TJ, Hüttenbrink KB, Hummel T (2002) MR evaluation in patients with isolated anosmia since birth or early childhood. AJNR Am J Neuroradiol 23: 157-64.

Damm M, Eckel HE, Jungehulsing M, Hummel T (2003) Olfactory changes at threshold and suprathreshold levels following septoplasty with partial inferior turbinectomy. Ann Otol Rhinol Laryngol 112: 91-97

Delank KW, Fechner G (1996) Zur Pathophysiologie der posttraumatischen Riechstörungen. Laryngol Rhinol Otol 75: 154-159

Doty RL, Philip S, Reddy K, Kerr KL (2003) Influences of antihypertensive and antihyperlipidemic drugs on the senses of taste and smell: a review. J Hypertens 21: 1805-1813

Frasnelli J, Landis BN, Heilmann S, Hauswald B, Hüttenbrink KB, Lacroix JS, Leopold DA, Hummel T (2003) Clinical presentation of qualitative olfactory dysfunction. Eur Arch Otorhinolaryngol 11: 11

Heilmann S, Hüttenbrink KB, Hummel T (2004) Local and systemic administration of corticosteroids in the treatment of olfactory loss. Am J Rhinol 18: 29-33

Heilmann S, Just T, Göktas Ö, Hauswald B, Hüttenbrink KB, Hummel T (2004) Untersuchung der Wirksamkeit von systemischen bzw. topischen Corticoiden und Vitamin B bei Riechstörungen. Laryngo-Rhino-Otologie 86: 1-6

Hendriks APJ (1998) Olfactory dysfunction. Rhinology 26: 229-251

Henkin RI, Schecter PJ, Friedewald WT, Demets DL, Raff M (1976) A double-blilnd study of the effects of zinc sulphate on taste and smell dysfunction. Am J Med Sci 272: 285-299

Hummel T, Klimek L, Welge-Lussen A, Wolfensberger G, Gudziol H, Renner B, Kobal G (2000) Chemosensorisch evozierte Potentiale zur klinischen Diagnostik von Riechstörungen. HNO 48: 481-5

Hummel T, Livermore A (2002) Intranasal chemosensory function of the trigeminal nerve and aspects of its relation to olfaction. Int Arch Occ Env Health 75: 305-313

Hummel T, Maroldt G, Frasnelli J, Landis BN, Hüttenbrink KB, Heilmann S (2004) Häufigkeit und mögliche prognostische Bedeutung qualitativer Riechstörungen. HNO-Informationen 29: 122

Hummel T, Sekinger B, Wolf S, Pauli E, Kobal G (1997) „Sniffin' Sticks": Olfactory performance assessed by the combined testing of odor identification, odor discrimination and olfactory threshold. Chem Senses 22: 39-52

Hüttenbrink KB (1997) Riech- und Schmeckstörungen: Bewährtes und Neues zu Diagnostik und Therapie. Laryngorhinootologie 76: 506-14

Klimek L, Eggers G (1997) Olfactory dysfunction i allergic rhinitis is related to nasal eosinophilc inflammation. J Allergy Clin Immunol 100: 159-164

Klimek L, Hummel T, Moll B, Kobal G, Mann WJ (1998) Lateralized an bilateral olfactory function in patients with chronic sinusitis compared with healthy control subjects. Laryngoscope 108: 111-114

Kobal G, Klimek L, Wolfensberger M, Gudziol H, Temmel A, Owen CM, Seeber H, Pauli E, Hummel T (2000) Multicenter investigation of 1,036 subjects using a standardized method for the assessment of olfactory function combining tests

of odor identification, odor discrimination, and olfactory thresholds. Eur Arch Otorhinolaryngol 257: 205-211
Kohler CG, Moberg PF, Gur RE, O'Connor MJ, Sperling MR, and Doty RL (2001) Olfactory dysfunction in schizophrenia and temporal lobe epilepsy. Neuropsychiatry Neuropsychol Behav Neurol 4: 83-88
Landis BN, Konnerth CG, Hummel T (2004) A study on the frequency of olfactory dysfunction. Lasryngoscoope (in press)
Lee SH, Lim HH, Lee HM, Park HJ, Choi JO (2000) Olfactory mucosal findings in patients with persistent anosmia after endoscopic sinus surgery. Ann Otol Rhinol Laryngol 109: 720-725
Mesholam RI, Moberg PJ, Mahr RN, Doty RL (1998) Olfaction in neurodegenerative disease: a meta-analysis of olfactory functioning in Alzheimer's and Parkinson's diseases. Arch Neurol 55: 84-90
Murphy C, Doty RL, Duncan HJ (2003) Clinical disorders of olfaction. In: Doty RL (ed) Handbook of olfaction and gustation. Marcel Dekker, New York., p 461-478
Quint C, Temmel AFP, Hummel T, Ehrenberger K (2002) The quinoxaline derivative caroverine in the treatment of sensorineural smell disorders: a proof of concept study. Acta Otolaryngol 122: 877-881
Sugiura M, Aiba T, Mori J, Nakai Y (1998) An epidemiological study of postviral olfactory disorder. Acta Otolaryngol Suppl (STockh= 538: 191-6
Tos M, Svendstrup F, Arndal H, Orntoft S, Jakobsen J, Borum P, Schrewelius C, Larsen PL, Clement F, Barfoed C, Romeling F, Tvermosegaard T (1998) Efficacy of an aqueous and a powder formulation of nasal budesonide compared in patients with nasal polyps. Am J Rhinol 12: 183-189
Welge-Lussen A, Temmel A, Quint C, Moll B, Wolf S, Hummel T (2001) Olfactory function in patients with olfactory groove meningioma, J Neurol Neurosurg Psych 70: 218-221

Youssem DM, Geckle RJ, Bilker WB, Kroger H, Doty RL (1999) Posttraumatic smell loss: relationship of psychophysical tests and volumes of the olfactory bulbs and tracts and the temporal lobes. Acad Radiol 6: 264-272

Literatur Schmeckstörungen

Doty RL, Bromley SM (2004) Effects of Drugs on Olfaction and Taste. Otolaryngol Clin North Am. 37: 1229-1254
Grushka M, Epstein J, Molt A (1998) An open-label, close escalation pilot study of the effect of clonazepam in burning mouth syndrome. Oral Surg Oral Med Oral Pahtol Oral Radiol Endod. 86: 557-561
Heckmann SM, Hujoel P, Habiger S, Wichmann MG, Cekcmann JG, Hummel T. (2005) Zinc gluconale in the treatment of dysgeusia – a randomized clinical trial. J Dent Res. 84: 35-38
Hummel T, Erras A, Kobal G. (1997) A test for the screening of taste function. Rhinology. 35: 146-148
Johnson FM. (2001) Alterations in taste sensation: a case presentation of a patient with end-stage pancreatic cancer. Cancer Nurs. 24: 149-155
Kobal G. (1985) Gustatory evoked potentials in man. Electroencephalogr Clin Neurophysiol. 62: 449-54
Murphy C, Quinonez C, Nordin S. (1995) Reliability and validity of electrogustometry and its application to young and elderly persons. Chem Senses. 20: 499-503
Stoll AL, Oepen G. (1994) Zinc salts for the treatment of olfactory and gustatory symptoms in psychiatric patients: a case series. J Clin Psychiatry. 55: 309-311

Riechstörungen unter medicolegalen Gesichtspunkten

F. Waldfahrer

Posttraumatische Riechstörungen

Die häufigste Ursache einer Anosmie dürfte in der gutachterlichen Praxis ein Schädel-Hirn-Trauma sein. Typisch ist ein okzipitaler oder frontaler Schädelanprall, beispielsweise beim Leiter-, Pferd- oder Gerüststurz oder beim Ausrutschen auf eisglattem Bürgersteig; nicht selten sind auch Stürze in alkoholisiertem Zustand. Beschrieben sind auch Anosmien bei Boxern und anderen Kampfsportlern; hingegen ist ein Anprall an einer Kopfstütze oder der frontale Aufprall auf einen Airbag als auslösendes Moment untypisch. Auch nach Nasenbein- oder frontoethmoidalen Frakturen sind Riechstörungen möglich.

Wichtig in diesem Zusammenhang ist der Aspekt, dass auch leichte Schädel-Hirn-Traumen eine (objektiv bestätigte) Anosmie auslösen können, es muss also nicht zwingend zu einer Bewusstlosigkeit oder gar einer intrazerebralen Blutung gekommen sein, um eine Anosmie als hinreichend wahrscheinlich anzusehen.

Nach Literaturangaben kommt es bei leichten Schädel-Hirn-Traumen in immerhin bis zu 16% zu Anosmien, bei mittelschweren Traumen in 15-19% und bei schweren Traumen in 24-30%. Für alle Schädel-Hirn-Traumen wird kumulativ eine Inzidenz von 4,2% bis 7,5% angegeben.

Bei den Schädigungsmechanismen sind zwei Mechanismen typisch:

- periphere Störung durch Abriss der Fila olfactoria an der Lamina cribrosa
- zentrale Störung durch Kontusion der olfaktorischen Bahnen und des olfaktorischen Kortex

Hierbei ist der Abriss der Fila olfactoria der häufigere Mechanismus, wobei sich dieser Befund dem Nachweis in Rahmen Bild gebender Verfahren im Gegensatz zu den Hirnkontusionen häufig entzieht.

Pathophysiologisch kommt es zu einer Relativbewegung des in Liquor gelagerten und im Bereich der Fila olfactoria aufgehängten Gehirns gegenüber dem Schädel, so dass es zu einem mechanischen Abriss der Fila olfactoria an der Lamina cribrosa kommen kann, wie von Delank und Fechner (1996) eindrucksvoll dargestellt. Laienhaft kann der Vorgang mit der Aktion einer Rasierklinge verglichen werden.

Zentrale olfaktorische Läsionen lassen sich nur mittels Bild gebender Verfahren (bevorzugt MRT) nachweisen. Sofern eine solche Diagnostik bei der Primärversorgung unterblieben ist, lassen sich sekundäre Traumafolgen (z.B. Glianarben) häufig auch sekundär im MRT nachweisen.

Anosmien sind im Zusammenhang mit Traumata häufiger als Hyposmien, eine potenziell mögliche Regeneration bei peripheren Störungen wird vermutlich durch Vernarbungsprozesse und Gliosen behindert, so dass posttraumatische Anosmien nach Ablauf von zwei Jahren als irreversibel anzusehen sind (Costanzo et al. 1991, 2003; Costanzo und Miwa 2006).

Gutachterliche Riechprüfung

Für die Begutachtung sind die Sniffin' Sticks der Fa. Burghart als Standard anzusehen und zu fordern.

Bei der gutachterlichen Untersuchung sollte (muss) immer der SDI mittels der „Vollversion" der Sniffin' Sticks bestimmt werden, die Screening-Version (12 Stifte) ist nicht ausreichend. Hierbei handelt es sich um drei Serien von Teststiften, die für folgende Tests in der genannten Reihenfolge zu verwenden sind:
- Schwellentest (S)
- Diskriminationstest (D)
- Identifikationstest (I)

Die Ergebnisse der drei Tests werden zum SDI-Score summiert, der eine Abgrenzung von Normosmie, Hyposmie und (funktioneller) Anosmie zulässt (Hummel et al. 1997; Kobal et al. 2000; Hummel et al. 2007). Wegen der besseren Trennschärfe sollte die SDI-Bestimmung seitengetrennt erfolgen.

Die Stifte werden dem Probanden jeweils 2cm vor die Nase gehalten, die Augen sollten durch eine Schlafbrille etc. verbunden sein. Bei seitengetrennter Testung wird die jeweils nicht zu testende Nasenseite verklebt. Der Untersucher sollte geruchlose Handschuhe tragen (Bedienungsanleitung der Herstellerfirma Burghart).

Schwellentest

Der **Schwellentest** umfasst 16 Stifte mit einer 1:2-Verdünnungsreihe des süßlich riechenden, einwertigen Alkohols n-Butanol ($H_3C\text{-}CH_2\text{-}CH_2\text{-}CH_2\text{-}OH$). Stift 1 hat die höchste (4%), Stift 16 die niedrigste (0,00012%) Konzentration.

Das Testset besteht aus 3x16 Stiften – die rot gekennzeichneten Stifte enthalten n-Butanol, die blau bzw. grün gekennzeichneten Stifte sind geruchlos. Der Proband bekommt mit aufsteigender Konzentration jeweils alle drei Stifte eines Triplets (in wechselnder Reihenfolge) präsentiert und muss den riechenden Stift benennen. Sobald der duftende Stift zweimal richtig identifiziert wird, wird die Prüfung mit absteigenden Konzentrationen durchgeführt, bis ein Triplet nicht mehr zweimal wahrgenommen wird. Dieses Auf-und-Ab wird solange wiederholt, bis 7 Wendepunkte ermittelt wurden. Die Schwelle wird dann als arithmetisches Mittel der letzten 4 Wendepunkte ermittelt.

Die Nummer des Teststifts wird als Score verwendet (0 bei Anosmie).

Hinweise auf eine Simulation lassen sich bei diesem Test nicht bzw. nur bedingt ableiten.

Es gelten folgende Normwerte:

Alter	rechts	links
18-50 Jahre	9,5 ± 0,9	9,4 ± 0,9
51-80 Jahre	7,7 ± 2,6	7,1 ± 1,7

Diskriminationstest

Der Diskriminationstest besteht aus 16 Triplets. In einem Triplet finden sich zwei gleich riechende Stifte (rot, blau) und ein anders riechender Stift (grün). Die jeweiligen Riechstoffe sind Tabelle 1a zu entnehmen. Die Aufgabe des Probanden besteht darin, den anders riechenden Stift zu bestimmen. Der Score entspricht der Zahl der richtig ermittelten Stifte.

Der Test wird nach dem Prinzip der **triple forced choice** durchgeführt, d.h. der Proband muss sich zwingend für eine Antwort entscheiden, auch wenn er den richtigen Stift nicht sicher wahrnimmt. Dieses Prinzip ermöglicht Hinweise auf eine eventuelle Simulation zu erhalten.

Entsprechend den Regeln der Wahrscheinlichkeitstheorie kann man Berechnungen anstellen, wie hoch die Wahrscheinlichkeit ist, bei tatsächlichem Vorliegen einer Anosmie – also beim ausschließlichen Wirksamwerden von Ratewahrscheinlichkeiten – eine bestimmte Trefferzahl zu erzielen. Pro Teststift beträgt die Wahrscheinlichkeit, eine richtige Antwort zu „erraten", 1/3 und die Wahrscheinlichkeit, eine falsche Antwort zu erraten, 2/3.

Die entsprechende Wahrscheinlichkeit errechnet sich nach folgender Formel (Binomialverteilung):

$$\binom{16}{k}\left(\frac{1}{3}\right)^k\left(\frac{2}{3}\right)^{16-k}$$

Hierbei ist k die Zahl der erzielten Treffer (richtige Antworten) bei 16-maliger Wiederholung des Experiments „zufällige Auswahl der richtigen Lösung aus drei gleich wahrscheinlichen Möglichkeiten", wobei die jeweiligen Experimente voneinander unabhängig sind (Laplace-Experiment). Beispielsweise beträgt die Wahrscheinlichkeit, bei tatsächlicher Anosmie durch Raten keinen Treffer zu erzielen, weniger als 0,2% (siehe Tabelle 2). Dies bedeutet, dass ein Testergebnis von 0 Treffern bei behaupteter Anosmie den Verdacht auf Aggravation oder Simulation nahe legt.

Nachfolgend sind die Normwerte aufgeführt:

Alter	rechts	links
18-50 Jahre	12,6 ± 1,6	12,1 ± 1,4
51-80 Jahre	10,6 ± 1	10,6 ± 1,8

Identifikationstest

Auch beim Identifikationstest lassen sich (mit allerdings schlechterer Trennschärfe) Simulanten „entlarven". Hier muss der Proband bei 16 Teststiften jeweils den richtigen Geruch anhand von vier vorgegebenen Möglichkeiten nach dem Prinzip der forced choice angeben (Tabelle 1b).

Die entsprechende Wahrscheinlichkeit errechnet sich nach folgender Formel (Binomialverteilung, Tabelle 3):

$$\binom{16}{k}\left(\frac{1}{4}\right)^{k}\left(\frac{3}{4}\right)^{16-k}$$

Die aufgezeigten Ergebnisse lassen deutlich werden, dass es beim tatsächlichen Vorliegen einer Anosmie wenig wahrscheinlich ist, beispielsweise keinen oder nur einen Treffer zu erzielen. Ein Simulant, der diese theoretischen Überlegungen nicht kennt, wird geneigt sein, richtige Antworten zu vermeiden und somit eine zu niedrige Trefferzahl erzielen.

3 bis 5 Treffer sind hingegen gut mit einer Anosmie vereinbar.

Auch beim Identifikationstest werden maximal 16 Punkte vergeben.

Nachfolgend sind die Normwerte aufgeführt:

Alter	rechts	links
18-50 Jahre	14,5 ± 1,2	14,9 ± 1,2
51-80 Jahre	13,2 ± 1,5	14,2 ± 1,5

SDI-Score

Die Scores aus Schwellentest, Diskriminationstest und Identifikationstest werden zum **SDI-Score** (im Englischen TDI) addiert, womit sich minimal 0 und maximal 48 Punkte ergeben. Der Score wird folgendermaßen bewertet:
- SDI > 30: Normosmie
- 15 < SDI ≤ 30: Hyposmie (keine Anosmie)
- SDI ≤ 15 und Schwelle < 1 (also DI ≤ 15): funktionelle Anosmie

In Hummel et al. 2007 sind genauere Normwerte für den SDI und die einzelnen Tests alters- und geschlechtsabhängig aufgeführt.

Die Zimtprobe

Zimt ist ein Olfaktoriusreizstoff und wird nicht über Schmeckrezeptoren wahrgenommen, selbst wenn er auf die Zunge aufgebracht wird. Dies kann man sich als Simulationstest bei behaupteter Anosmie zu nutze machen, indem man dem Probanden erklärt, dass die Riechprüfungen nun beendet seien und man nur noch der Vollständigkeit halber einen Schmecktest machen müsse. Erklärt der Proband dann, dass es nach Zimt oder Weihnachten schmecke, ist bewiesen, dass keine Anosmie vorliegt.

Allerdings ist die Zimtprobe inzwischen so bekannt (Internet!), dass kaum ein Simulant noch darauf noch hereinfallen dürfte.

Begutachtung

Zur gutachterlichen Untersuchung gehören neben einer kompletten HNO-Spiegeluntersuchung insbesondere:
- Rhinoskopie, Nasenendoskopie
- Rhinomanometrie vor und nach lokaler Gabe von α-Sympathomimetika
- Schmeckprüfung

Bei traumatischen Anosmien ist ferner der Augenschein von CT- und MRT-Bildern nützlich, um beispielsweise Einblutungen im Bereich der Riechrinne oder der olfaktorischen Projektionsfelder zu erkennen. Eine gutachterliche MRT-Diagnostik ist im Gegensatz zur CT-Diagnostik (ggf. nach Einholung der Zustimmung des Auftraggebers) möglich und ist geeignet, posttraumatische Veränderungen in der zentralen Riechbahn nachzuweisen. Ein isolierter Abriss der Fila olfactoria ist mit dem MRT allerdings nicht positiv nachweisbar, also nicht auszuschließen.

Je nach Auftraggeber des Gutachtens ergeben sich verschiedene rechtliche Grundlagen mit unterschiedlichen Bemessungsgrundlagen.

Begutachtung nach dem Schwerbehindertenrecht (Sozialgesetzbuch IX)

Die Fragestellung im Schwerbehindertenrechts ist regelhaft final und nicht kausal, d.h. es kommt auf die Ursache der Gesundheitsstörung (und deren Verursacher) nicht an, sondern lediglich um den tatsächlichen Nachweis der Gesundheitsstörung.

Die gutachterliche Bewertung richtet sich dann nach den so genannten **Anhaltspunkten für die ärztliche Gutachtertätigkeit im sozialen Entschädigungsrecht und nach dem Schwerbehindertenrecht** des Bundesministeriums für Gesundheit und Soziale Sicherung, derzeit in der Auflage von 2004 gültig und beispielsweise über http://anhaltspunkte.vsbinfo.de im Internet einsehbar.

Der zentrale Begriff im Schwerbehindertenrecht ist der **Grad der Behinderung** (GdB), der dimensionslos in Zehnerstufen angegeben wird.

Es existieren folgende Richtgrößen:

	GdB
• völliger Verlust des Riechvermögens mit der damit verbundenen Beeinträchtigung der Geschmackswahrnehmung	15
• völliger Verlust des Geschmackssinns	10

Hyposmien und Hypogeusien müssen mit einer entsprechend niedrigeren GdB bewertet werden, wobei erleichternd zu berücksichtigen ist, dass das Schwerbehindertenrecht letztlich nur Zehnergrade kennt, also ohnehin auf- oder abgerundet wird.

Begutachtung für die gesetzliche Unfallversicherung (Sozialgesetz-buch VII)

Riechstörungen treten im Berufsleben insbesondere als Folge eines Arbeitsunfalls (z.B. Schädel-Hirn-Trauma) auf. In der Anlage zur Berufskrankheitenverordnung findet sich hingegen keine explizite Nennung dieser Symptome bzw. assoziierbarer Erkrankungen.

Bei folgenden Berufskrankheiten ist jedoch das Auftreten einer Riechstörung grundsätzlich vorstellbar (Schönberger et al. 2003):

- BK 1101: Erkrankungen durch Blei oder seine Verbindungen
- BK 1103: Erkrankungen durch Chrom oder seine Verbindungen
- BK 1104: Erkrankungen durch Cadmium oder seine Verbindungen
- BK 1201: Erkrankungen durch Kohlenmonoxid

Sofern außerhalb der in der Berufskrankheitenliste genannten Erkrankungen eine berufliche Genese einer Riech- oder Schmeckstörung in Betracht kommt, bedarf es einer ausführlichen wissenschaftlichen Begründung. In solchen Fällen kann eine Anerkennung gemäß § 9 (2) SGB VII (sog. Öffnungsklausel) erfolgen. Zentraler Begriff in der gesetzlichen Unfallversicherung ist die **Minderung der Erwerbsfähigkeit** (MdE).

Eine durch Arbeitsunfall oder Berufskrankheit bedingte Anosmie wird in Analogie zum Schwerbehindertenrecht mit einer MdE von 15 von Hundert bewertet, eine Ageusie mit 10 von Hundert. In der MdE für Anosmie ist die damit verbundene Beeinträchtigung des Feingeschmacks enthalten.

	MdE
• völliger Verlust des Riechvermögens mit der damit verbundenen Beeinträchtigung der Geschmackswahrnehmung	**15 v. H.**
• völliger Verlust des Geschmackssinns	**10 v. H.**

Begutachtung für die private Unfallversicherung

Rechtsgrundlage der privaten Unfallversicherung sind das Versicherungsvertragsgesetz (VVG) und insbesondere die allgemeinen Unfallversicherungsbedingungen (AUB), die in verschiedenen Versionen existieren (z.B. AUB 1961, AUB 2007). Zentraler Begriff in der privaten Unfallversicherung ist die **Invalidität**. Man unterscheidet hierbei Gesundheitsstörungen, die in einer speziellen Liste („Gliedertaxe") bewertet sind, von den restlichen Gesundheitsstörungen.

Riech- und Schmeckstörungen sind Bestandteil dieser Liste und werden wie folgt bewertet (siehe auch Waldfahrer und Iro 2002):

Bei Verlust oder Funktionsunfähigkeit der nachstehend genannten Körperteile und Sinnesorgane gelten ausschließlich die folgenden **Invaliditätsgrade**:	
Geruchssinn	10 %
Geschmackssinn	5 %
Bei Teilverlust oder teilweiser Funktionsbeeinträchtigung gilt der entsprechende Teil des jeweiligen Prozentsatzes.	

Die Bewertung einer nachvollziehbaren Anosmie bereitet somit keine Probleme; Schwierigkeiten ergeben sich bei der Bemessung von Hyposmien und Parosmien. Im Gegensatz zum Hörvermögen, wo eine Teilinvalidität anhand des gut definierten prozentualen Hörverlusts definiert ist, gibt es keinen „prozentualen Riechverlust", so dass die Hyposmie letztlich nur „nach billigem Ermessen" beurteilt werden kann. Als Anhaltspunkt kann gelten, eine Hyposmie mit einer Gliedertaxe von 5% bis 7% zu bewerten. Eine einseitige Anosmie bei Normosmie auf der Gegenseite ist funktionell nicht beeinträchtigend und bedingt in aller Regel eine Invalidität von 0%, da kein Verlust der Sinneswahrnehmung vorliegt und anders als bei Auge oder Ohr kein Stereoeffekt existiert. Qualitative Riechstörungen wie Parosmien können im Einzelfall eine zusätzliche Invalidität außerhalb der Gliedertaxe bedingen.

Besondere Aspekte bei der Begutachtung: „besonderes berufliches Betroffensein"

Wie obige Ausführungen zeigen, gibt es klare Vorgaben zum GdB, zur MdE und zur Invalidität bei Riech- und Schmeckstörungen. Allen Vorgaben ist gemein, dass sie sich auf den „Durchschnittsbürger" beziehen, also auf Personen, die nicht über das normale, alltägliche Maß hinaus auf ihren Riech- und Schmecksinn angewiesen sind.

Bei folgenden exemplarisch aufgeführten Berufen dürften diese Begutachtungsrichtlinien jedoch der Situation nicht gerecht werden:

- Gas- und Wasserinstallateure, Tankstellenbetreiber, Berufskraftfahrer (Gefahrguttransporte)
- Köche, Lebensmittelchemiker, Restaurantkritiker
- Arbeitnehmer in der chemischen Industrie, Chemielehrer
- Parfümkreatoren, Kosmetikverkäuferinnen
- Feuerwehrleute

Hier ist im Gutachten auf ein „besonderes berufliches Betroffensein" (ein Begriff aus der gesetzlichen Unfallversicherung) hinzuweisen.

Der ärztliche Gutachter wird nicht selten auch mit Fragen bezüglich von Verweisungstätigkeiten konfrontiert. Der ärztliche Gutachter sollte sich hier auf eine Erörterung des medizinischen Sachverhalts beschränken und eher ein Zusatzgutachten aus dem berufskundlichen Fachgebiet anregen, anstelle unsubstanziierte Feststellungen zu treffen.

Gutachterliche Befundbewertung

Bei zweifelhaften oder unplausiblen Befunden, z.B. Hinweisen auf Aggravation oder Simulation, sollte dem Auftraggeber nahe gelegt werden, eine objektive Olfaktometrie als Zusatzgutachten zu beauftragen, sofern man selbst nicht über die Möglichkeit zur Durchführung dieser Untersuchung verfügt.

Im Internet sind inzwischen mit geringem Aufwand alle Informationen zu finden, die es dem Simulanten ermöglichen, die „passenden" Antworten beim Sniffin' Sticks-Test zu geben. So wird der über das Testprinzip informierte Anosmie-Simulant immer einige richtige Antworten einstreuen. Problematisch sind die „Strategen", die beispielsweise immer das erste Feld ankreuzen. In solchen Fällen hilft letztlich nur die Messung der olfaktorisch evozierten Potenziale. Der naive Simulant ist hingegen einfach zu überführen.

Ein Hinweis auf Simulation besteht auch darin, wenn der Proband zwar eine Anosmie beklagt, aber keine Störung des Feingeschmacks. Lässt er sich beispielsweise in ein Gespräch über die Qualität des aktuellen Weinjahrgangs verwickeln, so spricht viel gegen das Vorliegen einer Anosmie.

Sehr wichtig ist der Hinweis, dass die Nicht-Wahrnehmung von Trigeminusreizen entgegen früherer Auffassung kein sicherer Hinweis auf Aggravation oder Simulation ist, das es bei Anosmie häufig, wenn nicht sogar regelmäßig, zu einer Reduzierung des trigeminalen Reizempfinden kommt.

Kausalitätsbeurteilung

Bei traumatischer Riechstörung ist zunächst zu prüfen, ob ein adäquates schädigendes Ereignis vorlag. Hierbei ist von Bedeutung, dass auch bei leichten Schädel-Hirn-Traumata in bis zu 16% eine Anosmie nachgewiesen werden konnte. Es bedarf also keiner schweren Verletzung mit Bewusstlosigkeit etc., um eine Anosmie zu erleiden. Unterschiede in der individuellen Empfindlichkeit werden mit Varianten in der Konfiguration der Lamina cribrosa erklärt (Delank und Fechner 1996).

Auch das zeitliche Intervall zwischen Unfall und Bemerken einer Riechstörung ist von Relevanz. Der Abriss der Fila olfactoria ist ein unmittelbares Ereignis im Rahmen des Unfalls und führt zu einer sofortigen Anosmie. Dennoch wird dieses Symptom nicht selten erst mit Latenz bemerkt, beispielsweise anlässlich des „Festessens" zu Hause nach Krankenhausentlassung. Hier hilft eine subtile Anamneseerhebung.

Grundsätzlich muss – auch bei augenscheinlich adäquatem Trauma – nach Konkurrenzursachen gesucht werden, namentlich nach:

- vorausgegangenen Nasen- und Schädel-Hirn-Traumen
- vorausgegangenen Nasen- und Nasennebenhöhlenoperationen
- sinunasalen Erkrankungen
- Eigenmedikation
- beruflicher und privater Schadstoffexposition
- Familienanamnese bezüglich Morbus Parkinson und Demenz

Prognoseabschätzung

Die Prognose einer Riechstörung ist ebenfalls häufig Gegenstand der gutachterlichen Fragestellung. Hierzu kann man allgemein feststellen, dass eine Besserung insbesondere innerhalb der ersten zwölf Monate eintritt; das passagere Auftreten von Parosmien bei einer traumatischen Riechstörung kann nicht als sicheres günstiges Zeichen angesehen werden. Eine posttraumatische Riechstörung kann somit in aller Regel nach Ablauf von zwei Jahren abschließend bewertet werden. Bei anderen Riechstörungen und bei Schmeckstörungen muss die Prognose individuell abgeschätzt werden.

Haftpflichtrechtliche Aspekte

Die Frage, inwieweit präoperativ vor Nasen- oder Nasennebenhöhleneingriffen eine Riechdiagnostik durchgeführt werden sollte bzw. muss, ist einfach zu beantworten. Fehlt ein solcher präoperativer Befund, so dürfte sich aufgrund der unzureichenden präoperativen

Diagnostik regelmäßig eine Beweislastumkehr ergeben, d.h. der Arzt hat zu beweisen, dass eine postoperativ subjektiv oder objektiv bestehende Riechstörung bereits präoperativ bestanden hat. Da ein solcher Beweis in aller Regel nicht zu führen ist, muss die präoperative Riechprüfung als obligat vor rhinochirurgischen Eingriffen angesehen werden. Bei Auffälligkeiten im Identifikationstest sollte eine Bestimmung des SDI erfolgen (siehe auch Gudziol und Forster 2002). Auch wenn bleibende Schmeckstörungen nach Tonsillektomie und anderen en- bzw. transoralen Eingriffen selten sind, sollte die präoperative Aufklärung dieses Risiko abdecken. Gleiches gilt bei Mittelohreingriffen.

Kobal G, Klimek L, Wolfensberger M, Gudziol H, Temmel A, Owen CM, Seeber H, Pauli E, Hummel T (2000) Multi-center investigation of 1036 subjects using a standardized method for the assessment of olfactory function combining tests of odor identification, odor discrimination, and olfactory thresholds. Eur Arch Otorhinolaryngol 257: 205-211

Schönberger A, Mehrtens G, Valentin A (2003) Arbeitsunfall und Berufskrankheit. Rechtliche und medizinische Grundlagen für Gutachter, Sozialverwaltung, Berater und Gerichte, 7. Aufl. Erich Schmidt Verlag, Berlin

Waldfahrer F, Iro H (2002) Neurootologische Begutachtung nach den Maßgaben der abstrakten Gliedertaxe. In: Stoll W (Hrsg) Das neurootologische Gutachten. Interdisziplinäre Begutachtung von Schwindel und neurootologischen Funktionsstörungen, Georg Thieme, Stuttgart, S 22-29

Literatur

Anhaltspunkte für die ärztliche Gutachtertätigkeit im sozialen Entschädigungsrecht und nach dem Schwerbehindertenrecht (Teil 2 SGB IX) (2004), BMGS, Bonn

Bedienungsanleitung Sniffin' Sticks, Burghart Medizintechnik, Wedel, www.burghart.net

Costanzo RM, DiNardo LJ, Reiter ER (2003) Head Injury and Olfaction. In: Doty RL (ed) Handbook of Olfaction and Gustation, 2nd ed. Marcel Dekker, New York, pp 629-638

Costanzo RM, Miwa T (2006) Posttraumatic Olfactory Loss. Adv Otorhinolaryngol 63: 99-107

Costanzo RM, Zasler ND (1991) Head Trauma. In: Getchell TV, Doty RL, Bartoshuk LM, Snow JB (eds) Smell and Taste in Health and Disease. Raven Press, New York, pp 711-730

Delank KW, Fechner G (1996) Zur Pathophysiologie der posttraumatischen Riechstörung. Laryngo-Rhino-Otol 75: 154-159

Gudziol H, Förster G (2002) Zur Durchführung präoperativer Riechtests aus medicolegaler Sicht. Laryngo-Rhino-Otol 81: 586-590

Hummel T, Kobal G, Gudziol H, Mackay-Sim A (2007) Normative data for the „Sniffin' Sticks" including tests of odor identification, odor discrimination, and olfactory thresholds: an upgrade based on a group of more than 3,000 subjects. Eur Arch Otorhinolaryngol 264: 237-243

Hummel T, Sekinger B, Wolf SR, Pauli E, Kobal G (1997) „Sniffin'Sticks": Olfactory Performance Assessed by the Combined Testing of Odor Identfication, Odor Discrimination, and Olfactory Thresholds. Chem Senses 22: 39-52

Tabelle 1
a Riechstoffe beim Sniffin' Sticks Diskriminationstest

1	Octylacetat	Zimtaldehyd
2	n-Butanol	2-Phenylethanol
3	Isoamylacetat	Anethol
4	Anethol	Eugenol
5	Geraniol	Octylacetat
6	Acetaldehyd	Isoamylacetat
7	(+) Limonen	(+) Fenchon
8	(+) Carvon	(-) Carvon
9	(-) Limonen	Citronellal
10	Dihydrosenoxid	(+) Menthol
11	(+) Carvon	Acetaldehyd
12	n-Butanol	(-) Fenchon
13	Citronellal	(+) Linalool
14	Pyridin	(-) Limonen
15	Eugenol	Zimtaldehyd
16	Eucalyptol	a-Ionon

b Riechstoffe beim Sniffin' Sticks Identifikationstest
Die jeweilig zutreffende Lösung ist durch Fettdruck markiert.

1	**Orange**	Brombeere	Erdbeere	Ananas
2	Rauch	Klebstoff	**Schuhleder**	Gras
3	Honig	Vanille	Schokolade	**Zimt**
4	Schnittlauch	**Pfefferminze**	Fichte	Zwiebel
5	Kokos	**Banane**	Walnuss	Kirsche
6	Pfirsich	Apfel	**Zitrone**	Grapefruit
7	**Lakritz**	Gummibär	Kaugummi	Kekse
8	Senf	Gummi	Menthol	**Terpentin**
9	Zwiebel	Sauerkraut	**Knoblauch**	Möhren
10	Zigarette	**Kaffee**	Wein	Kerzenrauch
11	Melone	Pfirsich	Orange	**Apfel**
12	**Gewürznelke**	Pfeffer	Zimt	Senf
13	Birne	Pflaume	Pfirsich	**Ananas**
14	Kamille	Himbeere	**Rose**	Kirsche
15	**Anis**	Rum	Honig	Fichte
16	Brot	**Fisch**	Käse	Schinken

Tabelle 2
Diskriminationstest
Der Tabelle sind die Wahrscheinlichkeiten zu entnehmen, mit denen das Ergebnis des Diskriminationstests ausschließlich auf Raten beruht

Anzahl „Treffer"	Wahrscheinlichkeit p
0	0,00152
1	0,01218
2	0,04567
3	0,10657
4	0,17318
5	0,20781
6	0,19049
7	0,13061
8	0,07654
9	0,03402
10	0,01191
11	0,00325
12	0,00668
13	0,00010
14	$1,115 * 10^5$
15	$7,434 * 10^7$
16	$2,323 * 10^8$

Tabelle 3
Identifikationstest
Der Tabelle sind die Wahrscheinlichkeiten zu entnehmen, mit denen das Ergebnis des Identifikationstests ausschließlich auf Raten beruht

Anzahl „Treffer"	Wahrscheinlichkeit p
0	0,01002
1	0,05345
2	0,13363
3	0,20788
4	0,22520
5	0,18016
6	0,11010
7	0,05242
8	0,01966
9	0,00583
10	0,00136
11	0,00025
12	0,00003
13	$3,520 * 10^6$
14	$2,514 * 10^7$
15	$1,117 * 10^8$
16	$2,328 * 10^{10}$

Aerodynamik im Bereich des Riechorgans

K. W. Delank

Die Klinik des Riechsinnes ist eng mit der respiratorischen Funktion der Nase verknüpft. Bekanntermaßen kann der Mensch auf physiologischem Wege nicht riechen, wenn die Regio olfactoria z.B. nach einer Laryngektomie oder bei liegender Nasentamponade unbelüftet ist. Bis vor wenigen Jahren waren die aerodynamischen Prozesse, die wir in der Regio olfactoria mit ca. 23000 Atemzügen pro Tag induzieren, weitgehend unbekannt. Erst in jüngerer Zeit konnten die Strömungsphänomene in der Riechregion in Kooperation mit den Ingenieurwissenschaften und mit moderner Technik, wie Hochfrequenzkameras, Lasermessmethoden und Hochleistungsrechnern, teilweise analysiert werden (Croce et al. 2006; Delank 1995; Freeman 1989; Mozell et al. 1990; Scherer et al. 1989; Zhaok et al. 2006). Nach wie vor stehen grundsätzliche Fragen, die u.a. für die Diagnostik von Riechstörungen und für die Weiterentwicklung rhinochirurgischer Konzepte relevant sein dürften, im Raum: Auf welchen Wegen gelangen Duftstoffe zur Regio olfactoria? Wieviel Atemluft erreicht die Regio olfactoria? Wie unterscheiden sich die in- und exspiratorischen Abläufe in der Regio olfactoria? Welche aerodynamischen Effekte hat die Schnüffelatmung, die viele Säugetiere zwecks Riechreizverstärkung einsetzen? Existiert ein Richtungsriechen?

Mythen und Historisches

Im Altertum kursierten abenteuerliche Spekulationen über den Zusammenhang zwischen Riechfunktion und Nasenatmung. Aristoteles nahm an, dass sich ein Knochendeckel zwischen Gehirn und Nase atemabhängig bewege und wie ein Blasebalg das Riechorgan belüfte. Galen vertrat die Auffassung, dass die Riechregion intrazerebral lokalisiert sei und direkt über das Siebbein, das als Schwammknochen schädliche Substanzen aus der Atemluft filtere, belüftet werde. Eine Anosmie führte Galen auf eine Verstopfung der Siebbeinzellen zurück – eine ätiologisch durchaus moderne Theorie. Die Galen'sche Theorie der intrazerebralen Riechreizauslösung hielt sich bis in die Renaissance. Conrad-Victor Schneider (1614-1680) entdeckte, dass das Riechorgan „peripher" in der Nasenschleimhaut liegt und funktionell von der Luftströmung abhängt. Nur wenige Forscher untersuchten die physikalischen Zustände, in denen Riechstoffe wahrnehmbar sind. Tortual (1827) und Bidder (1844) stellten erstmals fest, dass duftende Flüssigkeiten (z.B. Kölnisch Wasser®) bei direktem Kontakt mit der Nasenschleimhaut keine Riecheindrücke auslösen. Einzelne Physiologen widmeten sich dem Einfluss des Sauerstoffgehaltes und der Temperatur der Atemluft auf die Diskrimination von Gerüchen.

Spezielle Anatomie der „Riechrinne"

Strömungsmechanisch sind die Regio olfactoria und die Regio respiratoria beim Menschen im Gegensatz zu vielen makrosmatischen Säugern (z.B.Kaninchen, Ratten) parallel geschaltet. Die 1,5 mm breite und 1,2 cm lange „Riechrinne" (olfactory slit) ist vom Vestibulum nasi bzw. von der Choanalregion etwa 2,2-3,0 cm entfernt und befindet sich im Bypass der endonasalen Hauptströmungsachse. Die Ausdehnung der Riechschleimhaut ist sehr variabel und nur bis zum 2.Lebensjahr scharf demarkiert. Im Erwachsenenalter sind oft respiratorische Epithelinseln in die olfaktorische Mukosa als mögliche Folge lokaler Entzündungen oder einer Degeneration eingestreut. Obwohl das Riechepithel sogar in der Kuppel des Nasendaches lückenhaft sein kann, greift es mitunter auf das Septum und die mittlere Nasenmuschel über und kann hier operativ geschädigt werden. Die epitheliale „Patchwork"-Topographie dürfte vor allem für die Ablagerungsraten der Riechmoleküle (delivery rates) sowie für die Strömung im Grenzschichtbereich zwischen dem olfaktorischen Terminalfilm und der vorbeiziehenden Luftschicht (boundary layer) relevant sein (Churchill et al. 2004; Hornung 1991, 2006).

Die Strömung in der Riechrinne hängt entscheidend vom Füllungszustand der endonasalen Schwellkörper und vom Gesamtquerschnitt der inneren Nase ab (Delank 1995; Hornung 2006; Mozell et al. 1990). Da die Übergänge zwischen krankhaften Einengungen und abnormen Erweiterungen fließend sind, ist die für aerodynamische Studien erforderliche Konstruktion einer menschlichen Normalnase kompliziert. Zu den wichtigen Basisstrukturen zählt neben den unteren, mittleren und oberen Nasenmuscheln der vordere Septumschwellkörper. Bei ca. 80% der Menschen befindet sich die Intumescentia septi nasi anterior ventral der Regio olfactoria und reguliert durch An- und Abschwellung maßgeblich den Flow innerhalb der Regio olfactoria (Delank 1995).

Aerodynamische Spezialeffekte, wie sie beispielsweise bei der Schnüffelatmung (s.u.) auftreten, werden willkürlich ausgelöst, indem das Querschnittsprofil der Vestibula nasi muskulär verändert wird. Eindrucksvoll sind diese Phänomene bei makrosmatischen Säugern, z.B. Kaninchen und Hunden, zu beobachten.

Fluiddynamische Forschung in Rhinologie und Olfaktologie

Für das systematische Studium der intranasalen Strömung haben sich originalgetreue Glas- oder Plastikmodelle der inneren Nase bewährt, die eine Visualisierung und eine qualitative Beurteilung der Strömung erlauben. Anstelle von unsichtbarer Luft werden häufig Wasser oder visköse Flüssigkeiten als Fluide verwendet, damit die Strömungsphänome kontrolliert werden können. Alternativ finden die Strömungsanalysen in skaliert vergrößerten Modellen oder bei reduzierter Strömungsgeschwindigkeit statt (Delank 1995; Grützenmacher et al. 2006) Wie in der Auto- und Flugzeugindustrie sind die Resultate solcher Modellstudien unter Beachtung der physikalischen Ähnlichkeitsregeln (z.B. Reynold-Zahl, Womersly-Parameter) auf die tatsächlichen Verhältnisse übertragbar. Allerdings sind der Informationsgehalt und die Vergleichbarkeit der qualitativen Visualisierungsstudien begrenzt. Bei komplizierten und rasch wechselnden Strömungen, wie sie in der Nase auftreten, werden deshalb die Strömungsgeschwindigkeiten an exakt definierten Punkten im Strömungsquerschnitt abgegriffen. Die technisch anspruchsvollen Messungen erfolgen mit Sonden oder optisch mit der Laser-Doppler-Anemometrie und erfordern eine enge Kooperation mit Ingenieuren und Technikern.

Hochleistungsrechner ermöglichen die Berechnung der endonasalen Strömung über das sog. Computational Fluid Dynamics (CFD)-Verfahren und die Finite Elemente - Methode (FEM) (Croce et al. 2006; Zhaok et al. 2006; Weinhold und Mlynski 2004). Bei der aus anderen Bereichen (z.B. Crashtests, Wettervorhersagen, Mittelohrforschung) entliehenen FEM wird das endonasale Berechnungsareal in eine endliche (finite) Zahl von geometrischen Segmenten unterteilt und in ein umfangreiches System von Differentialgleichungen eingegeben. In dem mathematisch-virtuellen Rastermodell können nun durch eine Adjustierung der Randbedingungen alle möglichen Strömungsgeschwindigkeiten und Flows simuliert werden. Beim CFD-Verfahren werden CT- oder MRT-Datensätze der Nase in 3-dimensionale numerische Modelle konvertiert, in denen z.B. die endonasale Ablagerung von Riechmolekülen oder die aerodynamischen Auswirkung rhinochirurgischer Eingriffe auf die Riechrinne mathematisch bestimmt werden können. Beim CAD/CAM-Vefahren (Computer aided design/modelling) wird das Modell nicht in der herkömmlichen Ausgusstechnik, sondern auf CT- oder MR-Datenbasis hergestellt.

Flowphänomene in der Regio olfactoria

Die normale Atmung erfolgt durch die Nase, solange der Sauerstoffbedarf des Körpers gedeckt ist und man nicht spricht oder singt. Die Regio olfactoria partizipiert infolge der o.a. Parallelschaltung permanent an der respiratorischen Atemarbeit, die einige Charakteristika aufweist (Delank 1995; Kelly et al. 2000; Scherer et al. 1989; Youngentob et al. 1986):

- Die Inspirationsphase ist etwa um den Faktor 0.8 kürzer als die Exspirationsphase.
- Bei einer Frequenz von 12-24 Atemzügen /min und einem nasalen Atemzugvolumen von 500-600 ml liegt das Atemzeitvolumen in Ruhe bei 15-30 l/min.
- Der atemsynchrone Druckabfall (dP) in der Nase steht im quadratischen Verhältnis zum ventilierten Luftvolumen. Weil eine Verdoppelung des Volumens eine Steigerung des dP um das Vierfache voraussetzt, ist die maximale transnasale Volumenströmung auf 50-70ml/min limitiert. So werden aerodynamische Schädigungen der Nasenschleimhaut vermieden.
- Der Nasenwiderstand beträgt im Normalfall 0,2-0,3 Pa (cm ^{3} x s) und ist u.a. abhängig vom Nasenzyklus, von trigeminalen Reizen, psychischen und physischen Einflüssen.
- Die endonasale Strömung ist in Abhängigkeit vom Volumen und vom Druck laminar oder turbulent. Ab einem Flow von 500 ml/s ist die Strömung komplett turbulent.

Bei ruhiger Inspiration werden in der Riechregion sehr langsame Geschwindigkeiten gemessen (unter 40 cm/sec), während synchron die Strömung im Isthmus deutlich über 200 cm/sec liegt und Sturmstärke erreichen kann (Abb. 1). Die Inspirationsluft wird bei forcierter Atmung zu etwa 60% durch den unteren und lediglich zu 10% durch den oberen Nasengang transportiert. Visualisierungsstudien bestätigen, dass die Regio olfactoria bei hohen Flowgeschwindigkeiten abseits der inspiratorischen Hauptströmungsachse liegt und gewissermaßen in den Windschatten rückt (Abb. 1). Während ein niedriger Flow bogenförmig durch die Nase zieht und in engen Kontakt mit der Riechregion tritt, streckt sich die Hauptströmungsachse mit ansteigendem Flow. Bei hohem inspiratorischem Atemzugvolumen wird überwiegend der untere Nasengang durchströmt, während der Flow in der Regio olfactoria nahezu konstant und unabhängig vom respiratorischen Gesamtflow bleibt (Scherer et al. 1989). Es findet also eine proportionale Flow- Umverteilung statt.

Die Exspirationsströmung verhält sich vollkommen konträr. Hier verteilt sich die Strömung diffus und ohne Flow- abhängige Hauptachsenbildung über den gesamten Nasenquerschnitt. Die Riechregion wird von der klimatisierten Exspirationsströmung in gleichem Ausmaß wie der untere Nasengang erfasst (Abb. 1). Die exspiratorischen Geschwindigkeitsprofile sind in den einzelnen endonasalen Arealen ähnlich und die Belüftung der Riechrinne steht im Gegensatz zur Inspirationsphase in relativer Abhängigkeit zum Gesamtflow. Exspiratorisch werden in der Regio olfactoria etwa 2,5 fach höhere Strömungsgeschwindigkeiten erreicht (Delank 1995) (Abb. 1). Einfache klinische Experimente können die eklatanten Unterschiede zwischen in- und exspiratorischer Strömung verdeutlichen. Beispielsweise führt eine mechanische Blockade der vorderen Abschnitte der Regio olfactoria zu einer Reduktion des orthonasalen, nicht jedoch des retronasalen Riechvermögens (Pfaar et al. 2004).

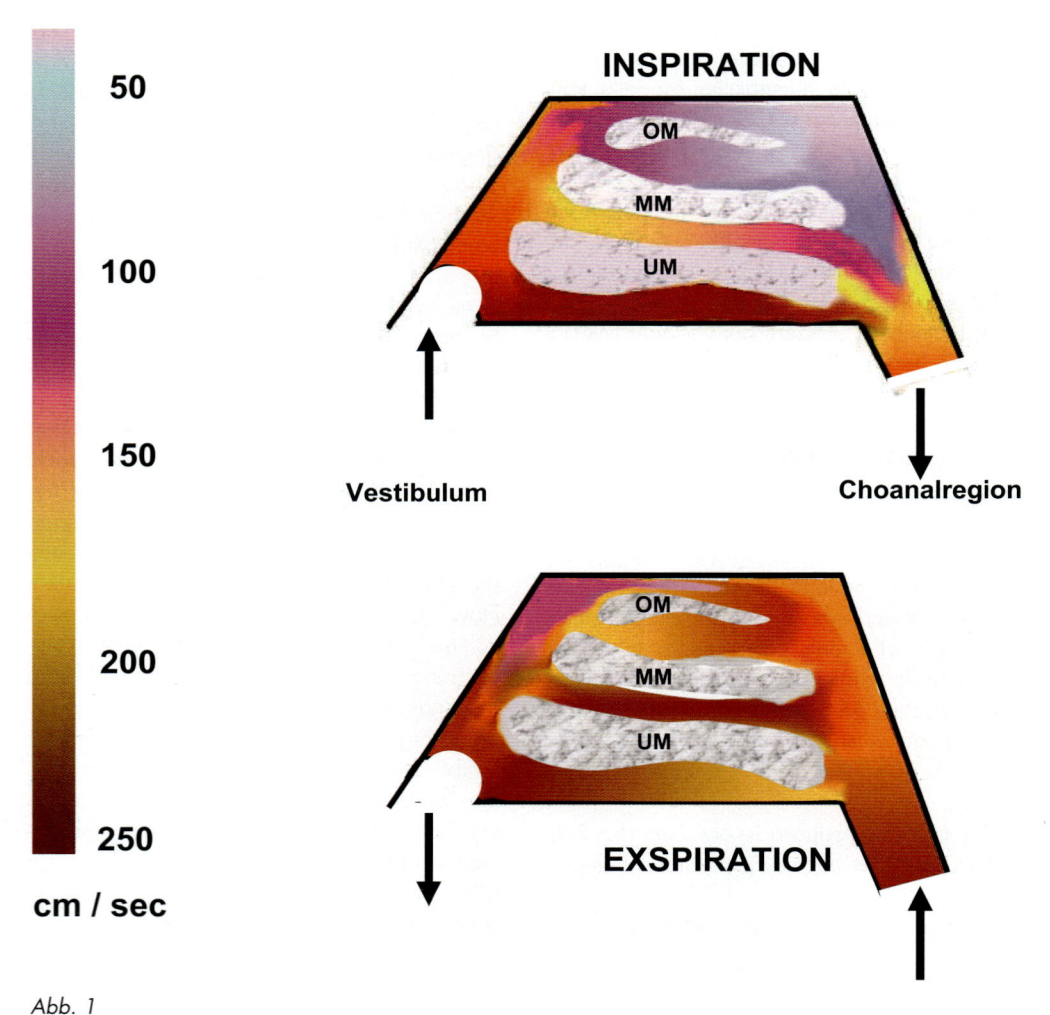

Abb. 1
Geschwindigkeitsprofil der Nasenatmung (stationärer Flow, 15-20 l/min). Die Regio olfactoria liegt bei der Inspiration geschützt im „Windschatten" der Hauptsströmungsachse. In der Exspirationsphase gleichmäßige Durchströmung aller Nasengänge und höhere Flowgeschwindigkeiten in der Regio olfactoria. (Laserdoppleranemometrie im Modell, farbskalierte Darstellung der Messdaten)

Korrelieren Riechfunktion und Aerodynamik?

Die Flow- und Geschwindigkeitsprofile erlauben keine unmittelbaren Rückschlüsse auf die Intensität der physiologischen Folgereaktion, d.h. die Wahrnehmung der mit dem Luftstrom transportierten Duftstoffe. Im Tiermodell und beim Menschen konnte zwar nachgewiesen werden, dass die Intensität des Riechreizes und der Reizantwort mit der Höhe der inspiratorischen Flowrate gemäß dem Weber-Fechner'schen Gesetz korreliert (Youngentob et al. 1996). Es ist jedoch fraglich, ob die subjektiv empfundene Geruchsintensität von der inspiratorischen Gesamtflowrate oder einzelnen Variablen, wie der Atemzugdauer und dem Atemzugvolumen abhängt. Auch ist ungeklärt, mit welchem Vorzeichen sich die Flowrate auswirkt: Je nach Duftstoff könnten bei inspiratorischer Flowsteigerung entweder eine Zunahme oder auch ein negativer Effekt mit Abnahme der Riechempfindung beobachtet werden. Einige Autoren konnten überhaupt keine Zusammenhänge zwischen Flow, Duftstoffverteilung und Riechintensität registrieren (Freeman 1989; Hornung et al. 1991; Morris et al. 1993). Die divergierenden Resultate könnten sich aus Unterschieden im Bindungsverhalten der Riechstoffe erklären. Je mehr Moleküle in der Riechrinne ventral absorbiert werden, umso weniger gelangen in den dorsalen Abschnitt. Bei Erhöhung der inspiratorischen Flowrate gelangen zwar mehr Moleküle in die hintere Regio olfactoria und die gesamte endonasale Riechstoffkonzentration nimmt zu. Gleichzeitig verschlechtert sich jedoch die molekulare Absorption mit steigender Strömungsgeschwindigkeit. Ferner ist zu beachten, dass die molekulare Duftablagerung in der olfaktorischen Mukosa (delivery rate) nicht nur von kinematischen Parametern, sondern auch von Wirbeln und Turbulenzen abhängt. Schließlich ändern sich die Geschwindigkeitsprofile durch Atrophie oder Hypertrophie des Schwellgewebes. Insgesamt wird deutlich, dass physiologische Experimente zur Korrelation zwischen Flow und olfaktorischer Funktion in aller Regel sehr aufwändig sind.

Aerodynamische Spezialeffekte der endonasalen Schwellkörper

Ein normaler Nasenwiderstand ist sowohl für die respiratorische, als auch für die olfaktorische Nasenfunktion wichtig, wie sich klinisch z.B. beim Empty Nose Syndrome (s.u.) zeigt. Die endonasalen Schwellkörper gewährleisten, dass allenfalls 10% des Inspirationsvolumens die Regio olfactoria erreichen (Delank 1995; Scherer et al. 1989). Neben den Nasenmuscheln beeinflusst vor allem der vordere Septumschwellkörper den inspiratorischen Flow in der Riechregion (Delank 1995). Die Intumescentia septi anterior (ISA) reduziert das Tempo des Inspirationsflows und lenkt ihn unter den Kopf der mittleren Nasenmuschel. Eindrucksvoll lässt sich der Bremseffekt im Modell visualisieren und im experimentellen Geschwindigkeitsprofil der Regio olfactoria ablesen. Die ISA und der Bug der mittleren Nasenmuschel bilden quasi einen Funktionskomplex, der das olfaktorische Epithel im oberen Nasengang vor strömungsphysikalischen Schäden schützt. Hier sollten Resektionen möglichst unterbleiben oder zumindest nicht beide Strukturen des Funktionskomplexes betreffen.

Schnüffeln – Schnuppern – Wittern

Das Schnüffeln stellt einen willkürlichen Atemrhythmus dar, der quasi einen olfaktorischen Schnappschuss der Umgebung vermittelt. Nahezu alle an Land lebenden Säuger können schnüffeln, schnuppern oder wittern. In der Nase werden Turbulenzen ausgelöst, um die Duftstoffkonzentration in der Riechrinne ohne Steigerung des Gesamtflows zu erhöhen (Mozell et al. 1990). Außerdem wird die Diffusionsstrecke zu den Rezeptoren verkürzt.

Schnüffeln erhöht die Sensitivität für Gerüche und verhindert physiologische Gewöhnungsreaktionen (Adaptation) (Frank et al. 2006; Frasnelli et al. 2006) Ohne die Schnüffelatmung steigt die Riechschwelle für viele Riechsubstanzen nach wenigen Atemzügen um 25-60% an. Die Luft in der Regio olfactoria wird ständig in Bewegung gehalten, so dass kein aerodynamisches steady-state der Moleküle im olfaktorischen Terminalfilm entsteht. Die Riechrinne wird gewissermaßen gespült.

Schnüffeln steht in ergonomischer Konkurrenz zu den respiratorischen Aufgaben der Nasenventilation. Dieser Sachverhalt ist z.B. beim Einsatz von Such- und Rettungshunden auf Fährten mit geringen Duftstoffmengen zu beachten. Die Tiere erhöhen die Schnüffelzeit zwecks Amplifikation der olfaktorischen Informationen auf Kosten der respiratorischen Nasenfunktion. Die effektive Arbeitsbelastung nimmt dann zu und die Tiere ermüden (Köhler 2004). Beim Menschen wurden die atemphysiologischen oder sogar arbeitsmedizinischen Auswirkungen professionellen Schnupperns (z.B. Parfümindustrie, Oinologie) nicht untersucht.

Ist „Richtungsriechen" möglich?

Bereits G. von Békésy postulierte, dass die Lokalisierung von Gerüchen ähnlich abläuft, wie das auditive Selektionsvermögen und das Stereohören, für dessen Erforschung er 1961 den Nobelpreis erhielt. Bis heute ist aber nicht erwiesen, dass Menschen über „Richtungsriechen" verfügen. Dafür spricht, dass gesunde Probanden bestimmen können, von welchem Nasenloch ein Duft wahrgenommen wird, während synchron im funktionellen MRT seitenspezifische Aktivitäten im olfaktorischen Kortex sichtbar werden (Porter et al 2005). Hingegen kann der Mensch allein mit dem Riechsinn die Richtung der Duftstoffzufuhr nicht bestimmen (Kobal et al 1998). Die Seitenlokalisation gelingt anscheinend nur mit Hilfe trigeminaler Zusatzinformationen (Bensafi et al. 2007; Gudziol et al. 2006).

Vermutlich korreliert die neuronale Struktur der Riechbahn mit dem olfaktorischen Leistungsvermögen. Eine MRT-Studie konnte einen signifikanten Zusammenhang zwischen der Tiefe des Sulcus olfactorius und dem Riechvermögen aufzeigen (Hummel et al. 2003). Eine Seitendifferenz der Sulci olfactorii könnte auf eine funktionelle Lateralisation des Riechsinnes ähnlich der Händigkeit beim Menschen hinweisen.

Auch die Identifizierbarkeit von ortho- und retronasalen Riechreizen ist noch nicht abschließend erforscht. Erst vor wenigen Jahren gelang der experimentelle Nachweis, dass physikochemisch identische Reize bei ortho- bzw. retronasaler Applikation unterschiedliche Reize auslösen (Heilmann et al. 2004). Das Phänomen selbst ist jedem Gourmet und jedem Sommelier geläufig.

Rhinochirurgie und endonasale Aerodynamik

Erfahrungsgemäß verbessert die operative Behebung einer Blockade der Regio olfactoria durch Narben, Polypen o.ä. das Riechvermögen. Stenosen können bei 80% der repiratorischen Riechstörungen endoskopisch und bei 45% mit der anterioren Rhinoskopie detektiert werden, obwohl nur in ca. 1/3 der Fälle auch subjektive Nasenatmungsbehinderungen beklagt werden (Seiden und Duncan 2001). In 65% der Fälle liegt eine chronische Sinusitis zugrunde, bei der der Flow in der Riechrinne u.a. durch fluktuierende Ödeme und Sekretstau intermittierend behindert ist (Seiden und Duncan 2001). Das klinische Korrelat ist ein fluktuierendes Riechvermögen. Trotz operativer Beseitigung mechanischer Hindernisses, weiter Innennase und normalen rhinomanometrischen Befunden tritt nach ca. 1-5% der Operationen eine massive, dauerhafte Riechverschlechterung ohne sichtbare Ursache ein (Seiden und Duncan 2001). Besonders problematisch ist die flowdynamische Beurteilung der Anosmie bei abnorm weiter

Innennase, großem Strömungsquerschnitt und breiter Riechrinne. Ein extremes Beispiel ist das Empty nose syndrome (ENS), das vor allem nach unsachgemäßer Turbinektomie oder nach einer Resektion der lateralen Nasenwand bei Tumoren beobachtet werden kann (Houser 2006). Beim ENS herrschen bereits bei der Ruheatmung ein turbulenter Flow sowie eine direkte und kontinuierliche Anströmung der Regio olfactoria mit unklimatisierter Luft vor (Delank 1995). Physikalische Schäden der chemosensorischen Rezeptoren sind zu erwarten. Nach einer Turbinektomie können die Patienten zwar kurzfristig besser riechen, doch tritt binnen weniger Wochen eine therapierefraktäre Anosmie ein, weil das olfaktorische Epithel austrocknet. Darüber hinaus kommt es zu einer paradoxen Nasenatmungsbehinderung, weil die trigeminalen Temperatur- und Mechanorezeptoren ausfallen und die endonasalen Luftbewegungen nicht mehr registriert werden.

Gegenwärtig fehlen evidenzbasierte Richtlinien für die gezielte, operative Behandlung respiratorischer Riechstörungen. So erklärt es sich beispielsweise, dass die mittlere Nasenmuschel bei der Nebenhöhlenchirurgie höchst unterschiedlich behandelt wird. Die Empfehlungen reichen von der konsequenten Schonung über die Lateralisation und die Medialisierung bis zur kompletten Resektion der mittleren Muschel (Churchill et al. 2004; Hornung 2006) Letztere ist allerdings aus aerodynamischen Gründen abzulehnen. Kürzlich wurde vorgeschlagen, die mittlere Nasenmuschel hinter dem Muschelkopf zu fenstern, um den Flow in der Riechrinne zu verbessern (Miwa et al. 2005). Das aerodynamisch interessante Konzept soll das Riechen nachhaltig optimieren.

Experimentell lässt sich messen und visualisieren, dass die Flowdynamik bei Veränderungen der äußeren Nasenform erheblich von der Normalsituation abweichen kann. Allerdings ist die olfaktorische Relevanz dieser Veränderungen wenig untersucht worden. In einzelnen Studien wurden respiratorische Riechstörungen bei hängender Nasenspitze (Altersnase), bei der sog. „overprotected nose" und bei Klappenstenosen (N. facialis-Parese) beschrieben (Hornung et al. 2001). Arbeitsmedizinisch dürfte der Zusammenhang zwischen dem Flow und der Ablagerung inhalativer Schadstoffe in der Riechrinne interessant sein (Morris et al. 1993; Muttray et al. 2006). Im Tiermodell wurde kürzlich demonstriert, dass Naphthalin-induzierte Schäden des Riechepithels vom Strömungscharakter abhängen. (Lee et al. 2005). In Zukunft wäre denkbar, dass sich aus derartigen Studien neue Arbeitsschutzregeln für den Umgang mit inhalativen Schadstoffen, für die Konstruktion von Atemschutzmasken oder sogar für die gutachtliche Einschätzung von berufsbedingten Riechstörungen ergeben.

Literatur

Bensafi M, Frasnelli J, Reden J, Hummel T (2007) The neural representation of odor is modulated by the presence of a trigeminal stimulus during odor encoding. Clin Neurophysiol 118(3): 696-701

Churchill SE, Shackelford LL, Georgi JN, Black MT (2004)Morphological variation and airflow dynamics in the human nose. Am J Hum Biol 16(6): 625-638

Croce C, Fodil R, Durand M (2006) In Vitro Experiment and Numerical Simulations of Airflow in Realistic Nasal Airway Geometry. Biomed Eng 5: 17-27

Delank KW (1995) Aerodynamische Aspekte der transnasalen Luftströmung unter besonderer Berücksichtigung der Regio olfactoria. Habilitationsschrift Universität Münster, Münster

Delank KW, Keller R, Stoll W (1993) Morphologie und rhinologische Bedeutung der intumescentia septi anterior. Laryngorhinootol 2(5): 242-246

Frank RA, Gesteland RC, Bailie J, Rybalsky K, Seiden A, Dulay MF (2006) Characterization of the sniff magnitude test. Arch Otolaryngol Head Neck Surg 132(5): 532-536

Frasnelli J, Wohlgemuth C, Hummel T (2006) The influence of stimulus duration of odor perception. Int J Psychophysiol 62(I): 24-29

Freeman WJ (1989) Sensory and Perceptual Coding in Olfaction. Chem Sens 14: 701-701

Grützenmacher S, Robinson DM, Grafe K, Lang C, Mlynski G (2006) First findings concerning airflow in noses with septal deviation and compensatory turbinate hypertrophy: a model study. ORL J Otorhinolaryngol Relat Spec: 199-205

Gudziol H, Wajnert B, Förster G (2006) Wie verändern angenehme und unangenehme Gerüche die Atmung? Laryngorhinootol 85(8): 56-72

Heilmann S, Hüttenbrink KB, Hummel T (2004) Lokalisation von olfaktorischer und trigeminaler Reizung nach ortho- und retronasaler Stimulation. HNO Inf 15: 4

Hornung DE (2006) Nasal anatomy and the sense of smell. Adv Otolaryngol 63: 1-22

Hornung DE, Smith DJ, Kurtz DB, White T, Leopold DA (2001) Effect of nasal dilators on nasal structures, sniffing strategies and olfactory ability. Rhinology 39(2): 84-87

Hornung DT, Mozell MM (1991) Accessibility of odorant molecules to the receptors. In: Cagan R, Kare M (Ed) Biochemistry of taste and olfaction. Academic Press New York, pp 33-45

Houser SM 82006) Empty nose syndrome associated with middle turbinate resection. Otolaryngol Head Neck Surg 135(6): 972-973

Hummel T, Damm M, Vent J, Schmidt M, Theissen P, Larsson M, Klussmann JP (2003) Depth of olfactory sulcus and olfactory function. Brain Res 2003, 975(1-2): 85-89

Kelly JT, Prasad AK, Wexler AS (2000) Detailed flow patterns in the nasal cavity. J Appl Physiol 89(1): 323-337

Kobal G, Van Toller S, Hummel T (1989) Is there directional smelling? Experientia. 45(2): 130.132

Köhler F (2004) Vergleichende Untersuchungen zur Belastung von Lawinen- und Rettungshunden bei der Lauf- und Sucharbeit. Dissertation, Universität München, München

Lee MG, Phimister A, Morin D (2005) In situ Naphthalene bioactivation and nasal airflow cause region specific injury patterns in the nasal mucosa of rats exposed to Naphthalene by inhalation. JPET 314: 103-110

Miwa T, Uramoto N, Tsukatani T, Furukawa M (2005) Middle turbinate fenestration method: a new technique for the treatment of olfactory disturbance due to chronic sinusitis. Chem Sens 30 (Suppl1): 214-215

Morris JB, Hassett DN, Blanchard KT (1993) A physiologically based pharmacokinetic model for nasal uptake and metabolism of non reactive vapours. Toxicol Appl Pharmakol 123(1): 120-129

Mozell MM, Kent PF, Murphy SJ (1990) Different odorants give different flow rate effects on the magnitude of the olfactory response. Chem Sens 15: 623-629

Muttray A, Haxel B, Mann W, Letzel S (2006) Anosmie und Rhinitis durch berufliche Lösungsmittelexposition. HNO 54(11): 883-887

Pfaar D, Landis B, Frasnelli J, Hüttenbrink KB, Hummel T (2004) Entwicklung eines Modells zur Induktion einer temporären Hyposmie durch mechanische Obstruktion der anterioren Regio olfactoria. HNO Inf 15: 8

Porter J, Anand T, Johnson B, Khan RM, Sobel N (2005) Brain mechanisme for extracting spatial information from smell. Neuron 47(4): 581-581

Scherer PW, Hahn II, Mozell MM (1989) The biophysics of nasal airflow. Otolaryngol Clin North Am 22: 265-278

Seiden AM, Duncan HJ (2001) The diagnosis of conductive olfactory loss. Laryngoscope 11(1): 9-14

Weinhold, Mlynski G (2004) Numercial simulation of airflow in the human nose. Eur Arch Otorhinolaryngol 261 (8): 452-455

Youngentob SL, Stern NM, Mozell MM, Leopold DA, Hornung DE (1986) Effect of airway resistance on perceived odor intensity. Am J Otolaryngol. 7(3): 187-193

Zhaok, Dalton P, Yang GC, Scherer PW (2006) Numerical modelling of turbulent and laminar airflow and odorant transport during sniffing in human and rat nose. Chem Sens 31(2):107-118

Pheromone: Spekulation oder Wissen?

G. Rettinger und A. Köhl

Einleitung

Der Begriff „Pheromon" wurde 1959 von Karlson und Luscher eingeführt für Substanzen, die von einem Individuum nach außen sezerniert und von einem anderen der gleichen Art aufgenommen werden, um dort eine spezifische Reaktion z.B. im Verhalten oder in der Entwicklung auszulösen (Karlson und Luscher 1959; Stowers und Martin 2005). Diese „chemische Kommunikation" verläuft bei Pheromonen anders als bei Geschmacks- und Geruchsstoffen. Riechen und Schmecken sind bewusste Wahrnehmungen, die erlernt werden müssen, um später eine angemessene Reaktion, z.B. eine Abneigung vor Ungenießbarem, hervorzurufen. Die Pheromon-Wirkung ist im Gegensatz hierzu unmittelbar und unbewusst. Sie steht im Tierreich in erster Linie in Zusammenhang mit dem Sexualverhalten und der Reproduktion. In Experimenten, insbesondere an Säugetieren, ist die Wirkung von Pheromonen und ihre Detektion über ein spezielles Organ in der Nasenscheidewand (Vomero-Nasales-Organ, VNO) gut belegt. Dieses Organ, angefüllt mit Chemorezeptoren, wurde von Jacobson als „sexuelle Nase" bezeichnet (Stowers und Martin 2005).

Es ist auf Grund morphologischer, entwicklungsgeschichtlicher und weiterer Gemeinsamkeiten auf Gen- und Rezeptor-Ebene anzunehmen, dass es vergleichbare Mechanismen auch beim Menschen gibt, selbst wenn die Wirkungen nicht so offensichtlich sind. Dies gibt Raum für Spekulationen, ob und wie menschliches Verhalten durch chemische Stoffe beeinflusst und gesteuert werden kann. Instruktive Beispiele aus dem Tierreich und neuere Forschungsergebnisse geben im Folgenden einen gestrafften Überblick über die derzeitigen Kenntnisse zu dieser neben Riechen und Schmecken noch weithin ungeklärten chemischen Signalvermittlung.

Was sind Pheromone?

Pheromone sind im Gegensatz zu Geruchsstoffen nicht-flüchtige Substanzen, die v.a. ein bestimmtes Verhalten oder eine Entwicklung auslösen (Wysocki und Preti 2004). Ein typisches Beispiel findet sich bei Schweinen. Androstenon (ein Abbauprodukt des männlichen Sexualhormons Testosteron) löst beim empfängnisbereiten weiblichen Schwein unverzüglich und zuverlässig eine spezifische Körperhaltung aus, weshalb dieses Pheromon auch kommerziell zur künstlichen Befruchtung in der Schweinezucht verwendet wird. Andere Pheromone wirken dagegen verzögert, da sie vorwiegend auf endokrine und neuro-endokrine Systeme Einfluss nehmen. Diese betreffen u.a. den Eintritt der Pubertät, die Regelblutung und Erfolg oder Misserfolg einer Befruchtung. Neben beiden genannten Pheromon-Wirkungen wurden später noch andere Kategorien definiert (s.u.). So sollen z.B. Signal-Pheromone Informationen über die Gene innerhalb des Major-Histocompatibility-Complex (MHC) vermitteln. Möglicherweise

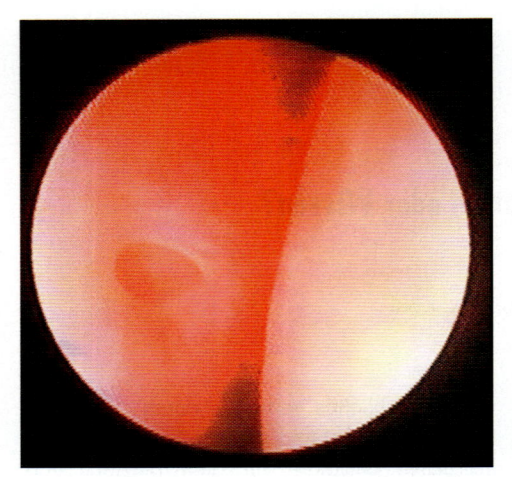

Abb. 1
Endoskopische Aufnahme des Vomero-Nasalen-Organs am linken vorderen Septum bei einem 28 jährigen Mann. (Hummel, Knecht, Kühnau; 2007)

können auch flüchtige, kleine Moleküle, die strukturell den Duftstoffen entsprechen, Pheromonwirkungen auslösen (Stowers und Martin 2005). Dies widerspräche dann einer Definition von Pheromonen als nicht-flüchtige Substanzen. Daher definieren neuere Veröffentlichungen Pheromone eher in Zusammenhang mit einem Ionenkanal namens TRPC2.

Wo werden Pheromone freigesetzt?

Bekanntlicher Weise ist die menschliche Axilla eine besondere Duftquelle auf Grund ihres Reichtums an verschiedenen Drüsen und der dort vorhandenen Mikroflora. Hieraus entsteht eine komplexe Mischung von Stoffen, wovon einige Pheromonwirkung besitzen. Zudem erleichtern die Oberflächenvergrößerung durch Achselhaare sowie die Wärme eine Abgabe dieser Duftstoffe an die Umgebung. Außerdem ist die Nase des Empfängers gelegentlich nicht weit von dieser Duftquelle entfernt. Interessanter Weise ist kulturell betrachtet die Axilla auch Hauptapplikationsort von Parfums. Menschlicher Achselschweiß enthält eine Mischung verschiedener Peptide und Steroide, wobei Einzelheiten noch weitgehend unbekannt sind. Besonders die flüchtigen Steroide Androstenon, Androstenol und Androstadien werden als mögliche menschliche Pheromone angesehen. So konnte für Androstenol gezeigt werden, dass es eine Wirkung auf die pulsatile LH-Sekretion bei Frauen hat (Shinohara et al. 2000).

Für die Pheromonwirkung ist zum Teil eine Bindung an Transportproteine (Lipocalin) erforderlich. Lipocaline sind Transportproteine für hydrophobe Substanzen (Guiraudie et al. 2003). Marchese et al. beschrieben schon 1998 eine Verbindung des Speicheldrüsen-Lipocalin (SAL) mit Androstenol.

Jeder Mensch ist mit einem individuellen „Duft" ausgestattet, der nicht nur im Achselschweiß, sondern auch im Urin und anderen Körperflüssigkeiten vorkommt. (Wysocki und Preti 2004). Für die Zusammensetzung des individuellen Duftes sind Gene verantwortlich,

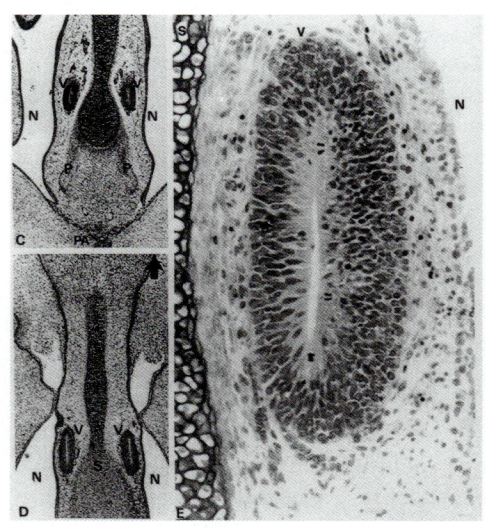

Abb. 2
Lichtmikroskopischer Frontalschnitt (C) und Horizontalschnitt (D) durch die Nasenhöhle eines menschlichen Embryos, Ausschnittsvergrößerung des Vomero-Nasalen-Organs (E) (Kopf-Steiß-Länge 33-36 mm). N = Nasenhöhle, S = Septumknorpel, P = paraseptaler Knorpel, PA = Gaumen, V = Vomero-Nasales-Organ. (Kjaer I. and Fischer Hansen BF., 1996)

die auch für das Human-Leucocyte-Antigen (HLA) und damit für Immunfunktionen kodieren. Der Mensch kann den Geruch des eigenen Achselschweißes, den des Ehepartners oder auch naher Verwandter identifizieren und zuordnen. Möglicherweise spielt diese Pheromonwahrnehmung auch ein Rolle bei der Partnerwahl („jemanden nicht riechen können") (Wysocki und Preti 2004). Somit könnte über diesen Signalweg ein Partner gefunden werden, der eine passende Immunsystemkonstellation für zukünftigen Nachwuchs mitbringt.

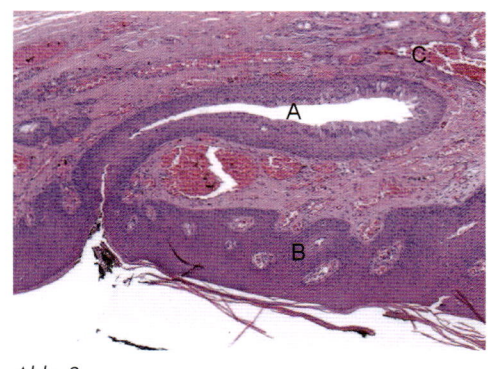

Abb. 3
Horizontalschnitt durch das Lumen (A) eines menschlichen VNO mit Venengeflecht (C) und Drüsen (B) (Glandulae vomeronasales), (HE-Färbung) (Witt M., Georgiewa B., Knecht M., Hummel T.; 2002)

Wo wirken Pheromone?

Pheromone werden bei Säugetieren charakteristischer Weise im Vomero-Nasalen-Organ (VNO) wahrgenommen. (Abb. 3) Die erste Beschreibung bei Menschen stammt von Ruysch (1703) und wurde von Jacobson 1811 bestätigt (Zbar et al. 2000). Es handelt sich um einen paarigen Bindegewebsschlauch von 0,2-2,5 mm Durchmesser und 2-8 mm Länge in der Schleimhaut der vorderen Nasenscheidewand, in unmittelbarer Nähe zum Ductus nasopalatinus (Canalis incisivus), der Nasenhöhle und Mundhöhle verbindet (Brennan und Keverne 2004). Das VNO ist beim Menschen in der Embryonalphase gut entwickelt und zeigt auf jeder Seite der Nasenscheidewand einen vomero-nasalen Nerven, der über den Nervus terminalis zum gonadotropen Zentrum des Hypothalamus führt (Polzehl 2002) (Siehe Abb. 2). Hierüber erfolgt wie bei anderen Säugetieren in der Embryonalphase eine Migration von Gonadotropin-Releasing-Hormon (GnRH)- immunreaktiven Zellen aus dem VNO in das mediale Frontalhirn (Yoshida et al. 1999). Bei niederen Säugetieren besteht eine direkte Nervenverbindung zwischen VNO und einem akzessorischen olfaktorischen Bulbus (getrennte anatomische Struktur im basalen Anteil des Hauptbulbus). Beim erwachsenen Menschen sind weder axonale Verbindungen die vom VNO ausgehen, noch ein akzessorischer Bulbus nachweisbar (Zbar et al. 2000). Histologisch lassen sich beim VNO-Epithel wie auch beim olfaktorischen Riechepithel drei verschiedene Zelltypen unterschieden: Glia-ähnliche Stützzellen, sensorische Nervenzellen und basale Stammzellen. Die sensorischen Nervenzellen des VNO-Epithels besitzen im Unterschied zu denen des Riechepithels keine Zilien, dafür aber Mikrovilli (Zufall et al. 2005) (Siehe Abb. 4).

Die Eigenständigkeit des VNO in Abgrenzung zum Riechepithel wird auch durch die spezifische Signaltransduktion deutlich. Es werden sowohl unterschiedliche Enzyme als auch Ionenkanäle aktiviert (Stowers und Martin 2005). Auch die neuronale Projektion ist unterschiedlich. Während die Riechfasern zu den Mitralzellen im Bulbus ziehen und in Cortex und olfaktorischen Mandelkern projizieren, verlaufen die VNO-Fasern über den akzessorischen Bulbus in den medialen Mandelkern.

Legt man strenge Kriterien an, so lässt sich bei 6 % aller Menschen ein VNO in der Septumschleimhaut nachweisen (Zbar et al. 2000) und zwar unabhängig von Alter, Geschlecht oder Rasse (Siehe Abb. 1 und 4). Vergleicht man jedoch morphologische Strukturen des VNO-Systems zwischen Säugetieren und Menschen, so muss man davon ausgehen,

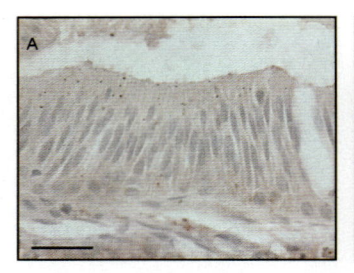

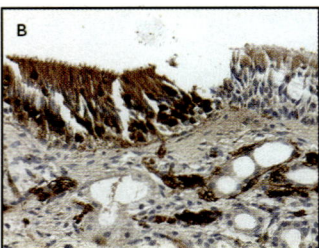

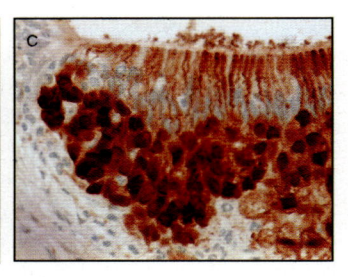

Abb. 4
Schnitt durch das Vomero-Nasale-Organ des Menschen (A) im Vergleich zu Schnitten durch das olfaktorische Riechepithel (B) und dem VNO der Ratte (C): Nur bei olfaktorischem Riechepithel und VNO der Ratte lassen sich nervale Strukturen anfärben (Färbung mittels eines Neuronen-spezifischen Markers (PGP9.5)) (Witt M., Georgiewa B., Knecht M., Hummel T., 2002)

dass das VNO beim erwachsenen Menschen funktionslos ist oder sich zumindest stark von dem der anderen Säugetiere unterscheidet. Eine Übersicht hierzu zeigt Tabelle 1.

Aus Tierversuchen ist bekannt, dass das VNO nicht nur Pheromone, sondern auch andere Substanzen detektiert. Duftstoffe können daher nicht allein wegen ihrer Wahrnehmung im VNO als Pheromone definiert werden (Wysocki und Preti 2004). Andererseits können Pheromone auch über das olfaktorische System wahrgenommen werden (Stowers und Martin 2005). Für die Funktionsunfähigkeit des VNO beim Menschen spricht neben morphologischen Befunden (Tabelle 1) die Tatsache, dass z. B. die meisten Mausgene, die für ein Rezeptorprotein des VNO kodieren, beim Menschen funktionslose Pseudogene sind. So enthält das Maus-Genom 1000 funktionelle Olfaktorius-Gene und 250-300 vomero-nasale Rezeptor-Gene (Brennan und Keverne 2004). Dies trifft auch für ein Gen zu, das für einen Kanal namens TRPC2 kodiert, einen Calciumkanal, der für die Signaltransduktion im VNO erforderlich ist (Zufall et al. 2005). Dieses Gen ist beim Menschen funktionslos. Der TRPC2 Kanal gehört zur Familie der TRP-Kanäle, die ein transientes Rezeptorpotential charakterisiert. Diese Kanäle bewirken Phospholipase C-regulierte Ca^{2+}-vermittelte Signale. Ihre Effekte sind durch die Vielzahl Ca^{2+}-vermittelter Prozesse innerhalb von Zellen sowohl für kurzfristige Prozesse wie Reizweiterleitung, als auch für langfristige Prozesse wie die Aktivierung von Genen verantwortlich. Es konnte gezeigt werden, dass die Ablation des VNO bei Mäuse ähnliche soziale Verhaltensweisen zeigt wie bei TRPC2-Knock-out Mäusen (Zufall et al. 2005).

Zusammenfassend lässt sich sagen, dass das Vomero-Nasale-Organ beim Menschen in der Fetalperiode eine Rolle in der Entwicklung neuroendokriner Funktionen spielt, beim Erwachsenen aber wohl funktionslos ist. Andererseits ist davon auszugehen, dass Pheromone auch über das olfaktorische Epithel wahrgenommen werden können.

Welche Effekte haben Pheromone?

Pheromone lassen sich nach ihren Wirkungen einteilen. Eine Übersicht über vier verschiedene Pheromonarten zeigt Tabelle 2.

Primer-Pheromone (Starter-Pheromone)

Für diese Pheromonwirkung gibt es bei Säugetieren gut untersuchte Beispiele. So setzt die Pubertät bei männlichen und weiblichen Tieren früher ein, wenn ein frühzeitiger Kontakt zu Erwachsenen anderen Geschlechts vorliegt. Weibliche Mäuse, die in einem über-

Ebene	Säugetier	Mensch fetal	Erwachsener Mensch
VNO	tubuläre Struktur in vorderer Nasenhöhle	vorhanden	vorhanden
Bipolare Rezeptorzellen im VNO	typischerweise bilateral	vorhanden	fehlend
Intakte Rezeptor-Gene im VNO exprimiert	mindestens 2 Subfamilien, v.a. V1R und V2R	unbekannt	fehlend
Transduktions-Mechanismus	Über TRPC2 Ca^{2+}-Kanal	unbekannt	fehlend
Axonale Verbindung von Rezeptor-Zellen zu Gehirn	Entlang der Nasenscheidewand durch Lamina cribrosa	vorhanden	fehlend
Abgrenzbarer akzessorischer Bulbus olfactorius	typischerweise im basalen Anteil des Bulbus	unbekannt	fehlend

Tabelle 1
Vergleich verschiedener Ebenen des VNO-Systems bei Nicht-Primaten und beim Menschen (modif. nach Wysocki et al. 2004)

Pheromon-Typ	Wirkung
Primer	Endokrin/ Neuro-endokrin
Releaser	Verhaltensauslösung
Signal	Informationsvermittlung
Modulator	Einfluss auf Stimmung oder Gefühl

Tabelle 2
Vier Grundtypen von Pheromonen und ihre Wirkung (modif. nach Wysocki 2004)

füllten Käfig untergebracht sind, ändern die Zusammensetzung ihres Urins so, dass er den Zyklus anderer Weibchen hemmt. Andererseits wird dieser Zyklus durch den Urin einer männlichen Maus wieder in Gang gesetzt. Bei manchen Arten kommt es sogar zu einem Abbruch der Schwangerschaft, wenn das weibliche Tier Pheromonen eines männlichen Tiers ausgesetzt wird, das die Schwangerschaft nicht herbeigeführt hat (Wysocki und Preti 2004). Üblicherweise initiiert ein bislang unbekanntes Pheromon im Urin männlicher Mäuse den Zyklus bei Weibchen. Dies würde aber zu einem Problem führen, da hierdurch Uterusschleimhaut und Hormonprofile nicht für die Implantation vorbereitet sind. Weibchen umgehen dies durch ein „Geruchs-Gedächtnis" für ein Major-Histokompatibilitäts (MHC)-Peptid des männlichen Partners, das den Zyklus unterbricht und damit die Wirkung „fremder" Pheromone blockiert (Stowers und Martin 2005).

Beim Menschen beziehen sich die meisten Beobachtungen der Wirkung von Primer-Pheromonen auf den Menstruationszyklus. Es gibt zahlreiche, zum Teil jedoch widersprüchliche Berichte über eine Synchronisierung des Zyklus bei Frauen, die in einer Gemeinschaft leben. Dies wird auf Pheromone einer Leitperson zurückgeführt. Andererseits wurde die Variabilität der Zyklusdauer um das dreifache erhöht, wenn bislang kinderlose Frauen mit dem Geruch einer laktierenden Brust konfrontiert wurden. Eine wiederum gegenteilige Wirkung kann der Geruch von männlichem Achselschweiß auf einen unregelmäßigen Zyklus haben, der sich auf diese Weise regulieren lässt und unmittelbar zu einem Anstieg des luteinisierenden Hormons (LH) führt (Wysocki und Preti 2004).

Signal-Pheromone
Im Tierreich können Mütter ihre Kinder eindeutig am Geruch erkennen. Dies trifft auch auf den Menschen zu, wobei dies allerdings nur den Müttern, jedoch nicht den Vätern möglich sein soll (Kaitz 1987 in: Wysocki et al. 2004). Gene des Major-Histocompatibility-Complex (MHC) geben dem Individuum einen unverwechselbaren Geruch („Fingerabdruck"). Dies soll unter anderem Auswirkungen auf die Partnersuche haben (Jacob et al. 2002 in: Wysocki 2004). Peptide (Liganden) von MHC-Molekülen stellen erst kürzlich entdeckte Signalmoleküle dar, die von speziellen Rezeptorzellen der Säugetier-Nase wahrgenommen werden. Damit ergibt sich ein molekularer Mechanismus, mit dem ein Individuum Zusammensetzung und Kompatibilität des Immunsystems eines anderen Individuums erkennen kann (Boehm und Zufall 2006).

Modulator-Pheromone (Anpassungs-Pheromone)
Diese Pheromone sollen Stimmungen und Gefühle beeinflussen („modulieren"). So sollen z.B. Angstsituationen den Körpergeruch verändern (Ackerl et al. 2002), was auch von anderen Individuen wahrgenommen werden kann. Im Achselschweiß von Männern findet sich u.a. Androstenol und Androstenon als Abbauprodukt des Testosterons. Androstenol riecht nach Sandelholz und führt überwiegend zu einer positiven Stimmungsverschiebung bei Frauen (Grammer und Jütte 1997). Dominierend ist jedoch der urinähnliche Geruch des Androstenons, weshalb Frauen Männer eigentlich „nicht riechen" können. Diese negative Wahrnehmung ändert sich aber zum Zeitpunkt der höchsten Empfängnisbereitschaft.

Releaser-Pheromone (Kommunikations-Pheromone)
Diese Pheromon-Klasse wird am häufigsten mit einer „sexuellen Anziehungskraft" in Verbindung gebracht. Sie führen zu verschiedenen Effekten, wie z.B. Entstehung von Aggressionen oder mütterlichem, beschützenden Verhalten. Beim Menschen wenden sich Säuglinge in Richtung des Duftes, der von der mütterlichen Brust ausgeht (Wysocki und Preti 2004).

Schlussfolgerung

Viele Untersuchungsergebnisse weisen darauf hin, dass es bei Säugetieren und auch bei Menschen Pheromonwirkungen verschiedener Art gibt, welche im Gegensatz zu bewusst wahrgenommenen Gerüchen ohne vorheriges Erlernen auftreten. Pheromone sind typischerweise nicht-flüchtige Substanzen, die über Kontakt mit Flüssigkeit (Tröpfchen) wahrgenommen werden. Pheromonwirkung können aber auch flüchtige Substanzen erzielen, die bei Säugetieren sowohl im Riechepithel, als auch im Vomero-Nasalen-Organ detektiert werden. Hierzu gehören u.a. MHC-Peptide im Urin. Eine wichtige Rolle bei der Signaltransduktion von Pheromonen spielt ein Ionen-Kanal names TRPC2. Beim Menschen lassen sich eindeutige Beeinflussungen von Verhalten und Stimmung durch chemische Signale nur schwer nachweisen, da es wesentliche Überlagerungen durch die kulturbedingte Regulierungen des Soziallebens gibt. Außerdem spielt für uns der Sehsinn eine dominierende Rolle, Riechen und Schmecken stehen in ihrem Stellenwert eher am Ende der Sinneswahrnehmungen. Chemische Zusammensetzung und spezifische Wirkung menschlicher Pheromone bleiben im Augenblick noch weithin unbekannt. Viele Indizien sprechen dafür, dass das Vomero-Nasale-Organ beim Erwachsenen funktionslos ist und Pheromone über das olfaktorische System wahrgenommen werden.

Literatur

Ackerl K, Atzmueller M, Grammer K (2002) The scent of fear. Neuroendocrinol Lett 23: 79-84
Boehm T, Zufall F (2006) MHC Peptides and the sensory evaluation of genotype. Trends in Neurosciences Vol. 29 No. 2
Brennan P, Keverne EB (2004) Something in the air? New insights into mammalian pheromones. Current Biology, Vol. 14, R81-R89
Kjaer I, Fischer Hansen BF (1996) The human vomeronasal organ: prenatal developmental stages and distribution of luteinising hormone-releasing-hormone. Eur J Oral Sci 104: 34-40
Guiraudie G, Pageat P, Cain Anne-Hélène C, Madec I, Meillour PN (2003) Functional characterization of olfactory binding proteins for appeasing compounds and molecular cloning in the vomeronasal organ of pre-pubertal pigs. Chem Senses 28: 609-619
Grammer K, Jütte A (1997) Der Krieg der Düfte: Pheromone für die menschliche Reproduktion. Gyn. Geburtshilfliche Rundschau 37: 150-153
Karlson P, Luscher M (1959) Pheromones`: a new term for a class of biologically active substances. Nature 183: 55-56
Luo M, Katz LC (2004) Encoding pheromonal signals in the mammalian vomeronasal system. Current Opinion in Neurobiology 14: 428-434
Marchese S, Pes D, Scanloni A, Carbone V, Pelosi P (1998) Lipocalins of boar salivary glands binding odours and pheromones. Eur. J. Biochem. 252, 563-568
Polzehl D (2002) Das vomeronasale Organ des Menschen. Laryngo-Rhino-Otol 81: 743-749
Shinohara K, Morofushi M, Funabashi T, Mitsushima D, Kimura F (2000) Effects of a 5α-Androst-16-3α-ol on the pulsatile secretion of luteinising hormone in human females. Chem Senses 25: 465-467
Stowers L, Martin TF (2005) What is a pheromone? Mammalian pheromones Reconsidered. Neuron, Vol. 46, 699-702
Witt M, Georgiewa B, Knecht M, Hummel T, (2002) On the chemosensory nature of the vomeronasal epithelium in adult humans. Histochem Cell Biol 117: 493-509
Wysocki CJ, Preti G (2004) Facts, fallacies, fears, frustrations with human pheromones. The anatomical record part A 281A: 1201-1211
Yoshida K, Rutishauser U, Crandall JE, Schwarting GA (1999) Polysialic acid facilitates migration of luteinizing hormone-releasing hormone neurons on vomeronasal axons. J. Neurosci. 15;19(2): 794-801
Zbar ISR, Zbar ISL, Dudley C, Trott SA, Rohrich RJ, Moss RL (2000) A classification schema for the vomeronasal organ in humans. Plas. Reconstr. Surg. 105: 1284
Zufall F., Ukhanov K., Lucas P. and Leinders-Zufall T., (2005) Neurobiology of TRPC2: from gene to behavior. Eur J Physiol 451: 61-71

The Nose And Beyond – No Nose

E. H. Huizing

The story of No Nose goes back many centuries. We do not know just when or where it started and probably never will.

On the battlefields of antiquity, the combatants not only killed their enemies but humiliated them too. Any captives that were taken were usually tortured and mutilated, and one of the most common ways was to cut off the nose. This is one of the most devastating mutilations imaginable. Without a nose, an individual is no longer seen as human but as an ugly, repulsive creature.

To avoid nasal and facial injury in battle, Greek warriors wore helmets with a nose protector. Cutting off the nose was not only a malicious means to punish an individual man; it was also a means to annihilate the culture of the defeated. The rampaging conqueror not only burned down the houses and temples of the vanquished but also destroyed the statues of their gods, heroes, and leaders. A quick and effective way was to deface them by chopping the nose off the statue with a sword (Fig. 1).

In 1984, when I visited the Carlsberg Glyptotek in Copenhagen, I was struck by the large number of Greek and Roman busts that were missing a nose. In most cases the damage was clearly not due to a fall; it was caused by a blow with a sword. I counted a cut-off nose on 29 out of 68 busts. Recently, I learned that the museum has restored many of these noseless faces by giving them a new nose; these new noses are separately exhibited in a so-called Nasothek.

The put-on nose

A common way for a no-nose individual to hide his defect is to put on a false nose. The drawing of the substitute noses designed by Ambroise Paré (1510-1590), the famous French war surgeon, is well known (Fig. 2). Many of us have also heard about the false nose that the Danish astronomer Tycho Brahe (1546-1601) wore almost all his life. While studying in Rostock, his nose was severely damaged in a duel with a fellow student to

Fig. 1
Characteristic example of a nose cut off by the sword of the conqueror (priestess of Aphrodite 2nd century AD).

Fig. 2
Put-on nose designed by the French war surgeon Ambroise Paré (1510-1590), 'Premier chirurgien de Roi', famous for his great contributions to medicine and his well-known *"Je le pansai et Dieu le guérit"*.

settle a quarrel about which of the two was the best mathematician. His nasal bones were destroyed by a blow of the sword, exposing the nasal cavities. Brahe masked this defect, first with wax, later with an artificial nose made of a silver-copper alloy (Fig. 3). In 1901, on the occasion of the 300th anniversary of his death, his remains were exhumed, and traces of copper were found on his nasal bones.

Nowadays, do people still run the risk of getting their nose cut off? One is inclined to say no. However, I remember the case of a Hindustan woman from Surinam, whose nose was cut off with a heavy scissors by her husband because of alleged adultery in 1966. The local ENT surgeon managed to restore the nose; the husband was convicted to 21 months in jail (Fig. 4). I also recall that we hosted an ENT colleague from Baghdad at our department some 15 years ago. He fled Iraq after Saddam Hussein ordered him to cut the ears off soldiers who had deserted the Iraqi army during the Iraq-Iran war.

Necessity is the mother of invention: new noses in ancient India

The art of making artificial noses, one of the oldest techniques in the history of surgery, originated in ancient India. There, a common sentence for crimes and adultery was to cut off the nose, a punishment called *nacta*. Prisoners of war were often mutilated in this way. It must have happened at a large scale, since a city in India was named Naskatapoor, meaning *nose-cut town*. Although cutting off the nose was also practiced as a punishment in ancient Egypt, as we read in the Old Testament Book of Ezekiel and in the writings on Egypt of Roman scholars, we have no evidence that they were able to make new noses. We do have the *Smith Surgery*, a 17th century BC copy of a text from about 3000 BC, but it only presents three cases of how to diagnose and treat a broken nose. Nor is there any mention of nasal surgery in the annals of early Chinese medicine.

The earliest description of reconstructing a nose that we know of is found in Chapter 16 of the *Sushruta Samhitá*, one of the books of the holy Indian book *Ayurveda*. The following text dates from about 600 BC.

Fig. 3.
The famous Danish astronomer Tycho Brahe (1546-1601) lost part of his bony nose in a duel and covered the open defect with a copper-silver plate (detail of painting by Gamperlin).

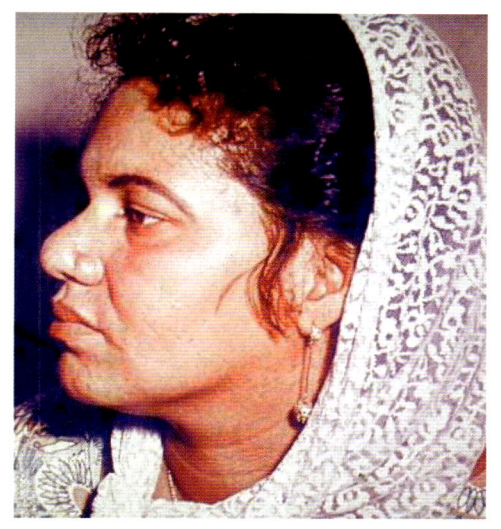

Fig. 4
Hindustan woman in the former Dutch colony Surinam whose nose was cut off by her husband with a heavy scissors because of alleged adultery in 1966. The local ENT surgeon managed to restore the nose; the husband was convicted to 21 months in jail.

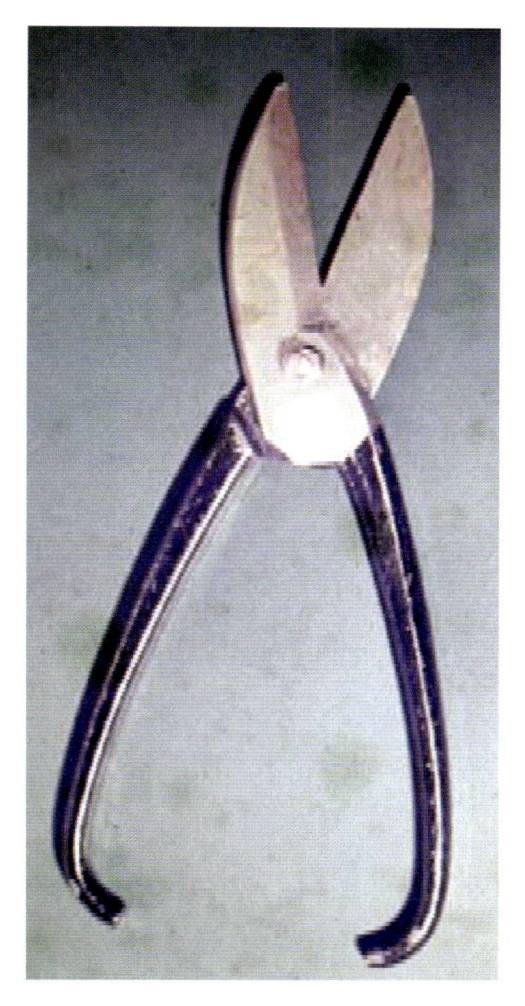

"Now I shall deal with the process of affixing an artificial nose. First the leaf of a creeper, long and broad enough to cover the whole of the severed or clipped off part, should be gathered, and a patch of living flesh, equal in dimensions to the preceding leaf should be sliced off (from down upward) from the region of the cheek and, after scarifying it with a knife, swiftly adhered to the severed nose. The cool-headed physician should steadily tie it up with a bandage decent to look at …". (Sushruta Samhitá of Ayurveda 1907)

It is generally assumed that Buddhist missionaries and Arab physicians brought the art of 'affixing an artificial nose' to the civilizations around the Mediterranean. The earliest Greco-Roman text that we have is by Celsus (25 BC - 50 AD), who described how to reconstruct limited 'curta' (= defects) of the lip, nose, and ear. Large defects, in his opinion, cannot be reconstructed, as the "area from where the material for reconstruction is taken will become a greater deformity than the one that one wishes to correct."

It is said that the first attempts in the Western world to reconstruct a lost nose using the Indian pedicled forehead flap were made by father and son (Antonius) Branca in Catania, Sicily in the first half of the 15th century. This attribution was made in several writings of the time: Fazio, Ranzano, Calenzio, and Benedetto Vincenz (Zeit 1863). The Brancas themselves left no known record of their work, however.

Fazio: "... Branca, the elder, was the inventor of an admirable and almost incredible thing. He conceived how he might repair and replace noses that had been mutilated and cut off, and developed his ideas into a marvelous art. And the son Antonius added not a little to his father's wonderful discovery. For he conceived how mutilated lips and ears might be restored as well as noses. Moreover, whereas his father had taken the flesh for the repair from the mutilated man's face, Antonius took it from the muscles of his arm, so that no distortion of the face should be caused.

Calenzio (1430 - ca. 1503) in a letter to a friend: "Orpianus, if you wish to have your nose restored, come here. Really, it is the most extraordinary thing in the world. Branca of Sicily, a man of wonderful talent, has found out how to give a person a new nose, which he either builds from the arm or borrows from a slave." (Gnudi and Webster 1951)

This part of the no-nose story would be incomplete without mentioning the detailed description of a nasal reconstruction performed by a German surgeon named Heinrich von Pfolspeundt. He describes it in his *'Buch der Bündth-Erztnei'*, which was published in 1460. He also tells us where he learned how to do it:

"Ein wall hath mich das gelernth, der garvikl leü do mith geholffen hath, und vil geldes do mityh verdieneth." (An Italian taught me this, one who has helped many people therewith, and who earned much money therefrom.") (Gnudi and Webster 1951)

Most scholars assume that it must have been Antonius Branca who demonstrated the technique to him. This text also reveals that even in the past, doctors were attracted to plastic surgery because it brought in "much money"!

Re-nasencia in Bologna: Gaspare Tagliacozzi

While it is very likely that the art of affixing a new nose was not completely lost after the Brancas, it was rarely practiced. Then around 1580, Gaspare Tagliacozzi (1545-1599), Professor of Anatomy and Medicine in Bologna, appeared on the scene with his forearm flap technique. His method was basically identical to that of Antonius Branca. His results – and in particular the detailed and beauti-

Fig. 5
a Gaspare Tagliacozzi (1545-1599) professor of anatomy and surgery at the University of Bologna. (painting attributed to Passarotti; in Instituto Ortopedico Bologna). **b** The four editions of Tagliacozzi's two-volume book *De Curtorum Chirurgia per Insitionem Libri Duo*: Venezia (1597), Venezia (1597), Frankfurt, (1598), Berlin (1831).

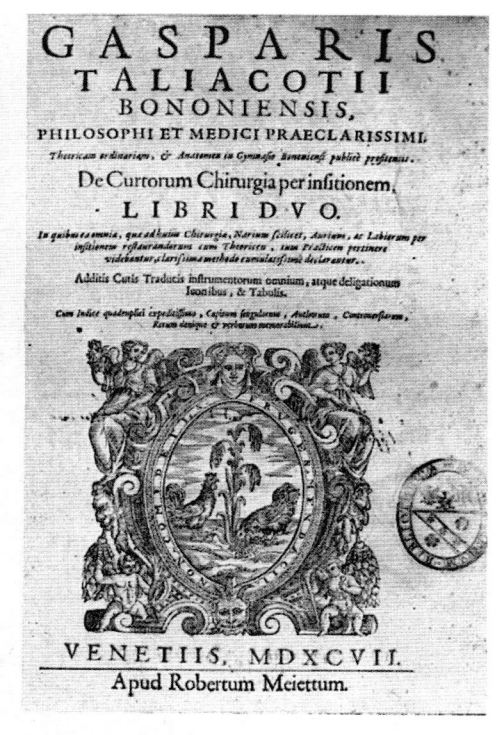

GASPARIS
TALIACOTII
BONONIENSIS,
PHILOSOPHI ET MEDICI PRAECLARISSIMI
Theoricam ordinariam, & Anatomen in Gymnasio Bononiensi publicè profitentis.
De Curtorum Chirurgia per infitionem.
LIBRI DVO.
In quibus ea omnia, quæ ad huius Chirurgiæ, Narium scilicet, Aurium, ac Labiorum per infitionem restaurandorum cum Theoricen, tum Practicen pertinere videntur, clarissima methodo cumulatissimè declarantur.
Additis Cutis Traducis instrumentorum omnium, atque deligationum Iconibus, & Tabulis.
Cum Indice quadruplici expeditissimo, Capitum singulorum, Authorum, Controversiarum, Rerum deniquè & verborum memorabilium.

VENETIIS, MDXCVII.
Apud Robertum Meiettum.

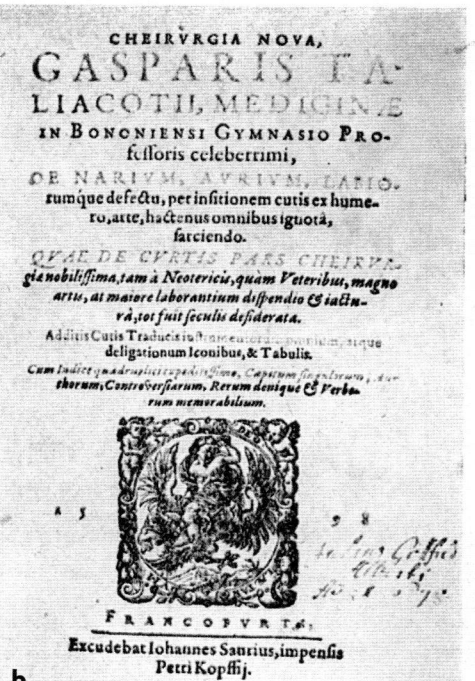

CHEIRVRGIA NOVA,
GASPARIS TA-
LIACOTII, MEDICINÆ
IN BONONIENSI GYMNASIO PRO-
fessoris celeberrimi,
DE NARIVM, AVRIVM, LABIO-
rumque defectu, per infitionem cutis ex hume-
ro, arte, hactenus omnibus ignotâ,
farciendo.
*QVAE DE CVRTIS PARS CHEIRVR-
giæ nobilissima, tam à Neotericis, quàm Veteribus, magno
artis, at maiore laborantium dispendio & iactu-
râ, tot fuit seculis desiderata.*
Additis Cutis Traducis instrumentorum omnium, atque deligationum Iconibus, & Tabulis.
Cum Indice quadruplici expeditissimo, Capitum singulorum, Authorum, Controversiarum, Rerum deniquè & Verborum memorabilium.

FRANCOFVRTI,
Excudebat Iohannes Saurius, impensis
Petri Kopffij.

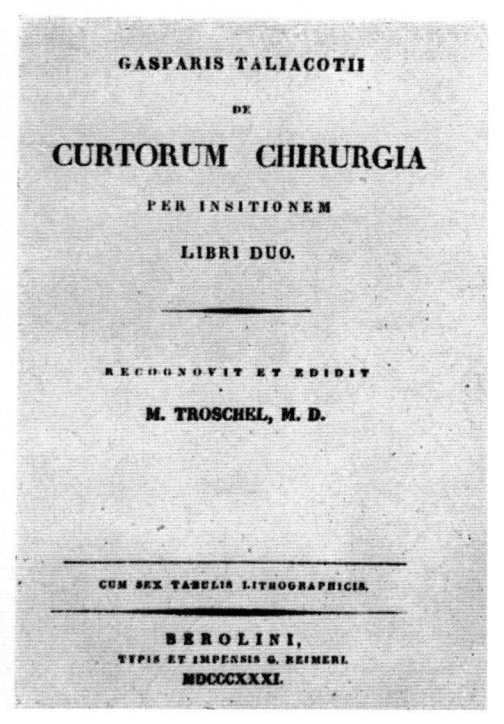

GASPARIS TALIACOTII
DE
CURTORUM CHIRURGIA
PER INSITIONEM
LIBRI DUO.

RECOGNOVIT ET EDIDIT
M. TROSCHEL, M. D.

CUM SEX TABULIS LITHOGRAPHICIS.

BEROLINI,
TYPIS ET IMPENSIS G. REIMERI.
MDCCCXXXI.

I

II

III

IV

V

VIII

fully illustrated description of his technique – won him great fame. His two-volume book, *'De Chirurgia curtorum per insitionem, libri duo'*, published in 1597, forms a milestone in the history of (nasal) surgery. It was reprinted four times, the last edition dating from 1831, almost two and a half centuries after its first appearance (Fig. 5 a,b). Tagliacozzi's procedure consisted of six 'termini' (Fig. 6). In short, these six steps are as follows:

1. *Delineatio* – a rectangular piece of the skin of the upper arm is dissected from the deeper tissue layers leaving its upper and lower end connected. A piece of linen is inserted underneath.
2. *Eductio* (after 14 days) – the upper end of the flap is cut.
3. *Educatio* (after 14 days) – the flap is trimmed.
4. *Insitio* (after 2-3 weeks) – the margins of the nasal remnants are freshened and the skin flap is sutured in. The arm is affixed to the head by straps to a cap and a jacket.
5. *Rescissio* (after 14 days) - the connection between the lower end of the flap and the arm is severed.
6. *Configuratio* - the flap is shaped, the nasal tip, alae, and nares are formed; the base is sutured. Tubes are used and nose models are used for two years. (Gnudi and Webster 1951)

Unfortunately, when Tagliacozzi died in 1599, just two years after the publication of his magnum opus, he left no pupils behind to carry on his work. It has often been written that strong opposition from the Roman Catholic Church and later by the Medical Faculty of Paris were the main reasons why his operation was so rarely practiced. Yet when Gnudi and Webster were doing research for their excellent book (1951) on Tagliacozzi, they were unable to find support for such claims. (Gnudi and Webster 1951)

His legacy was not forgotten, however. For centuries to come, people discussed and often ridiculed Tagliacozzi in witty but caustic verse. For one reason or another it was as-

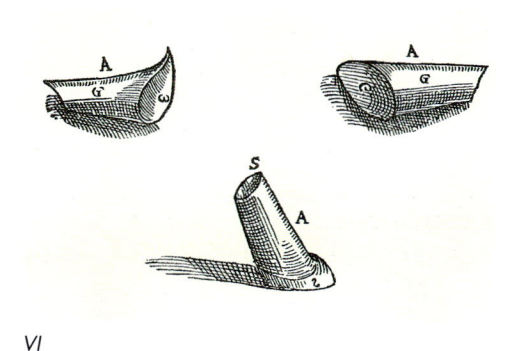

Fig. 6
I–VIII Tagliacozzi's method to reconstruct a defective nose by means of a forearm flap. Composition made from tables of his book.
VI Vestibular stents to keep the nasal entrance open.
VII External stents to "model" the new nose.

sumed that he took the skin from the posterior parts of a slave or a porter. This idea has had an enduring comic appeal.

Letter to the editor: 'a curious operation'

Then, in October 1794, the *Gentleman's Magazine*, a monthly periodical appearing in London, carried a letter to the editor entitled *'A curious operation'*, submitted by a certain B.L. (Fig. 7). (Gentleman's Magazine 1794) Though some have called this letter a 'bombshell', I feel this is somewhat exaggerated, as it took 20 years for its effect to become apparent. (McDowell 1969) Undoubtedly, it was a key publication in that it revived interest in reconstructive surgery. Indeed, it may be said to mark the beginning of rhinoplasty in Europe and the Americas.

The letter to the editor, accompanied by an illustration, recounts the story of a bullock driver from Poona named Cowasjee. In 1792, in an effort to colonize the south of India, the British hired members of the local population to support their troops. Opposing this policy, a local Sultan by the name of Tipoo arrested Cowasjee for working for the British. To set an example, the driver was punished by cutting off one of his hands and his nose. "For about 12 months," writes B.L., "he remained without a nose, when he had a new one put on by a man of the brickmaker caste, near Poona. This operation is not uncommon in India, and has been practised since time immemorial." According to the letter, the operation was watched by two British army surgeons, Thomas Cruso and James Trindlay. The engraving printed with the letter showed the final result (Fig. 7).

Much fuss has been made about the B.L. letter and this illustration. Who, in the first place, was B.L.? Was he a British surgeon named Colly Lyon Lucas, the chief surgeon at Madras, as has been claimed? If so, why did he spell the names of both attending surgeons incorrectly? And where did the illustration of

Fig. 7.
Illustration of the letter to the editor of the Gentleman's Magazine by a certain 'B.L.' published in London, October 9, 1794, showing the bullock driver Cowasjee whose nose had been cut off and subsequently reconstructed.

the B.L. letter come from? It was made by the British artist James Wales, who was living in Poona at the time. His drawing, along with a text identical (!) to the B.L. letter, had already been published in Bombay under the title *'A Singular Operation'* (instead of B.L.'s 'A curious operation') seven months earlier in March 1794. (McDowell 1977) The true story of B.L. and his letter may never be known.

A new start for European rhinoplasty

It was London where European rhinoplasty got a fresh start. In 1816, more than 20 years after the famous letter to the editor had ap-

Fig. 8
J.C. Carpue of London who, in 1816, started a new era of plastic reconstructive surgery with the publication of *An account of two successful operations for restoring a lost nose* (engraving by Charles Turner)

peared, Carpue published *An account of two successful operations for restoring a lost nose* (Fig. 8 a,b). (Carpue 1816) Joseph Constantine Carpue (1764-1846) was a remarkable man. At age 18, he toured continental Europe on foot for months; later he did the same across Wales and Scotland. Everywhere he visited hospitals, surgeons, and professors of medicine. Afterwards he started to study anatomy and surgery. His lectures on anatomy soon became famous.

In his famous book, he first relates how he contacted the British resident in Poona, who confirmed "that it had always been performed by the caste of the potters or brickmakers, and that though not invariable, it was usually successful." Then follows his account of his 'two successful cases'. In September 1814, he was approached by an officer of His Majesty's Army who had lost his nasal lobule and anterior septum. The injury was not sustained in a Napoleonic battle, as one might expect, but from applying mercury ointment to treat a suspected venereal nasal disease. "Sir, you see my unfortunate situation," were his words to Carpue (Fig. 9 a).

Carpue decided to try to help his officer patient, taking an approach that was exemplary for the times. First of all, he tried out his procedure "on a dead subject" no less than 11 times. Secondly, he tested in advance the vitality of the nasal remnants by making small lesions. Finally, he performed the operation in the presence of two friends and an army surgeon. Anesthesia was not available in those days. "I hope I shall behave like a man," were the words of his patient. The dissection of the flap took 9 minutes, the 'ligatures', as Carpue called them, 6 minutes (Fig 9 b). On the 3rd day the dressings were taken off: "My God, there *is* a nose," the patient shouted. Carpue's paper also includes an extensive report of the postoperative course until day 20. Remarkable, indeed!

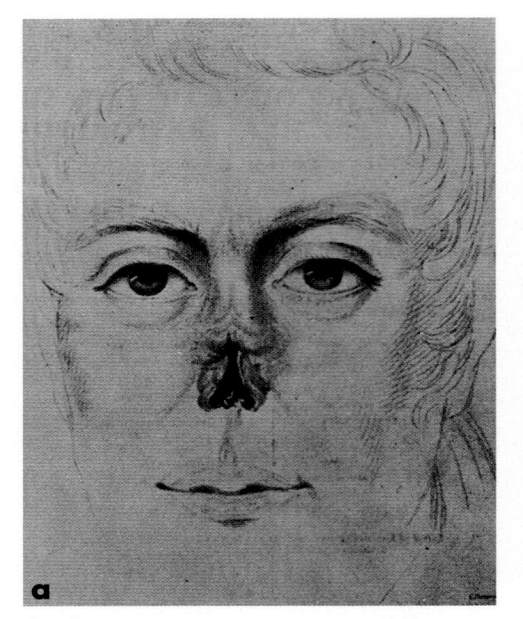

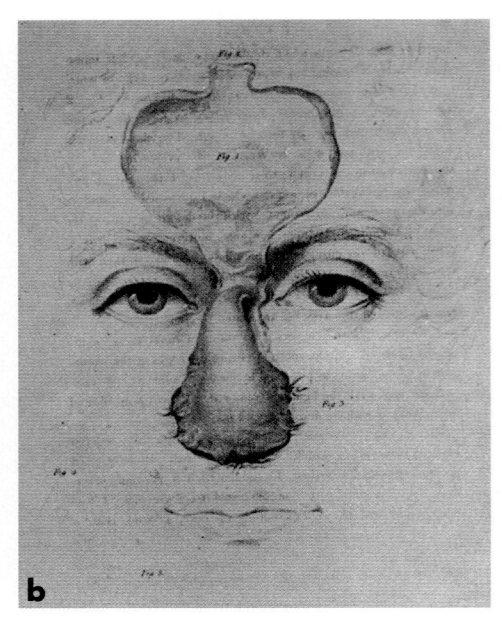

Fig. 9
Illustrations of the 'unfortunate situation' of the nose of an officer of His Majesty's Army and Carpue's surgical reconstruction as depicted in his publication.

His second case was a certain Lieutenant Latham (it was common to give the names of patients in those days). The officer had lost his nose in a battle against the French army in Spain four years earlier. The same procedure was followed. For this case, the follow-up is even reported up till two months afterwards. Again, Carpue was successful. At the end of his publication, Carpue gratefully acknowledges the support and interest shown by H.R.H. the Prince Regent. This is worth mentioning because affixing a new nose apparently sparked not only the interest of the medical profession but also that of laymen ... and, as we shall see below, the artists.

The word 'rhinoplasty' is coined

Carpue's report was followed two years later, in 1818, by an equally important publication in Berlin by Carl von Graefe entitled *'Rhinoplastik oder die Kunst den Verlust der Nase organisch zu ersetzen'* (Fig. 10) (Graefe 1818) Here, the word rhinoplasty is used for the first time. It would soon come into use in England and France as well.

Carl Ferdinand von Graefe (1787-1840) was another extraordinary man. It would go beyond the scope of this paper to tell the story of his life. Suffice it to say that, having declined calls from Königsberg and Halle, in 1810 he accepted a professorship at the newly established University of Berlin – at the age of 23. Just three years later, he left this post to become Surgeon General in the Prussian army fighting Napoleon. Soon afterwards, at age 26, he was appointed head of all army hospitals in the area between Poland and the Netherlands. He rendered effective care to more than 100,000 of the sick and wounded. For his achievements he was awarded high honors by the kings of Prussia, Russia, Sweden, and ... France. After the war, back in Berlin, he became one of the most famous men of his time. He was renowned for having refined amputa-

Fig. 10
Carl Ferdinand von Graefe, professor of surgery at Berlin and famous war surgeon of the Prussian army during the Napoleonic wars, coined the word Rhinoplasty.

RHINOPLASTIK
oder
Die Kunst den Verlust der Nase Organisch zu Ersetzen
DR. CARL FERDINAND GRAEFE
Berlin

tion surgery, for promoting blood transfusion, improving caesarean section, and describing blepharoplasty and palatoplasty.

Von Graefe's *Rhinoplastik* is a book of 208 pages. After discussing the literature on the subject, he relates it to his personal experience by highlighting three successful treatments. In the first case, he applied the Italian (Taliacotian) method; in the second, the Indian forehead flap; and in the third, a modification of the Italian method, which he called the German method.

New-nose hysteria in Europe

After these two publications, affixing a nose soon became a hype in Europe. The number of reports appearing over the next two decades was tremendous. Here, it is sufficient to mention two. One was the pioneering work of Christian Bünger from Marburg who, in 1822, used a free skin flap from the thigh. (Bünger 1822) He was the very first in the Western world to perform a free-skin transplantation. The other is a report of six cases treated with the Indian forehead flap method by Jacques Delpech from Montpellier, published in 1823. (Delpech 1823) These new developments fired the imagination of writers and the public at large. Stories about lost and reattached noses circulated as general topics of conversation and found their way into the arts. But before discussing the nose in literature, let us first say a few words about the next major step in the development of nasal surgery.

The doctor of doctors

This step forward we owe to Johann Friedrich Dieffenbach (1794-1847). He developed methods for repairing facial and lip defects and closing a cleft hard palate, among other procedures. He was also the first to surgically correct a deviated nose, a problem that he approached through an external incision. His methods were described in his *'Chirurgische Erfahrungen'*, which appeared between 1829 and 1834. Ultimately, he succeeded von Graefe as professor in Berlin in 1840. His two-volume work *'Operative Chirurgie'*, published in 1845,1848 was his crowning achievement. (Dieffenbach 1845) Dieffenbach was very well known. There were even street songs about him: "Wer kennt nicht dr Dieffenbach, der Arzt der Aerzte. Er schneidet Arm und Beine ab und macht dir eine neue Nase und Ohren." When he died, "thousands from all classes" joined the funeral procession.

It is interesting to note the synergy among these pioneers in rhinoplasty. The Englishman Carpue visited von Graefe in Berlin and his *'Account of two successful operations ...'* was translated into German. Dieffenbach spent a few months with Delpech in Montpellier and succeeded von Graefe as professor. Furthermore, the section on rhinoplasty in Dieffenbach's *'Chirurgische Erfahrungen'* was translated into English by Bushnan, while the article by Delpech was published in translation in the *Lancet* a year after its publication in French.

The nose stories

The reports by Carpue in England, by von Graefe and Bünger in Germany, and by Delpech in France drew attention all over Europe. The topic was of interest not only to surgeons and medical doctors by also to the general public. Numerous sensational nasal stories appeared in the popular press under various pretexts, as they were deemed 'to satisfy general curiosity' or 'to educate our youth'. There is nothing new under the sun! Stories about lost noses, noses that were put on again, noses that were walking around, and so on – the readers couldn't get enough of them.

One of the most frequently repeated was the story reported by a surgeon named Garengeot. In brief: A soldier was attacked by one of his comrades and got his nose bitten off.

His adversary, perceiving that he had a bit of flesh in his mouth, spat it out into the gutter and trampled upon it. The soldier picked it up and brought it into the shop of M. Galin. As it was covered with dirt, M. Galin rinsed it off at the well, washed the wound and face with a little warm water, and put the nose into this liquid to heat it a little. He put the nose back into its natural situation and secured it there by means of an agglutinating plaster and bandage. The next day the union appeared to have taken place. On the fourth day I myself dressed it, with M. Galin, and saw that the extremity of the nose was perfectly united and cicatrized. (cited from Carpue, 1816)

Another story runs as follows: A thief whose nose was cut off for punishment went to a surgeon and asked for a new one. The surgeon told him that he would need the old nose. The thief went out to the street, cut off the nose of the first man he encountered, and brought it in to the surgeon, who put it on its new owner. (Gnudi and Webster 1951)

Gogol's 'Nos' (1836) and its predecessors

These anecdotes lead us straight to the most famous nose story in world literature, the short story 'Nos', or 'The Nose'. Written by the 27 year old Nikolai Gogol (1809-1852), it was published in St. Petersburg in 1836. It goes like this:

A barber named Ivan Jakolewich, to his astonishment and anger, finds a nose one morning in his bread and recognizes it as belonging to one of his customers. Almost simultaneously, Collegiate-Assessor Kovalyov awakens and to his utmost dismay finds himself without a nose. Kovalyov, who likes to be called 'Major', panics because by losing his nose he has lost his dignity. He roams the city in search of his nose. Suddenly he sees the nose dressed as a Privy Councilor stepping out of a carriage. The chase is on, and, after many comic incidents, the Major finally gets his nose back (Fig. 11).

Fig. 11
Scene from the famous story *Nos* by Nikolai Gogol (1836). Collegiate-Assessor Major Kovalyov finds his nose walking through St. Petersburg disguised as a Privy Councilor.

Scholars of Slavic languages have stressed that this bizarre story is not as original as one might think. (Weststeijn 2004) Stories about missing noses, noses walking around, noses that were put on again, but also about long noses, big noses, flat noses, snub noses – all were very popular in those days. As a matter of fact, Gogol had predecessors of various kinds.

One of the first was the French medical doctor Rabelais. In 1535, writing under a pseudonym, he published his *Pantagruel* and in 1537 his *Gargantua*.

"What is the Cause (said Gargantua) that Friar John has such a goodly Nose? Because (said Grangoufier) God would have it so … That is not the Reason for it (said the monk), it is because my Nurse had soft Teats by virtue whereof, whilst she gave me suck, my Nose did sink in it as in Dutch butter. The hard breast of Nurses makes children short-nosed." (De Rijke et al. 2000)

Even more influential at the time was *'The Life and Opinions of Tristram Shandy, Gentleman'* by Laurence Sterne a nine-volume work published in London in the years 1760-1767. It was extremely popular: "Who has not Tristram Shandy read? / Is any mortal so ill-bred?" (James Boswell). It had numerous editions and was translated into many different languages, even Russian. It is almost exclusively concentrated on the nose in a mocking way:

"I define a nose as follows... for by the word Nose, throughout all this long chapter of noses, and in every other part of my work, where the word Nose occurs, -I declare, by that word I mean a Nose and nothing more, or less."

One of the highlights of the work is the discussion on the mock-serious dissertation 'De Nasis' by the 'learned' Hafen Slawkenbergius (from the German Hafen = chamber pot and Schlackenberg = heap of excrement).

In his popular book *'Hudibras'* (1663), Samuel Butler introduces the suffering slave or porter who did not sacrifice a portion of his arm, but rather that part which has eternal comic appeal to mankind, his derrière:

"So learned Taliacotius from / The brawny part of Porter's bum
Cut supplemental Noses, which / Would last as long as Parent breech:
But when the last Date of Nock was out, / Off dropped the sympathetic snout".

More than a century later, Voltaire (1785) modified this poem and gave it a personal twist.

"Ainsi Talicotius, grand Esculape d'Etrurie, repara tous les nez perdus par une nouvelle industrie: il vous prenoit adroitement un morceau de cul d'un pauvre homme ...". (Gnudi and Webster 1951)

Another model for Gogol was the book *'Ode an die Nase' (Ode to the Nose)* by Heinrich Zschokke (1771-1848), which appeared translated in Russian in 1831. In this novel, the nose is depicted as the benefactor of mankind and the seat of the intellect ("if the head is empty one usually puts one's finger to the nose to dig for a new thought").

At the same time, the periodical *The Russian Invalid* carried a eulogy on the nose as the incarnation of human dignity. And the Romantic author Alexander Bestuzhev (publishing under the pseudonym Marlinsky) praised the fantastic noses in Georgia, which is also where Gogol's Major Kovalyov came from. The radical Russian writer and critic Nikolai Chernyshevsky concluded that Gogol's *Nose* amounted to a "retelling of a well-known anecdote." (Weststeijn 2004)

The nose stands for identity, dignity, wisdom, pride, and the phallus

Apart from the popularity of nose stories, Gogol might have had another reason to choose the nose as the topic for a short story. Judging from various aspects of his life and death, Nikolai Gogol must have had a rather neurotic personality. Besides, he had an unusually long and large nose (Fig. 12). Tellingly, his novel *'Nevsky Prospect'*, written the year before *'The Nose'*, contains a scene with the drunken German shoemaker Schiller who wants his nose cut off by his equally drunken friend Hoffmann. Was Gogol obsessed with the nose?

Fig. 12.
Nikolai Gogol (1809-1852). One wonders whether or not his own long and prominent nose has been one of the reasons to write the famous short story. (painting by Alexander Ivanov).

The nose represents dignity. A large nose is also a sign of wisdom. The Romans said of a stupid man, *"Nullum nasere habere"* (*"He has no nose"* or *"He does not have a nose"*).

A Serbo-Croatian proverb says, *"So much the nose, that much the pride"* (*"Koliki nos, toliki ponos"*). In Serbian slang, pride is usually associated with the male sexual organ.

From time immemorial, the nose has been a phallic symbol. In our culture this goes back to the Romans: *"Noscitur ex naso, quanta sit mentula viri. Noscitur ex labiis quantum sit virginis vulva"* (*"One knows from the nose the size of the penis of a man. One knows from the lips the size of the vulva of a woman"*). And as the Roman poet Martialis (40-103) wrote in one of his epigrams, *"Mentula tam magna est, tantus tibi, Papile, nasus!"* (*"Your penis is as big as your nose, Papilus!"*). In later centuries, this association showed up in countless folkloristic rhymes and the work of many artists. All these nasal connotations – identity, dignity, wisdom, pride, and the phallus – have a common denominator.

'Nos', the opera by Shostakovich

Despite all the antecedents, Gogol's grotesque novel has received worldwide recognition for its outstanding narrative style and many fascinating details. In 1928, Dmitri Shostakovich (1906-1975) turned the story into an opera. A few years before his death, he shared with his biographer Salomon Volkov some very interesting thoughts about Gogol's short story and his opera.

There was an old man in a barge,
Whose nose was exceedingly large;
But in fishing by night, It supported a light,
Which helped that old man in a barge.

There was a Young Lady whose nose,
Was so long that it reached to her toes;
So she hired an Old Lady, whose conduct was steady,
To carry that wonderful nose.

There was an Old Man, on whose nose,
Most birds of the air could repose;
But they all flew away, at the closing of day,
Which relieved that Old Man and his nose.

There was an Old Man with a nose,
Who said, 'If you choose to suppose,
That my nose is too long, you are certainly wrong!'
That remarkable Man with a nose

Fig. 13.
Some of the nose drawings and limericks published by the British artist and traveler Edward Lear in *A book of Nonsense* in 1846.

"In 'The Nose', people saw the satiric and the grotesque. I have written completely serious music to it ... I did not want to make a joke about the nose ... Honestly what is funny about a human being who has lost his nose? ... He cannot marry, and cannot have an official function ... The Nose is a horror story, not a joke. How can police oppression be funny? Wherever one goes there is police ... And the crowd in the 'Nose' isn't funny either. Taken individually they are not bad, but slightly eccentric. But together, they're a mob that wants blood. And the figure of the Nose himself is not comical at all. Without a nose you are not a human being. However, without a nose you can become a man, even a highly positioned one ... Nowadays one can only be amazed how many Noses walk around." (Volkow 1979)

In the 1840s, the excitement surrounding lost noses and new noses gradually subsided. Rhinoplasty, or making new noses, had become a generally accepted operation.

One epoch-making literary work of this period should be mentioned however, *A Book of Nonsense* by the British artist and traveler Edward Lear (1812-1888). In 1846 he published a series of witty drawings with elegant and humorous limericks of very special noses, mostly very long ones. His work was quite popular at the time and it is still cited (Fig. 13). (De Rijke et al. 2000)

The next major steps in the development of nasal surgery were taken in the 1880s. They concerned the first attempts at septal surgery, followed by endonasal corrective surgery and cosmetic surgery in the 1890s. In these decades, there were again some famous literary outbursts, such as Collodi's children's story '*Le Avventure di Pinocchio*' (1883) and Rostand's play '*Cyrano de Bergerac*' (1897). The relation between the nose and literature in the *fin de siècle* certainly warrants further study.

Acknowledgements

The author gratefully acknowledges the help of Prof. Lars Malm, (Lund), Prof. Wolfgang Pirsig (Ulm), and Prof. Willem G. Weststeijn (Amsterdam) in preparing this publication.

References

Sushruta Samhitá of Ayurveda. Ch 16 translated from the Sanskrit by KKL Bhishagratna, Calcutta, 1907

Zeis E (1863) Die Literatur und Geschichte der Plastischen Chirurgie, Leipzig. Reprinted by Arnaldo Forni, Bologna, 1963

Gnudi MT Webster JP (1951) The Life and Times of Gaspare Tagliacozzi. Reichner, New York

Gentleman's Magazine (1794) Letter to the editor by "B.L." 9 October 1794

McDowell F (1969) The "B.L. bomb-shell." Plast Reconstr Surg 44:66

McDowell F (1977) The Source Book of Plastic Surgery. Williams & Wilkins Company, 1977

Carpue JS (1816) Two Successful Operations for Restoring a Lost Nose. Longman, London

Graefe von CF (1818) Rhinoplastik oder die Kunst den Verlust der Nase organisch zu Ersetzen. Berlin

Bünger CH (1822) Gelungener Versuch einer Nasenbildung aus einem völlig getrennten Hautstück aus dem Beine. Ztschr Chirurgie und Augenheilkunde 4: 569

Delpech J-M (1823) Observation d'opération Rhinoplastique pratiqueé avec succès. Rev med fr et étrang 2:182. Translated in English: Rhinoplastic operation, performed with success at the hospital St. Eloi de Montpellier. Lancet 4: 123, July 24, 1824

Dieffenbach JF (1845) Operative Chirurgie Vol.1, F.A. Brockhaus, Leipzig

Weststeijn WG (2004) Russische literatuur, pp 98-102. Meulenhoff

De Rijke V, Ostermark-Johansen L, Thomas H (2000) Nose Book, Representation of the Nose in Literature and the Arts. Middlesex University Press

Volkow S (1979) Die Memoiren des Dimitrij Schostakowitsch, p 227. Albrecht Knaus

Ästhetik des Riechorgans

R. Siegert

Einleitung

Das Riechorgan

Das Riechen erfolgt „ganz oben im Kopf", direkt unter der vorderen Schädelbasis. Die neuralen Verbindungen zu den emotionalen Zentren unseres Gehirns sind kurz und von dem weit darüber liegenden Bewusstsein kaum zu beeinflussen. Sehen kann man das Riechorgan von außen nicht, eine Ästhetik des Riechorgans im engeren Sinne gibt es daher eigentlich gar nicht.

Die Duftstoffe müssen zu den Riechzellen gelangen. Das ist nur möglich, wenn die Nasengänge frei sind. 20.000 Atemzüge pro Tag mit einem Volumen von jeweils einem halben Liter Luft oder mehr, das sind 10.000 l pro Tag, strömen durch die beiden, knapp einen Quadratzentimeter großen Nasenöffnungen und werden auf einer Länge von nur zehn Zentimetern angewärmt oder an heißen Sommertagen auch abgekühlt, angefeuchtet und von kleinen Partikeln gereinigt. Keine technisch noch so ausgereifte Klimaanlage hat eine auch nur annähernd vergleichbare Leistungsfähigkeit. Durch Schleimhautpolster, deren Größe sich der jeweiligen Umgebungssituation anpassen, wird die Strömung der Atemluft gesteuert - gleichmäßig entlang des Nasenbodens, wenn wir viel Luft brauchen, oder verwirbelt, wenn unsere Riechzellen im oberen Nasenbereich das neue Parfüm testen.

Sehen kann man von außen nur die Naseneingänge. Sie können ästhetisch, symmetrisch, harmonisch und wohlgeformt sein. Die tieferen Nasengänge spielen für die Ästhetik keine Rolle.

Die visuelle Perzeption von Gesichtern

Auffällig, mitten im Gesicht und in den meisten Kulturen nicht zu verbergen sind die Begrenzungen der obersten Luftwege, nämlich die äußere Nase. Sie spielt im wahrsten Sinne des Wortes die zentrale Rolle im Gesichtsausdruck. Die Ästhetik des Riechorgans im weiteren Sinne ist daher Kern der gesamten Gesichtsästhetik. Kein Blick geht an der Nase vorbei.

Doch woran orientieren sich die Augen beim Betrachten des Gesichtes unseres Gegenübers? Ist es wirklich nur die Nase? Natürlich nicht ausschließlich (Abb. 1). Vielmehr suchen unsere Blicke – meist völlig unbewusst und im Sinne des Darwinismus evolutionär geprägt – so viel Informationen über den jeweiligen Gesprächspartner zu gewinnen wie erzielbar, und dies noch möglichst schnell.

Welche Informationen sind nun – wiederum biologisch geprägt – für die visuelle Perzeption von Gesichtern sinnvoll und entscheidend?

– Es ist zunächst die **Haut**, ihre Farbe und Textur als
  – bedeckende Oberfläche des Stütz- und Muskelgewebes,
  – Zeichen der Rasse,
  – Ausdruck von Gesundheit,
  – „Logbook" bisheriger Lebenseinflüsse und
  – der berühmte Spiegel der Seele.

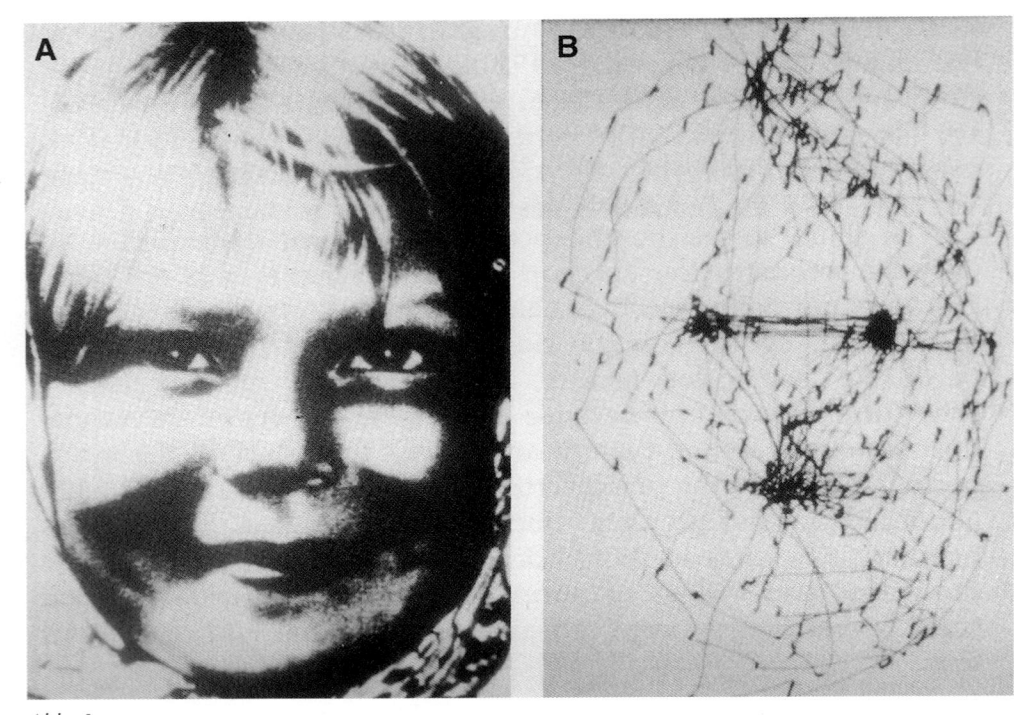

Abb. 1
Augenbewegungen (B) beim Betrachten des Gesichts (A) [aus: Burget, Menick (1994) Aesthetic Reconstruction of the Nose. Mosby]

Um die weiteren Wege der scannenden Augenbewegungen zu verstehen muss man sich darüber im Klaren sein, dass ein Gesicht aus den folgenden, grundlegend unterschiedlichen Regionen besteht: Den weitgehend statischen Strukturen wie der Nase und den Ohren und den dynamischen Bereichen, in denen der Gesichtsausdruck durch die mimische Muskulatur geprägt wird. Zunächst führen die Augen einen „kurzen Vorscan" der statischen Strukturen durch:
- Die Form der **Nase** steht dabei aufgrund ihrer zentralen Lage im Mittelpunkt der Blicke. Ist sie normal und passt sie sich harmonisch in die umgebenden Strukturen ein, wandern die Blick weiter und erfassen
- die **Gesichtsform** und ihre Begrenzungen einschließlich der **Ohrmuscheln**.
- Erst nachdem diese statischen Strukturen registriert und gespeichert sind wandern die Blicke zu den dynamischen Bereichen, insbesondere den **Augen** und dem **Mund**. Dort verharren sie und beobachten das mimische Spiel als entscheidende Quelle der non-verbalen Kommunikation. Sie versuchen hinter den Worten die Emotionen als Motor der Sprache zu lesen. Dabei sind die Lippen für das Verstehen der Sprache und die Augen für das Erfassen der Gefühle entscheidend. Man sagt auch, dass der Unterschied zwischen dem Mund und den Augen derjenige sei, dass nur der (bewusst angesteuerte) Mund lügen könne, die (mehr unbewusst agierende mimische Muskulatur der) Augen dagegen nicht.

Passt sich eine Nase aber nicht harmonisch in das Gesicht ein, ist sie zu groß oder zu platt, hat sie einen voluminösen Höcker oder einen tiefen Sattel, ist sie schief und krumm, dann zieht sie die Blicke immer wieder an sich und lenkt sie von dem Ausdruck der Mimik ab.

Zielsetzung der ästhetischen Rhinoplastik

Ziel aller chirurgischen Bemühungen zur Verbesserung der Ästhetik des Riechorgans ist es daher, die Nase so harmonisch in das Gesicht einzupassen, dass die Blicke des Betrachters nicht von der „Schönheit der Lippen" oder „den bezaubernden Augen" abgelenkt werden. Erstaunlich dabei ist, dass trotz der großen Variabilität der Nasenformen in den verschiedenen menschlichen Rassen eine hohe Übereinstimmung in allen Kontinenten darüber besteht, was „harmonisch" und „schön" ist.

Diagnostik

Selbstverständlich beginnt die **Anamnese** mit der Frage nach den Wünschen des Patienten oder der Patientin. Bereits hier sind sehr unterschiedliche Anforderungen an die chirurgischen Maßnahmen erkennbar. Sie reichen von der minimalen Korrektur einer Unregelmäßigkeit, nach der niemand sehen soll, dass überhaupt operiert worden ist, bis zu der möglichst weitgehenden Veränderungen des gesamten Gesichtsausdrucks vor einem persönlichen Neubeginn. Besonders ausgeprägte Korrekturen wünschen häufig junge Erwachsene einer Rasse, die in unserem Kulturkreis zu den sog. Gastarbeitern zählt und die den Wunsch verspüren, sich auch äußerlich in unsere Gesellschaft zu integrieren.

Die **klinische Analyse** umfasst neben der HNO-ärztlichen, funktionellen einschließlich endoskopischen Untersuchung die genaue Beurteilung der Nasenform in Relation zur Gesichtsform. Die **Inspektion** der Haut gibt sowohl Aufschluss über umschriebene Vorschäden wie Narben als auch über generelle Probleme wie aktinische Belastungen. Bei der **Palpation** ist besonderer Wert auf die Dicke der Haut und der subkutanen Verschiebeschicht sowie feine Unregelmäßigkeiten des knöchernen und knorpeligen Stützgerüstes zu legen. Die Höhe des Überganges vom knöchernen zum knorpeligen Nasenskelett wird bestimmt und die Dreiecks- und Flügelknorpel mit zwei Fingern abgetastet (Abb. 2*). Dabei werden u.a. die Beziehungen der medialen Flügelknorpelschenkel zur vorderen Septumkante und der Spina nasalis anterior erfasst. Auch wenn die Weichteilbedeckung manch kleine Unregelmäßigkeit oder Asymmetrie kaschieren mag entsteht bei dieser Palpation im Kopf des erfahrenen Rhinochirurgen ein dreidimensionales Bild der Stützstrukturen, die es zu korrigieren gilt.

Dokumentation

Untrennbar mit der gesamten plastisch-rekonstruktiven und ästhetischen Gesichtschirurgie ist die standardisierte **Fotodokumentation** verbunden. Der Hintergrund sollte gleich bleibend neutral sein. Die Position des Stuhls für den Patienten und die Position der Kamera sind auf dem Fußboden markiert, so dass der Abstand zum Gesicht immer konstant ist, Um perspektivische Verzerrungen zu minimieren sollte der Abstand mindestens 1,5 m betragen.

Weitere Markierungen an den Wänden, denen sich der Patient nacheinander zuzuwenden hat, dienen der gleich bleibenden Perspektive. Jeder Patient wird von vorn, halb schräg von rechts und links, im Profil von rechts und links, von oben und von unten aufgenommen. Das Blitzlicht wird fest installiert. Es sollte durch entsprechende Schirme und Vorsatzkästen flächig und damit relativ weich abstrahlen. Um Konturen erkennen zu können ist aber ein Helligkeitsunterschied zwischen dem von rechts und links einstrahlenden Licht von 1:2 bis 1:3 erforderlich. Die Belichtung wird für die jeweiligen Raumverhältnisse einmal justiert und dann konstant belassen.

Es versteht sich heutzutage von selbst, dass die Bilder digital aufgenommen und mit einem der unzähligen Programmangebote archiviert werden. Wir verwenden seit Jahren das Programm Olympus Camedia Suite. Ein spezielles, umfangreiches Dokumentationsprogramm für die Rhinoplastik hat Fazil Apaydin entwickelt. Er stellt es Mitgliedern der European Academy of Facial Plastic Surgery kostenlos zur Verfügung (info@eafps.org).

Um die Fotos für **anthropometrische Messungen** und die exakte Therapieplanung nutzen zu können nehmen wir prinzipiell einen Maßstab in Form von Kugeln im Abstand von 10 cm mit auf. Durch diese Referenz können wir im Ausdruck des Bildes den Maßstab bestimmen und die geplanten Korrekturen quantifizieren (Abb. 3a und 4a).

Planung

Um die Zielsetzung der Operation zusammen mit dem Patienten festzulegen verwenden wir ein **Simulationsprogramm** (AlterImage). Dieses dient selbstverständlich nicht dazu, den Patienten für die Operation „zu gewinnen" oder ihm/ihr ein bestimmtes Ergebnis zu garantieren! Es ist lediglich eine visuelle Kommunikationshilfe über die Wünsche des Patienten. Falls der Patient einen Ausdruck des simulierten Bildes wünscht, wird dieses mit dem Text „Planungsbild, das operative Ergebnis kann davon abweichen" per Stempel versehen.

Anthropometrie

Ästhetische Chirurgie ist und bleibt Ästhetik. Es basiert auf dem Gefühl für schöne Formen. Nur wer sich für Ästhetik interessiert, kann in der ästhetischen Chirurgie erfolgreich sein. Doch trotz dieses gefühlsmäßigen Zuganges zur Ästhetik des menschlichen Gesichtes hat der Mensch seit Jahrhunderten versucht, Ästhetik von der anthropometrischen Perspektive her in exakte Zahlen zu fassen. Ästhetik und Mathematik, diese scheinbar so gegensätzlichen Ansätze wurden immer wieder versucht gemeinsam zu nutzen (Abb. 2). Trotz unzähliger Ansätze, die mit Namen wie Leonardo da Vinci, Baud, Covier u.v.a. verbunden sind,

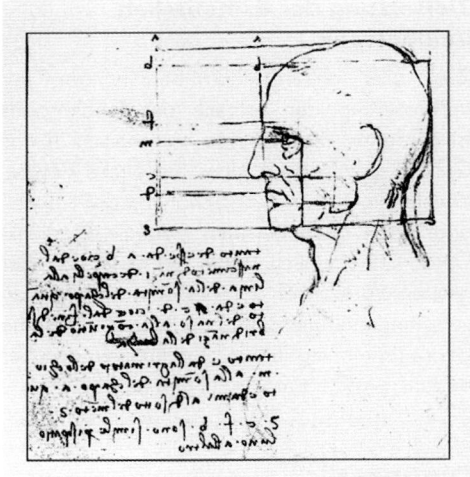

45) da Vinci : Proportions of the head (Treatise on Painting)

Abb. 2
Anthropometrie Darstellung von Leonardo da Vinci [aus: Pirsig, Willemot (2001) Ear, Nose and Throat in Culture. G. Schmidt]

ist Ästhetik niemals das Ergebnis von Zahlen oder Tabellen.

Und dennoch hat die Anthropometrie auch für die moderne Rhinoplastik wesentliche Bedeutung. Die Kenntnis bestimmter Längen, Winkel und Proportionen helfen und bei der Analyse und Therapieplanung, ihre Missachtung kann zu Planungsfehlern und konsekutiv zu falsch indizierter Technik mit ungünstigem Ergebnis führen. Daher sind bestimmte anthropometrische Zielgrößen – unterschiedlich nach den Geschlechtern – zu kennen und als Basis der individuellen Analyse und Planung zu berücksichtigen. Die wichtigsten Daten werden im Folgenden dargestellt:

Proportionen en-face

Das Gesicht wird durch horizontale Linien, die das Menton (Unterrand Kinn), die Nasenbasis, die Augenbrauen und den Haaransatz schneiden, in **Drittel** eingeteilt (Abb. 3b). Dabei weist das obere Drittel durch unterschiedlichen Haaransatz und Frisur die größte Variabilität auf und ist daher für die rhinoplastische Analyse eher von untergeordneter Bedeutung. Das untere Drittel wird weiter in ein oberes Drittel zwischen den Mundwinkeln und der Nasenbasis und in die verbleibenden unteren zwei Drittel unterteilt (Abb. 3c).

Die Nase in der Frontalansicht

Für die Analyse der Nase selbst ist die Beobachtung und Registrierung auch kleinster oder umschriebener Deviationen von Bedeutung. Dazu dient eine **vertikale Linie** von der Glabella zum Menton (Abb. 3d). Für die chirurgische Planung sind anatomische Abweichungen in dem geistigen Bild des Operateurs den betreffenden anatomischen Strukturen zuzuordnen.

Besonders wichtig ist dabei auch die Analyse der **Symmetrie** der übrigen Gesichtsstrukturen, insbesondere der Zähne und des Kinns. Häufig finden sich hier leichte Asymmetrien, die dem Patienten gar nicht bewusst sein mögen. Es ist wichtig den Patienten darauf hinzuweisen und mit ihm zu besprechen, welche Strukturen für einen symmetrischen Gesichtsausdruck von Bedeutung sind. Führend sind meist die Augen. Die Gesichtsmediane ergibt sich aus der Senkrechten zur Interpupillarlinie mittig zwischen den Augen. Bei deutlichen Zahn- oder Kieferabweichungen sollte sich der Nasenrücken aber nicht streng an dieser Senkrechten orientieren, sondern bewusst als Kompromiss unter Berücksichtigung der Zähne und des Kinns geplant werden. Damit der Patient nicht später mit dem operativen Ergebnis unzufrieden ist muss diese Problematik unbedingt vorher genau erörtert werden. Es sollte auch im Aufklärungsgespräch vermerkt werden.

Die **seitlichen Begrenzungen des Nasenrückens** werden von zwei leicht gebogenen, divergierenden ästhetischen Linien von den medialen Ausläufern der Supraorbitalränder bis zu den Nasenspitzenpunkten gebildet (Abb. 3e). Bei Männern verlaufen diese Linien typischerweise etwas gerader und weiter voneinander entfernt und bilden damit einen etwas breiteren Nasenrücken als bei Frauen.

Die **Breite der knöchernen Nasenbasis** beträgt etwa 70 – 80 % der Breite der Nasenflügel, die etwa dem Abstand der medialen Lidwinkel entspricht. Ist die knöcherne Nasenbasis breiter, so sind laterale Osteotomien mit Medialisierung der lateralen Nasenabhänge indiziert. Ist die knöcherne Nasenbasis normal breit und sind laterale Osteotomien nach Höckerreduktion erforderlich, so sollten die lateralen Nasenabhänge nicht verlagert, sondern nur gekippt werden. Grundsätzlich können männliche Nasen eine etwas breitere Nasenbasis als weibliche ästhetisch vertragen.

Wie bereits erwähnt soll die **Nasenbasis** etwa dem interkanthalen Abstand (= Abstand zwischen den medialen Lidwinkeln) entsprechen (Abb. 3f). Dies ist eine ästhetische Richtlinie, die – wie auch andere Empfehlungen – nicht dogmatisch anzuwenden ist. Insbesondere ist darauf zu achten, dass kein mehr oder minder dezenter Hypertelorismus vorliegt. Ist dies der Fall ist, so ist auch in einer solchen Situation kritisch nach einem Kompromiss zu suchen.

Wenn der interkanthale Abstand, der meist um 32 mm beträgt, regelrecht ist und zur Gesichtsform passt, ist die Nasenbasis daran zu orientieren. Ist die Nasenbasis größer, so ist

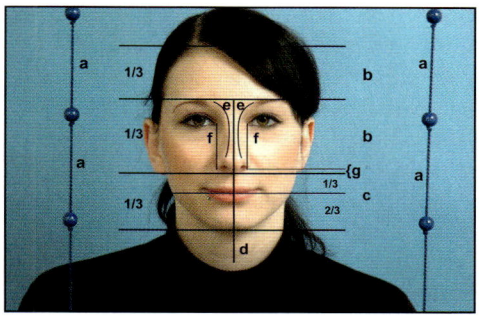

Abb. 3
Anthropometrie des Gesichtes en-face. **a** Maßstab: Kugeln im Abstand von 10 cm, **b** Gesichtsdrittelung, **c** Untergesichtsdrittelung, **d** Gesichtsmediane, **e** Seitliche Begrenzungen des Nasenrückens, **f** Vertikale Linien vom medialen Lidwinkel zur Nasenbasis, **g** Abstand Nasenflügel zu Columella

zu analysieren, durch welche anatomische Struktur diese Verbreiterung bedingt ist. Normalerweise überragen die Nasenflügel die Nasenbasis seitlich („flaring") um etwa 2–3 mm. Ist dieser Wert höher, so kann die Fehlform durch eine Keilresektion aus den Nasenflügeln korrigiert. Ist dagegen die Nasenbasis selbst verbreitert, so ist eine Keilresektion aus der Naseneingangsschwelle indiziert. Insbesondere bei Breitnasen bestimmter afrikanischer und südamerikanischer Rassen sind kombinierte Resektionen zur ästhetischen Korrektur der Nasenbasis erforderlich.
Die **Begrenzung der Nasenflügel und der Columella** ähneln der Form einer Möwe im sanften Flug. Die Columella als „Körper der Möwe" liegt dabei knapp 4 mm unterhalb der Flügel in der Frontalansicht (Abb. 3g).

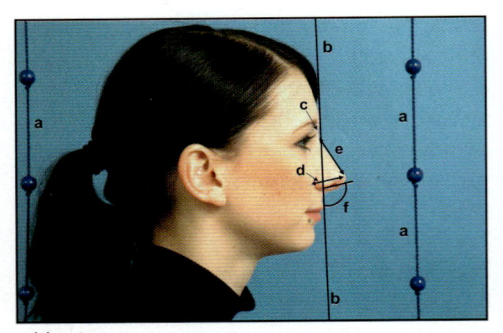

Abb. 4
Anthropometrie des Gesichtes im Profil. **a** Maßstab: Kugeln im Abstand von 10 cm, **b** Profilsenkrechte, **c** Nasenwurzel (Radix), **d** Nasenspitzenprojektion, **e** Nasenlänge, **f** Nasenspitzenrotation

Profilanalyse
Referenzlinien
Für kieferorthopädische Fragestellung hat sich die Frankfurter Horizontal etabliert, die vom Tragion durch den Infraorbitalpunkt verläuft. Für rhinoplastische Fragestellungen hat sich eher die **Profilsenkrechte** bewährt. Sie wird nicht ganz einheitlich definiert. Um Einflüsse auch durch dezente Fehlformen der aus den ersten beiden Kiemenbögen abstammenden Strukturen zu eliminieren wählen wir die Gerade zwischen der Glabella und dem am weitesten anterior liegenden Oberlippenpunkt (Abb. 4b).

Die Nase in der Profilansicht
Obwohl der Mensch sich im Spiegel meist frontal betrachtet und ein zugewandter Gesprächspartner das Gesicht seines Gegenübers von vorn bis leicht schräg verfolgt, ist die Analyse des Profils für die Ästhetik und die sich daraus ergebende chirurgische Planung meist von entscheidender Bedeutung. Dies ist vermutlich dadurch bedingt, dass die in der Schräg- oder Profilansicht erkennbaren Begrenzungen der Nase in den meisten Situationen einen wesentlich größeren Farb- und Helligkeitskontrast ergeben als die Übergänge von der Nasen- zur Wangenhaut.

Der am weitesten dorsal gelegene Punkt der Nase ist die **Nasenwurzel (Radix)** (Abb. 4c). Sie weist große individuelle Unterschiede auf und wird – nach eigenen Erfahrungen des Autors – von Patienten und Laien viel seltener als „ungünstig" empfunden als Abweichungen des Nasenrückens selbst. Dennoch ist die Analyse der Nasenwurzel von großer Bedeutung, da sie die obere Begrenzung und optische „Aufhängung" der Nase darstellt. Ihre Höhe liegt normalerweise zwischen der oberen Augenwimpernlinie und der supratarsalen Falte. In sagittaler Richtung sollte sie - bei sehr großen interindividuellen Unterschieden - unter ästhetischen Gesichtspunkten etwa 2 mm dorsal der Profilsenkrechten liegen. Flache oder kranial gelegene Nasenwurzeln erwecken den Eindruck von Langnasen, tiefe und kaudale Radices führen entsprechend zu kurzen Nasen – unabhängig von der Nasenspitzenposition. Die chirurgische Veränderung der Nasenwurzel hat deshalb einen erheblichen Einfluss auf das ästhetische Gesamtergebnis – obwohl der Patient seine Veränderung meist eher auf den Nasenrücken oder die Nasenspitze projiziert.

Die Position der für den gesamten ästhetischen Eindruck besonders wichtigen Nasenspitze wird bei regelrechter Oberlippenform bestimmt, indem man eine Linie von der Nasenflügel-Wangenfurche zur Nasenspitze zieht. Der Schnittpunkt dieser **Nasenspitzenprojektion** mit der Profilsenkrechten (s.o.) gibt wichtige Hinweise zur Position der Nasenspitze (Abb. 4d). 50–60 % der Nasenspitzenprojektion sollten anterior dieses Schnittpunktes liegen. Liegt dieser Anteil > 60 % spricht man von einer Überprojektion, die chirurgisch reduziert werden sollte. Entsprechend umgekehrt sind Werte < 50 % Hinweise für eine Unterprojektion, bei der eine Stützung erwogen werden sollte.

Die **Nasenlänge**, (Abb. 4e) die u.a. von der Position der Radix abhängt (s.o.), steht idealerweise in einem Verhältnis von 1 : 0,67 zur Nasenspitzenprojektion.

Die gewünschte **Nasenrückenform** ist in hohem Ausmaß von dem Geschlecht und dem Zeitgeist abhängig. Grundsätzlich ist bei Männern der Nasenrücken eher gerade zu gestalten, während ein leichter Schwung mit einer leichten Vertiefung der Region oberhalb der Nasenspitze (Supratipimpression) weiblich wirkt. Dieses Merkmal findet man sehr ausgeprägt bei amerikanischen Schauspielerinnen und Models der 70er und 80er Jahre. Zumindest im europäischen Bereich hat sich dieses Merkmal in den letzten Jahrzehnten zugunsten der „geraderen, charaktervolleren" Nase auch bei Frauen gewandelt. Gerade wegen dieser Variabilität sollte die gewünschte Nasenrückenform mit weiblichen Patienten sehr genau präoperativ besprochen werden. Aus eigener Erfahrung empfehle ich bei weiblichen Patienten einen dezenten Nasenrückenschwung, der in der Schrägansicht die Augenbrauenlinie harmonisch aufnimmt und den ungestört Blick zur Nasenspitze führt.

Die **Nasenspitzenrotation** ist ein weiteres, entscheidendes geschlechts- und zeitalterabhängiges Nasenmerkmal. Sie wird durch den Nasolabialwinkel quantifiziert. Dies ist der Winkel zwischen der Profilsenkrechten und einer Linie durch den größten Durchmesser, also die Längsachse des Naseneinganges. Bei jungen Frauen beträgt sein Idealwert 95° – 105°, bei jungen Männern 90° – 95°. Im Laufe des Lebens sinkt dieser Wert durch die unweigerlich stattfindende Gewebserschlaffung im Rahmen des natürlichen Alterungsprozesses. Daher besteht bei Patienten im mittleren Alter meist der Wunsch, die Nasenspitze nach kranial zu rotieren und diesen Winkel zu vergrößern. Dies sollte aber bei jüngeren Patienten kaum und bei Älteren nur moderat erfolgen, weil eine übertriebene Nasenspitzenrotation unnatürlich wirkt und zur hässlichen sog. „Schweinchennase" führen kann, bei der man meint weit in die Nasenlöcher hineinschauen zu können.

Die **Columella** sollte die Nasenflügel nach kaudal um etwa 4 mm überragen. Werte kleiner 2 mm bezeichnet man als „hidden columella" (verborgener Nasensteg), Werte größer 5 mm erwecken den Eindruck einer vergrößerten Nasenspitzenrotation.

Operative Zielsetzung

Die operative Zielsetzung lässt sich auf den ersten Blick sehr klar definieren: Die Konstruktion einer idealen Nase.

Nachdem wir die wesentlichen anthropometrischen Daten dargestellt haben, müssten die Stützstrukturen der Nase „nur noch" den Erfordernissen der individuell sehr unterschiedlichen Haut angepasst werden. Doch die Umsetzung dieser chirurgischen Aufgabe erfordert durch die komplexe Anatomie der Nase und das dynamische Zusammenspiel der bioelastisch sehr variablen Strukturen – dem Knochen, den verschiedenen Knorpeln, den mimischen Muskeln und der unterschiedlich dicken Haut – umfangreiche rhinoplastische Erfahrungen. Die einzelnen Techniken darzustellen übersteigt bei weitem den Umfang dieses Beitrages. Sie sind in den unzähligen rhinochirurgischen Lehrbüchern nachzulesen. Für die Betrachtung der Ästhetik des Riechorgans ist daneben noch eine andere Definition der „idealen Nase" von praktischer Bedeutung. Für mich ist die ideale Nase diejenige, die sowohl zum Gesicht des Patienten passt als auch seinen Erwartungen an eine Rhinoplastik entspricht.

Trotz aller anthropometrischen Betrachtungen, welche die Basis jeder klinischen Analyse sind, muss doch immer die Individualität des Patienten berücksichtigt werden. Wenn es im präoperativen Planungsgespräch gelingt die Wünsche des Patienten auf das Realisierbare zu reduzieren und wenn es weiter gelingt, diese Ziele chirurgisch umzusetzen, dann haben wir für den Betroffenen die ideale Ästhetik seines Riechorgans erzielt (Abb. 5 und 6).

Abb. 5
Beispiel für die Korrektur einer Höcker-Langnase prä- und post-operativ in der Kunst (Andy Warhol: Before and after, 1961, MoMA)

Literatur

Literatur beim Verfasser erhältlich

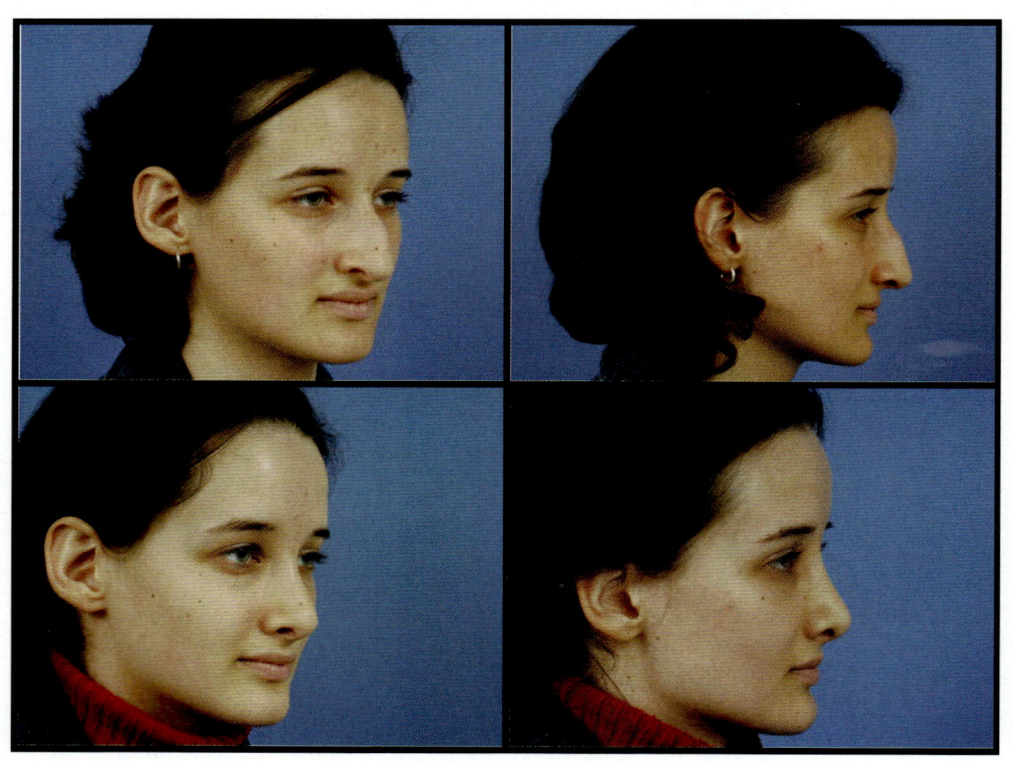

Abb. 6
Beispiel für die Korrektur einer Höcker-Langnase prä- und post-operativ in der Realität

Rhinochirurgische Aspekte bei Visusminderung

C. Rudack

Einleitung

Das Sehvermögen stellt neben anderen Sinneswahrnehmungen einen der bedeutsamsten physiologischen Vorgänge im menschlichen Körper dar. Nach wie vor repräsentiert die Therapie schwerer Störungen des Sehvermögens bis hin zur Erblindung infolge von Verletzungen und Prozesse am Sehnerven, eine große Herausforderung für die behandelnden Ärzte. Auf Grund anatomischer Beziehungen des Sehnervs mit Orbita, Schädelbasis, Gehirn und Nasennebenhöhlen wird die Therapie von Sehstörungen heute im interdisziplinären Kreis von Ophthalmologen, Neurochirurgen, MKG-Chirurgen und HNO-Chirurgen diskutiert. In den letzten drei Jahrzehnten ist eine enge Kooperation zwischen Ophthalmologen und Rhinochirurgen in der Behandlung traumatischer Sehnervletzungen entstanden. Dies liegt vor allem in der Entwicklung eines rhinochirurgischen Zugangs zum traumatisierten N. opticus. Bereits in den siebziger Jahren haben Lehnhardt und Schultz-Coulon (Lehnhardt 1975) den Vorteil des transethmoidalen Zugangs im Vergleich zum neurochirurgischen, transfrontalen Zugang erkannt und propagiert. Stoll, Busse und Kroll (Stoll 1987, 1988; Busse 1983) haben das rhinochirurgische Behandlungskonzept bei Visusminderungen infolge von Orbitaprozessen in den letzten zwei Jahrzehnten mit Erfolg vorangetrieben und bis heute anhand einer Vielzahl von Daten dokumentiert.

Anatomie des Nervus opticus

Der Nervus opticus wird während seines Verlaufs von intrakraniell nach intrabulbär in 4 unterschiedliche Abschnitte eingeteilt: der intrabulbäre Anteil (ca. 1 mm), der intraorbitale Anteil (ca. 24 – 30 mm), der kanalikuläre Anteil (ca. 8 – 10 mm) und der intrakranielle Anteil (ca. 15 mm). Der Sehnervenkanal selbst ist in seinem proximalen Anteil breiter und dünner und im posterioren Anteil enger und dicker (Gellrich, 2006).
Entsprechend den anatomischen Gegebenheiten des Sehnervenkanals stellen einige Abschnitte des N. opticus eine Art Locus minoris resistentiae gegen verschiedene dynamische Prozesse von außen dar, wie etwa Traumen, chronische Kompression oder Fremdkörper. Der intraorbitale und intrabulbäre Sehnervenabschnitt ist infolge der S-förmigen Krümmung und durch Einbettung in bindegewebige und Fettweichteile gut gegen Kompression oder Traumen geschützt ist (Waldeyer, 1993); auch eine Schädigung des Sehnervs im intrakraniellen Abschnitt wird eher selten beschrieben, da dieser Bereich durch die knöcherne Schädelbasis gut geschützt ist. Im Gegensatz hierzu, bietet der intrakanalikuläre Sehnervenabschnitt des Canalis opticus wenig Schutz gegen Einflüsse von außen dar. Ursächlich liegt dieses Phänomen in anatomischen Strukturen begründet. Die Dura mater ist hier mit den umgebenden knöchernen Wurzeln des kleinen Keilbeinflügels durch Verwachsungen verbunden und stellt gleichzeitig das Periost

dar. Bei äußerer Kompression (Hämatom, Tumor, Fremdkörper) der Nerv nicht in der Lage ist auszuweichen. Die Vulnerabilität des Nerven ist nicht nur durch Fixation des N. opticus in seiner Umgebung, sondern auch durch den Verlauf der Arteria ophthalmica erhöht, die im Orbitatricher extradural und im Kanal intradural verläuft (Stoll 1993). Selbst stumpfe Schädel-Hirn-Traumen, die ohne Manifestation einer Fraktur einhergehen können zu einer Rochels (1990) zu passageren Verformungen des Nervenkanals mit konsekutiver Sehminderung (Rochels 1990) führen.

Pathomechanismen der Nervus opticus-Schädigungen

Eine *chronische Kompression* des N. opticus bewirkt, pathophysiologisch gesehen, eine fortschreitende venöse Stauung des Nerves. Dies hat eine konsekutive Einschränkung der kapillären Perfusion im Bereich der Retina oder in weiteren Verlauf auch die Ausbildung eines Infarktes mit unmittelbar nachfolgender Erblindung zur Folge, die oftmals therapieresistent ist (Chen 1997). Als Beispiele für diesen Pathomechanismus lassen sich, vor allem Tumorerkrankungen des Sehnervs wie etwa das Optikusscheidenmeningeom, oder Mukozelen im Bereich des Siebbeins und der Keilbeinhöhle oder tumorähnliche Läsionen des Knochens wie die fibröse Dysplasie und die Osteopetrosis sowie die endokrine Orbitopathie anführen (Bloching 2004).

Die Häufigkeit traumatischer Sehnervenschädigungen (TONL: „traumatic optic nerve lesion") wird in der Literatur mit etwa 2% aller geschlossenen Schädelverletzungen (Gossmann 1992; Klopfer 1992) beziffert. Die **direkte TONL** geht mit radiologisch nachweisbarer Kompression durch knöcherne Fragmente, Hämatom, penetrierende Fremdkörper oder Fraktur des Sehnervenkanals einher. Die **indirekte TONL** lässt sich in eine anteriore Verletzungsform, die den intraokulären Sehnervenabschnitt mit sichtbaren Augenverletzungen betrifft, und in eine posteriore Form ohne ophthalmoskopisch initial nachweisbare Augenverletzung (Gellrich 2006; Kleine 1984) unterteilen. Die indirekte TONL zeigt kein radiologisches Korrelat einer Schädigung des orbitalen, intrakanalikulären oder intrakraniellen Sehnervs (Gossemann 1992). Hier wird pathogenetisch eine vaskuläre Störung mit nachfolgendem Weichteilödem oder eine Zerreißung einzelner Sehnervenaxone mit Kontinuitätserhalt des Epineuriums nach Hager angenommen (Hager 1975).

Diagnostik von Sehnervenschädigungen

Die Diagnostik von Sehnervenschädigungen umfasst im Allgemeinen die Untersuchung der Pupillen, des Augenhintergrundes, die Überprüfung der Motilität und die Visusbestimmung. Durch den Schweregrad der Verletzung sowie durch Vigilanz und medikamentöse Therapie des Patienten werden diagnostische Schritte stark beeinträchtigt.

Bei der *Pupillenmotorik* sollten neben einer Bewertung von Pupillenform und -durchmesser die direkte und indirekte Lichtreaktion überprüft werden. Eine Anisokorie der Pupillen ist nicht immer auf einen sensorischen Afferenzschaden der anterioren Sehbahn zurückzuführen (Lessel 1991). So lässt sich beispielsweise eine pathologische Pupillenfunktion durch eine medikamentöse Einwirkung auf den Irissphinkter (vor allem durch Morphine) oder durch Schädigung des efferenten Schenkels der Sehbahn (beidseitige Okulomotoriusparese) auslösen. Eine derartige Untersuchung erfordert die Vigilanz des Patienten (Gellrich 2006).

Gleiches gilt für die *Fundoskopie*, d. h., eine Beurteilung intraokulärer Einblutungen oder retinaler Veränderungen ist bei schweren Schädeltraumen häufig verwehrt. Ein verifizierbares Korrelat zur traumatischen Sehnervenschädigung im Sinne einer Papillenabblassung kann erst 3–6 Wochen nach einem Trauma sicher festgestellt werden (Brihaye 1981). Eine Atrophie der Papille tritt umso früher auf, je weiter proximal, d. h. bulbusnah, das Sehnerventrauma lokalisiert.

Eine im Hinblick auf die Objektivierung und Differenzierung traumatischer Sehnervenschädigung wichtige Untersuchung wie die Gesichtsfeldtestung ist häufig je nach Verletzungsmuster in der posttraumatischen Akutphase ebenfalls nicht durchführbar (Gellrich 2006).

Der *Visus* (auch Sehschärfe) beschreibt die Fähigkeit der Netzhaut, zwei getrennte Objektpunkte eben noch als getrennt wahrzunehmen. Dieser kleinste Abstand entspricht einer Bogenminute (1/60 Winkelgrad). Die Bestimmung der Sehschärfe erfolgt mit Sehzeichen (Zahlen, Buchstaben, Landoltsche Ringe, Pflügersche Haken), die nach Bogenminuten berechnet sind. Unter Sehschärfe versteht man einen Wert, der mit optimaler Korrektur (cum correctione, c.c.) erreicht wird. Die Sehleistung ohne Korrektur (sine correctione, s.c.) wird auch als Visus naturalis bezeichnet. Auch die Visusbestimmung erfordert die konzentrierte Mitarbeit des Patienten.

Der *Swinging-Flashlight-Test* (Gellrich 1999) ist derzeit die Basisuntersuchung bei Verdacht auf einen relativen, afferenten Pupillendefekt. Die klinische Durchführung des Swinging-flashlight-Tests beruht auf einer raschen Wechselbelichtung beider Augen mit einem Ophthalmoskop oder einer guten Taschenlampe (homogener Lichtkegel) mit einer Anzahl der Wechsel von ca. 10 und einer Dauer der Beleuchtung von mindestens 2 Sekunden.

Beim Normalbefund liegt Symmetrie der Pupillenverengung vor, d.h. beide Pupillen verengen sich in gleichem Ausmaß, unabhängig davon, auf welches Auge man den Lichtkegel richtet. Von einem <u>r</u>elativen <u>a</u>fferenten <u>P</u>upillen<u>d</u>efekt (RAPD) spricht man, wenn beide Pupillen „schwächer"„ reagieren, sobald das schlechtere Auge und besser, wenn das „gute" Auge beleuchtet wird. Sollte hiermit keine klare Aussage über den Zustand der afferenten Sehbahn erzielt werden, wird von Gellrich (1999) nach eigenen Untersuchungen die Durchführung eines vigilanz unabhängigen Blitz-VEP und -ERG zur Einschätzung des Funktionszustandes der afferenten Sehbahn gefordert (Gellrich 1997).

Zudem bleibt kritisch anzumerken, dass alle besprochenen diagnostischen Verfahren nicht in der Lage sind, reversible Sehnervenschädigungen von irreversiblen zu unterscheiden (Hager 1975), d.h. eine Prognose zur Entwicklung der Sehminderung kann nicht gestellt werden.

Therapie

In Ermangelung einer etablierten Liste diagnostischer und indikativer Kriterien, vor allem zur Diagnostik und Behandlung von traumatischen Sehnervenschädigungen, haben sich prinzipiell drei Therapiestrategien durchgesetzt: die konservativ-medikamentöse Therapie, die operative Dekompression (Stoll 1987, 1988, 1994; Lipkin, 1987) und die Kombination (Steinsapir 1994) aus beiden.

Die medikamentöse Therapie

Die systemische Applikation von Kortikoiden bei der traumatischen Optikusneuropathie wirs auf 3 Studien zur Behandlung der traumatischen Schädigung des Rückenmarks in den USA (NASCIS I-III) (Braken 1984, 1990, 1998) zurückgeführt. Sie konnten zeigen, dass eine frühzeitige, hoch dosierte systemische Methylprednisolontherapie einen signifikant positiven Einfluss auf die Erholung der motorischen und sensorischen Funktionen des Rückenmarks hat. Ob diese Ergebnisse sich auf die Anwendung bei der Behandlung der traumatischen Optikusläsion übertragen lässt ist heute noch nicht bewiesen (Steinsapir 1998, 1999). Gellrich (1997) hat den neuroprotektiven Effekt der Megadosis-Kortikoidtherapie für den afferenten Sehbahnschaden im Tierexperiment belegen können. Unklarheit herrscht jedoch über die Wahl des Kortikoids, dessen Dosierung, die Applikationsform und -dauer. Bemerkenswert sind die in der Literatur angegebenen Dosisspannweiten um den Faktor 100 (Gellrich 2006). Der Effekt der Glukokortikoide wird in ihrer antiödematösen, antiinflammatorischen und antioxidierenden Wirkung mit Verhinderung eines Vasospasmus und Reduktion von Nervenzellnekrosen und Suppression einer gliofibrösen Vernarbung des traumatisierten Sehnervs gesehen (Panje 1981). Im Gegensatz hierzu zeigten Steinsapir et al., dass dosisabhängig weniger Neurone bei steigender Kortikoiddosis überlebten als in der Placebogruppe (Steinsapir 1994).

Chirurgische Technik der Dekompression des Canalis opticus
Das Prinzip der operativen Therapie beruht auf der unmittelbaren mechanischen Entlastung des Sehnervs vor allem in seinem intrakanalikulären Abschnitt. Hierzu werden von ausführenden Fachdisziplinen verschiedene operativen Zugangangswege propagiert (Stoll 1987; Raveh 1988). Von Neurochirurgen wird der transfrontale Zugang bevorzugt, wenn von lateral her einstrahlende Frakturen vorliegen. Rhinochirurgen propagieren den transethmoidalen-transshenoidalen Zugang, wenn mehr medial und unten liegende Impressionen zu behandeln sind. Da ein transfrontaler Eingriff für den Patienten eine höhere Morbidität bedeutet wird heute vor allem die rhinochirurgischen Dekompression transethmoidal-transsphenoidal als minimal invasiver Eingriff empfohlen, sofern die Pathologie mit diesem Eingriff behoben werden kann.

Der Zugang zum Siebbein und Keilbeinhöhle kann sowohl von endonasal als auch von extranasal erfolgen (endoskopisch oder mikroskopisch), wobei der extranasale Zugang oft eine bessere Übersicht des traumatisierten Situs gewährt. Zunächst sollte nach kompletter Ausräumung des Siebbeins die Vorderwand der Keilbeinhöhle entfernt werden und der Verlauf des N. opticus sowie die Prominenz der A. carotis interna indentifiziert werden. Ca. 1cm vor dem Tuberkulum opticum werden die Lamina papyracea abgetragen und der Canalis opticus mit einer Diamantfräse über dem Tuberculum opticum ausgedünnt. Bestehende Frakturlamellen können mit einem Tellermesser abgetragen werden. Die Freilegung des N. opticus sollte über den kompletten medialen Bezirk erfolgen. In 78% der Fälle ist die mediale Wandung des Kanals von nur 0,5 mm dickem Knochen im Bereich der lateralen Keilbeinhöhlenwand bedeckt, in 4% fehlt eine knöcherne Abdeckung. In 8% der Fälle verläuft auch die A. carotis interna knöchern unbedeckt im seitlichen Keilbeinhöhlenbereich.

Zum Ablassen eines Hämatoms am N. opticus kann die Nervenscheide in koaxialer Richtung zu den Nervenfasern geschlitzt werden. Hierbei soll die bindegewebige Verstärkung der Nervenscheide am Foramen opticum mit durchtrennt werden. Die Sehnervenscheidenschlitzung kann aber auch mit schwerwiegenden Komplikationen, wie einer Liquorrhoe, Meningitis und Verletzung der A. ophthalmica sowie des Nervs selber einhergehen. Eine Tamponade ist nach Möglichkeit postoperativ zu vermeiden. Ausgedehnte Trümmerfrakturen der lateralen Keilbeinhöhlenwand können jedoch relative Kontraindikationen zur operativen Dekompression und Enttrümmerung des Sehnervs auf Grund einer möglichen Schädigung der A. carotis interna sein, die zu lebensbedrohlichen Blutungen führen kann (Rudack 2006; Joseph 1999).

Aus weiterführenden tierexperimentellen Studien (Gellrich 2006) geht hervor, dass eine Operation keine zusätzliche Schädigung des schon traumatisierten Sehnervs induziert und somit eine Verschlechterung des Visus verursacht. So konnte gezeigt werden, dass die exakte Wiederholung eines Primärtraumas nach 48 h mit einer primär afferenzgeschädigten Sehbahn zu keiner additiven Abnahme der mittleren Neuronenzahl führte. Beobachtungen zur sekundären Amaurose nach operativer Versorgung von Mittelsgesichts- oder Schädelbasisfrakturen zeigten in den meisten Fällen bereits präoperativ einen Afferenzschaden (Lendtrodt 1991).

2007 wurde eine aktuelle Cochrane Analyse (Yu Wai Man 2007) wurde angelegt, um den therapeutischen Effekt und die Sicherheit der aktuellen Behandlungskonzepte –medikamentös versus chirurgisch – die direkte und indirekte TONL betreffend, darzustellen. Keine der 516 Studien, die zu diesem Thema publiziert wurden, waren randomisiert angelegt, sodass die geplante Analyse nicht zu Stande kam. Dennoch wurden einige Studien angeführt, um den klinischen Einsatz der Steroide zur Behandlung der traumatischen direkten und indirekten Optikusläsionen zu untersuchen. In einer Metaanalyse von Cook et al. (1996) fanden die Autoren keinen signifikanten Unterschied bei der Erholung des Sehvermögens in Abhängigkeit von der Therapie (systemische Kortikoide, chirurgische Dekompression oder beides). Es zeigte sich aber, dass die Durchführung einer Behandlung besser ist als eine rein abwartende Haltung. Yang et al. (2004) beschrieben im Rahmen einer nicht randomisierten Studie ohne Kontrollgruppe ebenfalls keine signifikanten Vorteile der einzelnen Therapiemodalitäten (Yang 2004). Tendenziell zeigte sich jedoch eine Verbesserung des funktionellen Ergebnisses nach Dekompression des N. opticus bei initial erblindeten Patienten ohne nachweisbare Frakturen im Sehnervenkanal.

Levin et al., Chou et al. und Seiff et al. wiesen nach medikamentöser Therapie einer indirekten TONL mit Steroiden eine 40-60% Visusbesserung nach. Patienten, die erblindet waren, hatten eine deutlich schlechtere Prognose als solche, die nicht erblindet waren (Levin 1999; Chou 1996; Seiff 1990). Kontrovers wird auch die Bedeutung von in den Canalis opticus einspießende Knochenfragmente diskutiert. Nach Lee et al. und Levin et al. wird die unmittelbare Indikation zur chirurgischen Opticusdekompression bei nachweisbaren Frakturen im Opticuskanal postuliert (Levin 199; Lee 2000). Allerdings zeigen einige Studien (Rajiniganth 2003; Tandon 1994; Wang 2001) schlechte posttherapeutische Ergebnisse (Chirurgie oder Steroide), die unter Umständen darauf zurückzuführen sind, dass bei der chirurgischen Entfernung der Knochensplitter, hieran anheftende Axone reseziert werden. Dies würde dann eine irreversible Schädigung des Nervs hervorrufen.

Zusammengefasst lässt sich aus den bisherigen Literaturdaten ableiten, dass heute evidenz-basiert kein einheitliches Therapieregime abgeleitet werden kann. Der Grund hierfür liegt vor allem in der Vielschichtigkeit der Sehnervenerkrankungen und deren schlechte Vergleichbarkeit untereinander, der Problematik in der Diagnostik der Visusminderung und mangelnder Möglichkeiten einer Therapieüberprüfung. Auch die Technik der Optikusdekompressionen variiert in der Literatur erheblich, so dass postoperative Ergebnisse nicht vergleichbar sind. Infolge der beschriebenen Schwierigkeiten, evidenz-basierte Daten von Studien zu generieren, haben wir ein eigenes Behandlungskonzept der traumatischen Optikusschädigung etabliert, welches auf langjährige Erfahrungen beruht (Stoll 1987, 2001, 1988, 1984; Luebben 2001). Aktuell wurden in den Jahren von 1997 bis 2005 wurden 66 traumatische Optikusläsionen mit einem transethmoidalen-transsphenoidalen Zugang und einer medikamentösen Steroidgabe in der HNO-Klinik des Universitätsklinikums Münster versorgt. Das Patientengut gliedert sich je nach Ätiologie des auslösender Ursache in Verkehrsunfälle (36%), gefolgt von Stürzen (25%), Roheitsdelikten (12%), operativen Komplikationen (8%), Sport- (5%) und Berufsunfällen (5%) sowie Traumata, bei denen die Ätiologie nicht genau geklärt werden konnte 6%.

Unsere Ergebnisse zeigen, dass es in insgesamt 51% der Fälle zu einer postoperativen Visusverbesserung kam (Abb. 1). Bei 37% betrug die Visusverbesserung mehr als 0,2, während in 42% der Fälle der Visus gar nicht oder nur geringfügig bis 0,2 anstieg. In 21% der Fälle wurde sogar ein Visusanstieg von 0,8 oder besser erreicht. Prozentual wurden die besten Ergebnisse in der Gruppe der Roheitsdelikte, der Berufsunfälle und der Gruppe mit

**Visusbesserung nach Opticus-Dekompression
(N=66; Zeitraum 1997-2005)**

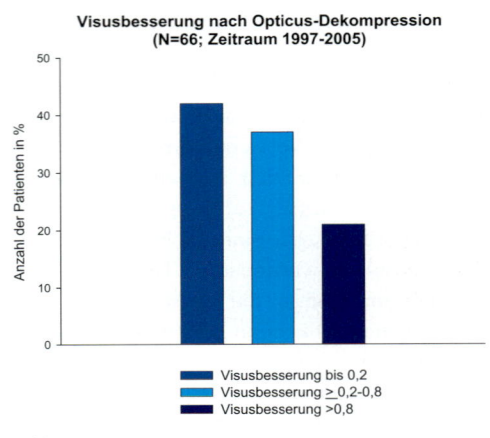

Abb. 1

unklarer Genese erzielt. Hier konnte jeweils in 75% der Fälle eine Verbesserung erreicht werden. Die schlechtesten Ergebnisse fielen in der Kategorie der Verkehrsunfälle auf, es kam nur in 30% der Fälle zu einer Visusverbesserung.

Zusammenfassung und Schlussfolgerung

Die Therapie der posttraumatischen Erblindung wird nach derzeitigem Wissensstand kontrovers diskutiert. Evidenz-basierte Therapieansätze zur medikamentösen wie auch zur rhinochirurgischen Opticusdekompression sind in den bis dato vorliegenden Studien auf Grund der vielschichtigen Problematik der Erkrankung nicht abzuleiten. Weder genaue Dosierung, noch Zeitpunkt der Applikation von Steroiden sind heute aus Studien ableitbar. Ferner stellt die Übertragbarkeit von tierexperimentellen Modellen auf den Menschen und den N. opticus ein Problem dar. Auch objektivierbare diagnostische Kriterien, die einen irreversiblen Schaden des Sehnervs bestimmen, fehlen. Verschiedene ätiologische Pathomechanismen am Sehnerv – Trauma oder chronische Kompression – sind schlecht untersucht und machen eine uniforme Therapieoption unmöglich.

Dennoch kann aus verschiedenen Patientenorientierten und tierexperimentellen Studien abgeleitet werden, dass Knochenfragmente und Fremdkörper, die mechanischen Druck auf den noch funktionsfähigen Nerven ausüben, entfernt werden sollten. Ferner scheint die operative Optikusdekompression kein sekundäres Trauma darzustellen. Die systemische Steroidgabe in Kombination mit der rhinochirurgischen Dekompression ist einer abwartenden Haltung in jedem Falle zu bevorzugen.

Literatur

Anand VK, Sherwood C, Al-Mefty O (1991) Optic nerve decompression via transethmoid and supraorbital approaches. Operative techniques in otolaryngology. Head Neck Surg 2: 157–166

Bloching M (2004) Indications and surgical technique of the endonasal decompression of the op-

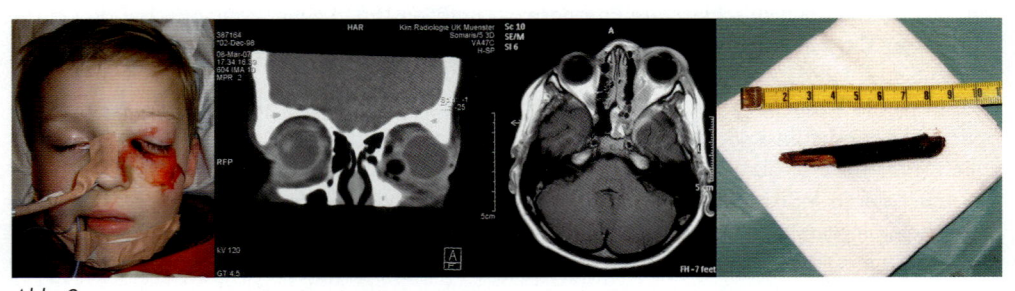

Abb. 2
Bildfallserie eines 11-jährigen Jungen mit einer Pfählungsverletzung durch Holzfremdkörper

| Makroskopischer Befund | CT von Entfernung des Fremdkörpers | MRT nach Orbita-Opticus Dekompression | Fremdkörper – extrahiert |

tic nerve from an HNO medical viewpoint. Klin Monatsbl Augenheilkd. 221: 927-32

Braken MB, Collins WF, Freeman DF et al. (1984) Efficacy of methylprednisolone in acute spinal cord injury. JAMA 251: 45-52

Braken MB, Shepard MJ, Collins WF et al. (1990) A randomized controlled trial of methylprednisolone or naloxone in the treatment of acute spinal cord injury. Results of the Second National Acute Spinal Cord Injury Study. N Engl J Med 322: 1405-1411

Braken MB, Shepard MJ, Hoford TR et al. (1998) Methylprednisolone or tirilazad mesylate administration after acute spinal cord injury: 1-year follow up. Results of the third National Acute Spinal Cord Injury randomized controlled trial. J Neurosurg 89: 699-706

Brihaye J (1981) Transcranial decompression of optic nerve after trauma. In: Samii M, Janetta PJ (eds) The cranial nerves. Springer, New York, pp 116–124

Busse H, Stoll W, Promesberger RP, Müller H (1983) Operative Behandlung des malignen endokrinen Exophthalmus. Klein Monatsblatt Augenheilkd 182: 322-324

Chen YC, Breidahl A, Chang CN (1997) Optic nerve decompression in fibrous dysplasia: indications, efficacy, and safety. Plast Reconstr Surg 99: 22-30

Chou PI, Sadun AA, Chen YC, Su WY, Lin SZ, Lee CC (1996) Clinical experiences in the management of traumatic optic neuropathy. Neuro-Ophthalmology 16: 325-36

Cook MW, Levin LA, Joseph MP et al. (1996) Traumatic optic neuropathy. Arch Otolaryngol Head Neck Surg 122 (4): 389-392

Gellrich NC (1999) Controversies and current status of therapy of optic nerve damage in craniofacial traumatology and surgery. Mund Kiefer Gesichtschir 3: 176-94

Gellrich NC, Kankam J, Maier W, Aschendorff A, Klenzner T, Schipper J (2006) Ein- und zweizeitige Sehnervenläsionen im Tiermodell und dessen klinischer Stellenwert. HNO 54: 761-7

Gellrich NC, Gellrich MM, Bremerich A (1994) Influence of fetal brain grafts on axotomized retinal ganglion cells. Int J Oral Maxillofac Surg 23: 404–405

Gellrich NC, Gellrich MM, Zerfowski M et al.(1997); Klinische und experimentelle Untersuchung zur traumatischen Sehnervenschädigung. Ophthalmologe 94: 807-814

Gossmann MD, Roberts DM, Barr CC (1992) Ophthalmic aspects of orbital injury – a comprehensive diagnostic and management approach. Clin Plastic Surg 19: 71–85

Hager G, Gerhardt HJ, Maruniak M (1975) Indikationen und Ergebnisse operativer Freilegung traumatisch geschädigter Sehnerven. Klin Monatsbl Augenheilkd 167: 515–526

Joseph M, Lessel S, Rizzo J et al. (1990) Extracranial optic nerve decompression for traumatic optic neuropathy. Arch Ophthalmol 108: 1091-1093

Klopfer J, Tielsch JM, Vitale S, See LC, Canner JK (1992) Ocular trauma in the United States. Arch Ophthalmol 110: 838–842

Lee AG (2000) Traumatic optic neuropathy. Ophthalmology 107: 814

Lehnhardt E, Schultz-Coulon HG (1975) Indication and prognosis of the transethmoidal decompression of the optical nerve in posttraumatic amaurosis Arch Otorhinolaryngol 28(209): 303-13.

Lentrodt J, Unsöld R, Bosche J (1991) Amaurose nach operativer Versorgung von Orbitabodenfrakturen — eine unvorhersehbare Komplikation? Fortschr Kiefer Gesichtschir 36: 150–151

Lessel S (1991) Traumatic optic neuropathy and visual system injury. In: Shingleton, Hersch, Kenyon (eds) Eye trauma. Mosby Year Book, St. Louis, pp 371–379

Lipkin AF, Woodson GE, Miller RH (1987) Visual loss due to orbital fracture. Arch Otolaryngol Head Neck Surg 113: 81–83

Lübben B, Stoll W, Grenzebach U (2001) Optic nerve decompression in the comatose and conscious patients after trauma. Laryngoscope 111 (2): 320–328

Levin LA, Beck RW, Joseph MP, Seiff S, Kraker R (1999) The treatment of traumatic optic neuropathy. Ophthalmology 106: 1268-1277

Panje WR, Gross CE, Anderson RL (1981) Sudden blindness following facial trauma. Otolaryngol Head Neck Surg 89: 941–948

Rajiniganth MG, Gupta AK, Gupta A. Bapuraj JR (2003) traumatic optic neuropathy. Visual outcome following combined therapy protocol. Arch. of otolaryngology - Head and Neck surgery 129: 1203-6

Raveh J, Vuillemint H (1988) The surgical one-stage management of combined cranio-maxillo-facial and frontobasal fractures. J Craniomaxillofac Surg 16: 350–358

Rudack C (2006) Eingriffe an den Nasennebenhöhlen und ihren angrenzenden Structuren. In: Theissing, Rettinger, Werner (Hrsg): HNO-Operationslehre. Thieme

Rochels R (1990) Holographic deformation analysis of the optic canal in blunt cranial trauma. Fortschr Ophthalmol 87: 182-185

Scheschy H, Benedikt O (1972) Optikusatrophie durch indirekte Traumen. Klin Monatsbl Augenheilkd 161: 309–315

Seiff SR (1990) High dose corticosteroids for treatmenr of vision loss due to indirect injury to the optiv nerve. Ophthalmic Surgery 21: 389-95

Steinsapir K, Goldberg R. Newman NJ (Eds) (1998) Traumatic optic neuropathies, 3rd ed. Williams & Wilkins Baltimore, Walsh & Hoyt's Clinical Neuro-Ophthalmology, pp 715-739

Steinsapir K(1999)Traumatic optic neuropathy. Curr Opin Ophthalmol 10(5): 340-342

Steinsapir KD, Sinha S, Hovda DA et al. (1994) Axonal loss and dynamic changes in cerebral glucose metabolism following optic nerve trauma. Invest Ophthalmol Vis Sci 35: 1544

Stoll W, Busse H, Wessels N (1994) Detailed results of orbital and optic nerve decompression. HNO 42: 685-90

Stoll W, Busse H, Kroll P (1988) Decompression of the orbit and the optic nerve in different diseases. J Craniomaxillofac Surg 18: 308-11.

Stoll W, Busse H, Kroll P (1987) Visual recovery following orbital and optic nerve decompressions. Laryngol Rhinol Otol (Stuttg) 66: 577-582

Stoll W, Lübben B, Grenzebach U (2001) Erweiterte Indikationen zur Optikusdekompression: Eine differenzierte Analyse visueller Funktionseinschränkungen – auch bei bewusstlosen Patienten. Laryngo-Rhino-Otol 80: 78-84

Wang BH, Robertson BC, Girotto JA, Liem A, Miller NR, Iliff N et al. (2001) A review of 61 patients. Plastic and Reconstructive Surgery 107: 1655-64

Waldeyer A, Mayet A (1993) Anatomie des Menschen, Band 2, 16. Aufl. Walter de Gruyter, Berlin New York

Yang WG, Chen CT, Tsay PK et al. (2004) Outcome for traumatic optic neuropathy – surgical versus nonsurgical treatment. Ann Plast Surg 52(1): 36-42

Yu Wai Man P, Griffiths PG (2007) Surgery for traumatic optic neuropathy. Cochrane Database Syst Rev. 2: Review.

Klinik des Sehorgans

Optische Täuschungen

H. Busse

„Ich traue meinen Augen kaum": Dieser je nach Situation unterschiedlich zu interpretierende Satz aus dem Volksmund verdeutlicht, dass Sinnestäuschungen seitens der Augen schon lange bekannt sind. So findet sich die „Fata Morgana" in den Dichtungen des 12. Jahrhunderts als „morgain la fée", wobei „Fata" Fee bzw. Zauberin bedeutet; „Morgana" ist vermutlich der arabische Frauenname „Morgana" oder eine angebliche Schwester des Königs Artus aus der Artus-Sage. Sie entsteht durch Luftspiegelung, bei der durch ungleiche Lagerung und Dichte der Luftschichten mehrere unterschiedlich liegende Spiegelungen zugleich vorkommen und so z.B. Wasserflächen oder Oasen in Wüsten vortäuschen. In diesem Fall geht die Täuschung von einem Objekt aus, bei dessen „Erkennen" das Auge und die Sehbahn einschließlich des Sehzentrums nur die Rolle des „Verführten" spielen. Die Ursache liegt darin, dass der Regelkreis der menschlichen Wahrnehmung durch „optische Phänomene" getäuscht wird.

Wahrnehmungen

Beginnen wir mit **Wahrnehmungen**: Sie interpretieren sich in der Wissenschaft nicht einfach als Sehen und Erkennen, sondern der Vorgang ist sehr viel komplizierter. Tatsache ist, dass das menschliche Auge ähnlich funktioniert wie eine Fotokamera: Es entsteht auf der Netzhaut ein Bild, das seitenverkehrt und auf dem Kopf steht. Trotzdem sehen wir den Gegenstand aufrecht. Wenn wir den Kopf zur Seite beugen und ein Gebäude oder eine Wand betrachten, so bleibt diese gerade stehen, während unser Kopf sich zur Seite geneigt hat. Dies kann eine Kamera nicht: Es muss also bis zu einer gewissen Wahrnehmungsgrenze sog. Konstanzen geben, die die Wahrnehmung als solche dominieren. Nach Irvin Rock (1998) werden unterschieden:

1. eine Formkonstanz, die schon bei Säuglingen auftritt,
2. eine Größenkonstanz, die ebenfalls kurz nach der Geburt ausgeprägt ist,
3. eine dynamische Größenkonstanz, die vermutlich angeboren ist und
4. last not least eine angeborene Helligkeitskonstanz.

Letztere lässt sich sehr einfach beschreiben: Wenn wir vor einer weißen Wand stehen, deren eine Hälfte im Schatten liegt, so bleibt trotzdem die Farbe Weiß dominant, auch wenn sie von Schattierungen geprägt ist.
Ein gutes Beispiel für eine Formkonstanz ergibt sich nach dem Emmert'schen Gesetz: Wird ein optisches Nachbild als Ellipse erzeugt, wird das Nachbild – auf eine schräg stehende Fläche projiziert – als Kreis wahrgenommen. Die Projektion auf eine Fläche in die Frontalebene ergibt wieder eine Ellipse.
Bei der Beurteilung der Größenkonstanz stellt die sog. Mondtäuschung ein schon in der Antike diskutiertes Phänomen dar: Der Mond erscheint am Horizont viel größer als oben am Himmel. Ursache dieser Erscheinung ist wohl, dass am Horizont Bezugspunkte wie

Meer, Gebirge etc. zwischengeschaltet sind, die den Eindruck der Ferne einerseits und der Nähe des Mondes andererseits vortäuschen. Dagegen erscheint der Mond am wolkenlosen Himmel als isolierte Scheibe, die bei gleicher Entfernung von der Erde eindeutig kleiner wirkt. Auch andere Versuche belegen den Einfluss der Umgebung auf die Größenwahrnehmung.

Damit wären wir nach einer kurzen Übersicht über das Grundprinzip der optischen Wahrnehmung, aber auch des optischen Verständnisses, bei unserem Hauptthema:

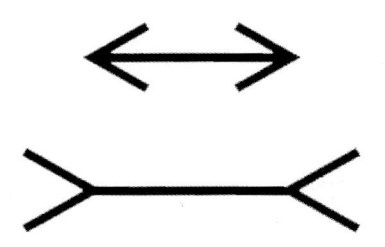

Abb. 1
Die Müller-Lyer'sche Täuschung (1889): Die beiden waagerechten Linien sind genau gleich lang!

Optische Täuschungen

Tatsächlich sind sie Bestandteil unserer täglichen Wahrnehmungen, andererseits spielen sie aber für unser optisches Bewusstsein eigentlich nur eine Nebenrolle.

Abhandlungen wie diese sowie die der Wahrnehmungsforscher, die im Anhang zitiert und empfohlen sind, machen uns die eigentliche Ohnmacht unserer Sinne bewusst, da wir Täuschungen in der Regel nur dann erkennen, wenn wir wirklich darauf aufmerksam gemacht werden. Dazu zählen vor allem auch die **geometrisch-optischen Täuschungen**. Sie wurden schon Ende des 18. Jahrhunderts entdeckt und nach dem jeweiligen Erstbeschreiber benannt. Es handelt sich zumeist um Strichzeichnungen, wobei der eine Teil die Täuschung verursacht und der andere, der Bildrest ist, über den man sich täuscht (Ditzinger 2006).

Nachfolgend sollen einige exemplarische Beispiele dargestellt werden:
Nehmen wir
1. die **Müller-Lyer'sche Täuschung** (1889): beide waagerechte Linien sind genau gleich lang (Abb. 1)
2. die **Ponzo-Täuschung**: der obere Querbalken erscheint deutlich länger (Abb. 2)
3. die **Judd-Täuschung**: der Punkt in der Mitte scheint stark in Richtung des spitzen Winkels verschoben zu sein (Abb. 3)

Abb. 2
Die Ponzo-Täuschung: Der obere Querbalken erscheint deutlich länger als der gleich lange untere!

Abb. 3
Judd-Täuschung: Der Punkt in der Mitte scheint stark in Richtung des spitzen Winkels verschoben zu sein!

Schließlich gibt es auch optische Täuschungen bei der **Wahrnehmung von Form und Helligkeiten**. Sie sind in den im Literaturverzeichnis angefügten Werken nachzulesen und empfohlen.

Last not least soll lediglich noch auf die **mehrdeutigen Wahrnehmungen** eingegangen werden: Das älteste diesbezügliche Werk stammt von Kuniyoshi Ichiyusai aus dem 19. Jahrhundert: Er stellt einen Menschen aus Menschen dar. Bekannt sind Darstellungen auf der Basis des berühmten Rubin-Kelchs, der im Original aus dem Jahre 1921 stammt (Abb. 4).

Abb. 4
Der Rubin-Kelch: Vase oder Gesichter?

Man zählt ihn zur Gruppe der Figurhintergrundbilder. Ein Klassiker der mehrdeutigen Wahrnehmung stellt auch die Abbildung von W. Hill (1919): „My wife and my mother-in-law" dar (Abb. 5). Nicht in allen Einzelheiten geklärt ist es heute, wie und warum sich unser Gehirn für diese oder jene Interpretation des Bildes bei Erstbetrachtung entscheidet. Voreingenommenheit scheint eine nicht unerhebliche Rolle zu spielen.

Zusammenfassung

Ein kleiner Augenarzt, der sich sonst nur mit den scheinbaren Banalitäten des Faches Augenheilkunde von der Bindehautentzündung bis zur Netzhautablösung beschäftigt, hat durch Wolfgang Stoll gezwungenermaßen einen Ausflug in den wunderbaren und gestalterisch so interessanten Bereich der Wahrnehmungen und deren Täuschungen unternommen. Diese Reise durch das Spektrum der menschlichen Sinne hat mich außerordentlich fasziniert, nachdem ich mich in die Problematik eingelesen hatte und sie hoffentlich auch verstanden habe.

Empfehlen möchte ich den Lesern meiner kleinen Abhandlung im Rahmen dieses Symposiums nachfolgende Werke in dieser Reihenfolge:

1. Rock I (1998) Wahrnehmung. Vom visuellen Reiz zum Sehen und Erkennen. (Aus dem Amerikanischen übersetzt von Jürgen Martin und Ingrid Horn). Spektrum Akademischer Verlag, Heidelberg Berlin
2. Ditzinger T (2006): Illusionen des Sehens. Eine Reise in die Welt der visuellen Wahrnehmung. Elsevier, München (Spektrum Akademischer Verlag, Heidelberg)

Abb. 5
Junges Mädchen oder Schwiegermutter? Links: das bekannteste Bild nach Hill (1915). Rechts: der vermutliche Original aus dem Jahr 1888 (anonymer deutscher Künstler).

Optische – Entopische Phänomene

P. Kroll

Einleitung

„Das Lächeln der Mona Lisa ist enträtselt!" So lautete eine Zeitungsnachricht im Jahre 2004. Man versuchte, das wohl berühmteste Lächeln der Welt auf ein optisches Phänomen, das „visual noise", „visual snow" oder „Augenrauschen" zurückzuführen, das durch Muster und Kontraste in Form von Grauschleiern in dem Gemälde selbst hervorgerufen wird und Nervenreize auf der Netzhaut stimulieren soll. Inwieweit dies alles stimmt, ist ungeklärt und bleibt dahingestellt.

Das Wort „Phänomen" geht auf den griechischen Begriff „phainomenon" zurück und bedeutet Sichtbares, Erscheinung. Es ist ein mit den Sinnen wahrnehmbares Ereignis. In der Aufklärungszeit wurde der Begriff „Phainomenon" in die Metaphysik, d. h. in über die Physik hinausgehende Bereiche übertragen. Das Übersinnliche steht damit in Gegensatz zum Gedachten, dem Noumenon. Kant erklärt das Phänomenon als Abstraktion des Noumenons, welches uns nicht unmittelbar, sondern nur in Form des Phänomens im Bewusstsein erscheinen kann. Einen Teil der Naturlehre, welche die Materie bloß als Erscheinung der äußeren Sinne bestimmt, nennt er daher Phänomenologie. Auch Hegel und Husserl philosophieren über die Phänomenologie, gleiten aber in ihren Gedankengängen zum Transzendentalen ab.

Diese von den Philosophen der Aufklärungszeit metaphysische Betrachtung des Begriffes Phänomen hat in der Naturwissenschaft eine ganz andere erklärbare Bedeutung. In diesem Sinne sollen im Folgenden die Begriffe des optischen und entoptischen Phänomens dargestellt werden.

Optische Phänomene

Bei den optischen Phänomenen handelt es sich allesamt um physikalisch erklärbare Naturereignisse (s. Tabelle 1), die über unser ophthalmologisches System wahrgenommen werden (s. Abb. 1). Sie gelangen über den optischen Apparat (Cornea und Linse) auf die Retina, werden über den Sehnerv, die Sehnervenkreuzung, den Sehnervenstrang, über die Gratiolet'sche Sehstrahlung zum Sehzentrum geleitet. Von dort aus bestehen Verbindungen zu den anderen Sinneszentren (s. Abb. 2).

- Fata Morgana
- Polarlicht
- Irrlichter
- Lichtbeugungen und Streuungen bei Morgenrot, Abendrot, blauer Himmel, Alpenglühen, Regenbogen, Benzin- oder Dieselöl in Wasser oder Halos
- Blitz
- Sonnenfinsternis

Tabelle 1
Optische Phänomene

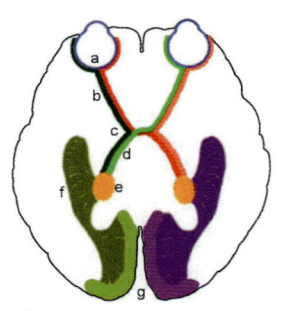

Abb. 1
Sehbahn. **a** Netzhaut, **b** Nervus opticus, **c** Chiasma nervi optici, **d** Tractus opticus, **e** Corpus geniculatum laterale, **f** Gratiolet'sche Sehstrahlung, **g** Sehrinde

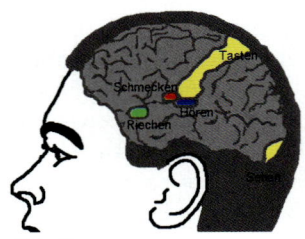

Abb. 2
Lage der Sinneszentren im Gehirn

Fata Morgana

Die Luftspiegelungen im Sinne einer Fata Morgana wurden zwar schon immer als sagenumwoben beschrieben, aber erstmals von dem französischen Physiker Gaspard Monge 1798 in Ägypten naturwissenschaftlich untersucht und gedeutet.

Das Prinzip ist einfach: Wenn bei Windstille heiße Luft mit geringerer optischer Dichte an der sogenannten Inversionsschicht in einer bestimmten Höhe auf kalte Luft mit höherer optischer Dichte trifft, so entstehen an dieser Inversionsschicht durch Totalreflexion Spiegelungen, wie z. B. die oft beschriebene Fata Morgana in der Wüste. Aber auch in unteren Regionen kann bei hoher Hitze und Windstille (s. Abb. 3), z. B. über einer dunklen Asphaltstraße die Luft derart aufgewärmt sein, dass sich gegenüber den darüberliegenden kühleren Luftschichten Gegenstände spiegeln. Das kommt dadurch zustande, dass die Lichtstrahlen von der wärmeren (geringe optische Dichte) zur kälteren (höhere optische Dichte) Luft nach dem Fermat'schen Prinzip gebrochen werden, so dass eine Spiegelung entsteht, die auch dem Vorliegen einer nassen Straße gleicht.

Polarlicht

Das Polarlicht ist ein kosmisches Phänomen, welches schon in der Antike bekannt war. Es wird durch Korpuscularstrahlen hervorgerufen, die von der Sonne ausgehen und im erdmagnetischen Feld über den Polen Luftmoleküle zum Leuchten anregen. Sie liegen in einer Höhe von 65-400 km und können bei erdmagnetischen Störungen bis in 1.200 km Höhe beobachtet werden. Es tritt in immer wechselnder Form als weißlicher Bogen mit emporschießenden Strahlen oder größeren Flächen und Flecken in unterschiedlichen Farben auf, die von weiß über rot bis violett variieren können. Besonders gehäuft tritt dieses Phänomen 24-36 Stunden nach Sonneneruptionen auf, entsprechendend der Geschwindigkeit, mit der Partikel von der Sonne in die Erdatmosphäre gelangen.

Irrlicht

Irrlichter sind Erscheinungen, um die sich Sagen und Legenden ranken, da es sich um seltene Leuchterscheinungen handelt, die nur nachts in Sümpfen und Mooren beobachtet werden können. Man vermutet einerseits biolumineszente Effekte durch den Speisepilz Hallimasch, aber auch spontan entzündetes Faulgas andererseits, die nur wenige Sekunden ohne Rauchentwicklung in Moorgegenden bläulich aufleuchten.

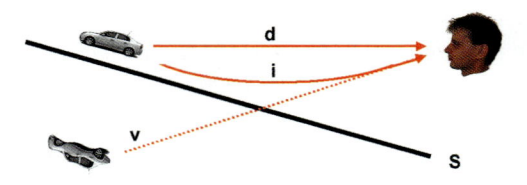

Abb. 3
Strahlengang einer Fata Morgana.

Lichtbewegung, Streuung, Dispersion

Licht besteht aus elektromagnetischen Wellen; weißes Sonnenlicht ist ein Licht, das aus den Spektralfarben zusammengesetzt ist. Wenn das Licht durch ein optisch dichtes Medium läuft, wie z B. ein Prisma, einen Wassertropfen oder in der Atmosphäre aus dichteren in dünnere optische Luftschichten gelangt, so wird dieses gebrochen, in seine Spektralfarben zerlegt und es entstehen Abendrot, Morgenrot, blauer Himmel und Regenbogen. Auch kann man dieses Phänomen beobachten, wenn Benzin oder Dieselöl mit geringerer Dichte auf dem Wasser mit höherer Dichte schwimmen. Eine weitere Form von optischem Phänomen ist der Halo, der durch Brechung, Beugung und Spiegelung des Lichtes an Eiskristallen entsteht. Je nach Form und Lage der Eiskristalle in der Atmosphäre gibt es verschiedene Haloerscheinungen am Himmel wie z. B. den 22°-Ring bzw. 46°-Ring, ein Lichtring, der für den Beobachter 22° bzw. 46° entfernt von der Sonne verläuft. Physikalisch handelt es sich bei diesen Eiskristallen um ein hexagonales Kristallsystem, durch das das Licht unterschiedlich wie bei Prismen mit unterschiedlichem Winkel jeweils mit einem Winkel von 22° oder 46° aus dem Eiskristall gebrochen heraustritt (s. Abb. 4 und 5). Diese Dispersion des einfallenden Lichtes verursacht die Streuung um einen hellen Gegenstand, der als Halo wahrgenommen wird. Dadurch treten auch Lichterscheinungen in Form von Neben- und Untersonnen, Nebenmonden, Horizonalkreisen, Zirkumzenitalbogen und Lichtsäulen auf.

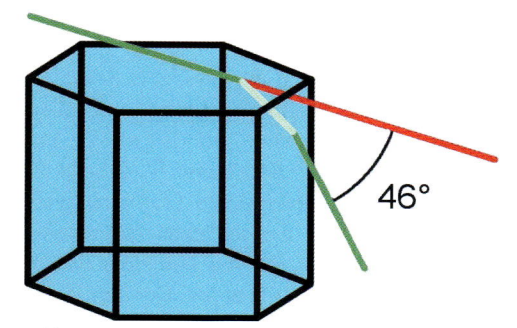

Abb. 5
Enstehung des 46° Halos.

Blitz

Beim Blitz handelt es sich um eine elektrische Entladung in der niederen Atmosphäre zu entgegengesetzten Wolken oder Wolken und Erdoberfläche.

Sonnenfinsternis

Auch dieses Phänomen ist physikalisch sehr einfach erklärbar, Es ereignet sich immer dann, wenn der Mond sich komplett zwischen Erde und Sonne stellt, so dass das Sonnenlicht mitten am Tag komplett verschwindet. Um den Mond herum kann für einige Sekunden die sogenannte Korona, ein Lichtkranz, entstehen, manchmal in Begleitung des Baily'schen Effektes (s. Abb. 6), einer hell aufleuchtenden Perle, die durch Unebenheiten der Mondoberfläche und der daran vorbeileuchtenden Sonne entsteht.

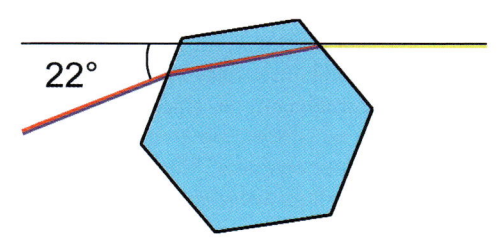

Abb. 4
Entstehung des 22° Halos.

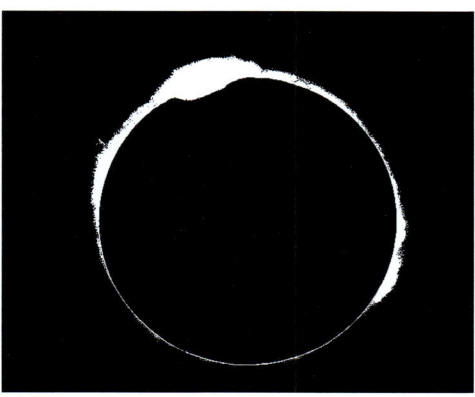

Abb. 6
Baily'scher Effekt.

Entoptische Phänomene

Im Gegensatz zu den physikalisch erklärbaren optischen Phänomenen, die von allen gesehen werden können, handelt es sich bei den entoptischen Phänomenen (s. Tabelle 2) um physiologisch ausgelöste Erscheinungen, die innerhalb des menschlichen Sehsystems verursacht werden und nur von dem Betroffenen wahrgenommen werden. Der Betroffene glaubt, sie außerhalb von sich zu sehen. Die entoptischen Phänomene können einerseits zur ophthalmologischen Diagnostik benutzt werden, wie z. B. das Erkennen von Aderfigur, Makulachagrin, Haidinger Büschel und Blaufeldentoptik, oder sie werden lediglich als Erscheinungen wahrgenommen.

Aderfigur

Das bekannteste entoptische Phänomen ist die Aderfigur, auch Netzhautgefäß-Schattenfigur (Purkinje 1819). Normalerweise fällt das Licht durch die Pupille auf die gesamte Netzhaut, die derart geblendet wird, dass duch die Lokaladaptation der Schatten der retinalen Gefäße durch Überblendung von den gleichen Sinneszellen der Netzhaut nicht wahrgenommen werden kann. Wird aber im abgedunkelten Raum durch eine direkte Beleuchtung der Bulbus (s. Abb. 7) gereizt, werfen die Netzhautgefäße ihre Schatten auf ein anderes Areal der Sinneszellen in der Netzhaut, so dass die Netzhautgefäße eine Schattenfigur empfinden lassen (s. Abb. 8a), die einer Astgabel (Abb. 8b) oder Flussläufen ähnelt. Diese Figur verschwindet sofort, wenn Licht wieder durch die Pupille in das Auge einfällt.

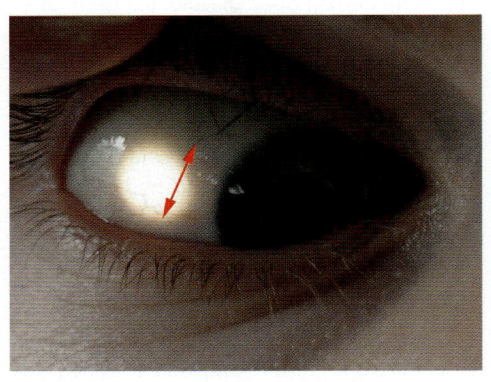

Abb. 7
Untersuchungstechnik der Aderfigurprüfung.

Früher – wie auch heute noch – wurde dieses Phänomen zur Funktionsprüfung herangezogen. Aber auch zur Prüfung der fovealen Sehschärfe bei stark getrübten Medien hat sich dieses Verfahren bewährt. Ist zum Beispiel die Linse des Auges stark eingetrübt oder liegen visusrelevante Glaskörpertrübungen vor, so kann durch dieses Verfahren der Aderfigurprüfung festgestellt werden, ob durch die operative Behandlung zumindest ein Sehvermögen von 0,1 erzielt werden kann. Auch sollte man die Aderfigurprüfung in allen vier Quadranten der Augen vornehmen, um eine Aussage darüber machen zu können, ob eine intakte, zum Beispiel nicht abgehobene, Netzhaut vorliegt. Fehlt die Aderfigurwahrnehmung in einem Quadranten, so kann dies Zeichen einer Netzhautablösung oder eines Skotomes infolge Optikusatrophie-Erkrankungen sein.

zur Diagnostik:	– Aderfigur
	– Makulachagrin
	– Haidinger Büschel
	– Blaufeld-Entoptik (sichtbare Blutbewegungen)
als Erscheinung:	– Druckphosphene
	– Nachbild
	– Mouches volantes (fliegende Mücken)
	– Rußregen
	– Blitzesehen
	– dunkle Wand
	– Makulaskotome
	– Makulatraktionsbilder

Tabelle 2
Entoptische Phänomene

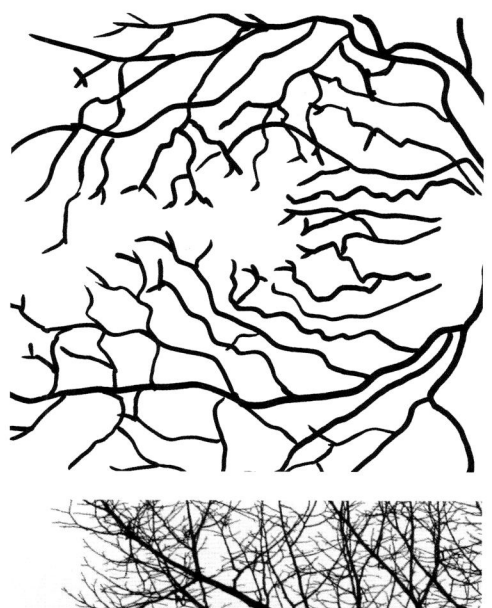

Abb. 8
a Schema der Schattenfigur, die einer Astgabelung ähnelt **b**.

Makulachagrin (foveales Körnermuster)

Als Makulachagrin bezeichnet man die Wahrnehmung kleiner flimmernder Punkte inmitten der Aderfigur. Es wurde von Müller 1942 erstmals beschrieben und wird im Rahmen der Aderfigurprüfung vorgenommen, ist aber äußerst schwierig wahrzunehmen. Es gilt der reinen fovealen Funktionsprüfung. Wird dieses Phänomen wahrgenommen, ist mit einem Sehvermögen von 0,1 oder sogar besser zu rechnen.

Haidinger Büschel

Dieses Phänomen entsteht bei Stimulation der Netzhaut, hier insbesondere der Makula mit Hilfe von polarisiertem Licht mit einem sogenannten Synoptometer. In der Makula wird eine Streifenfigur („Büschel", „Besenreiser") erzeugt, die mit Wechsel des Polarisationsfilters oder Vorschalten eines Gelbfilters verschwindet. Wird dieses Phänomen positiv beurteilt, so ist mit einer Sehschärfe von 0,1 zu rechnen.

Blaufeldentoptik

Die perifoveolare Kapillarzirkulation kann beim Blick auf eine helle weiße oder blaue Fläche in Form von schwimmenden Leuchtpunkten in gekrümmten Bahnen wahrgenommen werden. Vermutlich handelt es sich um indirekte Darstellungen der weißen Blutkörperchen bei ihrer perifoveolaren Kapillarpassage und soll Zeichen einer guten Makulafunktion sein, eine Beobachtung, die von Bauermann 1960 erstmals beschrieben wurde. Dieses Phänomen ist äußerst schwierig zu erzeugen (persönlich habe ich es nie wahrnehmen können).

Druckphosphene

Dieses von Purkinje erstmals 1919 beschriebene entoptische Phänomen entsteht durch lokalisierten Druck auf die Sklera z. B. mit dem Finger. Durch unnatürliche Verformung des Augapfels werden Lichtempfindungen, meist Ringe oder Kreise, auf der gegenüberliegenden Seite der druckexponierten Seite wahrgenommen. Das Auslösen dieses Phänomens spricht für eine Funktion der Netzhaut und einen intakten Sehnerven. Es ist bekannt, dass blinde, oft jugendliche Patienten im Rahmen des okulodigitalen Syndroms immer wieder versuchen, durch Druck mit dem Finger auf das Auge diese bildwahrnehmenden Phänomene auszulösen.

Auch elektrische oder magnetische Anregungen lösen diese Phänomene aus, so dass im Rahmen der Retina-Implant-Forschung immer wieder von „Erfolgen" gesprochen wird. Bei dieser Forschung versucht man, ähnlich wie beim Cochlea-Implant, die erloschenen sinnes-wahrnehmenden Photorezeptoren (wie z. B. bei der Retinitis pigmentosa) durch elektronische Chips zu ersetzen, die die wahrgenommenen Impulse an das Hirn weiterzuleiten versuchen. Geht man davon aus, dass in der Netzhaut ca. 120 Millionen Photorezeptoren, davon alleine in der Makula ca. 6 Millionen, enthalten sind, und mit dem Chip lediglich eine seiner Größe entsprechende Fläche mit Photorezeptoren ersetzt werden könnte, so sind die Lichteindrücke am ehesten mit Phosphenen gleichzusetzen, was bei dauerhafter Stimulation höchstens zur Wahrnehmung von Hell-/Dunkelunterscheidung führen könnte. Hier ist die Forschung, trotz vieler Bemühungen, noch im Ansatz.

Eine andere Form von Phosphenen ist das sogenannte „Sternesehen", z. B. beim Niesen, nach einem Schlag auf den Kopf oder wenn man bei niedrigem Blutdruck plötzlich aufsteht. Dieses Sternesehen sollte nicht mit Blitzesehen (s. später) oder Mouches volantes verwechselt werden. Im Gegensatz zu den Mouches volantes oder auch dem Blitzesehen, die durch eigene Augenbewegungen beeinflussbar sind, folgen die Sternchen eigenen Gesetzmäßigkeiten. Diese Sterne sind sogenannte Korpuskel (flying corpuscles, luminous spots), die bei freiem Blick in den Himmel ohne Fokussierung wahrgenommen werden, z. B. wie oben bereits erwähnt nach plötzlichem Aufstehen, bei niedrigem Blutdruck. Angeblich soll es sich bei diesem Phänomen um Leukozyten handeln, die sich in den Netzhautgefäßen bewegen und von den Photorezeptoren wahrgenommen werden. Eine wissenschaftliche Erklärung ist dies zwar nicht, konnte aber bisher auch nicht gefunden werden.

Nachbild

Jeder kennt das Phänomen, wenn man nachts auf dem Wecker die digitale Uhrzeit betrachtet, dass dieses Bild dann auch bei wieder geschlossenen Augen erkennbar bleibt. Dieser entoptische Eindruck ist eine Nachwirkung des Netzhautbildes des über einen längeren Zeitraum fixierten Objektes.

Bei den positiven Nachbildern, wie in dem beschriebenen Fall, wird das wahrgenommene Reizmuster als Nachbild empfunden. Bei negativen Nachbildern werden die Photorezeptoren durch das länger einwirkende Reizmuster derart geblendet, dass ihr Potenzial erschöpft wird und eine Reizleitung zum Hirn vorübergehend unterdrückt ist. Dadurch werden hell wahrgenommene Reizmuster als dunkle Pendants wahrgenommen. Hierzu existieren zahlreiche Tests, wie sie von Wahrnehmungsphysiologen gerne demonstriert werden.

Mouches volantes (fliegende Mücken)

Es handelt sich dabei um kleine schwarze Punkte, Flecken oder flächenartige Strukturen im Gesichtsfeld, die sich zunächst mit der Blickrichtung bewegen, um dann in die entgegengesetzte Richtung zu schweben. Sie fallen besonders auf, wenn man eine helle Wand, eine Buchseite oder den hellen Himmel betrachtet. Diese Phänomene entstehen durch Kondensation von Collagenfibrillen des Glaskörpers und sind bei zunehmendem Alter als physiologisch anzusehen. Sie lassen sich durch Schatten bzw. Beugungseffekte an diesen Glaskörpertrübungen erklären, die um so stärker sind, je mehr Licht in das Auge fällt bzw. je näher die Kondensate vor der Netzhaut liegen. Besonders bei einer Abhebung des hinteren Glaskörpers von der Netzhaut, mit der dieser seit der Embryonalphase durch eine Fibronectin- und Lamininsubstanz verklebt ist, wird dieses Phänomen von den Patienten besonders unangenehm wahrgenommen. Da diese Glaskörperdestruktionen das Sehvermögen nur in seltenen Fällen beeinflussen können, ist eine Therapie meist nicht angeraten. Nur in ganz seltenen Fällen, wenn der Patient es ausdrücklich wünscht, kann man diese Veränderungen durch einen glaskörperchirurgischen Eingriff behandeln. Wegen des möglichen Risikos einer Kataraktbildung als Spätfolge und weiterer Schäden sollte man die Patienten von einem derartigen Eingriff abhalten. Meist genügt eine optimale Aufklärung und der Hinweis, diese unangenehmen „fliegenden Mücken" mit Missachtung zu strafen.

Diese sogenannten fliegenden Mücken haben auch eine literarische mystische Bedeutung und werden von dem mir bekannten Schweizer Schriftsteller Floco Tausin unter dem Titel „Mouches volantes. Die Leuchtstruktur des Bewusstseins" beschrieben. Wie dem Buch zu entnehmen ist, sieht er in den fliegenden Mücken Figuren, die ihn zu meditativen, mystischen und beruhigenden Gedankengängen verhelfen.

Rußregen

Als Vorbote einer drohenden Netzhautablösung kann aber das sogenannte Phänomen des „Rußregens" erscheinen. Hierbei handelt es sich um das Einreißen einer Netzhautkapillare im Rahmen einer normalerweise physiologischen hinteren Glaskörperabhebung. Dabei wird eine mit der Glaskörpergrenzschicht verklebte Netzhautkapillare eingerissen, aus der Erythrozyten durch den Glaskörperraum entsprechend ihrer Schwerkraft zur unteren Hälfte des Auges treiben. Da man dieses Bild umgekehrt und seitenverkehrt wahrnimmt, hat man den Eindruck, vor einem hellen Hintergrund diese herabschwebenenden Erythrozyten als aufsteigenden Rußregen wahrzunehmen.

Blitzesehen

Werden im Zusammenhang einer hinteren Glaskörperabhebung zusätzlich Blitze gesehen, besteht höchste Gefahr einer Netzhautrissbildung mit drohender Netzhautablösung. Bei der bereits beschriebenen Abhebung der Glaskörpergrenzschicht kann diese an einigen pathologisch veränderten Netzhautdegenerationen verklebt bleiben. Durch die Schwerkraft des Glaskörpers im Auge und durch Bewegungen, insbesondere bei den kaskadenartigen Augenbewegungen beim Lesen kann an der Netzhaut ein Zug entstehen. Da die Netzhaut keine schmerzempfindlichen Rezeptoren besitzt, werden lediglich die Photorezeptoren der Netzhaut gereizt, die über die bipolaren oder multipolaren Zellen, den Nervus opticus, den Tractus opticus und die Gratiolet-Sehstrahlung zur Sehrinde gelangen. Dort werden die Reize als unangenehme Lichtblitze, wie bei einem Gewitter wahrgenommen und können von den Betroffenen genauestens lokalisiert werden (wiederum seitenverkehrt und auf dem Kopf stehend). Blitze müssen als absolute Vorstufe eines Netzhautloches und drohender Netzhautablösung eingeordnet werden. Vom Augenarzt muss das entoptische Phänomen Blitzesehen ernst genommen und untersucht werden, da es in dieser Phase noch sehr einfach ist, die Behandlung eines Netzhautloches bei rundum anliegender Netzhaut durch eine Laserkoagulation durchzuführen.

Dunkle Wand

Sollten diese Prodromi einer Netzhautablösung wie „Rußregen" und „Blitzesehen" nicht wahrgenommen werden, so kommt es bei beginnender Netzhautablösung zu einem entsprechenden Gesichtsfeldausfall. Nimmt die Netzhautablösung weiterhin zu, folgt eine weitere Gesichtsfeldeinschränkung, die als eine graue dunkle Wand, wiederum seitenverkehrt und umgekehrt, wahrgenommen wird. Sie kommt dadurch zustande, dass die Netzhaut aus ihrem Fokus des optischen Apparates (Linse und Hornhaut mit ca. 68 Dioptrien) gerät, so dass, je näher sich die Netzhaut im Augeninneren zur Linsenrückfläche bewegt, die noch sehende Netzhaut nicht mehr in der Lage ist, ein scharfes Bild zu sehen. Erst wenn die Netzhaut wieder durch eine Operation an ihre Unterlage gebracht wird, kann das Fokussieren wieder aufgenommen werden und aus dem relativen Skotom oder relativen Gesichtsfeldausfall wird wieder ein normales wahrnehmendes Gesichtsfeld.

Makulaskotome

Bei jeder Makulaerkrankung kommt es zu Sehbeeinträchtigungen in Form von Wellensehen, Verzerrtsehen (sogenannten Metamorphopsien), zentrales Grausehen bis hin zu kompletten zentralen Ausfällen. Dies ist abhängig von der Art der Makulaerkrankung. Diese zentralen Gesichtsfeldveränderungen bei Makulaerkrankungen lassen sich sehr gut durch das Amsler-Netz (s. Abb. 9) von den Patienten darstellen, die bei Fixierung des in kleinste Quadranten unterteilten zentralen Gesichtsfeldes mit einem zentralen Fixierpunkt Ausfälle und Wellenlinien der geraden horizontalen und waagerechten Linien entsprechend ihrer Wahrnehmung nachzeichnen können.

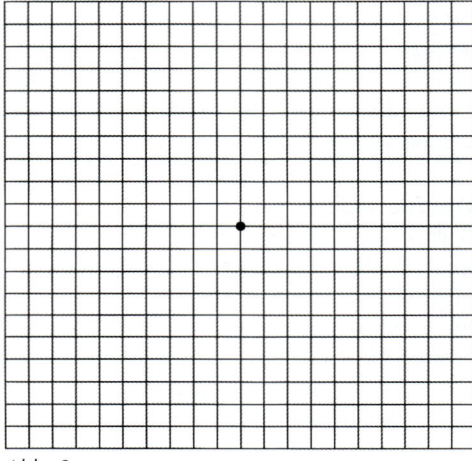

Abb. 9
Amsler-Netz.

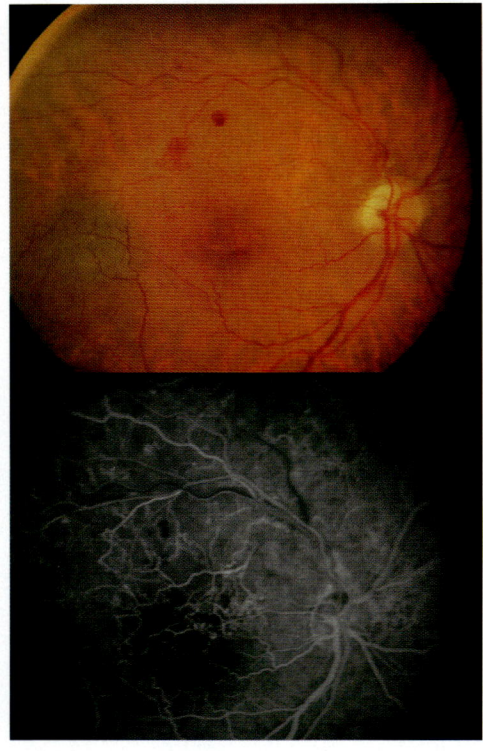

Abb. 10
Fundusfotografie und Fluroeszenzangiografie mit zentralem Netzhautdefekt nach Venenastverschluss.

Anders ist dies bei den Makulaskotomen: hierbei handelt es sich um zentrale minimale Ausfälle, die z. B. nach einem Venenastverschluss durch Absterben einzelner Photorezeptoren in der Makula entstehen. In Abb. 10 ist sowohl photographisch als auch fluoreszenz-angiographisch ein zentraler Defekt in der Makula mit seinen ischämischen, nicht durchbluteten Arealen zu erkennen. Es handelt sich um das letzte Auge eines 46-jährigen Patienten, der erst nach einer Gewöhnungsphase und dem neuen Erlernen des Lesens diese Skotome im Makulabereich genau aufzeichnen konnte (Abb. 11). Sinnigerweise hat er hierzu einen Zeitungsausschnitt gewählt, der seine Behinderung besonders treffend aufzeigt (Abb. 12).

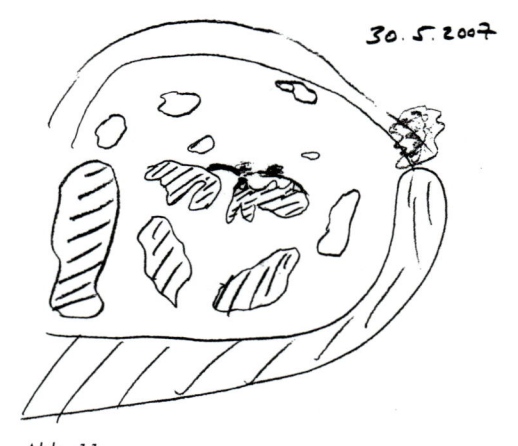

Abb. 11
Skotome im Makulabereich bei dem Patienten aus Abb. 10 mit Venenastverschluss.

Klare Sicht nach vorn
Wischerblätter auf Funktion überprüfen

Dem nasskalten Wetter eins Paus s... dies geht mi... den original Volkswagen Wischerblätter Sens. Angeboten werden s... beispielsw... zu Preisen von 18,50 Euro für den Golf III und IV, Vento oder Bora.

Wer höchste Wischerqualität bei allen Geschwindigkeiten wünscht, sollte einen Blick auf die speziellen Aerowischer werfen. Sie bereiten bei hoher Lebensdauer nur minimale Windgeräusche – zum attraktiven Preis.

Abb. 12
Entsprechende Empfindung der Makulaskotome beim Lesen.

Makulatraktionsbild

Besonders überrascht hat mich eine Patientin nach Kataraktoperation bei hoher Myopie am letzten Auge mit den von mir so benannten Makulatraktionsbildern (s. Abb. 13). Die von der Patientin in den Abb. 1-6 aufgezeichneten wechselnden Bilder kamen dadurch zustande, dass der nur an der Makula noch adhärente Glaskörper durch seine Zugwirkung nach vorne diese Symptome auslöste, was nach der Kataraktoperation durch den nach vorne vergrößerten Glaskörperraum verstärkt wurde.

Am meisten hat mich bei den Zeichnungen beeindruckt, dass gerade diese Makulatraktionsbilder nicht selten zu sein scheinen, da sie bereits in den 60-er Jahren ihren Weg in die Kunst fanden (s. Abb. 14). Fast mit den Aufzeichnungen meiner Patienten identische Bilder finden sich in einem Bild der

Abb. 14
Makulatraktionsbild ähnelt einem Op-Art Bild „To be continued" von Christi (Abb. mit freundlicher Genehmigung von Floco Tausin, Bern).

sogenannten Op-Art (optical Art) wieder, die parallel zur Pop-Art und psychedelischen Art in den 60-er Jahren für eine kurze Episode entstanden ist. In dieser Kunstrichtung bewegten sich die Künstler Victor Vasarely, Wolfgang Ludwig und einige andere. Das besondere an dieser Kunst war es, dass entoptische Phänomene bzw. Phosphene, Nachbilder, Sternchen und form constants als geometrische Muster wie Punkte, Linien, Zickzack-Linien, Gitter und Spiralen als systematische Formgebungen Verwendung fanden (s. Abb. 15). Die Norwegerin Jorunn Mourad spricht 2003 daher von der Op-Art als „entoptische Kunst" und verweist auf das inspirierende Potenzial von allen inneren Phänomenen, die mit Visionen und Halluzinationen nichts zu tun haben, sondern lediglich alternative

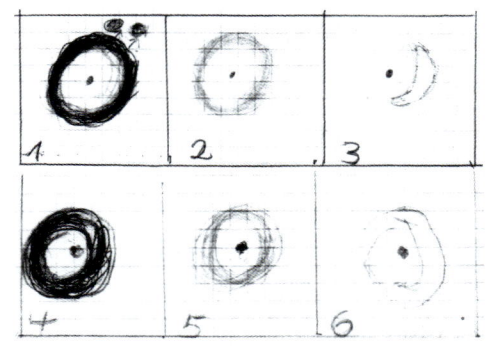

Abb. 13
Makulatraktionsbilder einer Patientin mit hoher Myopie nach Katarakt-Operation und Glaskörpertraktion an der Makula.

Abb. 15
Op-Art aus den 60er Jahren (Abb. aus wikipedia)

Perspektiven und Wahrnehmungen darstellen sollen. Die Op-Art wurde 1968 auf der Documenta in Kassel gezeigt, verlor aber ab den 70-er Jahren an Bedeutung. Eines der heute in Deutschland noch vorhandenen Gemälde von Victor Vasarely findet sich an der Fassade des Juridicums in Bonn, das jedem, der in Bonn gewesen ist, aufgefallen sein muss.

Zusammenfassung

Optische Phänomene sind allesamt physikalisch zu erklärende sichtbare Wahrnehmungen, die, wie z. B. die Sonnenfinsternis, in berechenbaren Rhythmen wiederkehren oder, wie z. B. der Blitz, sporadisch auftreten können. Sie werden von allen Betrachtern gesehen, im Gegensatz zu den entoptischen Phänomenen, die nur innerhalb der Person über das ophthalmologische Sinnessystem wahrgenommen werden und physiologisch erklärbar sind. Hervorzuheben ist noch einmal, dass besonders die entoptischen Phänomene immer wieder Künstler beeinflusst haben, wie z. B. Floco Tausin zu seinem literarisch meditativen Buch „Mouches volantes" oder die Kunstrichtung der Op-Art in den 60-er Jahren.

Allen Phänomenen gemeinsam, sowohl den optischen wie auch entoptischen, ist die Tatsache, dass sie auf uns eine außergewöhnliche, einzigartige, evtl. auch furchteinflößende Wirkung haben können, z. B. Blitz oder Sonnenfinsternis. Sie sind, obwohl heute alle naturwissenschaftlich erklärbar, für uns nach wie vor erstaunliche bzw. unglaubliche Sinneseindrücke, die früher als spukartige Erscheinungen, z. B. Irrlichter, oder als magische Zeichen, z. B. Polarlicht, oder als Halluzination, z. B. Fata Morgana, gedeutet wurden.

Die subjektive visuelle Vertikale aus augenärztlicher Sicht

U. Grenzebach

Die Orientierung im Raum erfolgt in erster Linie an der Ausrichtung horizontaler und vertikaler Strukturen und Linien. Bei Diskrepanzen in der Ausrichtung dieser Erfahrungswerte entstehen Schwindelsensationen. Aus augenärztlicher Sicht besteht Konsens darüber, dass man das vielschichtige Problem der Schwindelsensation als „Mismatch von gewohnten und aktuell wahrgenommenen Seheindrücken" verstehen muss. Die dafür in Frage kommenden ophthalmolgischen Erkrankungen sind zahlreich und pathogenetisch heterogen (Grenzebach 2004).
Als auslösende Faktoren kommen Störungen der Seheindrücke durch Unterschiede der Refraktion oder der Morphologie beider Augen, ebenso wie Augenbewegungsstörungen in Frage.

Schwindelbegleitsymptome	
• Unsicherheitsgefühl	• Doppeltsehen
• Verschwommensehen	• Scheinbewegungen
• Kopfschmerzen	• Schwierigkeiten in der Raumorientierung
• Übelkeit	

Tabelle 1

Bei der Regulation der Augenbewegungen spielen vestibuläre und okuläre Faktoren eine wesentliche Rolle. Der Einfluss zentraler und peripher-vestibulärer Faktoren auf kompensatorische Augenbewegungen spiegelt sich in zahlreichen Krankheitsbildern und Untersuchungsmethoden wieder, wie z.B. bei einem vestibulär induzierten Nystagmus. Diese ruckartige Augenbewegung kann durch das okuläre System abgeschwächt oder blockiert werden. Als Beispiel für die gegenseitige Beeinflussung des okulären und vestibulären Systems kann die Seekrankheit angesehen werden. Sie ist Ausdruck eines Mismatch ungewohnter Stimuli. Aus der Praxis ist bekannt, dass das Fixieren des Horizontes Linderung der vestibulär verursachten Kinetose verschafft.

Anhand dieses Phänomens ist die Bedeutung der räumlichen Orientierung an der Horizontalen ableitbar. Darüber hinaus vermittelt die Vertikale Informationen über die Stellung im Raum. Die nachfolgenden Ausführungen befassen sich mit der klinischen Bedeutung der vertikalen Orientierung.

Die ungestörte beidäugige Wahrnehmung ist an eine Anzahl von physiologischen zerebralen Kompensationsmechanismen gebunden, die anatomische und optische Störungen korrigiert, um die Raumorientierung zu gewährleisten. Das auf die Netzhaut des Auges projizierte Objekt wird durch den dioptrischen Apparat seitenverkehrt und auf dem Kopf stehend abgebildet. Erst die zerebrale Verarbeitung ermöglicht die gewohnte Wahrnehmung. Außerdem fungiert das Gehirn als Integrator verschiedener sensorischer Eingänge, die im Dienste der Raumorientierung stehen. So werden Informationen von Auge, Gleichgewichtsorgan, der Muskel- und Gelenkstellung koordiniert und verarbeitet.

Da das Auge als paariges Organ angelegt ist kommt dem beidäugigen Sehen ein besonderer Stellenwert zu. Eine herausragende Bedeutung im Gesamtverständnis ist auf die Fähigkeit des Gehirns zur Fusion, d.h. zur Verschmelzung der Seheindrücke zu einer einzigen Wahrnehmung zurückzuführen. Wir empfinden das Sehen, als besäßen wir ein Zyklopenauge, das sich in der Mitte der Stirn befindet.

Binokulares Einfachsehen an sich ist daher keine Selbstverständlichkeit, sondern wird erst durch eine Reihe von Anpassungsvorgängen ermöglicht.

Betrachtet man die Anatomie und Physiologie des Auges isoliert, so wird deutlich, dass eine Anzahl von physiologischen „Unzulänglichkeiten" durch sensorische Mechanismen kompensiert werden müssen. Erst pathologische Prozesse führen zur Dekompensation und Störungen mit nachfolgenden Symptomen. Im Folgenden sollen Besonderheiten der Anatomie und Sensorik im Hinblick auf die Wahrnehmung vertikaler Linien erläutert werden. Dabei sind die folgenden Phänomene von Bedeutung.

Die Absolute Lokalisation

Lässt man alle zerebralen Leistungen außer Acht und beschränken wir uns auf die geometrische Abbildung einer vertikalen Linie auf der Netzhaut, so werden bereits im Raum vertikal angeordnete Objekte in der Ruhelage des Auges wahrgenommen, eine Disklination (Verkippung nach außen) anzeigen. Dieses Phänomen lässt sich nur unter Versuchsbedingungen im Dunkelraum nachvollziehen, da dort keine Vergleichskonturen zur Raumorientierung angeboten werden. Der elastische Bandapparat des Bulbus in Verbindung mit der Orbita bewirkt unter diesen Versuchsbedingungen bereits eine Verrollung des Bulbus (Herzau 2004). Abweichungen von 3°Disklination und +1°Konklination werden als physiologisch angesehen, wobei die Verrollung nach außen am häufigsten vorliegt.

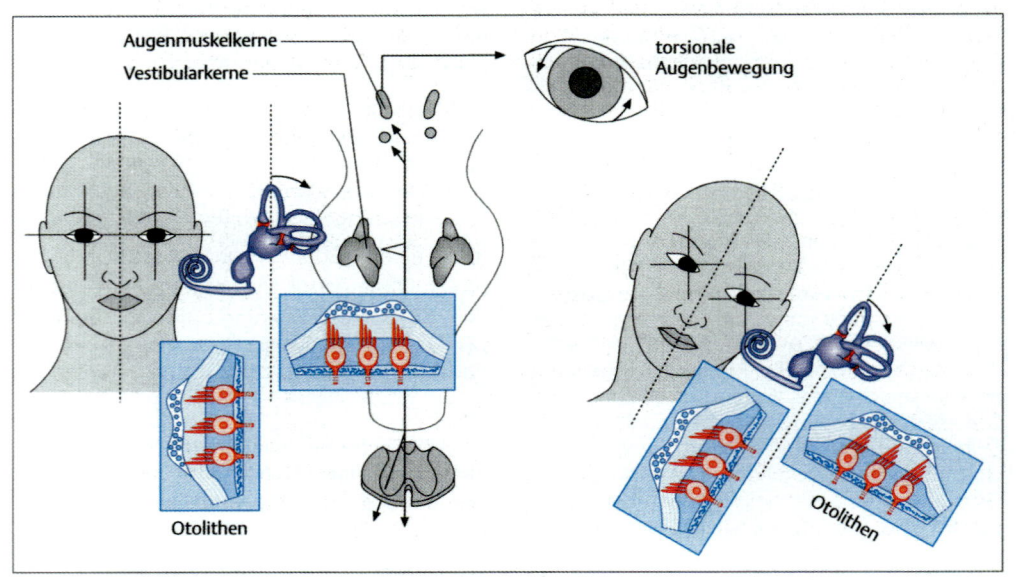

Abb. 1
Regelkreis der vestibulo-okulären Reflexe (aus: Stoll 2004)

Horizontale Linien können dagegen relativ genau abgebildet und lokalisiert werden.
Tatsächlich korrigiert unser Gehirn Ungenauigkeiten durch Vergleich mit bekannten Strukturen. Dieser Vorgang wird auch als absolute Lokalisation bezeichnet und charakterisiert die Fähigkeit des Gehirns zur realen Lokalisationseinschätzung (Heßel und Herzau 1983/1984). Eine physiologische Anpassung an veränderte Verhältnisse wie z.B. bei der Einnahme tertiärer Augenstellungen oder bei Paresen wird hierdurch ermöglicht.

Der Horopterkreis

Die Fixation eines Punktes in der Ferne gelingt ohne Mühe, da das angeblickte Objekt auf korrespondierenden Netzhautstellen abgebildet wird. Korrespondierende Netzhautstellen sind Stellen mit gleichem Raumwert. Was passiert jedoch gleichzeitig mit allen anderen Objekten in näherer oder ferner Distanz des Fixierpunktes?

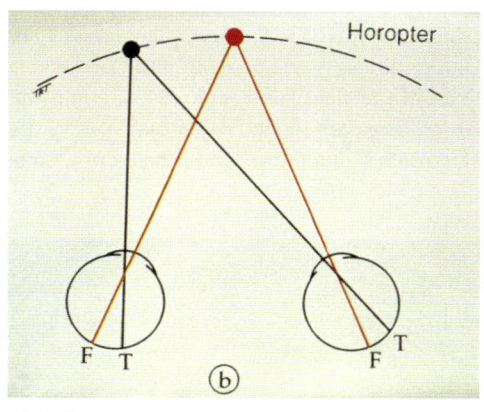

Abb. 2
Die gleichzeitige Abbildung auf korrespondierenden Netzhautstellen bei Fixation von Objekten auf dem Horopterkreis

Diese werden bei gleichzeitiger Fixation eines definierten Objektes in der Ferne auf nicht korrespondierenden Netzhautstellen abgebildet und erscheinen doppelt (Abb. 2). Im täglichen Leben kann man sich die so genannte physiologische Diplopie durch spezielle Testanordnungen bewusst machen. Eine sehr einfache Anordnung ist in der Abbildung unten zu sehen. Fixiert man den hinteren von 2 hintereinander angeordneten Bleistiften, so erscheint der vordere doppelt. Fixiert man alternativ den vorderen, so erscheint der hintere doppelt (Abb. 3). Im täglichen Leben werden diese Wahrnehmungen ansonsten jedoch vernachlässigt und nicht bewusst wahrgenommen.

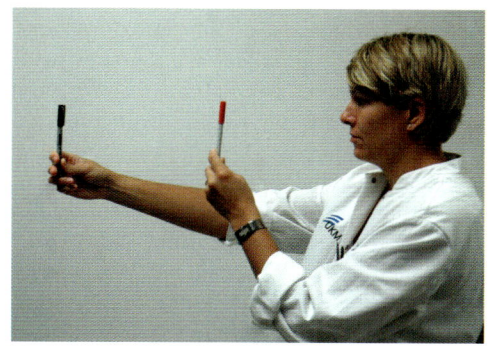

Abb. 3

Punkte, die einfach gesehen werden können lassen sich auf einem Kreis darstellen, der die Fixierpunkte und die Knotenpunkte beider Augen verbindet, den so genannten mathematisch-geometrischen Horopterkreis. (Abb. 4) Alle Punkte außerhalb dieses Kreises projizieren sich mit horizontaler Abweichung (Querdisparation) oder vertikaler Abweichung (Längsdisparation). Abweichungen vom mathematisch-geometrischen Horopter werden durch den empirischen Horopter beschrieben (9)
Gleichzeitig ist die „Ungenauigkeit" mit der durch den mehr oder weniger großen Augenabstand Gegenstände gering querdisparat auf der Netzhaut abgebildet werden, die Grundlage des beidäugigen Sehen, der höherwertigen Binokularität. Voraussetzung hierzu ist die Fähigkeit des Gehirns zur Fusion. Die Fusion ist das bedeutendste Phänomen des binokularen Einfachsehens und die Grundlage höherer Binokularfunktionen, der Stereopsis.

Fusion

Unter Fusion versteht man die Fähigkeit des Gehirns die Seheindrücke beider Auge zu einem gemeinsamen Bild zu verschmelzen. Da die Netzhäute beider Augen jedoch anatomisch nicht deckungsgleich angeordnet sind, werden die Netzhautareale, die den gleichen Raumwert vermitteln, als korrespondierende Netzhautstellen bezeichnet. Sie haben die gleiche Sehrichtungsgemeinschaft.

Stereopsis (Stereosehen) ist die zerebrale Antwort auf disparate Stimulation retinaler Strukturen. Die Toleranz des Systems wird durch den Panumschen Raum um den Horopterkreis (Kreis des binokularen Einfachsehens) gekennzeichnet.

Sämtliche beschriebenen „Ungenauigkeiten der Abbildung" werden durch zerebrale Anpassungsvorgänge kompensiert. Damit wird das Sehen weniger störanfällig. Werden die Möglichkeiten der Sensorik überschritten, gelangen wir zu den pathologischen Ursachen. Im Wesentlichen soll hier auf die Störungen in der Wahrnehmung vertikaler Strukturen eingegangen werden.

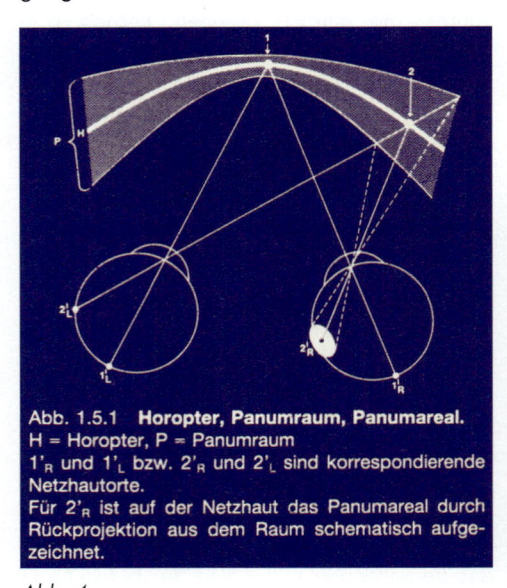

Abb. 4
Horopterkreis und Panumraum in verschiedenen Blickpositionen (aus: Kaufmann 2004)

Wie gelingt der Nachweis einer Störung der subjektiven visuellen Vertikalen?

Wie oben beschrieben wird die Verkippung besonders gut durch vertikal angeordnete Objekte dargestellt. Sämtliche Testverfahren benutzen daher stäbchenförmige Objekte. Die objektive Vertikale kennzeichnet die Abbildung und Ausrichtung eines Objektes auf der Netzhaut. Die subjektive Vertikale unterliegt im Ausmaß zentralen Verarbeitungsmechanismen, die die objektive Vertikale beeinflussen. Die subjektive Vertikale beschreibt deshalb besser die eigentliche Beeinträchtigung durch Verrollungsstörungen der Bulbi.

Objektive Methoden zum Nachweis einer Störung der Vertikalen

Eine einfache Methode besteht in der Dokumentation der Verrollung eines Auges über die Ophthalmoskopie, die Fundusfotografie oder die Laser-Scanning-Ophthalmoskopie. Die Verbindung von Makula und Papillenmitte zeigt auf dem Fundusfoto orientierend die **objektive** Verrollung, wenn gleichzeitig die Horizontale durch die Fundusmitte bei 0° eingezeichnet wurde an.

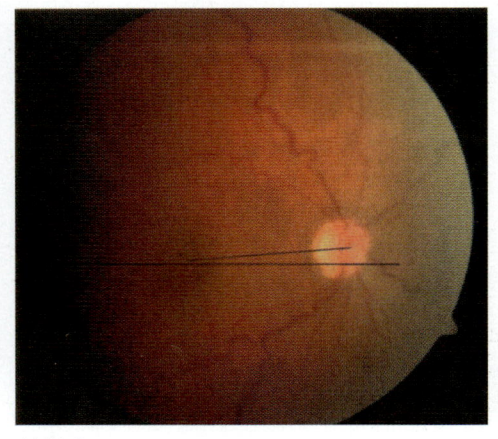

Abb. 5

Subjektive augenärztliche Untersuchungsmethoden zur Analyse von Verrollungsstörungen

Für die Analyse **subjektiver** Verrollungsstörungen der Augen auf augenärztlichem Fachgebiet kommen in der Regel dissoziierende Verfahren zur Anwendung, die den Seheindruck trennen (Kolling 1982). Die Untersuchungen können entweder monokular oder binokular durchgeführt werden. Dabei muss auf das Fehlen von Erfahrungsmotiven an denen eine Raumorientierung möglich wäre geachtet werden, um möglichst unbeeinflusste Messungen zu erhalten (physiologische Disklination bei vertikalen Linien). Außerdem können geringe Zyklorotationen fusioniert und zu einem Stereoeindruck verrechnet werden. Auch die Konvergenzreaktion beim Sehen in der Nähe verursacht eine Exzyklovergenz. Deshalb sind Untersuchungsmethoden im freien Raum zu bevorzugen. Horizontale Linien bieten sich deshalb in der Durchführung des Tests an. Die augenärztlichen Untersuchungsmethoden zu Verrollungsstörungen untersuchen deshalb in erster Linie die subjektive „Horizontale", da hier der systematische Fehler der Disklination nicht entsteht.

Maddox-Zylindergläser

Maddox-Zylinder bestehen aus mehreren roten oder weißen in einer Ebene verschmolzenen Zylindern aus Glas oder Kunststoff. Beim Durchblicken erscheinen im abgedunkelten Raum an punktförmige Lichtquellen Lichtstrahlen, die rechtwinklig zur Zylinderachse liegen. An einer Skala kann das Ausmaß der Verrollung abgelesen werden. Die Messung kann entweder mit einer Probierbrille erfolgen oder Maddox-Zylindergläser größeren Durchmessers werden auf einem Stativ befestigt. Mit dieser Untersuchungsanordnung werden Normalwerte von 2° Exzyklotropie bis 2° Inzyklotropie ermittelt (Kolling 1982; van Noorden 1990).

Tangententafel nach Harms

Zur Untersuchung unter Dissoziation wird ein Dunkelrotglas vor das zu prüfende Auge gesetzt. Im Dunkelraum wird dann ein Fixierlicht durch eine Blende bandförmig verändert. Bei Torsionsstörungen erscheint das Lichtband verkippt und kann dann über eine Neigung des Lichtbandes ausgeglichen werden. Die Abweichung von der Horizontalen kann dann an einer Skala abgelesen werden. Erfahrungsmotive können durch das Dunkelrotglas nicht wahrgenommen werden. Die Untersuchung ist monokular oder binokular möglich. Das freie Auge nimmt dann die unveränderte Umwelt wahr.

Der Vorteil der Untersuchung an der Harmswand besteht darin, dass dort auch in extremen Augenstellungen Messungen vorgenommen werden können, wobei allerdings auch physiologische Verrollungen durch die Einnahme der Tertiärposition an sich mit auftreten können (Herzau 2004).

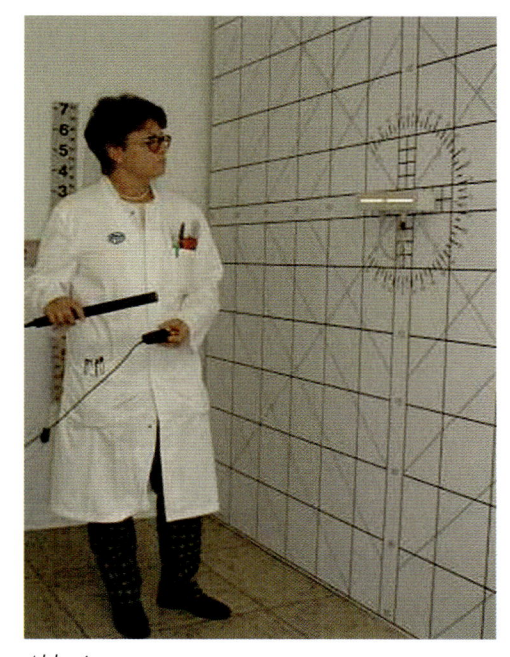

Abb. 6
Tangententafel nach Harms mit horizontaler Lichtleiste

Phasendifferenzhaploskop

Hier werden die Eindrücke beider Augen vertikal getrennt. Horizontale Linien werden getrennt angeboten und hinsichtlich der Neigung beurteilt und gemäß subjektiver Empfindung korrigiert. Die Torsion kann dann an einer Geräteskala abgelesen werden. Monokulare und binokulare Untersuchungen sind auch mit dieser Methode möglich, jedoch ist die Ungenauigkeit bei der Ablesung höher (Kolling 1982).

Die Bestimmung der subjektiven visuellen Vertikalen aus neurologischer Sicht

Die Untersuchung erfolgt in einer Halbkugel mit randomisiertem Punktmuster unter monokularer oder binokularer Fixation einer schwarzen Gerade in aufrechter Körperposition. Aus verschiedenen Ausgangspositionen wird die Gerade mehrfach vertikal eingestellt. Unter diesen Bedingungen kann der Gesunde die Vertikale mit einer Abweichung von plus/minus 2,5% ° angeben (Dieterich 1993).
Die gestörte Wahrnehmung vertikaler Linien findet ihr Korrelat in verschiedenen Krankheitsbildern, von denen drei hier exemplarisch erwähnt werden sollen. Die Trochlearisparese, die durch den Ausfall des M obliquus superior zu einer Beeinträchtigung der Muskelfunktionen hinsichtlich Senkung, Inzyklorotation und Abduktion führt. Als weitere Störung der Strabismus sursoadductorius als Sonderform des Begleitschielens und die Ocular-Tilt-Reaktion als Ausdruck einer zentral-vestibulären Störung mit erheblicher Störung der subjektiven visuellen Vertikalen.

Trochlearisparese

Die akute Trochlearisparese zeigt eine Lähmung des M obliquus superior mit Höherstand des betroffenen Auges beim Blick in Adduktion und Senkung mit plötzlich einsetzender Diplopie. Ein weiteres Symptom besteht in einer Verrollungsstörung im Sinne der Exzyklotropie. Horizontale Linien erscheinen beim Betroffenen auf einen jetzt schrägen Netzhautmeridian und erscheinen dem Patienten als verkippt. Beim Gehen auf Bodenbelägen mit rechteckigen Mustern empfindet der Betroffene die Störung durch die Beanspruchung des Abblicks als besonders stark. Er nutzt deshalb bewusst eine kompensatorische Kopfzwangshaltung mit Kopfneigung zur gesunden Seite mit Verringerung der Exzyklotropie und eine Kinnsenkung um die paretischen Blickrichtungen zu meiden. Der Nachweis einer Trochlearisparese erfolgt deshalb klinisch durch den Bielschowsky-Kopfneigetest, der auf einer Störung des Otolithenreflexes beruht.
Die kompensatorische Kopfneigung bei Trochlearisparese wird bei Bielschowsky-Kopfneigetest durch eine Gegenneigung des Kopfes aufgehoben. Dabei kommt es zu einem deutlichen Höherstand des Auges auf der betroffenen Seite, die üblicherweise das reale Ausmaß der Parese deutlich übersteigt.
In der Literatur wird ursächlich eine bereits stattgefundene vestibuläre Kompensation der Parese-induzierten Kopfzwangshaltung zum Ausgleich der Verrollungsstörung und des Höherstandes in Adduktion diskutiert (Kommerell 2004).
Zwischen objektiver und subjektiver Verrollungsstörung bei Trochlearisparese besteht kein verlässlicher Zusammenhang, da diese in der Differenz stark variieren können. Sie kann bis zu 10 ° betragen (Kolling und Eisfeld 1985). 1986 Auch sensorische Kompensationsmechanismen durch Fusion hinsichtlich Vertikaldeviation und Exzyklorotation treten bei längerem Heilungsverlauf ein, sind jedoch im Gegensatz zu horizontalen Abweichungen deutlich geringer und störanfälliger. Als Ausgleich ist eine Verteilung der Verrollung auf beide Augen bei größeren Zyklo-Störungen möglich (Heßel und Herzau 1983/1984). Als weiterer Kompensationsmechanismus kann schließlich auch Suppression (Bildunterdrückung) eintreten.

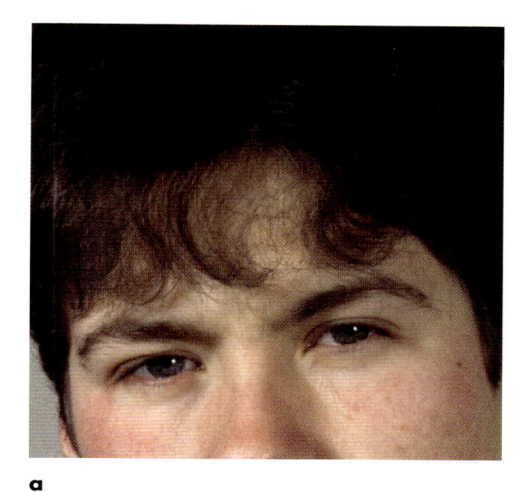

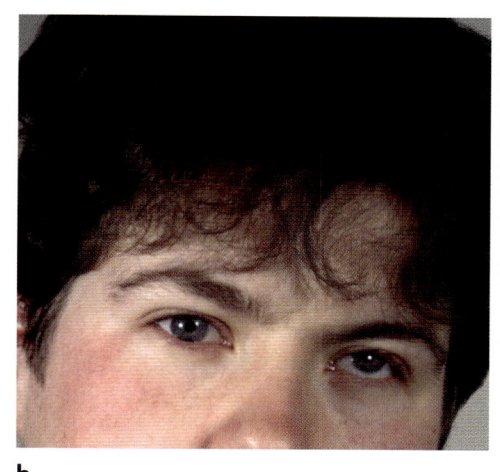

Abb. 7
a Trochlearisparese links mit kompensatorischer Kopfneigung zur Gegenseite, geringer Kinnhebung und leichter Kopfwendung nach rechts um den Eirkungsbereich des paretischen Muskels zu meiden; **b** Bielschowsky-Kopfneigetest mit Neigung zur erkrankten Seite und konskutiver Zunahme der Vertikaldeviation auf der erkrankten Seite

Erheblich ist die Beeinträchtigung der Betroffenen beidseitiger Trochlearisparesen, bei denen sich die Exzyklotropie addiert und zu nicht kompensierbarer Verrollung beider Augen führt. Im Gegensatz zur Ocular Tilt Reaktion (OTR) sind die Verrollungsstörungen der beidseitigen Trochlerisparese nicht ipsiversiv, sondern entgegen gerichtet. Der Betrag der Verrollungsstörung ist jedoch bei der OTR deutlich höher als bei Paresen (Dieterich und Brandt 1993).

Strabismus sursoadductorius

Unter Strabismus sursoadductorius versteht man die Zunahme einer Hypertropie (Höherstand) eines Auges unter zunehmender Adduktion. Dabei handelt es sich im Gegensatz zur Trochlearisparese (inkomitierende Störung) um eine konkomitierende Störung mit Dysfunktion der Mm obliqui. Die Unterscheidung zum paretischen Schielen ist oft schwierig, da auch bei dieser Schielform sich nicht in einem einzigen Schielwinkel, sondern in verschiedenen Schielwinkeln äußert (Heßel und Herzau 1983/1984; Kolling und Eisfeld 1985). Die Abweichungen resultieren in Vertikaldeviation, Zyklodeviation und Horizontaldeviation. Diese Form des Strabismus kommt doppelt so häufig vor wie eine Trochlearisparese. Ihm fehlt die Winkelzunahme im Abblick, die den typischen Ausdruck einer Parese des M. obliquus superior darstellt. Eine neurologische Abklärung ist bei sicherer Diagnose nicht erforderlich, so dass eine umgehende operative Korrektur erfolgen kann. Die Indikationen zu Operation begründen sich in asthenopischen Beschwerden, zeitweiliger oder dauerhafter Diplopie. Die Beschwerden nehmen oft über Jahre zu und sind abends unter Ermüdung deutlicher. Im Gegensatz zur Trochlearisparese ist die subjektive Zyklodeviation subjektiv oft kleiner als die objektive. Bei der Trochlearisparese findet sich im Gegensatz hierzu praktisch kaum ein Unterschied. Die Vertikaldeviation des Strabismus sursoadduktorius ist stattdessen höher. Der Bielschowsky-Kopfneigetest erlaubt keine weitere Differenzierung. Auch die Fusionsbreite des Strabismus sursoadduktorius ist wesentlich größer als die der frischen Paresen. Dies ist Ausdruck einer oft über Jahre bestehende Störung, die hiermit eine zerebrale Kompensation erfahren hat. Diplopie wird hierdurch vermieden. Auch eine belastende Kopfzwangshaltung zur Kompensation der Obliquusstörung kann neben störender Diplopie einen operativen Eingriff begründen.

Obwohl der Mensch die Fähigkeit zur fusionalen Zyklovergenz besitzt, d.h. der motorischen Kompensation einer Verkippung, konnte man feststellen, dass die motorische Fusionsbewegung deutlich unter der objektiven Verkippung der Objekte zurückblieb. Auch wurden beide Augen davon betroffen, obwohl nur einem Auge das verkippte Objekt angeboten wurde. Offensichtlich wurde die Restverrollung durch die Fusion kompensiert.

Ocular Tilt

Die Otolithen vermitteln in ihrer Funktion als Gravirezeptoren über ihre Impulse Informationen zur Stellung des Kopfes im Raum und lösen Haltereflexe aus. Sie spielen damit eine wesentliche Rolle in der räumlichen Orientierung. Veränderungen der Kopfposition werden über die Reizung des ipsilateralen und Hemmung des kontralateralen Otolithenapparates über den Vestibularisnerven nach zentral zu den Vestibulariskernen und von dort über den kontralateralen Faszikulus longitudinalis medialis über die Kerngebiete der Okulomotorik zu den Integrationszentren für vertikale und torsionale Augenbewegungen im Mittelhirn, insbesondere zum rostralen Interstitialkern des Faszikulus longitudinalis medialis (ri-MLF), Nucleus interstitialis Cajal (INC) und von dort über den Faszikulus longitudinalis zu den Augenmuskelkernen weitergeleitet und lösen dort eine Gegenrollung der Bulbi aus (Brandt 2002; Leigh und Zee 1999).

Die Leitsymptome der Ocular Tilt Reaktion bestehen in:

- Kippung der subjektiven visuellen Vertikalen
- Kopfneigung
- Rollung beider Augen um die Blicklinie (Zykloduktion)
- Vertikale Schielstellung (Skew Deviation oder Vertikaldeviation))
- Körperneigung

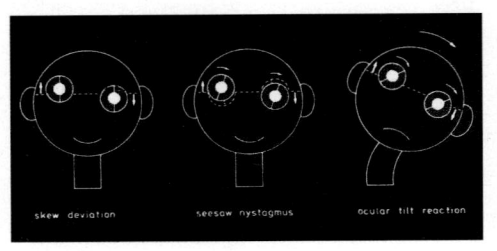

Abb. 8
Erläuterung siehe Text (aus: Brandt und Büchele 1983)

Das Leitsymptom der Ocular Tilt Reaktion ist die Störung der subjektiven visuellen Vertikalen, der Perzeption für die aufrechte Kopf- und Körperhaltung. Wahrnehmungsstörungen durch Verlagerungen der subjektiven Vertikalen sind eines der sensitivsten Zeichen bei Schädigungen der VOR- Projektion. Sie tritt bei 94% aller akuten einseitigen Hirnstammläsionen auf (Brandt 1993; Brandt et al. 2004). Ursächlich kommen neben den zentral-vestibulären Störungen auch peripher-vestibuläre Ausfälle wie einseitige Labyrinthläsionen, u a in Frage. Insgesamt kann sie als integratives Element mit Einflüssen des Otolithenapparates, visueller Reize, propriorezeptiver Einflüsse und zentral-vestibulärer Faktoren angesehen werden. Die Einflüsse von Änderungen der Körperlage, ebenso wie Änderungen unter akustischen und thermischen Stimuli wurden in experimentellen Versuchsanordnungen belegt (Schmäl 2000). Sie kann auch nach Rückbildung aller anderen neurologischen Symptome oftmals das einzige Relikt einer zentral-vestibulären Störung bleiben. Die Zykloduktion der Bulbi (83% der Fälle) kann auch asymmetrisch ein- oder beidseitig sein und lässt sich durch die Bestimmung der objektiven Verrollung an der Funduskamera belegen. Eine leichte Exzyklotropie in der Größenordnung von 0°-11° maximal entspricht dem Normbereich (Herzau und Joos 1983; van Noorden 1990). Typisch sind eine Inzyklorotation des höher stehenden Auges und eine Exzyklorotation des tiefer stehenden Auges. Die Vertikaldeviation oder Skew Deviation kommt konkomitierend (31 %), wie bei Begleitschielen oder inkomitierend wie bei Lähmungsschielen vor. Hierdurch erscheint die Diffentialdiagnose deutlich kompliziert zu werden. Der akute Beginn und die Begleitsymptome der Skew Deviation, insbesondere die ausgeprägte Störung der subjektiven visuellen Vertikalen ermöglichen eine Differenzierung zu ophthalmologischen Erkrankungen. Die Auslenkung der Wahrnehmung der subjektiven visuellen Vertikalen entspricht immer der Richtung der Bulbusverrollung (Brandt et al. 2004). Das Ausmaß der Verkippung der subjektiven visuellen Vertikalen unterscheidet sich bei Hirnstammläsionen gegenüber Augenmuskelparesen wie z.B. der Trochlearisparese jedoch deutlich. Sie ist deutlich stärker ausgeprägt und kann manchmal auch in 11 % der Fälle ohne nachweisbare Bulbusverrollung auftreten (Brandt et al. 2004). Die Skew Deviation wird als Schädigung des 2. Neurons des Vestibulo-okulären Reflexes (VOR) mit stärkerer Störung der Vertikalmotoren als der Mm obliqui verstanden (Steffen 2006), so dass hierdurch die deutlichere Abweichung in der vertikalen Augenstellung begründet ist.

Die Gesamtheit aller Symptome findet sich bei 20 % aller einseitigen Hirnstammläsionen, die entweder ponto-medullär (z.B Wallenberg Syndrom) ipsiversiv oder ponto-mesenzephal kontraversiv lokalisiert sind (Kommerell 2004; Maurer et al. 1994).

Die Kombination von zentral-vestibulären Funktionsstörungen in der Roll-Ebene mit nukleären oder faszikulären Störungen der Okulomotorik führt zu komplizierten okulomotorischen Syndromen und tritt bei Mittelhirnläsionen auf. Die Überlagerung der kombinierten Zykloversion beider Bulbi wird durch eine periphere Augenmuskelparese aufgehoben, wobei die Störung der subjektiven visuellen Vertikalen für beide Augen erhalten bleibt.

Zusammenfassung

Die gestörte Wahrnehmung vertikaler und auch horizontaler Strukturen führt zu einer erheblichen subjektiven Beeinträchtigung des Menschen mit Störung der Orientierung im Raum. Besonders ausgeprägt ist die Symptomatik bei zentral-vestibulären Störungen wie Hirnstammläsionen, deren Ausmaß der Beeinträchtigung die messbare Verrollung beider Bulbi deutlich übersteigt. Häufig werden aus Sicht des Ophthalmologen räumliche Orientierungsstörungen durch Trochlearisparesen ausgelöst. Im akuten Stadium ist die Verrollungsstörung häufig die Ursache der Desorientierung, zumal die Zyklorotation durch Hilfsmittel wie Prismengläser nicht ausgeglichen werden kann. In späteren Stadien kann die Fähigkeit zur motorischen Zyklorotations-Fusion das Ausmaß des Defizits reduzieren. Im Gegensatz hierzu liegen beim Strabismus sursoadductorius nur keine oder nur geringe Verrollungsstörungen vor, die auf ausgeprägte zerebrale Kompensationsmechanismen zurückzuführen sind. Die subjektive Beeinträchtigung ist nur gering. Sie ist im Wesentlichen durch die Kopfzwangshaltung und die entstehende Diplopie bei Ermüdung charakterisiert. In der Regel liegt eine deutlich erhöhte Fähigkeit zur vertikalen Fusion als zentraler Kompensationsmechanismus vor.

Die Selbstverständlichkeit des Einfachsehens macht uns vergessen, dass eine Reihe von „Problemen", die das Einfachsehen in Frage stellen uns nicht bewusst werden lässt, denn der Sehvorgang selbst ist eine zerebrale Leistung; das Auge selbst dient über den dioptrischen Apparat zur Abbildung und Umwandlung der Lichtemissionen in elektrische Impulse.

Literatur

Brandt T (1993) Vestibuläre Hirnstammsyndrome mit Okulomotorikstörung. Klassifizierung nach Arbeitsebenen des vestibulo-okulären Reflexes. In: Lund O-E, Waubke TN (Hrsg) Neuroophthalmologie. Bücherei des Augenarztes 131. Enke, Stuttgart, S 105-111

Brandt T (2002) Vertigo. Its Multisensory Syndromes, 2nd ed. Springer, Berlin Heidelberg New York

Brandt T, Büchele W (1983) Augenbewegungsstörungen, Klinik und Elektronystagmographie. Fischer, Stuttgart

Brandt T, Dieterich M, Strupp M (2004) Vertigo. Leitsymptom Schwindel. Steinkopff, Darmstadt

Dieterich M (1993) Zyklorotation und subjektive visuelle Vertikale in der Hirnstammdiagnostik. In: Lund O-E, Waubke TN (Hrsg) Neuroophthalmologie. Bücherei des Augenarztes 131. Enke, Stuttgart, S 69-73

Dieterich M, Brandt T (1993) Ocular torsion and perceived vertical in oculomotor, trochlear, and abducens nerve palsies. Brain 116: 1095-1104

Grenzebach UH (2004) Okulärer Schwindel. In: Stoll W, Most E, Tegenthoff M et al. (Hrsg) Schwindel und Gleichgewichtsstörungen. Diagnostik, Klinik, Therapie, Begutachtung. Thieme 2004

Heßel L, Herzau V (1983/1984) Erfolgt die fusionale Zyklovergenz nach dem Heringschen Gesetz? Orthoptik-Pleoptik 11: 45-51

Herzau V (2004) Sensorik des Binokularsehens. In: Kaufmann H (Hrsg) Strabismus, 3. Aufl. Thieme

Herzau V, Joos E (1983) Untersuchungen von Bewegungen und Stellungsfehlern um die sagittale Achse. Zeitschrift für praktische Augenheilkunde 4: 270-78

Herzau W (1934) Die Lokalisation der subjektiven Vertikalen bei Motilitätsstörungen der Augen und ihre diagnostische Verwertung. Graefes Archiv Ophthalmol 32: 101

Kaufmann H (Hrsg) (2004) Störungen des Binokularsehens. Strabismus, 3. Aufl. Thieme

Kolling G (1982) Zur Praxis der Zyklodeviationsmessung. Orthoptik-Pleoptik 82: 15-25

Kolling G, Eisfeld K (1985) Differenzialdiagnose zwischen ein- und beidseitigem angeborenen Strabismus sursoadductorius und erworbener Trochlearisparese. Orthoptik-Pleoptik 12: 17-24

Kommerell G (2004) Supranukleäre Augenbewegungsstörungen. In: Kaufmann H (Hrsg) Strabismus, 3. Aufl. Thieme

Leigh RJ, Zee DS (1999) The Neurology of Eye Movements, 3rd ed. Oxford University Press, pp 275-276

Maurer C, Mergner T, Becker W (1994) Eye-head coordination in humans with chronic bilateral visual loss. In: Fuchs AF, Brandt T, Büttner U, Zee DS (eds) Contemporary Ocular Motor and Vestibular Research. Thieme, Stuttgart

van Noorden GF (1990) Binocular Vision and Space Perception. In: Binocular Vision and Ocular Motility, 5th ed. Mosby, St Louis

Schmäl F (2000) Die Bestimmung der subjektiven visuellen Vertikalen. Habilitationsschrift an der WWU Münster

Steffen H (2006) Topodiagnostik supranukleärer Augenbewegungsstörungen. Der Oophthalmologe 11: 977-989

Stoll W, Most E, Tegenthoff M et al. (Hrsg) Schwindel und Gleichgewichtsstörungen. Diagnostik, Klinik, Therapie, Begutachtung. Thieme 2004

Klinik des peripheren gleichgewichtsregulierenden Systems

Klinik der vestibulären Gleichgewichtsstörungen

F. Schmäl

Einleitung

Das vestibuläre System erhält aus drei Sinnesbereichen, dem visuellen, dem vestibulären und dem propriozeptiven, Informationen, um einerseits über den vestibulo-okulären Reflex eine optimale Blickfeldstabilisierung und andererseits über den vestibulo-spinalen Reflex das Körpergleichgewicht aufrecht zu erhalten. Beeinträchtigungen verschiedenster Art in diesem Netzwerk lösen beim Betroffenen Schwindelgefühle aus. Nachfolgend sollen insbesondere die Störungen des vestibulären Teilbereichs näher analysiert werden. Beachtet werden muss hierbei, dass der vestibuläre Schenkel sowohl aus den peripheren Gleichgewichtsrezeptoren im Felsenbein als auch aus den zentral im Hirnstamm gelegenen Vestibulariskernen besteht (Stoll 2004).

Das vestibuläre Labyrinth im Felsenbein beinhaltet die drei Bogengänge und die Otolithenorgane Sakkulus und Utrikulus. Alle fünf Rezeptoren sind Beschleunigungsrezeptoren, d.h. sie reagieren ausschließlich auf Geschwindigkeitsänderungen. Eine konstante Geschwindigkeit führt, da ein Beschleunigungsreiz fehlt, somit zu keiner vestibulären Stimulation.

Die drei Bogengänge reagieren auf Drehbeschleunigungen (anguläre Beschleunigungen), wobei der horizontale Bogengang am häufigsten stimuliert wird und darüber hinaus auch der empfindlichste Rezeptor ist. Typische Stimulationsformen für diesen Bogengang sind horizontales Kopfschütteln, Körperdrehungen beim Walzertanzen oder Hin- und Herdrehen auf einem Schreibtischstuhl.

Demgegenüber fungieren die Otolithenorgane als Rezeptoren für lineare Beschleunigungen. Der Sakkulus wird hierbei vorwiegend durch vertikale (z.B. Fahrstuhlfahren) und der Utrikulus durch horizontale lineare Beschleunigungen (z.B. Anfahren und Abbremsen in einem Fahrzeug) gereizt. Je nach Körperausrichtung registrieren beide Linearbeschleunigungsrezeptoren die Erdbeschleunigung (Schwerkraft).

Eine mögliche Einteilung des vestibulären Schwindels lässt sich in die Kategorien Qualität, Zeitverlauf, Auslösemechanismus und zu Grunde liegender Sinneskonflikt vornehmen.

Schwindelqualität

Drehschwindel

Befindet sich ein vestibulär gesundes Individuum in Ruhe, so „feuern" beide Gleichgewichtsorgane über den N. vestibularis nahezu die gleiche Aktionspotentialfrequenz in Richtung der Vestibulariskerne. Vollführt eine gesunde Person eine Drehung um die Körperlängsachse, z. B. nach rechts, dann kommt es im rechten horizontalen Bogengang zu einer utrikulopetalen Cupula-Auslenkung (Zunahme der Aktionspotentialfrequenz rechts) und im linken horizontalen Bogengang zu einer utrikulofugalen Cupula-Auslenkung (Abnahme der Aktionspotentialfrequenz links). Im Dienste der Blickfeldstabilisierung führt nun dieses vestibuläre Ungleichgewicht bei Drehung nach rechts zu einer langsamen vestibulär evozierten horizontalen Augenbewegung nach links und bei weiterer Drehung zu einer schnellen zentral gesteuerten Rückstellbewegung nach rechts. Es entsteht also bei Drehung nach rechts ein perrotatorischer Nystagmus nach rechts, um eine optimale Blickfeldstabilisierung zu gewährleisten, und die sich drehende Person registriert bei einer solchen Drehung ein Drehgefühl nach rechts.

Es ist nun verständlich, warum bei einem akuten Ausfall z. B. des linken horizontalen Bogengangs ein Spontannystagmus nach rechts entsteht und der Patient ein Drehgefühl nach rechts verspürt. Die auftretende Übelkeit wird durch den vorliegenden visuell-vestibulären Konflikt getriggert: Das Gleichgewichtssystem meldet eine Körperdrehung, während das Auge ein statisches Bild vermittelt.

Liftschwindel

Aus den obigen Bemerkungen zur Physiologie wird verständlich, dass Störungen im Bereich der Otolithenorgane zu Sensationen im Sinne einer linearen Beschleunigung empfunden werden können. Hier kann es z. B. bei Patienten mit Dysfunktionen des Sakkulus zu einem Liftgefühl kommen. Eine Sonderform des M. Menière, die sog. Tumarkinschen Anfälle, die auch als Otolithenkrise bezeichnet werden, sind eine klassische Form einer akuten Otolithendysfunktion (Tumarkin 1936). Hier kommt es bei vollem Bewusstsein zum plötzlichen Tonusverlust und damit als Folge zu einem Hinstürzen des Patienten.

Unsicherheitsgefühl

Ein Unsicherheitsgefühl wird vom Patienten weniger als gerichteter Schwindel empfunden, sondern ist als ungerichtete Störung des Körpergleichgewichts zu verstehen. Außer bei zentralen Störungen tritt dieses Schwindelgefühl auch bei Patienten mit beidseitigem Ausfall der peripheren Gleichgewichtsrezeptoren auf. Hier steht neben der Störung des vestibulo-spinalen besonders die massive Beeinträchtigung des vestibulo-okulären Reflexes im Vordergrund. Die Symptomatik wurde in der ersten Hälfte des letzten Jahrhunderts eindrucksvoll vom britischen Neurochirurgen Sir Walter Edward Dandy beschrieben, der bei Patienten mit beidseitigem M. Menière eine bilaterale Neurektomie durchführte und folgende postoperative Beobachtung machte: *Division of both vestibular nerves is attended by one rather surprising after effect, i.e. jumbling of objects (visual) when patient is in motion, as soon as the patient is at rest the objects are again perfectly clear*". In Anlehnung an Dandy wird seither diese Störung der Blickfeldstabilisierung im deutschsprachigen Raum als „Dandy-Phänomen" bezeichnet.

Zeitverlauf des Schwindels

Sekunden

Hier sind im Wesentlichen der benigne paroxysmale Lagerungsschwindel (BPLS) und eine kurzzeitige Störung der Blickfeldstabilisierung bei schnellen Kopfbewegungen (entsprechend einem positiven Ergebnis im Halmagyi-Test) zu nennen. Beide Phänomene werden nachfolgend im Abschnitt „Auslösemechanismen" eingehend erläutert.

Minuten bis Stunden

Beim M. Menière treten typischerweise Schwindelanfälle begleitet von Tinnitus und Hörminderung auf, die Minuten bis Stunden dauern. Pathophysiologisch liegt dem M. Menière ein endolymphatischer Hydrops als Folge einer Endolymphrückresorptionsstörung zu Grunde. Der Perilymphe entstammt der Wasseranteil der Endolymphe, während die ionische Zusammensetzung über die Stria vascularis moduliert wird. Der Saccus endolymphaticus (SE) produziert Glykoproteine, die einen osmotischen Gradienten erzeugen, der für einen Endolymphstrom in Richtung des SE verantwortlich ist. Diese Endolymphströmung befördert Zelldetritus und metabolische Produkte in Richtung des SE, wo diese zusammen mit der Endolymphe resorbiert werden. Histologisch konnte nachgewiesen werden, dass der SE immunologisch aktiv und in der Lage ist, gröbere Abbauprodukte durch Phagozytose zu eliminieren.

Mögliche Ursachen für die Störung der Endolymphrückresorptions, die letztendlich zum endolymphatischen Hydrops führen, sind Infektionen, Fibrosierungen (Ussmüller 2001), allergische Prozesse im Bereich des SE sowie eine Überproduktion von Glykoproteinen im SE. Über den genauen Mechanismus, wie Schwindel im Rahmen eines Menièrschen Anfalls entsteht, wurde eine Vielzahl von Theorien veröffentlicht.

Ob bereits die Überdehnung der Innenohrstrukturen mit nachfolgender mechanischer Überstimulation der Sinneszellen (Claes 2000) oder aber erst die Ruptur der Reissner'schen Membran mit Durchmischung von Endo- und Perilymphe zum klassischen M. Menière-Anfall führt, wird derzeit noch kontrovers diskutiert.

Wochen bis Monate

In diesem Zusammenhang ist an eine Neuropathia vestibularis zu denken, die früher auch als akuter „Ausfall eines Gleichgewichtsorgans" bezeichnet wurde. Ätiologisch muss hier zwischen einer viralen und einer hämodynamischen Genese sowie einer mechanischen Cupula-Schädigung unterschieden werden. Untermauert wird die Koexistenz mehrerer Ursachen durch die Tatsache, dass bei einigen Patienten die kalorische Erregbarkeit nach einer Zeit wiederkehrt (virale bzw. hämodynamische Genese), während bei anderen die Funktion für immer erloschen ist (mechanische Schädigung). Die Besserung der Schwindelbeschwerden im Laufe der Zeit ist stark von der Kompensationsleistung der Vestibulariskerne abhängig, die mit zunehmendem Alter abnimmt.

Dauerschwindel

Bei älteren Patienten findet man gelegentlich bei der kalorischen Prüfung eine hohe Nystagmusfrequenz mit kleiner Nystagmusamplitude. Dieser Befund wird als vestibuläre Hyperreaktion bezeichnet. Ursächlich liegt dieser Störung eine cerebrale, im MRT oft auch nachweisbare, Mikroangiopathie auf der Grundlage einer arteriellen Hypertonie zu Grunde.

Bezüglich einer möglichen Schwindelentstehung ist es vorstellbar, dass es, genauso wie bei einer zu geringen Augengeschwindigkeit (geringer Gain-Wert) im Rahmen einer peripher-vestibulären Störung, auch bei einer „Übererregbarkeit" des Systems (Gain-Wert über 1) zu Missempfindungen bei der Orientierung im Raum kommt.

Diese überschießende Reaktion wird natürlich durch Fixierung eines Sehziels gebremst. Sie kann sich aber bei Kopf- und/oder Körperbewegungen ohne willentliche Fixierung (in der Dämmerung oder bei kurzzeitig geschlossenen Augen) als Schwindelgefühl äußern.

Auslösemechanismen des Schwindels

Hinlegen ins Bett, Aufrichten im Bett oder Vornüberbeugen.

Je nachdem welcher Bogengang betroffen ist, unterscheidet man drei verschiedene Formen des benignen paroxysmalen Lagerungsschwindels. Bei der häufigsten Form, der Canalolithiasis des hinteren vertikalen Bogengangs (posteriorer Bogengang), kommt es beim Hinlegen im Bett, beim Aufrichten aus dem Liegen oder beim Vornüberbeugen (z. B. beim Schuhzubinden) für 10 – 20 s zu einem Schwindelgefühl mit dem typischen rotatorischen up-beat Nystagmus (Schmäl 2005).

Im Bett umdrehen

Hier ist an eine Canalolithiasis (typischer h-BPLS) oder auch in seltenen Fällen an eine Cupulolithiasis (atypischer h-BPLS) des horizontalen Bogengangs zu denken. Typisch ist hier der bei Kopfdrehung im Liegen zur Seite auftretende divergierende (typischer h-BPLS) oder konvergierende (atypischer h-BPLS) horizontale Lagenystagmus (Schmäl 2005).

Schnelle Kopfdrehungen

Der Pathomechanismus des Schwindels bei schnellen Kopfbewegungen erklärt sich am Besten durch den sog. Halmagyi-Test. Dieses nach dem australischen Neurologen Michael Halmagyi bezeichnete Verfahren wird im angloamerikanischen Sprachraum auch als „head impulse test" bezeichnet.

Zuerst wurde dieser Test im Rahmen der Funktionsprüfung für den horizontalen Bogengang als sog. Bedside-Test (horizontaler head impulse test) konzipiert (Halmagyi 1988).

Hierbei dreht der Untersucher den Kopf des Patienten mit hoher Beschleunigung (4000°/s^2) um 20 – 30 ° nach rechts oder links. Der Patient wird angehalten, während der Kopfbeschleunigung geradeaus auf einen Punkt (z.B. auf die Nasenspitze des Untersuchers) zu schauen. Die Fähigkeit des Patienten zur Fixierung bei der Kopfbeschleunigung wird durch den sog. Gain-Wert des vestibulo-okulären Reflexes ausgedrückt. Ein Gain-Wert von 1 bedeutet, dass die kompensatorische, vestibulär gesteuerte Augenbewegung exakt die gleiche Geschwindigkeit hat wie die Kopfbewegung, nur in die entgegengesetzte Richtung. In diesem Fall sind die Augen am Ende der Kopfbewegung auf die gleiche Stelle gerichtet wie zu Beginn. Ist der Gain-Wert in eine Richtung kleiner, dann wird der Blick des Patienten in Richtung des Bewegungsimpulses abgelenkt. Da er jedoch angehalten wurde, geradeaus auf ein definiertes Sehziel zu schauen, machen seine Augen einen willkürlichen Blicksprung in Richtung des zu fixierenden Punktes. Diese Rückstellsakkade ist mit ein wenig Übung vom Untersucher zu erkennen und deutet auf ein Gain-Defizit bei horizontalem Kopfimpuls in Richtung des geschädigten Bogengangs hin (Cremer 1988). Während dieser Phase der Blickfelddestabilisierung im Rahmen der schnellen Kopfbewegung verspürt der Patient auf Grund der Oszillopsie ein Schwindelgefühl.

Manipulationen im Gehörgang

Schwindel bei Manipulationen im oder am Gehörgang kann ein Zeichen für eine Labyrinthfistel, ausgelöst durch ein Cholesteatom, sein. Klassisches diagnostisches Merkmal ist hier das positive kompressorische Fistelsymptom, sofern das Sinnesepithel des betroffenen Bogengangs noch funktionstüchtig ist und nicht schon durch eine Labyrinthitis zerstört wurde. In der Regel genügt der Tragusdruck, um das typische Fistelsymptom auszulösen (Schmäl 2001).

Schnäuzen bzw. Valsalva-Manöver

Schwindel beim Schnäuzen oder beim Valsalva-Manöver deutet auf das erstmals 1998 von Minor beschriebene „superior canal dehiscence syndrome" hin. Pathophysiologisch liegt diesem Syndrom eine knöcherne Dehiszenz im Bereich des oberen vertikalen Bogengangs in Höhe der Felsenbeinoberkante (Eminentia arcuata) zu Grunde.

Symptome dieses Syndroms sind wiederholte Schwindelattacken (Dreh- oder Schwankschwindel) mit Oszillopsien, ausgelöst durch Stimuli, die zu Änderungen des intrakraniellen Drucks oder des Mittelohrdrucks (z.B. Valsalva-Manöver) führen (Minor 2000). Bei mehr als der Hälfte der von *Minor et al.* untersuchten Patienten waren die Schwindelbeschwerden erstmalig nach einem leichten Schädel-Hirn- oder Barotrauma aufgetreten. Die evozierten Augenbewegungen liegen in der Ebene des stimulierten dehiszenten oberen Bogengangs. Bei Druckänderungen werden Augenbewegungen mit vertikaler und torsionaler Komponente ausgelöst, die deutlich unter der Frenzel-Brille zu erkennen sind. Die Richtung dieser Augenbewegungen ist abhängig von der Art der Reizung des betroffenen oberen Bogengangs: Bei Erregung (Valsalva gegen die zusammengedrückten Nasenflügel, Tragusdruck oder laute Töne) sind die Augenbewegungen zum erkrankten Ohr gerichtet, bei Inhibition (Valsalva gegen die geschlossene Glottis oder Kompression der V. jugularis) zum gesunden Ohr.

Visuell-vestibuläre Sinneskonflikte

Vestibuläre Stimulation bei fehlender visueller Stimulation

Vestibulär wird eine Bewegung registriert, während die Augen eine statische Situation vorfinden. Schaut z.B. der Beifahrer im Auto auf eine Straßenkarte, so entsteht ein Konflikt zwischen der visuellen Information (statisches Bild der Karte) und der vestibulären Erregung (Kurvenfahrten, Straßenunebenheiten, Bremsmanöver), so dass die geringe vestibuläre Reizung während der Autofahrt in Kombination mit dem Sinneskonflikt bereits Kinetosesymptome auszulösen vermag. Der Fahrzeuglenker, bei dem visuelle und vestibuläre Information in der Regel übereinstimmen und der taktile Impulse über das Steuerrad erhält, leidet so gut wie nie an diesen Beschwerden.

Visuelle Stimulation bei fehlender vestibulärer Stimulation

Kinetoseähnliche Symptome können auch durch rein visuelle Stimuli, wie sie z.B. auf Jahrmärkten, in Erlebniskinos, in beschleunigungsfreien Flug- bzw. Fahrzeugsimulatoren oder bei Computerspielen vorkommen, ausgelöst werden. Da im Rahmen dieses Konflikts keine Bewegungen und somit auch keine Beschleunigungen auf die Labyrinthe einwirken, ist eine Abgrenzung gegenüber der klassischen Kinetose, bei der immer eine vestibuläre Reizung auftritt, notwendig. Diese Reizkonstellation sollte daher besser als „Pseudo-Kinetose" bezeichnet werden (Schmäl und Stoll 2000). Im anglo-amerikanischen Sprachraum wird hierfür häufig der Begriff „simulator sickness" oder auch „cinema sickness" benutzt. Voraussetzung ist, dass der visuelle Stimulus eine sich ändernde Geschwindigkeitskomponente beinhaltet, d.h. visuell eine vestibuläre Reaktion implizieren muß.

Literaturverzeichnis

Claes J, Van de Heyning PH (2000) A review of medical treatment for Meniere's disease. Acta Otolaryngol (Stockh) Suppl 544: 34-39

Cremer PD, Henderson CJ, Curthoys IS, Halmagyi GM(1988) Horizontal vestibulo-ocular reflexes in humans with only one horizontal semicircular canal. Adv Otorhinolaryngol 42: 180-184

Dandy WE (1937) Ménière's disease: it's diagnosis and treatment. South med J 30: 621-623

Halmagyi GM, Curthoys IS (1988) A clinical sign of canal paresis. Arch Neurol 45: 737-739

Minor LB (2000) Superior canal dehiscence syndrome. Am J Otol 21: 9-19

Minor LB, Solomon D, Zinreich JS, Zee DS (1998) Sound- and/or pressure-induced vertigo due to bone dehiscence of the superior semicircular canal. Arch Otolaryngol Head Neck Surg 124: 249-258

Tumarkin A (1936) The otolithic catastrophe: a new syndrom. Br Med J 1: 175-177

Schmäl F (2005) Benigner paroxysmaler Lagerungsschwindel. In: Westhofen M (Hrsg) Vestibularisfunktion: Brücke zwischen Forschung und Praxis (5. Hennig-Symposium). Springer, Wien New York, S 87-103

Schmäl F, Nieschalk M, Nessel E, Stoll W (2001) Tipps und Tricks für den Hals Nasen Ohrenarzt. Springer

Schmäl F, Stoll W (2000) Kinetosen. HNO 48: 346–356

Stoll W, Most E, Tegenthoff M (2004) Schwindel und Gleichgewichtsstörungen, 4. überarb. Aufl. Thieme, Stuttgart

Ussmüller J, Sanchez-Hanke M, Leuwer R (2001) Klinische Relevanz entwicklungsbedingter Veränderungen des Saccus endolymphaticus. Laryngorhinootologie 80: 308-312

Otolithenfunktion
Stellenwert für die Vestibulardiagnostik in Klinik und Praxis

A. Blödow und M. Westhofen

Einleitung

Fundierte Kenntnisse über die Funktionsdiagnostik vestibulärer Erkrankungen und deren stetige Weiterentwicklung gehören zum Rüstzeug des HNO-Arztes, Neurootologen und Neurologen. Bislang wurden periphervestibuläre Funktionsstörungen vor allem als Funktionsstörungen im Bereich der Cristae verstanden. Zunehmend rücken Störungen im Bereich der Otolithenorgane ins Interesse, da klinische Beobachtungen zeigen, dass Maculastörungen isoliert oder kombiniert mit Cristaausfällen auftreten können und Untersuchungstechniken als Screeningverfahren wie auch als quantitative Diagnostik zur Verfügung stehen. Der Schwerpunkt der neurootologischen Untersuchung ist dabei auf eine differenzierte Erfassung von normaler Funktion und isolierter bzw. kombinierter Funktionsverluste der Labyrinthsensoren und des vestibulooculären Reflexes zu legen. Selbst in der niedergelassenen Praxis ist die seitengetrennte Diagnostik von Maculastörungen möglich. Zur differenzierten Untersuchung vestibulärer Funktionsstörungen und weiterer Verbreitung der Otolithenfunktionsdiagnostik ist es für den niedergelassenen und klinisch tätigen Kollegen notwendig, mittels einfacher Diagnoseprozeduren die Otolithenfunktion im Alltag zu testen, die Grenzen dieser Verfahren zu erkennen und zu entscheiden, wann und welche weiterführenden apparativen Untersuchungen notwendig werden, die bislang noch speziellen klinischen Zentren vorbehalten bleiben. Die Ergebnisse der differenzierten vestibulären Funktionsdiagnostik tragen zu verbesserter Indikation medikamentöser, operativer und rehabilitativer Therapieverfahren bei.

Physiologie

Die Maculaorgane messen lineare Beschleunigungen jeder Richtung des dreidimensionalen Raums und geben damit Auskunft über entsprechende Translationsbewegungen des Kopfs. Zugleich können die Maculaorgane auch über zentripetale und zentrifugale Beschleunigung im Zusammenhang mit der Rotation des Kopfs stimuliert werden. Neben der dauernden Stimulation durch die Erdbeschleunigung werden impulsartige Beschleunigungen bis in den hörbaren Frequenzbereich von den Maculaorganen erfasst. Die Wahrnehmung eines eindeutigen Bewegungs- und Orientierungssignals erfolgt durch periphere Encodierung und zentrale Prozessierung von Informationen aus dem Otolithensystem (Translation) und den Bogengangskanälen (Winkelgeschwindigkeit) in Abhängigkeit von der Bewegungsfrequenz. Als die phylogenetisch ältesten Beschleunigungsrezeptoren sind die Otolithenorgane für die Kalibrierung der propriorezeptiven und visuellen Orientierungssysteme von Bedeutung (Kaufmann et al. 2001). Zur Kalibrierung wird die Stärke und die Orientierung des bei linearen und rotatorischen Beschleunigungen resultierenden gravito-inertialen Vektors herangezogen. Dieser dient als Referenz für die posturale Kontrolle (Propriozeption) und räumliche Orientierung (visuelles System).

Das detektierbare Frequenzspektrum der Cristaorgane liegt zwischen 0,1 und 10 Hz, die Reizschwelle für Beschleunigungen und für Geschwindigkeiten liegt bei $0,1°/sec^2$ bzw. $3°/sec$ (Tabak et al. 1997). Das Frequenzspektrum der Maculaorgane ist im Vergleich dazu deutlich breiter (0-500 Hz) und zeigt eine andere Frequenzcharakteristik. Das Otolithensystem besitzt einen Hochpassfilter (> 1kHz) für Translationsbeschleunigungen und eine Tiefbandcharakteristik (< 4kHz) für rotatorische Kopfbewegungen (Kingma 2006). Für eine statische Reizung liegt die Empfindungsschwelle der Maculaorgane bei $2 \times 10^{-2}g$ und ermöglicht die Detektion einer Lateralkippung aus dem aufrechten Stand von 2,3° (Westhofen 2001). Ob es Unterschiede im Frequenzverhalten von Utriculus und Sacculus gibt, gilt bisher als nicht gesichert. Das geringe Ansprechen der cristaabhängigen Reflexe für Frequenzen < 0,1 Hz wird durch zentrale Prozessierung des zentral generierten vestibuo-oculären Reflexes (VOR) im Sinne eines Zeitkonstanten-Effekts kompensiert (velocity storage mechanism). Dieser cristaabhängige VOR kann durch die Aktivierung der Maculaorgane moduliert werden. Die Sensororgane (Crista, Macula) und der vestibulo-oculäre Reflex (VOR) unterscheiden sich dabei im Frequenzverhalten hinsichtlich ihrer Zeitkonstanten, diese betragen für erstere ca. 3-5 sec und für den VOR ca. 15-25 sec. Die koordinierte Wahrnehmung von Position und Bewegung wird multimodal (vestibulär, propriozeptiv, visuell) generiert, das Bewusstwerden über den Gesamteindruck Bewegung und Lageempfinden im Raum erfolgt dann über zentralnervöse Prozesse innerhalb eines vestibulo-thalamo-corticalen Netzwerks.

Durch die Modifikation visueller und propriozeptiver Afferenzen kann ein otolithärer Funktionsverlust teilweise kompensiert werden. Erscheint also das vestibuläre Funktionsmuster bei Alltagsbewegungen noch normal, kann bei langsamer Bewegung (verschärfter Rombergversuch, Tandemgang, Stehen auf weichem Untergrund) oder durch Reduktion bzw. Ausschalten der visuellen Kontrolle (Gehen/Stehen im Dunkeln, Bewegung im Verkehr/ Fahren auf der Rolltreppe) eine Störung der Otolithenfunktion demaskiert werden. Dies verdeutlicht die Notwendigkeit, die bisher übliche vestibuläre Testbatterie um Funktionsuntersuchungen zur intensiveren Diagnostik von Otolithenfunktionsstörungen zu erweitern.

Funktionsuntersuchungen

Thermische Stimulation, statische Kippung gegenüber der Erdvertikalen, spezifische Rotationsmethoden mit einseitig oder beidseitig auf das Labyrinth definiert einwirkenden Kraftvektoren und tieffrequente Schallreize bewirken eine Reizung der Otolithenorgane unter experimentellen Bedingungen. Die Registrierung der otolithabhängigen VOR ist dabei gegenüber denen der Cristae deutlich schwieriger, da der „Verstärkungsfaktor" (gain) des vestibulookulären Reflexes (Verstärkung = Reizantwort-Intensität/Reizintensität) bei Erregung der Maculae nur 0,1-0,2 beträgt, bei Cristareizung im Vergleich dazu 0,8-1 (Westhofen 2001). Bisherige Funktionsuntersuchungen für die utriculär vermittelten Translationsbewegungsempfindungen haben trotz aufwendiger Versuchsaufbauten den Nachteil, dass nicht alle anderen sensorischen Nebeneinflüsse (z.B. Vibration) eliminiert werden können. Zudem besteht die Schwierigkeit, dass sich die Messschwellen bei Repetitionen der Untersuchungen erniedrigen können, bei Ermüdung erneut ansteigen oder entsprechend dem Stimulusprofil variieren. Dazu findet sich bei Gesunden eine hohe Variationsbreite (Kingma 2005). Dies macht eine schnelle, einfache und reproduzierbare Applikation bei Patienten schwierig.

Diagnostische Prozeduren zur Untersuchungen des Utriculus

Subjektive haptische und visuelle Vertikale (Screeninguntersuchungen)

Die Lageempfindung und Orientierung des Menschen im Raum ist von der Wahrnehmung eines Vertikaleindrucks abhängig. Diese Wahrnehmung basiert auf visuellen, oculomotorischen, propriozeptiven Informationen und den Informationen der vestibulären Maculae. Liegt eine Störung dieser multisensoriellen Wahrnehmung vor, äußert sie sich in einem veränderten oculären Reflexverhalten und in einer gestörten motorischen Stabilisierung der Körperachse mit Veränderung des Vertikaleindrucks. Um den subjektiven Vertikaleindruck (SV) eines Patienten zu messen, wird dieser aufgefordert, unter Ausschaltung der optischen Orientierung eine Vertikale zu zeichnen (Westhofen 1991). Für Gesunde gelten bei aufrechter Position Werte ≤ 20° als normal, größere Kipp-Werte der SV weisen auf einen ipsilateralen Labyrinthschaden hin. In 20° gekippter, sitzender Position gilt für Gesunde eine Differenz der SV-Abweichung zwischen links und rechts bis +25° als normal, größere Differenzen weisen auf einen Labyrinthschaden, Differenzen der linken und rechten Seite < 0° auf einen Schaden zentralnervöser Genese hin. Die subjektive visuelle Vertikale stellt eine Alternative zur subjektiven haptischen Vertikalen dar, bei der in absoluter Dunkelheit entsprechend des subjektiven Vertikaleneindrucks des Patienten eine Leuchtleiste eingestellt werden muss (Clarke 2003). Grenzen der Messung der subjektiven Vertikalen liegen bei Patienten mit ophthalmologischen Erkrankungen (z.B. Astigmatismus), neurologischen Erkrankungen (Feinmotorik der Finger oder des Arms) oder Schädigungen der HWS.

Thermische Reizung/Statische Kippung/Exzentrische Rotation (Quantitative seitengetrennte Macularreizung)

Neben den Bogengängen können auch die Otolithenorgane durch thermische Reize stimuliert werden. Als Ausdruck einer ungestörten Otolithenfunktion lassen sich bei Gesunden neben horizontalen und vertikalen Nystagmen auch torsionale Nystagmen induzieren, die mittels 3D-VOG quantifiziert werden (Scherer et al. 1991). Eine definierte Macularreizung kann dabei den thermisch induzierten horizontalen Nystagmus modulieren und in seiner Schlagrichtung umkehren. Dies findet seinen Einsatz bei der thermischen Stimulation in Supination und Pronation (Westhofen 2007). Ausgehend von einer Lagerung in Hallpike-Optimumposition (Supination) wird die Crista mit einem Starkreiz (20° kaltes Wasser) stimuliert. Bei Erreichen der Kulminationsphase erfolgt die Umlagerung des Patienten um 180°. Damit befindet sich der laterale Bogengang unverändert in Hallpike-Optimumposition

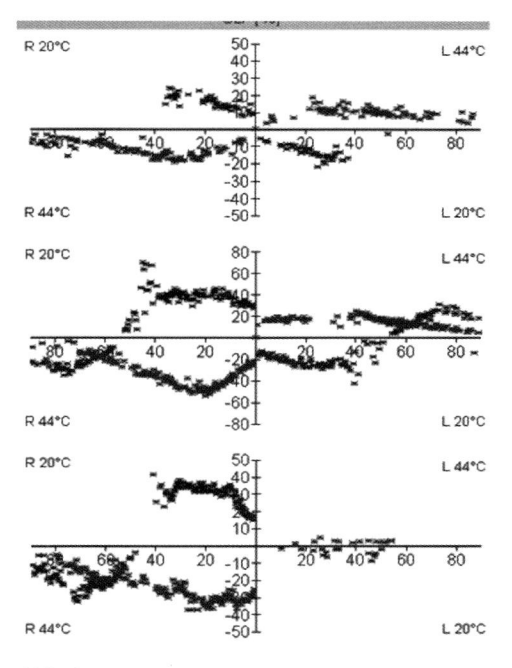

Abb. 1
Thermische Labyrinthreaktion in Supination und Pronation mit Nystagmusumkehr, beidseitiger Normalbefund (oben), reduzierte Cristafunktion bei erhaltener Maculafunktion (Mitte), kombinierter Ausfall der Macula- und Cristafunktion (unten)

(Pronation). Bei intakter Maculafunktion ist dabei eine Umkehr der Nystagmusrichtung zu beobachten. Voraussetzung zur Messung der Maculafunktion ist allerdings, dass in der thermischen Prüfung eine Restfunktion der Crista nachweisbar ist (Abb. 1).

Die bei Kopfneigung zu beobachtende Gegenrotation der Augen und geringe vertikale Konvergenzstellung (das tieferliegende Auge steht etwas höher als das oben liegende Auge) wird als „static ocular-counterroll" bezeichnet. Die laterale Kippung des Kopfes um 20° führt otolithenvermittelt beim Gesunden unter Fixationssuppression zu einer kontralateralen, tonisch-torsionalen Augenbewegung von ca. 2-5° (Markham etl al. 2002). Mittels der statischen Kippung unter VOG-Kontrolle lässt sich dass Ausmass der tonisch-torsionalen Augenbewegung ermitteln (Abb. 2). Diese Befunde müssen in der Zusammenschau mit allen anderen Befunden bewertet werden, da eine pathologische Achsabweichung auch andere Ursachen (Augenmuskelparesen) haben kann (Hartmann 2006).

Bei der exzentrischen Rotation wird auf einem mit konstanter Drehgeschwindigkeit bewegten Drehstuhl der Sitz des Patienten entlang einer horizontalen Achse um 3,5 cm, 4cm und 4,5 cm verschoben. Nach Erreichen der konstanten Rotationsgeschwindigkeit wirkt keine Drehbeschleunigung auf die Cristaorgane, so dass eine Cristareizung ausgeschlossen ist. Durch die seitliche Verschiebung gelangt jeweils nur ein Labyrinth in exzentrische Position. Bei einer Drehgeschwindigkeit von 180°/s ist der exzentrisch liegende Utriculus neben der Zentrifugalkraft auch der Erdgravitation ausgesetzt. Der resultierende Kraftvektor entspricht als Reiz einer seitlichen Kopfneigung von 20°, der eine torsionale Augenbewegung von ca. 5° bewirkt, die 3D-videookulografisch gemessen werden kann (Abb. 3). Alternativ kann die Einstellung der subjektiven Vertikale bei exzentrischer Rotation gemessen werden (Clarke 2003). Die automatische Analyse tonisch-torsionaler Augenbewegungen ist mittels VOG bislang unbefriedigend, geringe Funktionsminderungen der Maculafunktion lassen sich noch nicht immer frei von Störüberlagerungen darstellen. Die Störbefreiung ist bis jetzt technisch aufwendig (Handtke 2002).

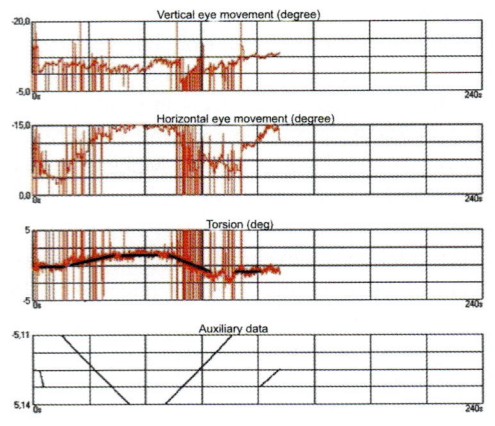

Abb. 2
Registrierung der tonisch-torsionalen Augenbewegung eines Gesunden bei der statischen Kippung, Bulbustorsion von ca. 2,5° im Uhrzeigersinn bei Kippung nach links

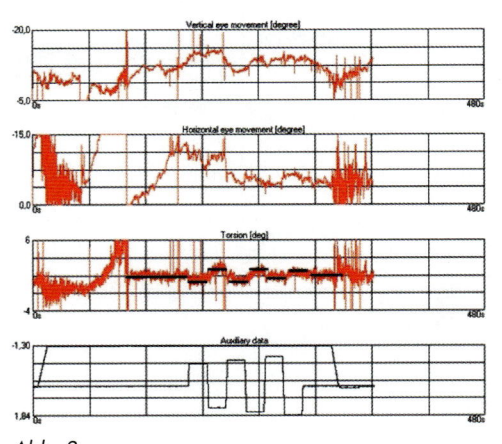

Abb. 3
Registrierung der tonisch-torsionalen Augenbewegung bei exzentrischer Rotation bei einem Gesunden, Bulbustorsion von ca. 2,5° bei Exzenterposition von 3 cm, 3,5 cm und 4 cm.

Funktionsuntersuchungen für den Sacculus

Vestibulär evozierte myogene Potenziale

Die Ableitung vestibulär evozierter myogener Potenziale lässt die seitengetrennte Überprüfung der saccularen Maculafunktion zu. Mittels Standardoberflächenelektroden über dem vorgespannten M. sternocleidomastoideus und einer Referenzelektrode über dem Sternum wird nach akustischer Stimulation über Luftleitung mittels Clicks (100µs, 95-110 nHL) oder tone-pip (1000 Hz, 90 dB nHL, ISI >100 ms) ein inhibitorisches, postsynaptisches Potenzial elektromyografisch abgeleitet. (Colebatch et al. 2000). Die Auswertung des Potenzials erfolgt hinsichtlich der Potenziallatenzen p13 und n23, die als Antwort der ipsilateralen Stimulation des Sacculus gelten und auch bei cochleärem Funktionsverlust nachweisbar sind (Abb.4). Die Potenziallatenzen n33 und p44 gelten dagegen als bilateral induzierte cochleäre Antwort. Die Ableitung der Antworten ist mit handelsüblichen ERA-Anlagen technisch möglich.

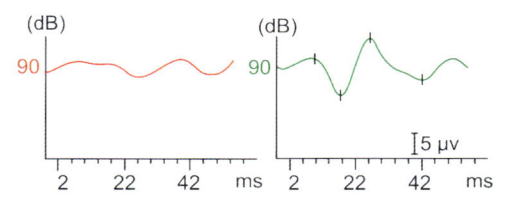

Abb. 4
Vestibulär evozierte myogene Potenziale bei rechtsseitigem M. Menière (Luftleitungsstimulus tone-pip 1000 Hz, 90 dB nHL, ISI >100 ms), normales Potenzialmuster links (blau) und fehlendes Potenzial bei Maculaausfall rechts (rot)

Krankheitsbilder mit isolierten und kombinierten Otolithenfunktionsstörungen

Für isolierte Otolithenfunktionsstörung lassen sich zumeist keine spezifischen Beschwerden eruieren. Die Patienten berichten von Situationen, in denen sich Schwindel provozieren lässt. Dazu gehört das Fahren auf einer Rolltreppe, Brems- und Beschleunigungsvorgänge beim Autofahren oder Schwindelsensationen bei starker visueller Belastung, z.B. bei intensiver Arbeit am Computerbildschirm. Tritt neben der Maculastörung zusätzlich eine Cristastörung oder eine Störung anderer Sensorsysteme (Visus und Propriozeption) auf, lässt sich das Beschwerdebild anhand der Anamnese nur schwer einordnen. Die Eingrenzung des Krankheitsbilds muss mit Hilfe otoneurologischer Funktionsdiagnostik erfolgen.

Bei otoneurochirugischen Eingriffen mit Maculaschädigung wird eine Abweichung der subjektiven Vertikalen (SV) bis 30° zur operierten Seite beobachtet. Eine progrediente Verminderung hin zu normalen Werten findet sich in der Regel innerhalb eines Jahres, Langzeitverläufe bis zu 4 Jahren weisen jedoch darauf hin, dass bis zu ein Drittel der vestibularisneurektomierten Patienten noch eine pathologische Neigung der subjektiven Vertikalen aufweisen. Untersuchungen zur Beurteilung der subjektiven Vertikalen bei Patienten mit Neuropathia vestibularis weisen SV-Abweichung in ca. 45% Fälle nach (Helling et al. 2006). Seltener findet sich eine SV-Abweichung bei M. Menière-Patienten (18%). Im Rahmen einer Canalolithiasis ist eine pathologische subjektive Vertikale nur in 7-17% nachweisbar (Vibert 2004). Die mit zeitlicher Latenz eintretende Canalolithiasis des posterioren Bogengangs nach Neuropathia vestibularis weist auf eine kombinierte Schädigung des Utriculus und des horizontalen Bogengangs bei gleichzeitig erhaltener Funktion des Sacculus und des posterioren Bogengangs hin.

Vergleiche der zeitlichen Verlaufsmuster der Schädigung der Labyrinthorgane beim M. Menière konnten zeigen, dass in vielen Fällen vor einer Schädigung der Cristaorgane eine Schädigung der Maculaorgane eintritt. Hierbei wird offenbar die Macula sacculi noch vor der Macula utriculi geschädigt (Düwel et al. 2006). Die Ableitung vestibulär evozierter myogener Potenziale (VEMP) bei unterschiedlichen Frequenzen und die Bestimmung der VEMP-Schwelle kann zur Erkennung eines präklinischen M. Menière beitragen (Lin et al. 2006). Untersuchungen zur Labyrinthfunktion vor und nach endolymphatischer Shuntchirurgie (Saccotomie) haben gezeigt, dass sich die Crista- und Utriculusfunktion postoperativ meist nicht ändert, während eine Sacculusschädigung gehäuft auftritt. Eine Sacculusschädigung der kontralateralen Seite wird als Frühzeichen der Bilateralität bewertet (Blödow 2007, eigene Untersuchungen). Die selten bei M. Menière ohne Vorwarnung bei klarem Bewusstsein auftretenden Stürze aufgrund einer akuten einseitigen Otolithenfunktionsstörung sind als Tumarkin-Anfälle („otolithic crisis") beschrieben (Brandt 2001). Die Patienten verlieren durch das Empfinden einer plötzlichen translatorischen Bewegung von Körper und Umwelt die Orientierung im Raum. Sie stellen eine wichtige Differentialdiagnose bei Stürzen im Alter dar.

Im Rahmen von HWS-Beschleunigungs- und Kopfanpralltraumen unterliegt das Labyrinth durch die Reklination/ Inklination des Kopfs gegenüber dem Thorax hohen Translationsbeschleunigungen. Vor allem der Utriculus wird durch die auf den Kopf einwirkenden Kräfte stark beansprucht. Orientierendes Symptom einer Otolithenfunktionsstörung nach stumpfen Kopfanpralltraumen ist das Benommenheitsgefühl mit verstärkten Rumpfschwankungen (Ernst 2004). Die Abweichung der subjektiven Vertikale in den ersten Stunden nach Unfall wird als Zeichen eines diffusen Schadens der Otolithenorgane gewertet (Vibert 2003). Nach Trauma soll ein Otolithenschwindel unmittelbar oder mit einer Latenz von wenigen Tagen eintreten und relativ schnell nach einigen Tagen bis höchstens wenigen Wochen zentral kompensiert werden (Brandt 2001). Andere Untersuchungen zeigen, dass Otolithenfunktionsstörungen auch mit zeitlicher Latenz von mehreren Monaten nach einem Unfallereignis auftreten bzw. persistieren können, die Prognose scheint von Kofaktoren wie Alter und muskuloskeletalem Zustand abhängig zu sein (Ernst et al. 2005). Gerade bei Kopfanpralltraumen werden Otolithenfunktionsstörungen oft verkannt, da sie häufig durch andere posttraumatische Beschwerden maskiert werden.

Konklusion

Mit der Einführung neuer Untersuchungstechniken ist in den letzten Jahren das Wissen über die Funktion und Pathophysiologie des vestibulären Systems deutlich erweitert worden. Trotz dieser Entwicklung finden die Maculaorgane bislang keine ausreichende Beachtung für die klinische Routinediagnostik. Um die komplexe Genese von Schwindelerkrankungen differenziert zu betrachten und nicht nur auf Läsionen der Bogengangsorgane zu reduzieren, sind neben der genaue Anamnese und sorgfältigen klinischen Befunderhebung auch apparative Untersuchungen zur Evaluation der Funktion der Otolithenorgane durchzuführen.

Finden sich in der Anamnese erste Hinweise auf eine gestörte Otolithenfunktion wie das Gefühl zu fallen, Liftschwindelgefühl oder Sensationen wie unsicheres Laufen auf weichem Untergrund bzw. Stehen auf Schaumstoff (Basta et al. 2005), sollten Screeninguntersuchungen eingesetzt werden. Die endgültige Diagnose kann durch aufwendigerer Funktionsdiagnostik validiert werden. Damit werden die Voraussetzungen geschaffen, um eine Therapie labyrinthärer Schädigungen adäquat zu planen und Therapieverläufe zu monitoren bzw. Behandlungskonzepte anzupassen oder neue Therapieoptionen zu entwickeln.

In Tabelle 1 ist in der gebotenen Kürze eine einfache Übersicht für den praktisch ausgerichteten Otologen zur Orientierung dargestellt, die häufig beobachtete Beschwerdebilder wiedergibt. Sie soll darstellen, wie der Einsatz der oben gezeigten Verfahren die Erkennung von Ursachen erleichtert. Gleichzeitig mag sie der Begründung eingesetzter Verfahren im Einzelfall dienen.

BESCHWERDEBILD	ZIEL DER OTOLITHENFUNKTIONSPRÜFUNG
Dauerschwindel	
Beschwerden in Ruhe	Erkennung der Labyrinth-Ursache Prüfen der Kompensation des lVOR
Beschwerden nur bei Bewegung	
Lageabhängige Verstärkung	Differenzierung von Maculaausfall und BPLS
Kombination mit Hörminderung	Bessere Erkennung vestibulärer Beteiligung bei Hörsturz mit Therapieeilfallindikation
Attackenschwindel	
belastungsunabhängig	Klärung der Labyrinthursache
Unter Belastungssituation häufiger, jedoch unabhängig von Akutbelastung	Differenzierung endolymphatischer Hydrops und ggf. kardialer/kardiovaskulärer Genese
Bei Gebirgsfahrten, Flugreisen, Tunneldurchfahrten, Bücken, Heben von Lasten	Erkennung mittelohrbedingter Maculafehlfunktion

Tabelle 1
Orientierende Übersicht häufiger Beschwerdekonstellationen, die Anlass zu Otolithenfunktionsdiagnostik geben, um wichtige, z.T. eilige Therapieindikationen zu finden und Therapieplanung anhand der Befundkriterien zu stellen und zu begründen. (lVOR = linearer vestibulo-okulärer Reflex [im Wesentlichen maculaabhängig], BPLS = benigner paroxysmaler Lagerungsschwindel

Literatur

Basta D, Todt I, Scherer H, Clarke A, Ernst A (2005) Postural control in otolith disorders. Human Movement Science 24: 268-279

Brandt T (2001) Otolithic vertigo. Adv Otorhinolaryngol. 58: 34-47 (Review)

Clarke AH, Schönfeld U, Helling K (2003) Unilateral examination of utricle and saccule function. J Vestib Res 13(4-6): 215-225

Colebatch JG, Halmagyi GM (2000) Vestibular evoked myogenic potentials in humans. Acta Otolaryngol Jan 120(1): 112.

Düwel P, Westhofen M (2006) Vom klinischen Test zur experimentellen Studie. In: Westhofen M (Hrsg): Vestibularfunktion - Brücke zwischen Forschung und Wissenschaft. Springer, Wien New York, S. 189-198

Ernst A, Basta D, Seidl RO, Todt I, Scherer H, Clarke A (2005) Management of posttraumatic vertigo. Otolaryngol Head Neck Surg Apr 132(4): 554-558

Handtke C (2002) Störbefreiung bei der messtechnische Analyse von Gleichgewichtsorganen. Diplomarbeit, RWTH Aachen

Hartmann K (2006) Okuläre Erkrankungen als Ursache für Störungen des Gleichgewichtsvermögens. In: Westhofen M (Hrsg): Vestibularfunktion - Brücke zwischen Forschung und Wissenschaft. Springer, Wien New York, S. 113-122

Helling K, Schonfeld U, Scherer H, Clarke AH (2006) Testing utricular function by means of on-axis rotation. Acta Otolaryngol. 126(6): 587-593

Kaufmann GD, Wood SJ, Gianna CC, Black FO, Paloski WH (2001) Spatial oriantation and balance control changes induced by altered gravvitoinertial force vectors. Experimental Brain Research 137: 397-410

Kingma H (2005) Threshold for perception of direction of linear acceleration as a possible evaluation of the otolith function. BMC Ear Nose Throat Disord 5(1): 5

Kingma H (2006) Function tests of the otolith or statolith system. Curr Opin Neurol 19(1) 21-25 (Review)

Lin MY, Timmer FC, Oriel BS, Zhou G, Guinan JJ, Kujawa SG, Herrmann BS, Merchant SN, Rauch SD (2006) Vestibular evoked myogenic potentials (VEMP) can detect asymptomatic saccular hydrops. Laryngoscope 116(6): 987-992

Markham CH, Diamond SG (2002) Ocular counterrolling in response to static and dynamic tilting: implications for human otolith function. J Vestib Res 12(2-3): 127-134.

Scherer H, Teiwes W, Clarke AH (1991) Measuring three dimensions of eye movements in dynamic situations by means of videooculography. Acta Otolaryngol (Stockh) 111: 182

Tabak S, Collewijn H, Boumans LJ, van der Steen J (1997) Gain and delay of human vestibulo-ocular reflex to oscillation and steps of the head by a reactive torque helmet. I. Normal subjects Acta Otolaryngol 117(6): 785-795.

Vibert D (2004) Die subjektive Vertikale. Neurophysiologie und klinische Untersuchungsmethoden. In: Westhofen M (Hrsg): Vestibularfunktion - Brücke zwischen Forschung und Wissenschaft. Springer, Wien New York, S. 81-85

Westhofen M (1991) Subjective vertical during static tilt: A method of clinicla testing otolith organs. In: Haid CT (ed) Vestibular Diagnosis and Neuro-Otosurgical Management of the Skull base. Demeter, Gräfeling, p 109

Westhofen M (2001) Untersuchung der Otolithenorganfunktion. In: Westhofen M (Hrsg.) Vestibuläre Untersuchungsmethoden. PVV Science Publications, Ratingen

Westhofen M. (2007) Der kalorische Wendetest. In: Scherer H (Hrsg) Der Gleichgewichtssinn. Springer Wien New York

Labyrinthdysfunktion und Tubenventilationsstörung
– Kausalität oder Koinzidenz

M. Westhofen

Einführung

Gemeinhin wird angenommen, dass attackenartig auftretende Funktionsstörungen des Innenohrs unter dem anamnestisch definierten Bild des Morbus Menière durch Funktionsstörungen der Elektrolythomöostase und des Wasserhaushalts im cochleären und/oder labyrinthären Anteil des Innenohrs entstehen können. Aufgrund zahlreicher Arbeiten zur Pathophysiologie des Morbus Menière wird bislang mehrheitlich der endolymphatische Hydrops als Befund angenommen, der mit dem Auftreten der Erkrankung korreliert ist (AAO-HNS 1995). Der endolymphatische Hydrops wird als pathophysiologischer Zustand verstanden, dessen Existenz durch das Syndrom entsprechend der Trias nachgewiesen wird. Während die Pathophysiologie der Erkrankung umfangreich untersucht wurde, sind Erkenntnisse zur Ätiologie spärlich. Der endolymphatische Hydrops wird mittlerweile allerdings nicht mehr uneingeschränkt als ätiologisch für das klinische Bild des Morbus Menière angesehen (Dohlmann 1976; Franz et al. 2003; Hosseinzadeh et al. 1998; Kitano et al. 1999; Zenner et al. 1994). Zum einen werden in tierexperimentellen Modellen der Erkrankung Funktionsstörungen ausgelöst, die dem M. Menière entsprechen, jedoch keinen Hydrops des Endolymphraums bei histologischer Untersuchung bieten, andererseits sind Hydropszustände histologisch nachgewiesen, die keine Menière-äquivalenten Funktionseinbußen erkennen lassen (Ruckenstein et al. 1999). Die Lokalisation der Funktionsschäden innerhalb der Cochlea und des Labyrinths, die aus den Beschwerden und Befunden der Patienten jeweils rückgeschlossen werden kann, belegt, dass es sich um eine cochleäre und labyrinthäre Erkrankung handelt. Dabei kommen Störungen der Endolymph- oder Perilymphbildung und/oder -resorption, Schrankenstörungen zwischen Endo- und Perilymphkompartimenten oder transiente Ischämieereignisse des Labyrinths in Frage. Experimentelle Befunde belegen ein Gefälle der Elektrolytkonzentrationen innerhalb der Scala media vom Helicotrema bis zur Basalwindung sowie dementsprechend unterschiedlich große endocochleäre Potenziale (EP). Die Regulation der Kalium- und Calciumkonzentration innerhalb der Peri- und Endolymphe sowie der Elektrolyttransport durch Kanäle der Zellmembranen in Haar- und Stützzellen sowie im Bereich der Stria vascularis sind in diesem Zusammenhang aktuell weiterhin Gegenstand wissenschaftlicher Forschung. Inwieweit die vielfach vertretene Ansicht, trophische oder immunologische Ursachen seien ätiologisch bedeutsam, Berücksichtigung verdient, da Menière-Attacken aus Funktionsintegrität innerhalb nur weniger Minuten auftreten, für nur wenige Minuten anhalten und darauf innerhalb kürzester Zeiträume z.T. folgenlos verschwinden können, soll weiter unten detailliert dargestellt werden. Gerade das zeitlich abrupte Auftreten und die limitierte Dauer der Funktionsstörungen haben Anlass gegeben, Druckeinwirkungen auf das Labyrinth als Ursache zu untersuchen. Als mögliche Lokalisationen der externen Druckeinwirkung werden die runde und ovale Nische sowie der cochleäre und vestibuläre Aquaeduct angesehen.

Aktuelle Übersicht zur Pathophysiologie des Morbus Menière

Die Änderung der Osmolalität einzelner Elektrolyte innerhalb der Endolymphe und Perilymphe als ätiologischer Faktor des M. Menière ist experimentell gut untersucht (Zucca et al. 1995). Für die Stabilisierung und Regulation des Elektrolytgleichgewichts und Wasserhaushalts wurden unterschiedliche Vorgänge und zelluläre Strukturen in Cochlea und Labyrinth verantwortlich gemacht (Cohen et al. 1984; Dohlman 1980; Ikeda et al. 1991; Milhaud et al. 2002). Schlüsselfunktionen kommen den Stützzellen in der Stria vascularis und den schwarzen Zellen im Sacculus und Utriculus sowie der Pars rugosa des Saccus endolymphaticus (ES) zu.

Die von Guild (Guild 1927; Salt et al. 1987) erstmals beschriebene longitudinale Flusstheorie, derzufolge die Endolymphe von der Cochlea zum Saccus endolymphaticus fließe und dort resorbiert werde, war für lange Zeit Grundlage der Pathophysiologie. Durch mikroanatomische Studien Schuknechts wurde das Augenmerk auf Klappensysteme des Endolymphraums sowie dynamische Flussvorgänge im Labyrinth gelenkt (Salt et al. 2004; Schuknecht et al. 1975). In diesem Zusammenhang wurde von ihm der protrahierte endolymphatische Hydrops untersucht, der als Folge endolabyrinthärer Narbenbildung entstehen kann (Schuknecht 1978). Aus Perforationsstudien des Endolymphraums wurde der Endolymphfluss um das Konzept der radialen Diffusion erweitert. Dabei kommt es zur lokalisierten Funktionsstörung nur im Bereich umschriebener Schrankenstörungen zwischen Endo- und Perilymphraum (Lawrence 1966). Aufgrund experimenteller Ergebnisse schloss Dohlmann, dass Menièreattacken nicht durch endolymphatische Druckeinwirkung, sondern durch Kaliumintoxikation infolge Übertritts der kaliumreichen Endolymphe in den Perilymphraum entstehen (Dohlmann 1976). Da das Ligamentum spirale in der apikalen Cochlea leichter permeabel ist als in der basalen Cochlea, ist basal der Übertritt des Kaliums grundsätzlich weniger stark möglich (Salt et al. 1991). Vielfach wird daher klinisch die Hörminderung vorwiegend im Tieftonbereich beobachtet. Dies findet in der Leitlinie der AAO-HNS Berücksichtigung (1995).

Lange Zeit galt das von Salt experimentell belegte Konzept des radialen und longitudinalen Endolymphflusses sowie der dynamischen Flusstheorie im Labyrinth als schlüssig zum Verständnis akuter Funktionsstörungen. Longitudinaler, radialer und dynamischer Flow in Cochlea und Labyrinth sind allerdings für das gesunde Innenohr nahezu ohne Bedeutung (Salt 2001). Bei pathologischer endolymphatischer Druckerhöhung treten die o.g. Flussereignisse kompensatorisch in Erscheinung (Salt et al. 2004). Dabei wird negativer Druck deutlich leichter von der basalen Cochlea zum ES übertragen als positiver Druck. Statische Drucksteigerung im Vestibulum wird daher durch den ES weniger stark kompensiert als statisch negativer Druck. Druckausgleichvorgänge laufen daher richtungsabhängig unterschiedlich effektiv und in unterschiedlicher Geschwindigkeit ab (Arenberg et al. 1981; Salt et al. 2004). Druckschwankungen mit periodisch wechselnden Druckgradienten führen zur Öffnung des Ductus endolymphaticus während der negativen Druckphasen. Aufgrund dieser Zusammenhänge wurde die periodische Druckapplikation im Mittelohr zur Therapie des M. Menière empfohlen (Densert et al. 1986, 2001).

Da der aktive Kaliumtransport und das endocochleäre Potenzial an die ungestörte Schrankenfunktion zwischen Scala media und Scala tympani gebunden sind, wurde von Zenner auf den Kontaktverlust von tight junctions und das Eindringen von Endolymphe in den

Nuel'schen Spalt bei endolymphatischem Hydrops hingewiesen. Dadurch kommt kaliumreiche Endolymphe in Kontakt mit der lateralen Zellmembran der cochleären Haarzellen und kann bis zur Scala tympani gelangen (Zenner et al. 1994). Die von Zenner beschriebenen Vorgänge verändern nachhaltig das Ruhepotenzial und den Ruhestrom, der in einer Größenordnung von nur 7µA zwischen cochleärer Endolymphe und Perilymphe fließt. Dieser Ruhestrom wird vorwiegend durch die Konzentration der K^+-Ionen in der Endolymphe aufrecht erhalten. Eigene Untersuchungen haben ergeben, dass druckabhängig bei Utriculus-Typ II Haarzellen Kaliumkanäle geschaltet werden und die Zellen dadurch schneller repolarisieren können (Duwel et al. 2003, 2005). Dies führt zu einer Zunahme der Spontanfeuerrate mit der klinischen Konsequenz des Spontannystagmus im Anfall. Da die Druckregulation im Endolymphraum an den Elektrolyt- und Wasserhaushalt gebunden ist, wurde dessen hormonale Steuerung untersucht. Die Regulation im Endolymphraum weist eine Reihe von funktionellen Parallelen zur Elektrolyt- und Wasserregulation der Niere auf. Im Innenohr sind ADH, Aquaporin und Atriales Natriuretisches Peptid (ANP) wesentliche Effektoren (Kitano et al. 1999; Meyer zum Gottesberge et al. 1995). Die Regeleigenschaften der schwarzen Zellen sind abhängig von der Funktion ihrer K^+ und Cl^- Kanäle, die unter hypotonen Bedingungen im Endolymphraum aktiviert werden. Die Ursache akut auftretender Druckänderungen mit der Konsequenz spürbarer Funktionsstörungen bleibt allerdings bislang weiterhin spekulativ.

Durch experimentelle Untersuchungen von Densert und zeitgleich von de Wit und Albers wurde die Druckhomöostase des Endo- und Perilymphraums näher beschrieben (Densert et al. 1986a; Wit et al. 1999, 2000). Dabei kommen den Aquaeductus cochleae und vestibuli sowie der Tuba Eustachii wesentliche Bedeutung zu. Die Topografie der Membran des runden Fensters und Ductus peruniens sind weitere wesentliche Einflussgrößen (Laurens-Thalen et al. 2004; Wit et al. 2003). Durch jüngere Untersuchungen ist die Anfälligkeit des Innenohrs für Druckschwankungen in Mittelohr und mittlerer Schädelgrube experimentell und klinisch demonstriert worden. Dabei werden klinisch Krankheitsbilder und Symptome beobachtet, die bislang genutzte Einteilungen in Schallempfindungsschwerhörigkeit und Schallleitungsschwerhörigkeit mit daraus abgeleiteter Zuordnung der Lokalisation in Innenohr/Labyrinth einerseits und Mittelohr andererseits korrigieren mussten (Minor et al. 1998).

Bemerkenswert ist, wie durch klinisch scharfe Beobachtung bereits in den 60iger Jahren angenommen wurde, dass unter bestimmten Voraussetzungen Unterdruck und Überdruck im Mittelohr zu transienter Labyrinthfunktionsstörung führen, die durch permanente Belüftung der Pauke über ein Röhrchen erfolgreich behandelt werden können. Tumarkin hat hierzu Fallberichte und ein Therapiekonzept vorgeschlagen (Tumarkin 1966). Ohne Kenntnis dessen haben Häusler und Montadon (Kimura et al. 1997; Montandon,P. et al. 1988) über Erfolge bei Patienten berichtet, denen Sie wegen rezidivierender Labyrinthschwindels Paukenröhrchen eingelegt hatten. Tumarkin hatte bereits vorgeschlagen, wegen der geringen Invasivität der Paukenröhrchen diese Therapie an den Beginn der Maßnahmen zu stellen (Tumarkin,A., 1966). Dabei hatte er bereits damals erkannt, dass pathologischer Mittelohrdruck eine von mehreren möglichen Ursachen für den M. Menière liefern kann. Austin stellte daher 1991 die prägnante und weiterhin berechtigte Frage zur Therapie des M. Menière: „are we using the same procedure on different populations or different procedures on the same population?" (Austin, D.F., 1991)

Endo- und perilymphatische Druckeinwirkung

Die Messung des endo- und perilymphatischen Drucks gilt wegen der geringen Volumina und Druckeffekte als technisch aufwändig und kompliziert. Der Druck bleibt intralabyrinthär bei 5-8 mmWs stabil (Andrews,J. C. et al. 1991). Die Druckdifferenz zwischen Peri- und Endolymphraum wird zu < 1 mmWs geschätzt. Damit kann von annähernd identischen Druckverhältnissen in beiden Kompartimenten ausgegangen werden. In ausgewählten Fällen bestehen offene Verbindungen zwischen intracraniellem Raum und Endolymphraum wie beim Syndrom des erweiterten Aquaeductus vestibuli (EVAS). Für diese Anomalie der Schädelbasis liegt eine genetische Dechiffrierung vor (Kitamura,K. et al. 2000). Die Anomalie ist mit dem Pendred-Syndrom verwandt. Bei Felsenbein HR-Computertomographie-Untersuchungen gehörloser und ertaubter Patienten werden entsprechende Befunde mit unterschiedlicher Weite des Aquaeductus gesehen. Dehiszenzen im Bereich des Modiolus sowie Ekatasien des Aquaeductus cochleae lassen die Kommunikation des intracraniellen Raums mit dem Perilymphraum zu. Sie sind den Otochirurgen als Gusher- und Oozer-Syndrom geläufig. Während Patienten mit EVAS bereits im Kindesalter cochleovestibuläre Funktionseinbußen progredient entwickeln, führen Druckbelastungen mit offener Kommunikation zwischen Perilymphraum und Liquorraum nicht zwangsläufig zu gestörter cochleärer oder labyrinthärer Funktion.

Das Syndrom des dehiszenten superioren Bogengangs, das zu impulsartiger Druckbelastung des Innenohrs bei intracranieller Druckerhöhung, z.B. beim Bücken oder Pressen führt, ist durch den häutig geschlossenen Perilymphraum gekennzeichnet. Die Eminentia arcuata ist dabei knöchern ungedeckt. Der Perilymphraum ist zwar vom Subarachnoidalraum durch die Dura getrennt, jedoch gegenüber der intracraniellen Druckeinwirkung auf den Perilymphraum fehlt der knöcherne Schutz. Eine offene Kommunikation des intracraniellen Raums mit den endolabyrinthären Kompartimenten liegt dabei nicht vor (Minor,L. B. et al. 1998). Die Patienten weisen eine (innenohrbedingte) Schallleitungsschwerhörigkeit, Attackenschwindel vorwiegend bei Valsalva-Manöver und Ohrdruck auf. Nicht alle Patienten prägen alle Symptome gleichzeitig aus.

Mittelohrdruckeinwirkung

Den Druckverhältnissen im Mittelohr wird bereits seit langem Einfluss auf die Entstehung cochleovestibulärer Funktionsstörungen zugeschrieben (Bouccara,D. et al. 1998; Franz,P. et al. 2003; Katsarkas,A. et al. 1976; Kitahara,M. et al. 1994; Maier,W. et al. 1997; Murakami,S. et al. 1998; Nishihara,S. et al. 1992; Odkvist,L.M. et al. 2000; Schuknecht,H.F. et al. 1985; Suzuki,M. et al. 1994; Suzuki,M. et al. 1998; Tjernstrom,O., 1974; Tjernstrom,O., 1977; Tjetnstrom,O., 1974). Der Mittelohrdruck hat allerdings unter physiologischen Bedingungen keinen Einfluss auf den Perilymphdruck, da zwischen beiden Kompartimenten ein nur minimaler Druckgradient besteht. Die Mittelohrmuskulatur relaxiert in regelmäßigen Intervallen, so dass die Gehörknöchelchenkette nach Änderung des Mittelohrdruckgradienten entsprechend der durch ihren Bandapparat vorgegebenen Drehachsen in eine kompensatorische Position bewegt wird. Bei Verminderung des Mittelohrdrucks durch chronische Tubenventilationsstörung sind Zustände bekannt, unter denen die Größe des pathologischen Drucks die vorbeschriebene Kompensation nicht mehr zulässt. Kurzfristige Druckerhöhung im Mittelohr Gesunder durch Valsalva-Manöver oder Bücken werden durch das intakte obere Hammerband und die Tensor tympani Sehne sowie den Ligament-Komplex gedämpft (Huttenbrink,K.B., 1989). Der pathologische Mittelohrdruck kann unmittelbar oder über die statische Kettendislokation auf den Perilymphraum einwirken (Carlborg et al. 1990). Möglicherweise sind positive Therapieeffekte der simultanen Durchtrennung der Tensor tympani-Sehne und des M. stapedius bei M. Menière auf diesem Umstand zurückzuführen (Franz et al. 2003). Der Perilymphraum vermittelt den Druck unmittelbar an den Endolymphraum. Beide Kompartimente besitzen jeweils Ductus und Aquaeducte, die den Ausgleich des erhöhten und erniedrigten Drucks in Grenzen zulassen. Aus experimentellen Untersuchungen ist bekannt, dass der Druckausgleich über den Aquaeductus vestibuli nicht in gleicher Geschwindigkeit wie über den Aquaeductus cochleae abläuft (Carlborg et al. 1982; Ghiz et al. 2001; Hosseinzadeh et al. 1998; Laurens-Thalen et al. 2004a; Rosingh et al. 1998; Wit et al. 2003). Die Funktion des differenzierten Druckausgleichs zwischen Mittelohr, Endo- und Perilymphraum ist bislang weder beim Tier noch beim Menschen vollständig verstanden. Aus den experimentellen Ergebnissen der zeitlich diffenzierten Druckausgleichvorgänge im Labyrinth wurde die therapeutische Applikation impulsartiger Druckwellen entwickelt und vorgeschlagen, die zur Therapie des Morbus Menière dienen soll (Densert et al. 2001a; Franz et al. 2005). Dabei ist das offene Paukenröhrchen für die Therapie Voraussetzung. Die Therapie cochleo-vestibulärer Funktionsstörungen, die den Kriterien des M. Meniere der AAO-HNS entsprechen, jedoch nach den weiter oben dargestellten Befunden nicht als idiopathisch gelten, weil sie mit Druckänderungen in der Mittelohrcavität einhergehen, können mittels Paukenröhrcheneinlage therapiert werden (Montandon et al. 1988). Die zugrunde liegenden Tubenfunktionsstörungen, die zu pathologischer endolymphatischer Drucksituation führen, sind offensichtlich fluktuierend. Funktionsstörungen im anfallsfreien Intervall wurden selbst unter statischer Druckbelastung ausgeschlossen (Maier et al. 1997). Eigene Beobachtungen belegen mehrfach tägliche Änderungen der Tubenfunktion und der Trommelfellcompliance.

Klinische Schlussfolgerung und Ergebnisse

Untersuchungen der Behandlungsergebnisse bei M. Menière sind grundsätzlich durch die hohe Varianz des Spontanverlaufs der Erkrankung erschwert. Übereinstimmung herrscht im Schrifttum darüber, dass mit der Beschreibung der Menière Trias kein pathophysiologisch einheitliches Krankheitsbild zu definieren ist. Vielmehr wird aus den oben zusammenfassend dargestellten Fakten klar, dass eine Reihe ätiologisch unterschiedlicher und pathophysiologisch ähnlicher Bilder unter eine gemeinsame Betrachtung gefasst werden. Ob die Studienergebnisse wegen der zu geringen Spezifität der jeweiligen Maßnahme oder wegen der Auswahl unterschiedlicher Patienten im Sinne Austins (Austin 1991) nicht leicht vergleichbar sind, bleibt vorerst strittig. Wesentlich erscheint daher, bislang weniger häufig berücksichtigte, klinisch fassbare Ursachen frühzeitig bei Patienten zu erkennen. Im Falle des M. Menière, der durch Mittelohrdruckeinwirkung aktiviert wird, ist dadurch die wenig belastende frühzeitige Therapie in breiterem Ausmaß möglich (vgl. Tumarkin 1966).

Kriterien zur Patientenauswahl

Vor dem Hintergrund der dargestellten pathophysiologischen Daten verfolgt die Aachener Klinik folgendes Konzept zur differenzierten Therapie des anamnestisch angegebenen Krankheitsbilds M. Menière, das durch die attackenweise auftretende Trias Hörminderung, Tinnitus, Drehschwindel und Ohrdruck gekennzeichnet ist:

- Erfassen der Beschwerden durch qualitätsgesichertes Inventar (modifizierter DHI in deutscher Übersetzung)
- Einordnen der cochleo-vestibulären Befunde entsprechend der Leitlinie der AAO-HNS (1995; Monsel 1995)
- Impedanzaudiometrie und Tubenfunktionsprüfungen (incl. Valsalva- und Toynbee-Manöver) im Zeitverlauf
- 0,7 mm HR-CT des Felsenbeins (u.a. Aquaeducte, Dehiszenzen, perilabyrinthäre Verschattung)

Bei Nachweis einer temporären oder permanenten Tubenfunktionsstörung und Ausschluss weiterer Ursachen für temporäre vestibuläre

Funktionsstörungen wird die Parazentese und Paukenröhrchenbelüftung indiziert. Bei bilateraler Betroffenheit kann die Therapie befundabhängig bilateral simultan oder sequentiell erfolgen. Beschwerde- und Befundkontrollen erfolgen nach 4-wöchigem Intervall. Bei regelrechter Tubenfunktionsprüfung im Wiederholungsfalle wird die bereits früher an anderer Stelle dargestellte Konzeption aus konservativen und ggf. operativen Komponenten der Therapie des M. Menière eingesetzt.

Diagnostische Verfahren

Grundlage der jeweiligen Fallbeurteilung sind die Tonschwellenaudiometrie in Luft- und Knochenleitung, die Untersuchung des Spontan-, Lage- und Lagerungsnystagmus, die bilaterale bithermische kalorische Labyrinthprüfung des lateralen Bogengangs, ggf. in Pronation und Supinationslage (Westhofen 2007a) sowie die Registrierung vestibulär evozierter myogener Potenziale. Der Kopf-Impuls-Test sollte in Fällen ohne Spontannystagmus zur seitengetrennten Beurteilung aller drei Bogengänge eingesetzt werden. In vielen Fällen sind die Befunde wegen der nicht erreichten vestibulären Kompensation der Patienten schwer einzuordnen. Zusätzliche Untersuchungen des vestibulo-okulären Reflexes können die Indikation sichern und den Erfolg der Therapiemaßnahmen zuverlässiger evaluieren (Westhofen 2007b).

Eigene Untersuchungen

Bei n=33 Patienten im Alter von 27- 81 Jahren wurden über einen Zeitraum von 60 Monaten Paukenröhrchen appliziert, wenn die Indikationsbedingungen im o.g. Sinne erfüllt waren. In allen Fällen lag ein definitiver Morbus Menière nach den Leitlinien der AAO-HNS vor. Die Labyrinthfunktionsprüfungen des lateralen Bogengangs und des Sacculus sowie des Utriculus durch bilaterale bithermische kalorische Prüfung in Pro- und Supination (Westhofen 2007a) sowie VEMP wiesen jeweils die Labyrinthfunktionsstörung nach. In allen Fällen erfolgte die Aufklärung der Patienten und deren Vorbereitung nach ausführlicher Darstellung der Sachzusammenhänge und möglicher Alternativen. Die Studie erfolgte retrospektiv, eine Randomisierung lag nicht vor. Die Therapie erfolgte nach einem minimalen Zeitintervall von 3 Monaten konservativer Therapie ohne klinische Besserung der Beschwerden. Nachsorgeuntersuchungen nach Therapie erfolgten im Mittel nach Ablauf von 3 Monaten. Für die kalorische Prüfung bei liegendem Paukenröhrchen erfolgte die Abdichtung des Röhrchenlumens mikroskopisch durch temporäre Obliteration des Röhrchenlumens.

Die Funktionen des lateralen Bogengangs, des Utriculus und/oder des Sacculus mit Paukenröhrchen waren im Vergleich zu den Befunden vor der Paukenröhrcheneinlage unverändert. Befunde wurden auszugsweise bereits durch unsere Arbeitsgruppe publiziert (Park et al. 2007). Der Knochenleitungsanteil der jeweils präoperativ dokumentierten Sinustonschwelle der o.a. Patienten besserte sich in 4 der 34 Fälle (12%) in min. 3 Frequenzen um ≥ 15dB. Die Patienten gaben in 22 Fällen (67 %) eine Besserung der Beschwerden an. Die schrittweise Verbesserung der Hörschwelle nach Paukenröhrcheneinlage ist in Abb. 2a-d als Fallbeispiel dargestellt.

Konklusion

Offenbar wird die Symptomatik des M. Menière mit der Beschwerdetrias durch transiente Labyrinthfunktionsstörungen ausgelöst. Die Ätiologie umfasst eine Vielzahl von Fehlsteuerungen der Homöostase der Elektrolyte, des Wassers und Drucks in Endo- und Perilymphraum sowie daraus folgender Fehlfunktion cochleärer und vestibulärer Haarzellen. Die Regulation für Druck, Wasser und Elektrolyte der Kompartimente Endolymphraum und Perilymphraum sowie der Elektrolythaushalt der Stützzellen und sekretorischen Zellen des Innenohrs unterliegen einer komplexen Wech-

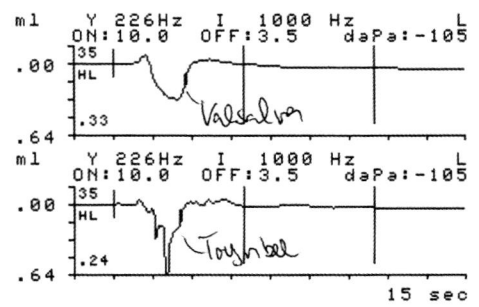

Abb. 1a
Tubenfunktionsprüfung des linken Ohrs eines Patienten mit unilateralem definitivem M. Menière links vor Beginn der Therapie mittels Impedanzaudiometrie unter Valsalva- und Toynbee-Manöver. Keine Zeichen der akuten Tubenfunktionsstörung, mikrootoskopisch Trommelfellretraktion der Pars tensa und flaccida, Trommelfell transparent.

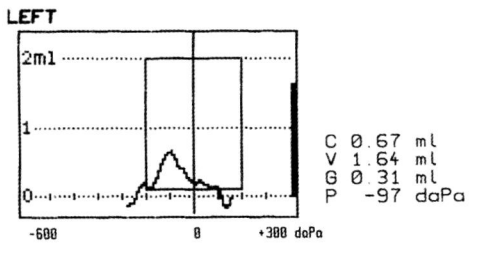

Abb. 1b
Impedanzaudiometrie mit Screening Tympanometer. Verschiebung des Impedanzoptimums zu negativem Druck von -97 daPa. Regelrechter Gradient.

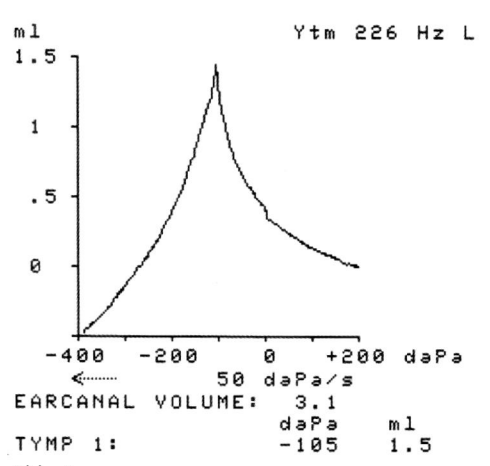

Abb. 1c
Impedanzaudiometrie desselben Patienten wie in Abb. 1b. Messung am Folgetag mit unverändertem Befund.

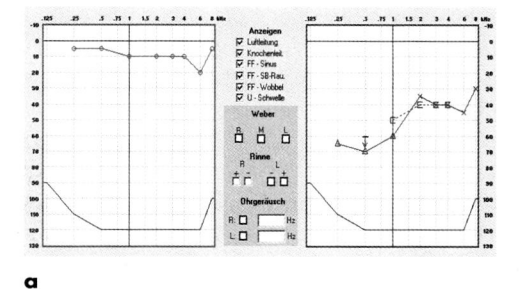

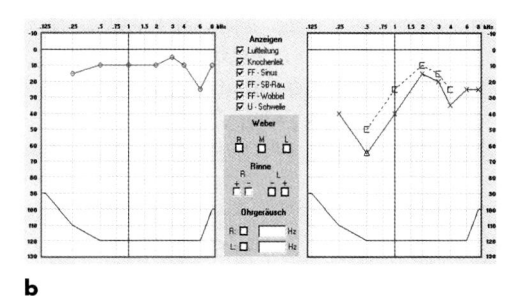

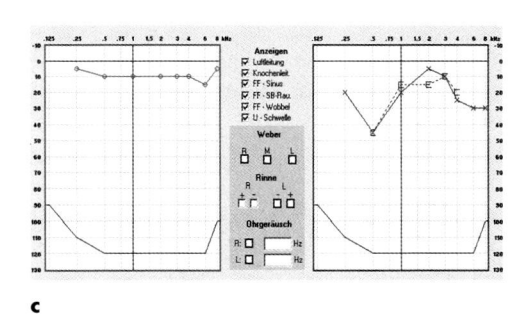

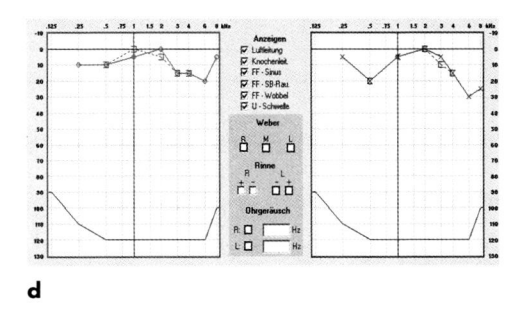

Abb. 2a-d
Tonschwellenaudiogramm des Patienten mit definitivem M. Menière links vor Beginn der Therapie (Abb. 2a). Impedanzaudiometrie-Befunde zeitgleich in Abb. 1a-c. Schrittweise Verbesserung der Sinustonschwelle links nach 2 Tagen (Abb. 2b), nach weiteren 4 Tagen (Abb. 2c) und nach weiteren 30 Tagen (Abb. 2d).

selwirkung. Zukünftige Konzepte der Therapie auch der eigenen Arbeitsgruppe stützen sich auf die Beeinflussung von Druckeffekten sowie die systemische Pharmakotherapie (Arab et al. 2004; Lehner et al. 1997; Plontke et al. 2004). In ausgewählten Fällen kann die Ausschaltung der Labyrinthfunktion operativ oder durch Gentamicin erfolgreich therapeutisch eingesetzt werden. Der lokalen Gentamicintherapie wird von einem Teil der Befürworter die Ausschaltung der Labyrinthfunktion, von einem anderen Teil derer, die die Niedrig-Dosistherapie propagieren, die Beeinflussung der sekretorischen Zellen im Labyrinth angenommen, über das Ausmaß der cochleären Schädigung existieren unterschiedliche Angaben (Dobie et al. 2006; Lange 1977; Lange et al. 2003; Westhofen 2004).

Die Therapie der gestörten Mittelohrventilation als Ursache für den M. Menière sollte am Anfang der Therapiebemühungen Berücksichtigung finden. Deren diagnostische Klärung ist vor der Therapie des M. Menière obligat. Die Erfolge sind am Rückgang der Schwindel-Anfallsereignisse, nicht jedoch an der Erholung der Labyrinthfunktion zu messen. Verbesserungen der Schwindelbeschwerden sind bei der Mehrheit der Patienten, Verbesserungen der sensorineuralen Schwerhörigkeit in einer geringeren Zahl der Fälle durch Paukenröhrcheneinlage zu erreichen.

Die aktuelle Forschung ist auf die lokalen und systemischen Pharmakaeffekte an Stütz- und Haarzellen gerichtet sowie auf Fragen der lokalen Pharmakaapplikation und der Verteilung im Kompartiment Endolymphraum (Arab et al. 2004; Plontke et al. 2004, 2003).

Literatur

Committee on Hearing and Equilibrium guidelines for the diagnosis and evaluation of therapy in Meniere's disease. American Academy of Otolaryngology-Head and Neck Foundation, Inc (1995b) Otolaryngol.Head Neck Surg 113: 181-185

Andrews JC, Bohmer A, Hoffman LF (1991) The measurement and manipulation of intralabyrinthine pressure in experimental endolymphatic hydrops. Laryngoscope 101: 661-668

Arab SF, Duwel P, Jungling E, Westhofen M, Luckhoff A (2004b) Inhibition of voltage-gated calcium currents in type II vestibular hair cells by cinnarizine. Naunyn Schmiedebergs Arch Pharmacol 369: 570-575

Arenberg IK, Stahle J (1981) Endolymphatic sac operations for Meniere's disease. A comparison of the pressure sensitive unidirectional inner ear valve and silastic sheeting in patients with a minimum one year follow-up. Am J Otol 2: 329-334

Austin DF (1991) Class A results in Meniere's disease. Am J Otol 12: 317-322

Bouccara D, Ferrary E, El Garem H, Couloigner V, Coudert C, Sterkers O (1998) Inner ear pressure in Meniere's disease and fluctuating hearing loss determined by tympanic membrane displacement analysis. Audiology 37: 255-261

Carlborg B, Densert B, Densert O (1982) Functional patency of the cochlear aqueduct. Ann Otol Rhinol Laryngol 91: 209-215

Carlborg B, Farmer J Jr, Carlborg A (1990) Effects of hypobaric pressure on the labyrinth. Cochlear aqueduct patent. Acta Otolaryngol 110: 386-393

Cohen J, Morizono T (1984) Changes in EP and inner ear ionic concentrations in experimental endolymphatic hydrops. Acta Otolaryngol 98: 398-402

Densert B, Densert O, Erlandsson B, Sheppard H (1986) Transmission of complex pressure waves through the perilymphatic fluid in cats. Acta Otolaryngol 102: 403-409

Densert B, Sass K (2001) Control of symptoms in patients with Meniere's disease using middle ear pressure applications: two years follow-up. Acta Otolaryngol 121: 616-621

Dobie RA, Black FO, Pezsnecker SC, Stallings VL (2006) Hearing loss in patients with vestibulotoxic reactions to gentamicin therapy. Arch.Otolaryngol. Head Neck Surg 132: 253-257

Dohlman GF (1980) Mechanism of the Meniere attack. ORL J Otorhinolaryngol Relat Spec 42: 10-19

Dohlmann GF (1976) On the mechanism of the Meniere attack. Arch.Otorhinolaryngol 212: 301-307

Duwel P, Haasler T, Jungling E, Duong TA, Westhofen M, Luckhoff A (2005) Effects of cinnarizine on calcium and pressure-dependent potassium currents in guinea pig vestibular hair cells. Naunyn Schmiedebergs Arch Pharmacol 371: 441-448

Duwel P, Jungling E, Westhofen M, Luckhoff A (2003) Potassium currents in vestibular type II hair cells activated by hydrostatic pressure. Neuroscience 116: 963-972

Franz B, van der LF (2005) P-100 in the treatment of Meniere's disease: a clinical study. Int Tinnitus J 11: 146-149

Franz P, Hamzavi JS, Schneider B, Ehrenberger K (2003) Do middle ear muscles trigger attacks of Meniere's disease? Acta Otolaryngol 123: 133-137

Ghiz AF, Salt AN, DeMott JE, Henson MM, Henson OW Jr, Gewalt SL (2001) Quantitative anatomy of the round window and cochlear aqueduct in guinea pigs. Hear Res 162: 105-112

Guild SR (1927) The circulation of the endolymph. Am J Anat 39: 57-81

Hosseinzadeh M, Hilinski JM, Turner WJ, Harris JP (1998) Meniere disease caused by an anomalous vein of the vestibular aqueduct. Arch Otolaryngol Head Neck Surg 124: 695-698

Huttenbrink KB (1989) [The functional significance of the suspending ligaments of the ear ossicle chain]. Laryngorhinootologie 68: 146-151

Ikeda K, Morizono T (1991) Ionic activities of the inner ear fluid and ionic permeabilities of the cochlear duct in endolymphatic hydrops of the guinea pig. Hear Res 51: 185-192

Katsarkas A, Baxter JD (1976) Cochlear and vestibular dysfunction resulting from physical exertion or environmental pressure changes. J Otolaryngol 5: 24-32

Kimura RS, Hutta J (1997) Inhibition of experimentally induced endolymphatic hydrops by middle ear ventilation. Eur Arch Otorhinolaryngol 254: 213-218

Kitahara M, Suzuki M, Kodama A (1994) Equilibrium of inner and middle ear pressure. Acta Otolaryngol Suppl 510: 113-115

Kitamura K, Takahashi K, Noguchi Y, Kuroishikawa Y, Tamagawa Y, Ishikawa K, Ichimura K, Hagiwara H (2000) Mutations of the Pendred syndrome gene (PDS) in patients with large vestibular aqueduct. Acta Otolaryngol 120: 137-141

Kitano H, Suzuki M, Kitanishi T, Yazawa Y, Kitajima K, Isono T, Takeda T, Kimura H, Tooyama I (1999a) Regulation of inner ear fluid in the rat by vasopressin. Neuroreport 10: 1205-1207

Lange G (1977) [The intratympanic treatment of Meniere's disease with ototoxic antibiotics. A follow-up study of 55 cases (author's transl)]. Laryngol Rhinol Otol (Stuttg) 56: 409-414

Lange G, Mann W, Maurer J (2003) [Intratympanic interval therapy of Meniere disease with gentamicin with preserving cochlear function]. HNO 51: 898-902

Laurens-Thalen EO, Wit HP, Segenhout JM, Albers FW (2004) Direct measurement flow resistance of cochlear aqueduct in guinea pigs. Acta Otolaryngol 124: 670-674

Lawrence M (1966) Histological evidence for localized radial flow of endolymph. Arch Otolaryngol 83: 406-412

Lehner R, Brugger H, Maassen MM, Zenner HP (1997) A totally implantable drug delivery system for local therapy of the middle and inner ear. Ear Nose Throat J 76: 567-570

Maier W, Ross U, Fradis M, Richter B (1997) Middle ear pressure and dysfunction of the labyrinth: is there a relationship? Ann Otol Rhinol Laryngol 106: 478-482

Meyer zum Gottesberge A, Schleicher A, Drummer C, Gerzer R (1995) The volume protective natriuretic peptide system in the inner ear. Comparison between vestibular and cochlear compartments. Acta Otolaryngol Suppl 520 Pt 1: 170-173

Milhaud PG, Pondugula SR, Lee JH, Herzog M, Lehouelleur J, Wangemann P, Sans A, Marcus DC (2002) Chloride secretion by semicircular canal duct epithelium is stimulated via beta 2-adrenergic receptors. Am J Physiol Cell Physiol 283: C1752-C1760

Minor LB, Solomon D, Zinreich JS, Zee DS (1998) Sound- and/or pressure-induced vertigo due to bone dehiscence of the superior semicircular canal. Arch Otolaryngol Head Neck Surg 124: 249-258

Monsel EM (1995) New and revised reporting guidelines from the Committee on Hearing and Equilibrium. American Academy of Otolaryngology-Head and Neck Surgery Foundation, Inc. Otolaryngol Head Neck Surg 113: 176-178

Montandon P, Guillemin P, Hausler R (1988) Prevention of vertigo in Meniere's syndrome by means of transtympanic ventilation tubes. ORL J Otorhinolaryngol Relat Spec 50: 377-381

Murakami R, Gyo K, Goode RL (1998) Effect of increased inner ear pressure on middle ear mechanics. Otolaryngol Head Neck Surg 118: 703-708

Nishihara S, Gyo K, Yanagihara N (1992) Transmission of change in the atmospheric pressure of the external ear to the perilymph. Am J Otol 13: 364-368

Odkvist LM, Arlinger S, Billermark E, Densert B, Lindholm S, Wallqvist J (2000) Effects of middle ear pressure changes on clinical symptoms in patients with Meniere's disease–a clinical multicentre placebo-controlled study. Acta Otolaryngol Suppl 543: 99-101

Park JJH, Chen Y, Westhofen M (2007) Otolithenfunktionsprüfung vor und nach Paukenröhrcheneinlage bei Morbus Menière mit pathologischem Mittelohrdruck. GMS, https://www.egms.de/en/meetings/hnod2007/07hnod370.shtml

Plontke S, Siedow N, Hahn H, Wegener R, Zenner HP, Salt AN (2004) [1D-and 3D- computer simulation for experimental planning and interpretation of pharmacokinetic studies in the inner ear after local drug delivery]. ALTEX 21 Suppl 3: 77-85

Plontke SK, Salt AN (2003) Quantitative interpretation of corticosteroid pharmacokinetics in inner fluids using computer simulations. Hear Res 182: 34-42

Rosingh HJ, Wit HP, Albers FW (1998) Perilymphatic pressure dynamics following posture change in patients with Meniere's disease and in normal hearing subjects. Acta Otolaryngol 118: 1-5

Ruckenstein MJ, Harrison RV (1999) Cochlear pathophysiology in Meniere's disease. A critical appraisal 195: 202

Salt AN (2001) Regulation of endolymphatic fluid volume. Ann N Y Acad Sci 942: 306-312

Salt AN, Ohyama K, Thalmann R (1991) Radial communication between the perilymphatic scalae of the cochlea. II: Estimation by bolus injection of tracer into the sealed cochlea. Hear Res 56: 37-43

Salt AN, Rask-Andersen H (2004) Responses of the endolymphatic sac to perilymphatic injections and withdrawals: evidence for the presence of a one-way valve. Hear Res 191: 90-100

Salt AN, Thalmann R (1987) New concepts regarding the volume flow of endolymph and perilymph. Adv Otorhinolaryngol 37: 11-17

Schuknecht HF (1978) Delayed endolymphatic hydrops. Ann Otol Rhinol Laryngol 87: 743-748

Schuknecht HF, Belal AA (1975) The utriculo-endolymphatic valve: its functional significance. J Laryngol Otol 89: 985-996

Schuknecht HF, Witt RL (1985) Suppressed sneezing as a cause of hearing loss and vertigo. Am J Otolaryngol 6: 468-470

Suzuki M, Kitahara M, Kitano H (1994) The influence of middle ear pressure changes on the primary vestibular neurons in guinea pigs. Acta Otolaryngol Suppl 510: 9-15

Suzuki M, Kitanom H, Yazawa Y, Kitajima K (1998) Involvement of round and oval windows in the vestibular response to pressure changes in the middle ear of guinea pigs. Acta Otolaryngol 118: 712-716

Tjernstrom O (1974) Further studies on alternobaric vertigo. Posture and passive equilibration of middle ear pressure. Acta Otolaryngol 78: 221-231

Tjernstrom O (1977) Effects of middle ear pressure on the inner ear. Acta Otolaryngol 83: 11-15

Tjetnstrom O (1974) Middle ear mechanics and alternobaric vertigo. Acta Otolaryngol 78: 376-384

Tumarkin A (1966) Thoughts on the treatment of labyrinthopathy. J Laryngol Otol 80: 1041-1053

Westhofen M (2004) Destruierende und funktionserhaltende Operationsverfahren in der Therapie peripherer vestibulärer Erkrankungen. In: Westhofen M (Hrsg) Vestibularfunktion. Brücke zwischen Forschung und Praxis. Springer, Wien New York

Westhofen M (2007a) Der kalorische Wendetest. In: Scherer H (Hrsg) Der Gleichgewichtssinn. Springer, Wien New York

Westhofen M (2007b) Otolith-ocular responses in Meniere's patients before and after endolymphatic shunt operation. J Vestib Res (in press)

Wit HP, Feijen RA, Albers FW (2003) Cochlear aqueduct flow resistance is not constant during evoked inner ear pressure change in the guinea pig. Hear Res 175: 190-199

Wit HP, Thalen EO, Albers FW (1999) Dynamics of inner ear pressure release, measured with a double-barreled micropipette in the guinea pig. Hear Res 132: 131-139

Wit HP, Warmerdam TJ, Albers FW (2000) Measurement of the mechanical compliance of the endolymphatic compartments in the guinea pig. Hear Res 145: 82-90

Zenner HP, Reuter G, Zimmermann U, Gitter AH, Fermin C, LePage EL (1994) Transitory endolymph leakage induced hearing loss and tinnitus: depolarization, biphasic shortening and loss of electromotility of outer hair cells. Eur Arch Otorhinolaryngol 251: 143-153

Zucca G, Maracci A, Milesi V, Trimarchi M, Mira E, Manfrin M, Quaglieri S, Valli P (1995) Osmolar changes and neural activity in frog vestibular organs. Acta Otolaryngol 115: 34-39

Medikamentöse Therapie der Labyrinthfunktionsstörung vor dem Hintergrund haarzellphysiologischer Untersuchungen

T. A. Duong Dinh und M. Westhofen

Labyrinthfunktionsstörung: von Pathophysiologie zur medikamentöser Therapie

Die medikamentöse Therapie vestibulärer Labyrinthfunktionsstörung ist auf Grund fehlender Kenntnisse über die zelluläre Pathophysiologie dieser Erkrankungen nicht optimiert. Viele zum Einsatz kommende Medikamente haben entweder vasodilatorischen und rheologischen Effekt, oder sie haben einen supprimierenden Einfluss auf die Gleichgewichtsorgane. Keines dieser Pharmaka hat jedoch eindeutig die vestibuläre Haarzelle als Wirkungsort. Untersuchungen an vestibulären Haarzellen dienen einerseits dem Verständnis pathophysiologischer Mechanismen labyrinthärer Erkrankungen, andererseits sind sie für die Entwicklung neuer Pharmaka von großer Bedeutung.

Der vorliegende Beitrag gewährt einen Einblick in experimentelle Untersuchungsmethoden an vestibulären Typ II Haarzellen, deren elektrophysiologisches Verhalten bei der Aufschlüsselung der Pathophysiologie der vestibulären Erkrankungen eine große Rolle spielt. Darüber hinaus werden bestimmte Pharmaka bezüglich ihres Einflusses auf das Verhalten vestibulärer Haarzellen charakterisiert. Die Quantifizierung der Transmitterfreisetzung und deren pharmakologische Beeinflussbarkeit eröffnen zusätzlich neue Möglichkeiten zur medikamentösen Suppression vestibulärer Dysfunktionen. Aufzeichnungen des Membranpotenzials vestibulärer Haarzellen charakterisieren darüber hinaus ihr physiologisches und pathophysiologisches Frequenzverhalten.

Für das pathophysiologische Verständnis vestibulärer Erkrankungen wie M. Menière sind Untersuchungen an vestibulären Haarzellen unerlässlich. Die erzielten Ergebnisse spielen außerdem bei der Entwicklung neuer Therapiestrategien, insbesondere bei der lokalen Therapie vestibulärer Funktionsstörungen, eine große Rolle.

Untersuchungen an vestibulären Typ II Haarzellen: Beitrag zum Verständnis pathophysiologischer Vorgänge beim M. Menière

Unsere Arbeitsgruppe aus Aachen hat ein Tiermodell entwickelt, welches mit Hilfe elektrophysiologischer Untersuchungsmethoden verschiedene Ionenströme quantifiziert. Diese sind für das Verständnis der Pathophysiologie des M. Menière von großer Bedeutung. Es sind insbesondere Ionenströme, welche einerseits für das Depolarisation- und andererseits für das Repolarisationsverhalten der Haarzellen verantwortlich sind. Diese werden in ihren Eigenschaften charakterisiert und anschließend auf deren pharmakologische Beeinflussbarkeit untersucht. Es sind insbesondere Calcium- und Kaliumkanäle, welche das physiologische Verhalten vestibulärer Haarzellen charakterisieren. Dabei sind unter anderem die einwärts gerichteten Calcium- und Kaliumströme durch den so genannten Transduktionskanal für den Depolarisationsvorgang verantwortlich. Es folgt die Aktivierung spannungsabhängiger Ionenkanäle, von denen der Calciumkanal für die Transmitterausschüttung essentiell ist. Der Calciumeinwärtsstrom mobilisiert den intrazellulären Calciumspeicher, was zu einer Erhöhung der intrazellulären Calciumkonzentration führt. Eine Transmitterausschüttung in den präsynaptischen Spalt ist dann die Folge. Die Quantifizierung der Transmitterausschüttung erfolgt indirekt über die Messung der Membrankapazität, deren Zunahme die Exozytose darstellt. Die dafür notwendige Messung wurde von Lindau entwickelt (Lindau und Neher 1988) und erfordert absolut konstante Messbedingungen. Diese sind unter anderem durch eine ultraschallgesteuerte Badstandsregelung gewährleistet, welche in unserem Labor konstruiert wurde (Duong Dinh et al. 2006). Die Repolarisation der vestibulären Haarzelle wird dann durch den von auswärts gerichteten Kaliumstrom initiiert. Das Membranpotenzial sinkt unter die Reizschwelle. Die Abfolge der Depolarisation und Repolarisation stellt das Frequenzverhalten der vestibulären Haarzelle dar. Um dieses zu untersuchen, sind Aufzeichnungen des Membranpotenzials unerlässlich. Dieses wird durch die so genannte current clamp Messung aufgezeichnet. Hierbei werden die Membranpotenziale der Zelle während der Applikation eines Stroms gemessen. Diese sind abhängig von der Stromamplitude und der Applikationsdauer. Wird die Stromstärke so gewählt, dass durch die Potenzialänderung an der Zellmembran spannungsabhängige Ionenkanäle aktiviert werden, werden Transmitterfreisetzungen initiiert, welche in Form einer Kapazitätsänderung quantifiziert werden können.

Die aus den Experimenten an der vestibulären Haarzelle gewonnenen Erkenntnisse stellen die Basis für weitere Untersuchungen bezüglich der medikamentösen Beeinflussbarkeit dieser Zellen dar. Nimmt man an, dass beim M. Menière der endolymphatische Hydrops und die perilymphatische Hypertension eine große Rolle spielen, so können durch Badstandsänderung bei der patch-clamp Untersuchung die Druckverhältnisse variiert werden. Das dadurch veränderte physiologische Verhalten der vestibulären Haarzellen sowie dessen medikamentöse Beeinflussbarkeit können charakterisiert werden.

Druckabhängiger Kaliumkanal im Netzwerk der Ionenkanäle und dessen Rolle im Frequenzverhalten der vestibulären Typ II Haarzelle

Der druckabhängige Kaliumkanal wurde erstmalig von unserer Arbeitsgruppe beschrieben (Düwel et al. 2003). Für das Frequenzverhalten spielt dieser auswärtsgerichtete Kaliumstrom eine entscheidende Rolle, da er maßgeblich für den Repolarisationsvorgang ist. Durch das Ausströmen von positiv geladenen K^+ Ionen wird das Membranpotenzial der vestibulären Typ II Haarzelle in Richtung Ruhepotential verschoben, so dass die Zelle für eine erneute Transmitterausschüttung bereit ist. Unsere Arbeitsgruppe konnte zeigen, dass dieser calciumabhängige Kanal als einziger eine drucksensitive Komponente besitzt (Düwel et al. 2003). Es konnte experimentell nachgewiesen werden, dass bereits bei einer Druckerhöhung von ca. 0,3 cm H_2O eine signifikante Zunahme des Kaliumauswärtsstroms nachweisbar ist (Düwel et al. 2003). Druckerhöhungen von 0,3 cm H_2O werden für die Auslösung eines akuten endolymphatischen Hydrops allgemein angenommen (Andrews et al. 1997). Kommt es beim M. Menière und Labyrintherkrankungen mit perilymphatischer Hypertension zu vergleichbarem Druckanstieg, so ist es durchaus vorstellbar, dass durch Druckerhöhungen vermehrt Kaliumausstrom aus den vestibulären Haarzellen stattfindet, welcher zu einer raschen Repolarisation dieser Zellen führt. Die Folge wäre demzufolge eine schnellere Abfolge von Depolarisations- und Repolarisationsvorgängen. Die Frequenz der Transmitterausschüttung nimmt zu. Um diesen Sachverhalt jedoch experimentell zu belegen, ist es notwendig, das Membranpotenzial der vestibulären Haarzellen im current-clamp Modus darzustellen. Hierbei wird den Zellen künstlich ein Strom appliziert. Dadurch erreichen die Zellen ein Membranpotenzial, bei welchem spannungsabhängige Calciumkanäle aktiviert werden. Es werden, wie oben beschrieben, auf Grund der Zunahme intrazellulärer Calciumkonzentration Transmitter freigesetzt. Misst man nun die Zellkapazität vor und nach der Stromapplikation, wird eine Zunahme der Kapazität als Maß für die Transmitterfreisetzung festgestellt. Es konnte ebenfalls gezeigt werden, dass durch die Druckerhöhung das Membranpotenzial beeinflusst wird. Diese verschiedenen Membranpotenziale bewirken wiederum unterschiedliche Kapazitätszunahmen, was indirekt den Einfluss des Drucks auf die Transmitterausschüttung experimentell belegt.

Medikamentöse Beeinflussbarkeit der Transmitterausschüttung

Unsere Arbeitsgruppe untersuchte die Wirkung verschiedener Pharmaka auf Ionenkanäle, insbesondere auf den drucksensitiven Kaliumkanal. Seine pharmakologische Sensibilität wurde nachfolgend durch Zugabe unterschiedlicher spezifischer Blocker untersucht. Im Gegensatz zu Nifedipin, welches keine Wirkung auf den Kaliumkanal aufwies, wirkte Cinnarizin bereits in einer Konzentration von 1 µM auch in Abwesenheit extrazellulären Calciums der druckabhängigen Komponente entgegen, indem es den Kaliumauswärtsstrom signifikant senkte (Düwel et al. 2005). Es ist deshalb anzunehmen, dass der drucksensitive Auswärtsstrom und der calciumabhängige Kaliumstrom identisch sind. Untersucht man die Wirkung von Cinnarizin auf die Transmitterfreisetzung vestibulärer Haarzellen, so wirkt dieses Medikament der Kapazitätszunahme entgegen. Dies zeigt den inhibitorischen Effekt von Cinnarizin auf die Transmitterfreisetzung und somit auf die Signalweiterleitung.

Es ist für die Therapie des M. Menière und andere Labyrinthstörungen von großer Bedeutung, über Erkenntnisse zum pathophysiologischen Verhalten vestibulärer Haarzellen zu verfügen, um den Patienten gezielter medikamentöser Therapie zukommen lassen zu können. Es ist darüber hinaus für die Entwicklung zukünftiger Therapieoptionen wie der lokalen Applikation von Pharmaka unerlässlich, auf Ergebnisse derartiger tierexperimenteller Untersuchungen zurück greifen zu können.

Literatur

Düwel P, Jüngling E, Westhofen M, Lückhoff A (2003) Potassium currents in vestibular type II hair cells activated by hydrostatic pressure. Neuroscience 116: 963-972

Düwel P, Haasler T, Jüngling E, Duong Dinh TA, Westhofen M, Lückhoff A (2005) Effects of cinnarizine on calcium and pressure-dependent potassium currents in guinea pig vestibular hair cells. Naunyn Schmiedebergs Arch Pharmacol 371: 441-448

Duong Dinh TA, Jüngling E, Westhofen M, Lückhoff A (2006) Ultrasonic bath depth control and regulation in single cell recordings. Pflügers Arch 452: 784-788

Lindau M, Neher E (1988) Patch clamp techniques for time-resolved capacitance measurements in single cells. Pflüger Arch 411: 137-146

Vestibulär evozierte myogene Potenziale – Stellenwert eines neueren Untersuchungsinstruments zur Beurteilung der Sakkulusfunktion

J.-H. Krömer, T. Basel und B. Lütkenhöner

Das vestibuläre System

Das Innenohr enthält die Cochlea sowie das Vestibularorgan als peripheres Organ des Gleichgewichtssinns. Das Vestibularorgan umfasst ein System von mechanischen Beschleunigungsrezeptoren. Dieses besteht zum einen aus dem Otolithenapparat für die Erfassung der geradlinigen Translations-Beschleunigungen und zum anderen aus dem Bogengangssystem für die Registrierung der angulären (Winkel-) Beschleunigung, welches sich aus drei Bogengängen zusammensetzt, die annähernd senkrecht zueinander stehen und somit alle drei Raumdimensionen abbilden.

In jedem Bogengang ist ein eigenes Sinneszellsystem lokalisiert, die Crista ampullaris mit der Cupula; hier finden sich die auf der Crista liegenden Sinneszellen, die sich bis in die gallertartige Cupula erstrecken. Der restliche Bogengang ist von Endolymphe ausgefüllt. Kommt es nun zu einer Kopfbewegung, so werden die in der Cupula liegenden Zilien ausgelenkt (Trägheit der Endolymphe). Über einen „Push-Pull-Mechanismus" wird der Drehreiz in den Vestibulariskernen noch weiter verstärkt; durch die spiegelbildliche Anordnung beider Bogengangsysteme erfolgt bei einer Hemmung der Nervenentladungen auf der einen Seite eine entsprechende Zunahme auf der anderen Seite (Probst et al. 2000).

Zum Otolithenapparat gehören Sakkulus und Utrikulus; in aufrechter Körperposition liegt die Macula des Utrikulus nahezu horizontal, die des Sakkulus vertical. Somit werden bei entsprechender Kopfstellung die jeweiligen Zilien abgeschert. Hierbei erstrecken sich die Zilien in die so genannte Otolithenmembran, die aus einer gelatinösen Masse besteht. Auf dieser befinden sich die Calcit-Kristalle (Otolithen). Kommt es nun zu einer Linearbeschleunigung, so verschiebt sich die träge Otolithenmembran gegenüber der Sinneszellschicht. Mithilfe der stets einwirkenden Gravitation und der Registrierung der entsprechenden Linearbeschleunigungen gelingt es dem vestibulären System, die Position des Kopfes im Raum zu bestimmen.

Die nervale Faserversorgung der einzelnen Rezeptoren erfolgt über den N. vestibularis; dieser setzt sich aus zwei Anteilen zusammen, wobei der inferiore vorwiegend die Informationen des Sakkulus und des hinteren Bogenganges, der superiore Anteil die Impulse der beiden anderen Bogengänge und des Utrikulus führt (Gacek 1975).

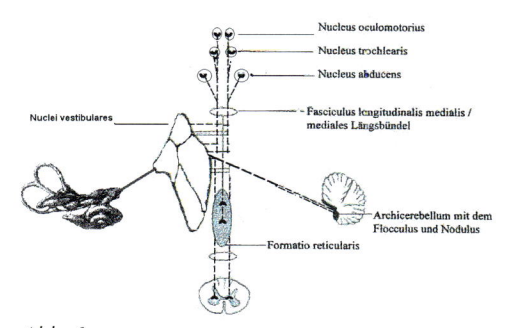

Abb. 1
Schematische Darstellung des vestibulären Systems [gezeichnet in Anlehnung an: Duus P (1990) Neurologisch-topische Diagnostik, 5. Aufl. Stuttgart: Thieme]

Die Informationsweiterleitung erfolgt über der N. vestibularis in den Hirnstamm; dort werden die Informationen in den Vestibulariskernen untereinander verschaltet und verglichen. Die abgehenden Efferenzen ziehen von dort zum parietotemporalen Kortex, zu den Augenmuskelkernen und zu den α-Motoneuronen der Vorderhornzellen des Rückenmarks.

Vestibulocolliculäre Reflexe: Vestibulär evozierte myogene Potenziale (VEMP)

Der Sakkulus nimmt aufgrund der Ausrichtung seiner Sinneszellen bevorzugt vertikale Beschleunigungen auf, so dass eine spezifische Untersuchung dieses Teilorgans des Vestibularapparates mit einem Gerät, welches den Körper in der Vertikalen beschleunigt, über die Messung des vestibuloocculären Reflex möglich ist. Diese Art der Untersuchung ist jedoch zum einen in der klinischen Routineuntersuchung zu aufwendig und zum anderen keine seitengetrennte Untersuchung.

Im Jahre 1992 wurde durch Colebatch und Halmagyi mit der Ableitung der vestibulär evozierten myogenen Potenziale erstmalig eine einseitige selektive Sakkulusuntersuchungsmethode etabliert. Es handelt sich um ein Testverfahren, welches eine Aussage über den geprüften Sakkulus und seine Bahn, den inferioren Ast des Nervus vestibularis zulässt. Die Ableitung der vestibulär evozierten myogenen Potenziale ist ein vestibulocolliculärer Reflex, welcher als phyogenetisches Relikt gewertet werden kann. Durch laute Klickreize hohen Schalldrucks, die über den äußeren Gehörgang auf ein Ohr gegeben werden, kommt es nicht nur zu einer Erregung der Cochlea, sondern auch des Sakkulus, wie verschiedene tierexperimentelle Studien zeigen konnten. Am deutlichsten ist die Reizantwort im EMG des ipsilateralen Musculus sternocleidomastoideus zu erkennen, weshalb dieser im Allgemeinen als Ableitort gewählt wird. Bei der Messung hat sich eine Platzierung der Messelektroden über dem mittleren Drittel des Musculus sternocleidomastoideus und eine kräftige Vorspannung des Muskels, welche durch Drehung des Kopfes zur Gegenseite erreicht werden kann, bewährt. Als typische Reizantwort findet man im EMG zwei aufeinander folgende Potenzialkomplexe, die jeweils zwei Komponenten aufweisen; zu unterscheiden ist ein früher sacculärer von einem späteren cochleären Komplex (Zhou und Cox 2004; Akin und Murnane 2003; Al-Abdulhadi et al. 2002; Bickford et al. 1964; Clarke et al. 2003; Colebatch et al. 1994).

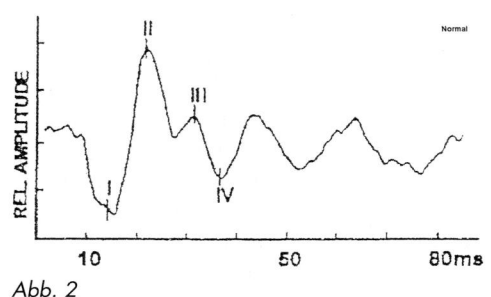

Abb. 2

typisches vestibulär evoziertes myogenes Potenzial I,II : sacculärer Potenzialkomplex; III,IV: cochleärer Potenzialkomplex (Hamann 2006)

Der frühe sacculäre Komplex setzt sich zusammen aus den Wellen p13 bei einer Latenzzeit von 13ms und n23 bei 23ms (p13, n23), der spätere cochleäre Komplex bei 34ms und 44ms (n34, p44). Es hat sich allerdings gezeigt, dass es auch bei vestibulär gesunden Personen zu Unterschieden hinsichtlich der Latenzen der einzelnen Wellenkomplexe kommen kann. Sowohl Tierexperimente als auch Untersuchungen bei Patienten haben gezeigt, das bei durchtrenntem Nervus vestibularis der frühe Wellenkomplex nicht mehr nachweisbar ist, während hingegen die cochleäre Reizantwort in Form des späten Komplexes erhalten bleibt (Colebatch 1994).

Methoden

Um VEMP ableiten zu können benötigt man als Apparatur einen Klickgenerator, wie er in jeder BERA-Anlage enthalten ist. Die Reizgebung, z.B. Klicks von 0,1ms, erfolgt über Kopfhörer. Zur EMG-Ableitung ist eine elektrophysiologische Registriereinheit mit entsprechenden Filtern notwendig. Die Potenzialerfassung erfolgt mittels fünf Elektroden. Eine Erdungselektrode als Neutrale auf der Stirn des Probanden und je zwei Elektroden pro Seite, die im mittleren sowie unteren Drittel des Musculus sternocleidomastoideus angebracht werden. Nach Entfetten der Haut und Platzierung der Elektroden wird der Proband entsprechend gelagert; es gibt nun verschiedene Kopf-Positionen, die zur Ableitung der VEMP gebräuchlich sind (Hamann und Haarfeldt 2006). Es hat sich im klinischen Alltag gezeigt, dass es insbesondere bei alten Patienten schwierig sein kann, eine ausreichende Vorspannung des Muskels aufrecht zu erhalten. Dieser Umstand kann deutlichen Einfluss auf die Messergebnisse haben. Nach unseren Erfahrungen hinsichtlich der Kopf-Position hat es sich bewährt, den Probanden aufrecht zu setzen und dann eine Kopfdrehung von dem zu prüfenden Ohr weg vorzunehmen. In jüngeren Studien wird der elektromyographischen Aktivität mehr Beachtung geschenkt, wobei sich deutliche Unterschiede zwischen einseitiger und beidseitiger Muskelspannung zeigen. Wang und Young (2003) verglichen VEMP nach ein- und beidohriger Stimulation; es zeigten sich keine signifikanten Unterschiede, so dass sich bei älteren oder körperlich eingeschränkten Personen auch eine beidohrige Ableitung anbietet.

Anstelle von Klicks können auch Tonbursts über Kopfhörer angeboten werden, ein- oder beidohrig. Eine Darbietung der Stimuli über Knochenleitung ist ebenfalls möglich, wird aber nicht als Routineverfahren eingesetzt. Es hat sich gezeigt, dass Stimuli von 90 dB nHL ausreichen, um adäquate Antworten zu evozieren. Insgesamt werden ca. 200 Stimuli mit einer Wiederholungsrate von 5-7/s präsentiert; Stimulusfrequenzen um 500-1000Hz ergeben erfahrungsgemäß große Amplituden; es wird auch eine lineare Beziehung zwischen ansteigender Intensität des Stimulus und Größe der Amplitude beschrieben (Colebatch et al. 1994).

Auswertung

Zur Auswertung der registrierten Messergebnisse werden die gefundenen Antworten gemittelt; die Reproduzierbarkeit wird durch eine Doppelmessung für jede Seite kontrolliert. Die Bewertung der Potenziale richtet sich zunächst einmal nach der Frage, ob ein Sakkuluspotenzial eindeutig nachweisbar ist oder nicht. Hierzu werden die als biphasische (positiv-negativ) beschriebenen Wellen analysiert; das „p" steht für den positiven Peak (d.h. p13), mit „n" wird der negative Ausschlag (d.h. n23) bezeichnet. Der zweite Komplex „n34-p44" wird nach Angaben in der Literatur nicht bei allen untersuchten Personen gefunden, die Angaben schwanken zwischen 60% (Colebatch et al. 1994) und 68% (Robertson and Ireland 1995). Die Amplitude der gefundenen Wellen kann zwischen einigen wenigen Mikrovolt bis hinzu mehreren hundert Mikrovolt variieren, abhängig von der jeweiligen Muskelspannung und den angebotenen Stimuli (Cheng und Murofushi 2001; Colebatch et al. 1994). Hinsichtlich der Latenzen gibt es nur wenige Unterschiede (auch im Seitenvergleich), so dass sie bei der Interpretation der Befunde keine wesentliche Rolle spielen. Ein quantitativer Seitenvergleich ist nur dann sinnvoll, wenn ein seitengleicher Muskeltonus vorliegt- genau hier liegt aber die Schwierigkeit. Wegen der natürlichen Schwankungen des Muskeltonus sind Potenzialunterschiede erst ab 50%-Punkten als pathologisch zu werten.

Bei einer Schallleitungsschwerhörigkeit wird die dem Innenohr zugeführte Schallenergie reduziert, somit wird auch der Sakkulus entsprechend weniger bis gar nicht stimuliert. So können dann trotz intakter Sakkulusfunktion keine VEMP abgeleitet werden. Auch haben Beobachtungen gezeigt, dass mit zunehmendem Alter physiologischerweise die VEMP erschwert auslösbar sind (Ochi und Ohashi 2001).

VEMP am Beispiel der Neuropathia vestibularis und des Vestibularisschwannoms

Im Verlauf soll nun an typischen Krankheitsbildern erläutert werden, welchen Stellenwert die VEMP-Registrierungen in der täglichen Routine haben. Allgemein gilt, dass- wie bei allen anderen Funktionsprüfungen der Vestibularisdiagnostik auch- die erhobenen Befunde alleine keine Diagnosestellung erlauben, sondern immer im Zusammenhang mit einer komplexen audiologischen und vestibulären Diagnostik beurteilt werden müssen. So lassen die bei der VEMP-Registrierung gefundenen Ergebnisse eine Interpretation der Funktion des Sakkulus sowie des Nervus vestibularis inferior zu.

Bei der Neuropathia vestibularis liegt häufig eine viral bedingte Entzündung des Vestibularnerven zugrunde. Es wird angenommen, dass bei dieser Erkrankung der inferiore Anteil des Nervs ausgespart bleibt. Demzufolge müsste das evozierte Potenzial des Sakkulus noch ableitbar sein, auch wenn in der thermischen Prüfung eine Mindererregbarkeit oder fehlende Erregbarkeit des horizontalen Bogenganges nachgewiesen ist, der vom oberen Vestibularisnerven versorgt wird (Halmagyi et al. 2002). Auch bei einem Patienten mit einem Schwannom des Nervus vestibularis inferior wäre bei einer unauffälligen kalorischen Vestibularisprüfung die Ableitung der vestibulär evozierten myogenen Potenziale jedoch wegweisend (Heide et al. 1999).

VEMP – Stellenwert in der täglichen Routinediagnostik

Anhand des Beispiels der Neuropathia vestibularis und einem Vestibularisschwannom wird deutlich, dass der Sacculustest als ergänzende Untersuchungsmethode bei der Vestibularsdiagnostik durchaus seine Berechtigung hat, da auf diese Weise zusätzliche Informationen gewonnen werden können. Wie oben schon näher beschrieben sollten jedoch die VEMP nicht isoliert betrachtet werden, sondern immer im Kontext mit den übrigen Befunden der Vestibularisdiagnostik interpretiert werden. Neben der Befunderhebung haben die Informationen der vestibulär evozierten myogenen Potenziale durchaus auch therapeutische Konsequenzen; bei Störungen der Sakkulusfunktion empfinden Patienten besonders bei Bewegungen in der Vertikalen (z.B. Treppesteigen, besonders beim Absteigen) ein Unsicherheitsgefühl. Hier empfehlen einige Autoren ein entsprechendes Habituationstraining zur zentralen Kompensation, z.B. in Form von Trampolinspringen (Hamann 2006).

Besondere Beachtung sollte vestibulär evozierten myogenen Potenzialen bei gutachterlichen Fragestellungen zukommen, ob es z.B. zu einer posttraumatisch aufgetretenen Läsion im peripheren Vestibularapparat geführt hat oder ob dieses System intakt ist.

Schließlich sollten die vestibulär evozierten myogenen Potenziale immer dann abgeleitet werden, wenn nach Anamnese und ausführlicher Vestibularisdiagnostik keine Ursache der angegebenen Schwindelbeschwerden gefunden werden kann.

Literatur

Akin FW, Murnane OD (2003) Vestibular evoked myogenic potentials: preliminary report. Journal of the American Academy of Audiology 12: 445-452

Al-Abdulhadi K, Zeitouni AG, Al-Sebeih K, Katsarkas A (2002) Evaluation of vestibular evoked myogenic potentials. The Journal of Otolaryngology 31: 93-96

Bickford RG, Jacobson JL, Cody DTR (1964) Nature of average evoked potentials to sound and other stimuli in man. Annals of the New York Academy of Sciences 112: 204-218

Clarke AH, Schonfeld U, Helling K (2003) Unilateral examination of utricle and saccule function. Journal of Vestibular Research 13: 215-225

Colebatch JG, Halmagyi GM (1992) Vestibular evoked potentials in human neck muscles before and after unilateral vestibular deafferentation. Neurology 42: 1635-6

Colebatch JG, Halmagyi GM, Skuse NF (1994) Myogenic potentials generated by a click-evoked vestibulocolic reflex. Journal of Neurology, Neurosurgery and Psychiatry 57: 1538-40

Gacek RR (1975) The innervation of the vestibular labyrinth. In: Naunton RF (ed) The Vestibular System. New York: Academic Press, pp 21-23

Halmagyi GM, Aw ST, Karlberg M, Curthoys IS, Todd MJ (2002) Inferior vestibular neuritis. Annals of the New York Academy of Sciences 956: 306-313

Halmagyi GM, Colebatch JG (1995) Vestibular evoked myogenic potentials in the sternomastoid muscle are not of lateral canal origin. Acta Otolaryngologica (Suppl. 520): 1-3

Halmagyi GM, Curthoys IS (1999) Clinical testing of otolith function. Annals of the New York Academy of Sciences 871: 195-204

Hamann K.-F, Haarfeldt R (2006) Vestibulär evozierte myogene Potenziale. HNO 54: 415-428

Heide G, Freitag S, Wollenberg I, Iro H, Schimrigk K, Dillmann U (1999) Click evoked myogenic potentials in the differential diagnosis of acute vertigo. Journal of Neurology, Neurosurgery, and Psychiatry 66: 787-790

Murofushi T, Curthoys IS, Topple AN et al. (1995) Responses of guinea pig primary vestibular neurons to clicks. Experimental Brain Research 103: 174-178

Murofushi T, Curthoys IS (1997) Physiological and anatomical study of click-sensitive primary vestibular afferents in the guinea pig. Acta Otolaryngol (Stockh) 117: 66-72

Murofushi T, Halmagyi GM, Yavor RA, Colebatch JG (1996) Absent vestibular evoked myogenic potentials in vestibular neurolabyrinthitis: an indicator of inferior vestibular nerve involvement. Archives of Otolaryngology - Head and Neck Surgery 122: 845-848

Murofushi T, Matsuzaki M, Mizuno M (1998) Vestibular evoked myogenic potentials in patients with acoustic neuomas. Archives of Otolaryngology-Head and Neck Surgery 124: 509-512

Ochi K, Ohashi T, Nishino H (2001) Variance of vestibular evoked myogenic potentials. Laryngoscope 111: 522-527

Probst R, Grevers G, Iro H (2000) Hals-Nasen-Ohrenheilkunde. Stuttgart New York: Georg Thieme, S 272-273

Young YH, Wu CC, Wu CH (2002) Augmentation of vestibular evoked myogenic potentials: an indicaton of distended saccular hydrops. Laryngoscope 112: 509-512

Zhou G, Cox LC (2004) Vestibular evoked myogenic potentials: history and overwiew. American Journal of Audiology 13: 135-143

Schwindelbeschwerden im Zusammenhang mit dem Tauchen

C. Klingmann und P. K. Plinkert

Einleitung

Der Aufenthalt unter Wasser war in den 50er und 60er Jahren des letzten Jahrhunderts vornehmlich militärischen Tauchern, professionellen Arbeitstauchern und Tauchpionieren wie Hans Haas oder Jacques Cousteau vorbehalten. In den 70er Jahren begann die Entstehung des Tauchens als Sport und Hobby, der in den letzten 15 Jahren eine rasante Verbreitung verbuchte, so dass es heute in Deutschland schätzungsweise 1-1,5 Millionen Menschen (Almeling 1999) und in den Vereinigten Staaten ca. 9 Millionen Menschen (Newton 2001) schon einmal tauchen waren oder regelmäßig den Tauchsport ausüben (Abb. 1). Parallel zu dieser Entwicklung steigt die Zahl der Taucher, die sich mit tauchassoziierten Beschwerden bei ihrem Hausarzt, Taucherarzt oder, da mehr als 80 % der Erkrankungen in das HNO-ärztlichen Gebiet fallen (Strutz 1993), bei ihrem HNO-Arzt vorstellen.

Taucher befinden sich in einer potentiell lebensbedrohlichen Umgebung. Die Atmung wird durch das Atmen von hyperbarer Luft aus Atemreglern sichergestellt. Die Orientierung unter Wasser findet vornehmlich visuell statt, allerdings können die Sichtweiten unter Wasser durch Schwebeteilchen, Wasserverunreinigungen, in Gebäuden und Schiffswracks oder bei Nacht bis auf wenige Zentimeter reduziert werden. Unter solchen Bedingungen ist der Taucher auf ein funktionierendes vestibuläres und propriozeptives System angewiesen. Störungen in der Wahrnehmung der Körperlage oder der Orientierung können für den Rückweg an die Wasseroberfläche lebensbedrohliche sein. Aus diesen Gründen spielt das Symptom „Schwindel" eine herausragende Rolle für Taucher. Vestibuläre Symptome können aber

Abb. 1:
Die faszinierende Welt unter Wasser zieht immer mehr Menschen in seinen Bann. In Deutschland schätzt man die Zahl der Taucher auf 1-1,5 Millionen Menschen. Mehr als 80 Prozent der Beschwerden von Tauchern treten im Hals-Nasen-Ohren-ärztlichen Fachgebiet auf.

nicht nur unter Wasser auftreten, sondern auch Ausdruck eines akuten Tauchunfalls des cochleo-vestibulären Systems sein. In der Folge solcher akuten Tauchunfälle treten häufig Langzeitschäden auf. Hinweise auf Langzeitschäden des vestibulären Systems, die unabhängig vom Tauchen auftreten sind vorhanden, eine abschließende Beurteilung hierzu erlaubt sich aber noch nicht.

Grundlagen

An der Wasseroberfläche in Meereshöhe herrscht ein Umgebungsdruck von näherungsweise einem bar, der durch das Gewicht der Luftsäule zustande kommt. In 10 Meter Wassertiefe verdoppelt sich der Druck und es herrscht ein Umgebungsdruck von 2 bar, der mit jeden weiteren 10 Metern Wassertiefe um jeweils 1 bar zunimmt. Während des Tauchens kommt es innerhalb einer sehr kurzen Zeit zu großen Druckunterschieden, die auf den Taucher einwirken. Zwei Gasgesetze spielen deshalb beim Tauchen eine herausragende Rolle.

„Bei konstanter Temperatur bleibt das Produkt aus Druck und Volumen konstant", so dass der Taucher bei Verdopplung des Umgebungsdrucks eine Halbierung der gasgefüllten Volumina erfährt. Da Flüssigkeiten nicht komprimierbar sind, kommt das Gesetz von Boyle-Mariotte vor allem in den luftgefüllten Hohlräumen zum Tragen: Mittelohr, Nasennebenhöhlen, Magen-Darm-Trakt, Zähne und Gehörgang, sofern der Gehörgang nicht mit Wasser geflutet wird. Taucht der Taucher auf 10 Meter Wassertiefe ab, halbiert sich das Gasvolumen im Mittelohr und in den Nasennebenhöhlen. Da diese Hohlräume nicht oder nur bedingt ihr Volumen verändern können, muss das Volumen durch Einströmen von Luft aus der Nase und dem Nasenrachenraum ausgeglichen werden. Eine erneute Halbierung des Gasvolumens erfolgt erst bei weiterem Abtauchen auf 30 Meter Wassertiefe, da es von 10 Meter (2 bar) auf 30 Meter (4 bar) erst wieder zu einer Druckverdopplung kommt (Abb. 1). Aus diesem Grund sind die ersten Meter des Abtauchens die gefahrenträchtigsten für druckbedingte Schäden.

Das Gesetz von Boyle-Mariotte

Das Gesetz von Henry

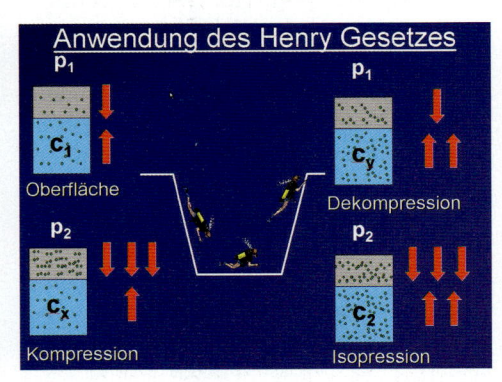

Abb. 2
Man kann erkennen, dass sich das Volumen innerhalb der ersten 10 Meter halbiert und eine erneute Halbierung erst bei weiterem Abtauchen auf 30 Meter auftritt. Der Bereich zwischen der Wasseroberfläche und 10 Meter ist folglich der Bereich mit den größten Volumenveränderungen in der kürzesten Zeit und somit besonders relevant für druckbedingte Schädigungen. (Zitiert aus HNO 2004 52: 757–769).

Abb. 3
An der Oberfläche herrschen ausgeglichene Druckverhältnisse: Umgebungsdruck (p_1) und Druck des Inertgases im Körper (c_1) stehen im ausgeglichenen Verhältnis. Während des Abtauchens (Kompressionsphase) kommt es zum Druckanstieg in der Einatemluft (p_2), die zu einer Aufsättigung des Körpers mit Stickstoff führt (c_x). Während der Isopressionsphase, d.h. die Phase des Tauchers am

Tauchgrund, kommt es zu einer weiteren Sättigung der Körpergewebe. In der Aufstiegsphase (Dekompressionsphase) herrscht in manchen Körpergeweben ein Überdruck, der zu einer Entsättigung führt. Wird die vorgegebene Aufstiegsgeschwindigkeit überschritten, kann der Stickstoff ausperlen und zu Gewebeschäden führen.
(Zitiert aus HNO 2004 52: 757–769).

„Die Menge eines in Flüssigkeit gelösten Gases ist abhängig von der Temperatur und dem Druck über der Flüssigkeit." Dieses Gesetz besagt, dass mit zunehmender Tauchtiefe mehr Gas im Körper gelöst wird. An der Wasseroberfläche, wie auch beim Tauchen mit Sporttauchgerät wird Luft geatmet, die ca. 21% Sauerstoff, 78% Stickstoff und ein Prozent weiterer Gase enthält. Während Sauerstoff dem Stoffwechsel unterliegt, geht Stickstoff als sog. Inertgas in den Körperflüssigkeiten in Lösung. Mit zunehmender Tauchtiefe erhöht sich der Umgebungsdruck und somit auch der Druck des Inertgases in der Einatemluft. Da die Temperatur als annähernd konstant angesehen werden kann, ist die Menge des gelösten Stickstoffs direkt vom Umgebungsdruck abhängig. Dies bedeutet, dass sich mit zunehmendem Umgebungsdruck Stickstoff im Körper löst (Abb. 2). Verschiedene Gewebe werden unterschiedlich durchblutet und weisen einen unterschiedlichen Löslichkeitskoeffizienten auf. Daher gibt es Gewebe die schnell gesättigt werden (z. B. das Blut, ZNS, Innenohr) und andere Gewebe, die erst nach mehreren Stunden oder Tagen komplett aufgesättigt sind (z. B. Knorpel oder Knochen). Das Gasgesetz von Henry ist Grundlage für die Entstehung der Dekompressionserkrankung. Taucht der Taucher nach einem Tauchgang zu schnell auf, kann das Löslichkeitsprodukt des Stickstoffs überschritten werden und es kommt zur Bildung kleiner Gasbläschen im Gewebe und Blut. Dieser Effekt ist dem Öffnen einer mit Kohlensäure versetzten Mineralwasserflasche vergleichbar: nach Öffnen des Verschlusses perlt das zuvor gelöste Kohlendioxid aus und bildet Gasbläschen. Aus diesem Grund müssen Tauchgänge geplant werden. Heute kommen wasserdichte Tauchcomputer zum Einsatz, die kontinuierlich die Sättigung des Tauchers berechnen, die notwendige Aufstiegsgeschwindigkeit überwachen und eventuelle Dekompressionsstopps zur Entsättigung anzeigen.

Schwindel bei Tauchern

Schwindelsymptome während des oder nach dem Tauchen können viele verschiedene Ursachen haben. Unterschiedliche Phasen des Tauchgangs lassen verschiedene Ursachen für die Entstehung des Schwindels zu. Der auftretende Schwindel ist nicht immer peripher vestibulärer Natur und sollte deshalb anhand der Charakteristik, Dauer und Begleitsymptome zunächst eingegrenzt werden. Im Folgenden soll auch auf Schwindel eingegangen werden, der nicht peripher vestibulärer Natur ist, um die differentialdiagnostische Eingrenzung zu erleichtern. Edmonds et al. veröffentlichten schon 1973 eine Zusammenstellung verschiedener Ursachen für Schwindel bei Tauchern (Edmonds 1973):
- Seitenungleiche kalorische Reizung:
  - Cerumen obturans
  - Gehörgangsexostosen
  - Otitis externa
  - Trommelfellperforation
  - Forciertes Valsalva-Manöver
- Barotraumata:
  - Außenohr
  - Mittelohr
  - Innenohr
- Dekompressionserkrankung
- Alternobarer Schwindel
- Seekrankheit
- Gasvergiftung
- Sensorische Deprivation

Abgesehen von den beiden letzten Punkten der Aufzählung (Intoxikation durch Atemgas und sensorische Deprivation) sind die Schwindelbeschwerden durchweg periphervestibulären Ursprungs. Um die Ursachenabklärung von Schwindelbeschwerden während des Tauchens zu erleichtern, ist die Einteilung

des Auftretens der Symptome in die verschiedenen Tauchgangsphasen hilfreich, da sie schon während der Anamneseerhebung den Untersucher den Weg zur korrekten Diagnose weist:
Empfehlenswert ist deshalb eine Unterteilung des Schwindels,
- während des Abtauchens,
- während des Aufenthalts am Tauchgrund,
- während des Aufstiegs,
- mit Erstmanifestation nach dem Tauchgang.

Schwindelbeschwerden während des Abtauchens

Seitendifferente kalorische Reizung während des Abtauchens
Eine ungleiche Flutung des Gehörgangs kann zu einer seitendifferenten kalorischen Reizung des lateralen Bogengangs führen. Ursächlich denkbar sind hierbei:
- eng anliegende Kopfhaube des Tauchanzugs,
- Otitis externa
- Cerumen obturans
- Gehörgangsexostosen
- Gehörgangsduplikaturen
- Vorliegen einer Radikalhöhle
- Trommelfellperforation

Eng anliegende Kopfhaube des Tauchanzugs: Bei kalter Umgebungstemperatur muss ein Schutz gegen thermische Auskühlung getragen werden. Gelegentlich schließen die Kopfhauben des Tauchanzugs den Gehörgang hermetisch ab, so dass kein Wasser in den Gehörgang einströmen kann. Als Folge resultiert ein Barotrauma des äußeren Ohres (siehe unten) und es kann eine ungleiche kalorische Reizung des Bogengangssystems auftreten.
Otitis externa: Ebenso kann durch eine oblitiierende Otitis externa eine ungleiche kalorische Reizung entstehen. Für den Taucher sind jedoch die Schmerzen vordergründig, so dass mit fortgeschrittener Otitis externa meist nicht getaucht wird.
Cerumen obturans: Es ist auch denkbar, dass eine unterschiedliche Belüftung (Flutung) des Gehörgangs durch obliterierende Cerumenbildung entsteht. Diese wird zwar theoretisch beschrieben, jedoch sind uns bisher noch keine solchen Fälle aus der klinischen Praxis bekannt.
Gehörgangsexostosen: Das Selbe gilt für die Exostosenbildung bei Tauchern. Diese werden sehr häufig beobachtet, führen jedoch selten zu Beschwerden. Berichtet wird von diesen Tauchern die Neigung zu rezedivierenden Gehörgangsentzündungen, jedoch ist uns bisher kein Fall bekannt, der über Schwindel klagte.
Gehörgangsduplikaturen: Gehörgangsduplikaturen können zu einer ungleichen kalorischen Reizung des Labyrinths führen.
Radikalhöhlenanlage: Obwohl eine Tauchtauglichkeit mit Vorliegen einer Radikalhöhle nicht vorliegt, gibt es trotzdem Taucher, die mit einer Radikalhöhle tauchen. Abhängig vom Ausmaß der Freilegung des Labyrinthblocks kann es hierbei zu heftigsten Schwindelanfällen kommen. In einem solchen Fall wird der Taucher das Tauchen selbst aufgeben. Wir haben jedoch in Heidelberg mehrere Taucher untersucht, die trotz dem Vorliegen einer Radikalhöhle zum Teil mehr als 1000 Tauchgänge schwindelfrei durchgeführt haben. Grundsätzlich sind Taucher mit Radikalhöhle also gefährdet Schwindel beim Eintritt von Wasser in den Gehörgang zu perceptieren, jedoch tritt der Schwindel nicht obligat auf.
Trommelfellperforation: Im Rahmen eines Mittelohr-Barotraumas tritt in ca. 20 Prozent der Fälle eine Trommelfellperforation auf. In kalten Gewässern kann hierdurch ein maximaler kalorischer Stimulus das Labyrinth reizen, da die Umgebungstemperatur in deutschen Gewässern häufig weniger als fünf Grad Celsius beträgt. Der Schwindel hält in der Regel nur 30 Sekunden bis wenige Minuten an. Allerdings wurden in Heidelberg schon viele Patienten mit einem Mittelohr-Barotrauma und Trommelfellperforation gesehen, die keinerlei Schwindelbeschwerden während des Akutereignisses des Trommelfellrisses beklagten (Abb. 4).

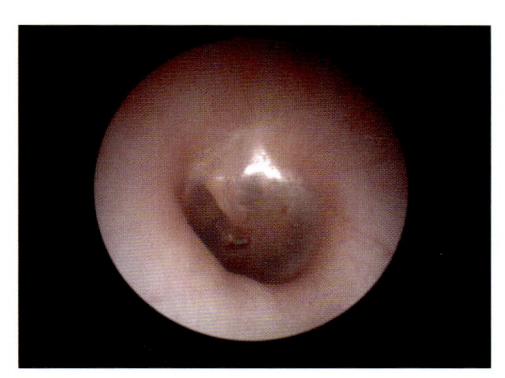

Abb. 4
Trommelfellperforation als Folge eines Barotraumas des Mittelohres. Die Perforation ist bei Tauchern meist wesentlich kleiner als bei traumatischen Trommelfellperforationen anderer Ursache. Diese Taucherin berichtete über einen 30 Sekunden anhaltenden Schwindel während des Abtauchens, der nach dem Nachlassen einer Otalgie links auftrat.

Schwindelbeschwerden als Folge der Erhöhung des Umgebungsdrucks beim Abtauchen
Für Schwindelbeschwerden als Folge der Erhöhung des Umgebungsdrucks beim Abtauchen kommen mehrere Pathomechanismen in Betracht:
- Alternobarer Drehschwindel
- Barotrauma des äußeren Ohres
- Barotrauma des Mittelohrs
- Barotrauma des Innenohres
- Gasintoxikation

Alternobarer Drehschwindel: Der Alternobare Drehschwindel oder auch Druckdifferenzschwindel ist die häufigste Ursache für Schwindelbeschwerden bei Tauchern. Ursächlich für die Entstehung sind ungleiche Druckverhältnisse in den Paukenhöhlen, die zu einer direkten Stimulation des peripheren vestibulären Systems führen können. Im Tierexperiment konnte gezeigt werden, dass das vestibuläre System besonders empfindlich für positive Druckverhältnisse im Mittelohr ist und weniger empfindlich für einen Mittelohr-Unterdruck. Vertigo entsteht bei seitendifferenten Druckverhältnissen in beiden Mittelohren. Ungefähr 10–40 Prozent aller Taucher erleben im Lauf ihrer Tauchkarriere einen Druckdifferenzschwindel. Die Häufigkeit der Schwindelereignisse kann hierbei stark interindividuell schwanken. In einer Heidelberger Untersuchung wurde bei 27 % aller untersuchten Sporttaucher ein Alternobarer Drehschwindel festgestellt, der bei manchen Tauchern bei jedem dritten Tauchgang auftrat und bei anderen Tauchern nur mit einer Häufigkeit von unter einem Ereignis pro 1000 Tauchgänge. Frauen waren signifikant häufiger betroffen als Männer. Tubenbelüftungsstörungen in der Anamnese zeigten ebenfalls eine positive Korrelation mit dem Auftreten des Druckdifferenzschwindels (Abb. 5). Nur zwei Taucher bemerkten den Druckdifferenzschwindel während des Abstiegs, während 15 Taucher während des Aufstiegs symptomatisch wurden. Ursächlich für die Häufigkeit des Alternobaren Vertigos beim Aufstieg ist zum einen die Empfindlichkeit des vestibulären Systems für positive Druckverhältnisse im Mittelohr, aber sicher auch die Tatsache, dass das Mittelohr während des Abstiegs aktiv belüftet wird, sich jedoch während des Aufstiegs passiv entlüften muss und somit die Chance für ungleiche Druckverhältnisse erhöht ist.

Barotrauma des äußeren Ohres: Das Barotrauma des äußeren Ohres tritt selten auf, da sich der Gehörgang beim Tauchen üblicherweise mit Wasser füllt und somit keinen Volumenschwankungen von komprimiertem oder

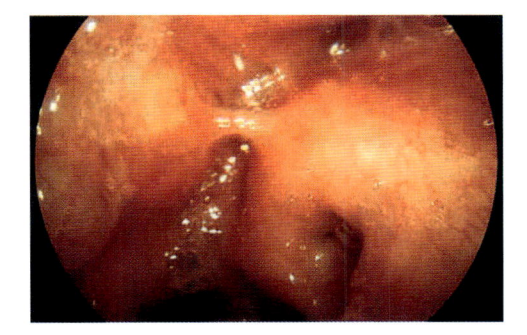

Abb. 5
Infektionen des Nasenrachenraums führen zu einer Tubenbelüftungsstörung und sind deshalb häufig mit einem Alternobaren Drehschwindel verbunden.

expandierendem Gas ausgesetzt ist. Kommt es zu einem Verschluss des Gehörgangs, zum Beispiel durch eine zu eng anliegende Kopfhaube oder Gehörgangsfremdkörper wie Ohrstöpsel (beim Tauchen kontraindiziert) tritt ein hermetisch abgeschossener Hohlraum hinter dem Fremdkörper auf. Wird die Kopfhaube unter Wasser angehoben, so dass schlagartig Wasser einströmt, kann es durch eine Druckübertragung via Trommelfell, Ossikelkette und ovalem Fenster zu einem Innenohr-Barotrauma kommen, das mit Schwindel einhergehen kann. Jedoch können auch Druckschwankungen im Gehörgang selbst zu objektivierbaren Körperschwankungen führen.

Barotrauma des Mittelohrs: Ein Barotrauma des Mittelohrs kann über einer Trommelfellperforation zu einer direkten kalorischen Reizung des Labyrinths führen und dadurch Schwindel auslösen (siehe Abschnitt Trommelfellperforation). Jedoch können auch seitendifferente Druckverhältnisse im Mittelohr Schwindel auslösen, ohne dass eine Schädigung des Innenohrs vorliegt. Ein Mittelohrbarotrauma entsteht auf dem Boden einer Tubenfunktionsstörung bzw. einem unterlassenen Druckausgleichsmanöver. Während des Abtauchens entsteht ein Unterdruck in der Pauke, der über die Eustach Röhre ausgeglichen werden muss. Dieser Druckunterschied führt über denselben Pathomechanismus wie der Alternobare Drehschwindel zu Vertigo. Wird der Unterdruck nicht durch ein Druckausgleichsmanöver ausgeglichen, kann es zu einer Trommelfellretraktion, Exsudation und Einblutung in die Pauke und das Trommelfell kommen (Abb. 6).

Barotrauma des Innenohrs: Das Innenohr-Barotrauma entsteht auf dem Boden einen Mittelohr-Barotraumas. Ursächlich ist die Funktionsstörung der Eustach Röhre, so dass der Unterdruck in der Pauken nicht durch Luftinsufflation aus dem Nasenrachen ausgeglichen werden kann. Der Unterdruck in der Paukenhöhle führt zu einer Verlagerung der Trommelfells nach medial, wodurch es zu einer Auslenkung der Ossikelkette kommt und das ovale Fenster in das Innenohr einwärts,

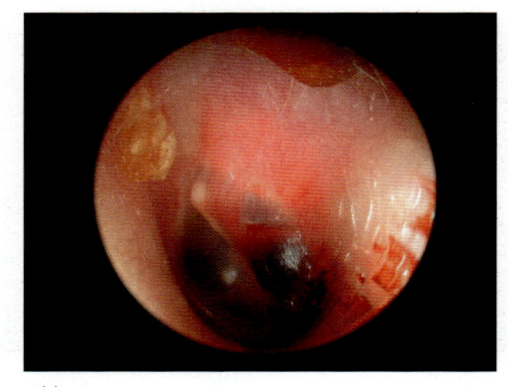

Abb. 6
Einblutung in den hinteren unteren Quadranten des rechten Trommelfelles nach einem Mittelohrbarotrauma.

und die Rundfenstermembran aus dem Innenohr in die Paukenhöhle verlagert wird. Zwei Entstehungsmechanismen sind für das Innenohr-Barotrauma möglich:

1. Durch frustrane Druckausgleichsmanöver erhöht sich beim Pressen der intrakranielle Druck, der über den Aquaeductus cochleae auf den perilymphatischen Raum übertragen wird. In der Folge kann es zu einer Ruptur der schon vorgedehnten Rundfenstermembran kommen, Perilymphe fliesst aus dem Innenohr und führt zu einer Funktionsstörung des gesamten Labyrinths.

2. Der Druckausgleich gelingt und der Unterdruck in der Paukenhöhle wird schlagartig ausgeglichen. Die zuvor nach außen verlagerte Ossikelkette schnappt in die Ursprungsposition zurück und führt zu einer traumatischen Flüssigkeitswelle im Innenohr, die zu einer Zerstörung der feinen Innenohrstrukturen führt.

Beiden Pathomechanismen gemeinsam sind der auf das traumatische Ereignis folgende Hörverlust und eine Tinnitusentstehung. Schwindel wird seltener angegeben, jedoch auch regelmäßig beobachtet. Beim Barotrauma des Innenohrs handelt es also sich nicht um eine Stimulation von Druckrezeptoren wie beim Alternobaren Drehschwindel oder dem Mittelohr-Barotrauma, sondern um eine Zerstö-

rung von Innenohrstrukturen, die häufig permanente Funktionsstörungen nach sich zieht.
Gasintoxikation: Taucher atmen Luft oder Atemgase verschiedener Zusammensetzung unter erhöhtem Umgebungsdruck. Unter dem erhöhten Partialdruck wirken Gase auf das zentrale Nervensystem toxisch, die unter normobaren Bedingungen keine, oder nur sehr langsam, schädigende Einflüsse auf die Körper-Homöostase haben.
Stickstoff wirkt ab einem Umgebungsdruck von 3 bar (20 Meter Wassertiefe) zunehmend toxisch und führt ab einem Umgebungsdruck von 5 bar (40 Meter Wassertiefe) obligat zu Symptomen einer Stickstoffnarkose, die auch als *Tiefenrausch* bezeichnet wird. Ursächlich ist eine Einlagerung von Stickstoff und damit eine Veränderung der Übertragung der Reize an den Synapsen des zentralen Nervensystems. Taucher reagieren unkritisch, euphorisch, manchmal verängstigt und unter anderem mit Schwindel. Dieser ist nicht obligat ein Dreh- oder Schankschwindel sondern kann auch unspezifischer Natur sein. Typisch ist das sofortige Verschwinden der Symptome mit Reduktion des Umgebungsdrucks.
Sauerstoff wirkt ebenfalls toxisch, allerdings erst ab einem Partialdruck von 1,6–2,0 bar, der bei Verwendung von Luft als Atemgas erst ab einer Tiefe von 70 Meter Wassertiefe erreicht wird. Da Atemgemische mit erhöhtem Sauerstoffanteil heute zunehmend als Sicherheitsplus von Sporttauchern genutzt werden, spielt Sauerstofftoxizität auch bei Sporttauchern eine zunehmende Rolle. Leider bahnt sich eine Sauerstofftoxizität nicht durch Schwindel an, sondern kann nur selten mit Schwindel einhergehen. Die größte Gefahr liegt vielmehr in der plötzlichen Synkope ohne Prodromi, die unter Wasser in der Regel tödlich endet.
Im professionellen Tauchbereich werden erweiterte Atemgasgemische mit Helium und Wasserstoff als Dilutionsgas angewendet. Gefürchtet ist das „high pressure neurological syndrome" (**HPNS**), das sporadisch ab Tauchtiefen um 100 Meter auftritt und quasi obligat in einer Tiefe von 300 Metern vorliegt. Betroffen sind das vestibulocochleäre System ebenso wie das ZNS und das gastrointestinale System. Der betroffene Taucher klagt über Schwindel, Tremor, Koordinationsstörungen, Cephalgien, Nervosität, Müdigkeit, Euphorie, Konzentrationsstörungen, Visusstörungen uvm.
Weitere Atemgase, die unter hyperbaren Bedingungen toxisch wirken können und mit Schwindel einhergehen (sowohl unspezifischem Schwindel als auch eine Beeinträchtigung des cochleo-vestibulären Systems) sind **Kohlenmonoxid** bei verunreinigter Tauchflaschenbefüllung mittels verbrennungsmotorgetriebenen Kompressoren und **Kohlendioxid** bei Durchführung einer Pendelatmung, Erschöpfung der Atemmuskulatur durch die erhöhte Dichte des Atemgases oder bei Benutzung eines defekten Kreislauftauchgeräts.
Schwindelbeschwerden beim Abtauchen verschiedener Ursachen
Weitere Ursachen für Schwindel während des Abtauchens können sein:
- Sensorische Deprivation
- Kinetosen
- Optokinetische Einflüsse
- Psychische Ursachen

Sensorische Deprivation: Taucher erhalten in dunkler oder trüber Umgebung wenig Informationen über Ihre Lage im Raum. Die visuelle Orientierung geht in diesen Fällen komplett verloren und auch die propriozeptiven Informationen aus dem Muskuloskeletalsystem tragen nicht zur räumlichen Orientierung bei. Die Empfindung von Schwindel bei fehlender räumlicher Orientierung ist auch von der so genannten Ski-Krankheit, bei Bergsteigern und von Polarexpeditionen bekannt (Hausler 1995). Zwar kann sich der erfahrene Taucher an der Richtung der aufsteigenden Gasblasen, Helligkeitsunterschieden, Lungendehnung und Druckperzeption des Mittelohrs während des Auf- oder Abtauchens orientieren, jedoch sind diese Informationen nur Hinweise und können besonders bei vorbestehenden vestibulären Schädigungen, aber auch beim Gesunden, zu Schwindel führen.

Kinetosen: Sowohl während der Anfahrt zum Tauchplatz, als auch während des Tauchgangs kann der Taucher dem Seegang unterworfen sein, so dass, abhängig von der individuellen Anfälligkeit und der Adaptation, Dreh- und Schwankschwindel auftreten können.

Optokinetische Einflüsse: Durch Schwebeteilchen im Wasser kann bei herabgesetzter Sichtweite Drehschwindel entstehen. Eine typische Situation wäre ein Taucher in Dunkelheit mit Unterwasserlampe bei eingeschränkter Sicht mit starker Verunreinigung des Wassers durch Schwebeteilchen. Dem räumlichen stationären Gefühl des Tauchers, da keine Perzeption der Bewegung durch den Tauchanzug zu spüren sind, steht der visuelle Eindruck entgegen, sich sehr schnell zu bewegen. Eine ähnliche Situation liegt bei Fahren im Schneetreiben mit aufgeblendetem Licht vor.

Psychische Ursachen: Der Aufenthalt unter Wasser in einer potentiell lebensbedrohlichen Umgebung ist nicht jedermanns Sache, so dass gerade bei Tauchanfängern, die gegebenenfalls noch einem gruppendynamischen Einfluss unterliegen, Angst ein möglicher Begleiter des Tauchgangs ist. Aber auch erfahrene Taucher können in unbekannten Situationen angespannt sein und Angst verspüren. Dieses Beklemmungsgefühl bzw. die Angst wird von den Betroffenen häufig nicht eingestanden und in Form von Schwindelbeschwerden somatisiert.

Psychische Anspannung kann ebenso eine vorbestehende Kinetose verschlechtern, so dass ein objekivierbarer peripher-vestibulärer Schwindel als Folge der psychischen Belastung entstehen kann und somit in das Spektrum der differentialdiagnostischen Überlegungen einbezogen werden muss.

Schwindelbeschwerden während des Aufenthalts am Tauchgrund

Analog der Einteilung der Schwindelbeschwerden während des Abtauchens können auch die Schwindelformen während des Aufenthalts am Tauchgrund verschiedenen Ursachen zugeordnet werden:

- Seitendifferente kalorische Reizung:
  - Direkte Druckerhöhung im Gehörgang mit konsekutiver Trommelfellperforation
  - Otitis externa
  - Cerumen obturans
  - Gehörgangsexostosen
  - Gehörgangsduplikaturen
  - Vorliegen einer Radikalhöhle
- Konstante hyperbare Druckeinwirkung
  - Gasintoxikationen
  - Hypoxien
- Weitere Ursachen
  - Sensorische Deprivation
  - Kinetosen
  - Optokinetische Einflüsse
  - Psychische Ursachen

Seitendifferente kalorische Reizung während des Aufenthalts am Tauchgrund

Trommelfellperforation: Am Tauchgrund spielen Barotraumata, also Schädigungen durch Veränderungen des Umgebungsdrucks, keine Rolle. Trotzdem kann es durch direkte Druckzunahmen im äußeren Gehörgang, zum Beispiel durch Flossenschlag oder Explosionstraumata zu einer Trommelfellperforation kommen. Bei Einfließen von kaltem Wasser in den Gehörgang führt diese Trommelfellperforation zu einer kalorischen Reizung des peripheren Vestibularorgans. Die Druckwelle kann jedoch auch ohne erkennbare Trommelfellperforation zu einer Schädigung des cochleovestibulären Systems führen und dadurch Schwindel verursachen, ist dann jedoch nicht den kalorisch induzierten Schwindelbeschwerden zuzurechnen.

Weitere kalorische Ursachen: Die im vorherigen Kapitel beschriebenen Ursachen für eine seitendifferente Reizung des peripher-vestibulären Systems können auch am Tauchgrund zu Schwindelbeschwerden führen. Insbesondere wenn die Abtauchphase nur kurz andauert, also zum Beispiel im Flachwasserbereich, kann das Einströmen von Wasser in den Gehörgang aufgrund einer engen Kopfhaube verzögert erfolgen und zu einer kalorischen Reizung führen. Ursächlich sind zum Beispiel Otitis externa, Cerumen obturans, Gehörgangsexostosen, Gehörgangsduplikaturen und Radikalhöhlenanlagen.

Schwindelbeschwerden während des Aufenthalts am Tauchgrund als Folge der hyperbaren Druckexposition

Atemgasintoxikation: Während des Aufenthalts am Tauchgrund sind die Möglichkeiten einer Intoxikation durch Atemgase deutlich größer als beim Abtauchen. Zum einen ist der Partialdruck am Tauchgrund am höchsten und zum zweiten ist die Expositionsdauer erhöht, da der Aufenthalt am Tauchgrund der Zeit für die Abtauchphase hinzuzurechnen ist. Die verschiedenen Möglichkeiten der Atemgasintoxikation wurden im vorherigen Abschnitt beschrieben und werden durch Stickstoff, Sauerstoff, Kohlenmonoxid und –dioxid, sowie Helium und Wasserstoff verursacht.

Hypoxien: Als Folge eines Gaswechsels unter Wasser, zum Beispiel durch Verwendung eines Atemgases, das für höhere Druckbedingungen vorgesehen ist und somit einen reduzierten Sauerstoffpartialdruck aufweist, aber auch bei fehlerhafter Sauerstoffbeimischung eines Kreislaufgeräts kann es zu Schwindelerscheinungen kommen. Beschrieben wurden hierbei Schwank- und Liftschwindel, aber auch unspezifische Schwindelformen. Weitaus gefährlicher als der auftretende Schwindel ist jedoch die Hypoxie selbst, die ohne jegliche Warnhinweise zu Synkopen führen kann und unter Wasser häufig fatal endet.

Schwindelbeschwerden verschiedener Ursachen während des Aufenthalts am Tauchgrund

Während des Aufenthalts am Tauchgrund treten folgende verschiedene Schwindelursachen auf (siehe auch Schwindelursachen während des Abtauchens):
- Sensorische Deprivation
- Kinetosen
- Optokinetische Einflüsse
- Psychische Ursachen

Sensorische Deprivation: eintönige Bodenbeschaffenheit, schlechte Sichtverhältnisse oder Tauchen im Freiwasser ohne visuelle Bezugsmöglichkeiten können zu fehlenden Orientierungsmöglichkeiten im Raum führen und hierdurch Schwindel auslösen.

Kinetosen: Bis zu einer Tauchtiefe von ca. 15 m Wassertiefe kann der Taucher den Einflüssen des Seegangs unterworfen sein oder beim Aufenthalt in oberflächenbefestigten Räumen, wie zum Beispiel Haikäfigen oder Tauchglocken. In Tiefen unterhalb von 15 m spielt der Seegang selten eine Rolle, so dass in diesen Tiefen keine Kinetosen mehr auftreten.

Optokinetische Einflüsse: Wie beim Abtauchen kann es durch eingeschränkte Sicht und Verunreinigung im Wasser zu Schwindelbeschwerden kommen, insbesondere wenn visuelle Fixierungspunkte fehlen.

Psychische Ursachen: Während des Aufenthalts am Tauchgrund kann es zu Unwohlsein und Angstgefühlen kommen, die noch durch mögliche Einflüsse einer Stickstoffintoxikation (Tiefenrausch) verstärkt werden und somit zu Schwindelbeschwerden führen können (Details siehe oben).

Schwindelbeschwerden während des Aufstiegs

Schwindel als Folge der Reduktion des Umgebungsdrucks

Schwindel als Folge der Reduktion des Umgebungsdrucks lässt sich auf folgende Pathomechanismen zurückführen:
- Alternobarer Drehschwindel
- Barotrauma des Mittelohrs (Reversed Ear)
- Barotrauma des Innenohrs
- Dekompressionserkrankung des Innenohrs
- Hypoxie

Alternobarer Drehschwindel: Wie schon zuvor beschrieben tritt der Alternobare Drehschwindel als Folge einer ungleichen Druckstimulation des peripheren Gleichgewichtsapparates auf, der über die ovale und runde Fenstermembranen vom Mittelohr in das Labyrinth übertragen werden. Da die Mittelohrentlüftung während des Auftauchens ein passiver Vorgang ist und ausschließlich von der Tubenfunktion abhängig ist, kommt es beim Auftauchen besonders häufig zum Alternobaren Drehschwindel.

Abb. 7
Ein Aufstieg im Freiwasser führt häufig zu Schwindelbeschwerden aufgrund der Wasserbewegungen und der fehlenden visuellen Orientierungspunkte.

Zwar ist die Mittelohrbelüftung beim Abtauchen auch maßgeblich von der Tubenfunktion abhängig, jedoch können Unterschiede der Tubenfunktion zwischen linken und rechten Ohr durch den aktiven Vorgang des „Luft in die Eustach'sche Röhre Pressens" leichter ausgeglichen werden oder wirken nur wenige Sekunden. Während des Auftauchens herrscht jedoch häufig ein unterschiedlicher Druck in beiden Mittelohren, so dass die Reizstärke beim Auftauchen höher ist. Darüber hinaus ist das Labyrinth empfindlicher für Druckreduktionen als für Drucksteigerungen.

Der Taucher kann sich durch Tauchen in die Gegenrichtung oder Unterbrechung des Aufstiegs Abhilfe schaffen. Der Schwindel hält meist weniger als eine Minute bis maximal mehrere Minuten an und setzt sich nicht nach dem Tauchen fort. Sollte nach dem Tauchen Schwindel persistieren, ist nach anderen Ursachen zu suchen.

Barotrauma des Mittelohrs: Das Mittelohr-Barotrauma tritt weitaus seltener während des Aufstiegs als während des Abstiegs auf, da Taucher mit Tubenbelüftungsstörungen während des Abtauchens den Tauchgang abbrechen und so keine Gefahr eines Mittelohr-Barotraumas des Aufstiegs haben. Wurde während des Abstiegs jedoch der Druckausgleich forciert ist ein erschwertes Abtauchen möglich. Während des Tauchgangs führt der während des Abstiegs entstandene Unterdruck zu einer Schleimhautirritation mit einem konsekutiven Anschwellen der Schleimhaut und damit einer Verminderung der Tubenfunktion. Abschwellende Nasentropfen, ebenso wie systemisch wirkende schleimhautabschwellende Medikamente sind aus diesem Grund vor dem Tauchen kontraindiziert und müssen mindestens 12 Stunden vor dem Tauchgang abgesetzt werden: Die gestörte Tubenfunktion, die normalerweise zu einem Abbruch des Tauchgangs führen würde, kann durch abschwellende Maßnahmen überwunden werden oder vorrübergehend reduziert werden. Lässt die Wirkung der abschwellenden Maßnahmen nach oder tritt während des Tauchgangs eine zunehmende Schleimhautschwellung auf, kann die Tubenfunktion gänzlich verloren gehen. In der Folge ist es dem Taucher verwehrt aufzutauchen. Dies gelingt nur unter Schmerzen, Einblutungen oder unter Riskierung einer Trommelfellperforation. Tritt eine Trommelfellperforation auf, kann es zur kalorischen Reizung des Labyrinths mit Schwindel als Folge kommen. Im Englischen wird das Mittelohr-Barotrauma des Aufstiegs als „Reversed Ear" bezeichnet.

Innenohr-Barotrauma: Das Innenohr-Barotrauma des Aufstiegs entsteht als Folge eines schlagartigen Ausgleichs eines Unterdrucks im Mittelohr, wie schon weiter vorne beschrieben oder aber als Folge einer durch ein Innenohr-Barotrauma verursachten Perilymphfistel, die schon während des Abstiegs entstanden sein kann. Während des Aufstiegs dehnt sich die Luft im Mittelohr aus und strömt bei intakter Tubenfunktion über die

Eustach'sche Röhre ab. Eine Tubenfunktionsstörung per se führt zunächst nicht zu einer Innenohrstörung, da, wie im vorherigen Kapitel beschrieben, zunächst das Trommelfell einreißen würde. Liegt jedoch aufgrund während des Abstiegs durchgeführten forcierten Valsalva-Manövers eine Ruptur der Rundfenstermembran oder sehr viel seltener eine Undichtigkeit im Bereich der Stapesfußplatte vor, kann die sich ausdehnende Luft in das Innenohr hineingepresst werden und zu einer beträchtlichen Innenohrfunktionsstörung führen. In Einzelfällen lässt sich computertomographisch eine Luftansammlung im Labyrinth nachweisen (Strutz 2001).

Die Folge eines Innenohr-Barotraumas ist ein mehr oder weniger stark ausgeprägter Hörverlust, der bis zur einseitigen Ertaubung reichen kann, Tinnitus und ein kurzfristiger Drehschwindel. Selten hält der Schwindel längerfristig an. In einer von uns untersuchten Serie von 26 Tauchern mit Innenohr-Barotrauma gab kein Taucher Schwindel als einziges Innenohr Symptom an. Der betroffene Taucher kann die Störung in aller Regel dem Ohr zuordnen und sich an den Zeitpunkt der Schädigung (Abstieg, Aufstieg oder Beschwerden erst nach dem Auftauchen) erinnern.

Dekompressionserkrankung des Innenohrs:
Die Dekompressionserkrankung des Innenohrs ist eine Folge von Inertgasblasen-Bildung im Körper. Wird während des Aufstiegs das Löslichkeitsprodukt des verwendeten Atemgases überschritten bilden sich Gasbläschen in den Körpergeweben und ggf. im Blut. Da Sporttauchern Luft als Atemgas verwenden, bestehen diese Gasbläschen bei Sporttauchern aus Stickstoff, können aber bei Berufs-, Militär- oder technischen Tauchern auch aus Helium oder Wasserstoff bestehen. Schon nach flachen Tauchgängen in wenige Meter Tauchtiefe wurden bei Sättigungstauchern Gasblasen im venösen Blutkreislauf gemessen (Eckenhoff 1990). Gasblasen im venösen Kreislauf sind eher die Regel als die Ausnahme beim Tauchen und per se nicht schädlich. Die Lunge ist ein potenter Filter, der die Gasbläschen im Kapillarbett sammelt und an die Atemluft abgibt (Butler 1979). Nur bei einer massiven Luftembolie kommt es zu pulmonalen Symptomen. Eine de-novo Entstehung von arteriellen Gasbläschen ist nur bei rapiden Druckentlastungen denkbar, wie sie bei U-Boot Rettungsmanövern vorkommen. Jedoch verfügt jeder dritte Mensch über einen vaskulären Rechts/Links Shunt, der in der Regel auf ein persisitierendes kardiales Foramen ovale zurückzuführen ist. Dieser vaskuläre Rechts/Links Shunt spielt kardiozirkulatorisch keine Rolle, da er durch die Druckverhältnisse im Herzen funktionell verschlossen ist. Beim Tauchen kann es jedoch durch eine Erhöhung des pulmonalen Drucks während des Aufstigs oder bei Druckausgleichsmanövern zu einem kurzfristigen Öffnen des Shunts kommen. Die venösen Mikrobläschen können somit arterialisiert werden und potentiell zu einer Embolie der A. labyrinthi führen. In unserer Arbeitsgruppe wurde in vivo das Vorhandensein arterieller Gasblasen nach einem als sicher geltenden Tauchgang in einer Druckkammer nachgewiesen (Ries 1999).

Ein vaskulärer Rechts/Links Shunt ist ein bekannter Risikofaktor für die Entstehung einer Dekompressionserkrankung und wurde erstmals von Wilmshurst (Wilmshurst 1989) und Moon (Moon 1989) beschrieben. Taucher, die eine Dekompressionserkrankung des Innenohrs in der Vorgeschichte aufweisen, zeigen überdurchschnittlich häufig einen vaskulären Rechts/Links Shunt (Cantais 2003, (Klingmann 2003). Die Häufigkeit eines solchen Shunts liegt bei 70–80 % der verunfallten Taucher und somit weitaus höher als bei anderen Formen der Dekompressionserkrankung. Ein vaskulärer Rechts/Links Shunt scheint somit zumindest bei manchen Fällen einer Innenohr-Dekompressionserkrankung ein bedeutender Ko-Faktor für die Entstehung des Krankheitsbildes zu sein. Die Dekompressionserkrankung des Innenohrs wurde in den 1970er Jahren häufig bei Tieftauchern in Tauchtiefen jenseits von 200 Metern beobachtet und eine lokale Mikroblasenentstehung im Innenohr vermutet. Besonders häufig traten die Symptome bei Wechsel des Atemgases, von zum Beispiel Atemgas mit einem höheren Heliumanteil auf ein Atemgas mit einem höheren Stickstoffanteil. In diesen Fällen wurde auch die Entstehung von Symptomen in gleich bleibender Tiefe beobachtet. Hintergrund sind lokale Übersättigungsmechanismen, die sich durch unterschiedliche Löslichkeitskoeffizienten und Diffusionsverhalten von Stickstoff und Helium beschreiben lassen (Doolette 2003). Für den HNO-Arzt sind jedoch die Fälle einer Innenohr-Dekompressionserkrankung bei Sporttauchern von besonderem Interesse, da sich diese mit einem sehr akuten Krankheitsbild vorstellen. Drehschwindel ist das dominierende Symptom bei Tauchern mit einer Dekompressionserkrankung des Innenohrs. In unserer Serie von 20 Fällen einer Dekompressionserkrankung des Innenohrs gab es nur einen Taucher, der eine isolierte Hörminderung beklagte. In der Regel klagen die Taucher über massiven Drehschwindel, der mit den Symptomen einer Neuropathia vestibularis vergleichbar ist und die cochleären Beschwerden maskiert. Eine Hörminderung wird in der Regel erst Tage später, nach einer Besserung der Schwindelbeschwerden, bemerkt. Die Taucher können den Entstehungsort der Beschwerden nicht lokalisieren, was die Differentialdiagnose zum Innenohr-Barotrauma erleichtert. Begleitend können weitere Symptome einer Dekompressionserkrankung, wie Gelenk- und Muskelschmerzen, Hautsymptome, Parästhesien und weitere neurologische Symptome auftreten. Auch wenn zügig eine hyperbare Sauerstofftherapie eingeleitet wird, kommt es bei mehr als 80 Prozent der erkrankten Taucher zu einem persisitierenden Funktionsverlust des peripheren Gleichgewichtsapparates (Klingmann 2007, Shupak 2003).

Hypoxie: Auch während des Aufstiegs kann es durch einen fehlerhaften Wechsel des Atemgases bzw. durch eine Funktionsstörung des Kreislauftauchgeräts zu einer Hypoxie kommen und damit zu Schwindelbeschwerden. Im Vordergrund steht hierbei aber, wie bei Hypoxien während des Aufenthalts am Tauchgrund, die Gefahr einer Synkope.

Schwindelbeschwerden verschiedener Ursachen während Aufstiegs
Während des Aufstiegs können analog den Schwindelbeschwerden während der Kompressions- und Isopressionsphase die zuvor beschriebenen verschiedenen Schwindelursachen auftreten. Diese wurden schon zuvor beschrieben und sollen nur zur Vollständigkeit aufgezählt werden:
- Sensorische Deprivation
- Kinetosen (Abb. 6)
- Optokinetische Einflüsse

Schwindelbeschwerden nach Beendigung des Tauchgangs

Schwindelbeschwerden, die über den Tauchgang hinaus zu Symptomen führen sind in der Regel Folge eines Tauchunfalls und müssen weiter HNO-ärztlich behandelt werden. Die kalorische Reizung des Gleichgewichtsapparates führt ebenso wie der Alternobare Drehschwindel nicht zu einem persistierenden Schwindel. Dasselbe gilt für optokinetische und psychische Ursachen, sensorische Deprivation und Kinetosen. Kinetosen können zwar über den Tauchgang hinaus zu Übelkeit führen, mildern sich jedoch in der Symptomatik schnell ab, sobald die äußeren Schwankbewegungen auf dem Schiff oder am Aufstiegsseil nachlassen. Persistierende Schwindelbeschwerden nach dem Tauchen sind deshalb vornehmlich auf eine cochleovestibuläre oder zentrale Ursache zurückzuführen.

Schwindelbeschwerden nach dem Tauchgang:
- Barotrauma des Innenohrs
- Dekompressionserkrankung des Innenohrs
- Zentrale Dekompressionserkrankung

Barotrauma des Innenohrs: Das Barotrauma des Innenohrs ist eine Folge einer Mittelohrbelüftungsstörung und äußert sich vornehmlich durch cochleäre Symptome. Die Schwindelbeschwerden sind meist vorübergehend und von untergeordneter Bedeutung. Der betroffene Taucher berichtet meist von einem „kurzen Gefühl der Unsicherheit". Die Beschwerden werden in das betroffene Ohr lokalisiert und die mikroskopische Otoskopie zeigt das begleitende Mittelohr-Barotrauma (Abb. 8). Meist, jedoch nicht immer, kann sich der Taucher an ein forciertes Druckausgleichsmanöver oder an eine Tubenbelüftungsstörung während des Tauchens erinnern.

Dekompressionserkrankung des Innenohrs: Wie in dem Abschnitt zuvor beschrieben kann die Dekompressionserkrankung des Innenohrs schon während des Aufstiegs auftreten. Am weitaus häufigsten treten jedoch die ersten Symptome einer Innenohr-Dekompressionserkrankung ca. 15–45 Minuten nach dem Tauchgang auf. In der Regel kann der betroffene Taucher sein Tauchgerät versorgen und berichtet erst nach einem Intervall von einem schlagartig eintretenden, „wie vom Blitz getroffen", auftretenden Drehschwindel. Denkbare Ursache für dieses symptomfreie Intervall ist die Tatsache, dass sich nach einem Tauchgang zunehmend Mikrobläschen bilden. Durch die Versorgung der Tauchausrüstung und dem damit verbunden Heben von schweren Gegenständen, kann sich ein vaskulärer Rechts/Links Shunt durch die Erhöhung des pulmonalen Drucks öffnen und zu einer Embolisierung der A. labyrinthi führen. Aufgrund der starken Schwindelbeschwerden werden cochleäre Beschwerden zumeist erst später bemerkt. Der betroffene Taucher ist unfähig die Ursache des Schwindels zuzuordnen und klagt nicht über otologische Beschwerden. Taucher mit einer Dekompressionserkrankung des Innenohrs sind schnellstmöglich einer hyperbaren Sauerstofftherapie in einem Druckkammerzentrum zuzuführen.

Zentrale Dekompressionserkrankung: Kommt es als Folge der Mikroblasenbildung zu einer Embolisierung oder lokalen Bläschenentstehung im zentralen Nervensystem kann ebenfalls Drehschwindel auftreten. Die Differentialdiagnostik zu einer Innenohrdekompressionserkrankung des Innenohrs ist von untergeordneter Rolle, da der Taucher schnellstmöglich eine hyperbare Sauerstofftherapie erhalten sollte.

Vorgehen bei Tauchern mit Schwindel

Fasst man das oben Beschriebene zusammen, so ist die Anamnese das wichtigste Fundament für die Eingrenzung der Ursache der beschriebenen Schwindelbeschwerden. Die Anamnese sollte die Art des Schwindels umfassen (peripher/unspezifisch), die Intensität und Dauer des Schwindels und der zeitliche Bezug zur jeweiligen Tauchphase sowie eventuell begleitende Schwierigkeiten während des Tauchens (Druckausgleichsprobleme, Schmerzen, Tauchumgebung, psychische Belastung während des Tauchens, Taucherfahrung, weitere Symptome einer Dekompressionserkrankung...).

Die HNO-ärztliche Anamnese (Vor-OPs, Fehlbildungen, frühere Beschwerden wie Hypakusis oder Ausfall eines Gleichgewichtorgans) und die mikroskopische Beurteilung des Trommelfells stellen einen weiteren wichtigen Baustein auf der Suche nach der Schwindelursache dar. Weiterführende neuro-otologische Untersuchungen decken zugrunde liegende Erkrankungen auf oder können diese ausschließen.

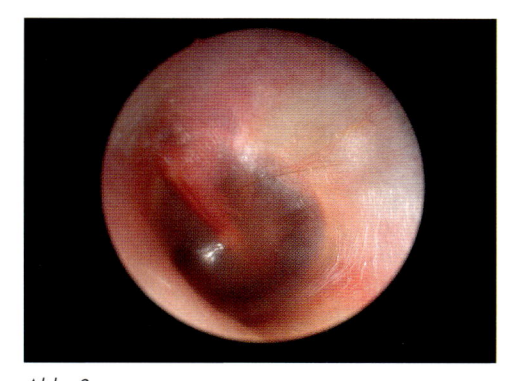

Abb. 8
Otoskopischer Befund bei einem Taucher mit Innenohrbarotrauma. Typisch ist die Einblutung im Bereich des Hammergriffs. Der Hörverlust betrug 30 dB. Ein peripherer Drehschwindel ohne vegetative Begleitsymptomatik trat nur für wenige Minuten auf.

Persistiert der Schwindel nach dem Tauchen darf keine Zeit durch aufwändige Diagnostik verloren werden und der Taucher ist, ggf. in Zusammenarbeit mit einem tauchmedizinisch ausgebildeten Kollegen, zügig einer adäquaten Therapie zuzuführen. Da mehr als 80 Prozent der Beschwerden von Tauchern das HNO-ärztliche Fachgebiet betreffen, wäre es wünschenswert wenn mehr HNO-Fachärzte eine tauchmedizinische Zusatzausbildung durchführen würden. Die Gesellschaft für Tauch- und Überdruckmedizin (GTÜM) weist regelmäßig auf ihrer Homepage (www.gtuem.org) auf Kurse zur Ausbildung zum Taucherarzt hin. Ein solcher Kurs beinhaltet zwei Wochen theoretische und praktische Übungen.

Literatur

Almeling M (1999) Tauchtauglichkeitsuntersuchung für Sporttaucher. Handbuch Tauch- und Hyperbarmedizin. Volume 1: 1-9. Ecomed Düsseldorf

Butler BD, Hills BA (1979) The lung as a filter for microbubbles. J Appl Physiol 47(3): 537-43

Cantais E, Louge P, Suppini A, Foster PP, Palmier B (2003) Right-to-left shunt and risk of decompression illness with cochleovestibular and cerebral symptoms in divers: case control study in 101 consecutive dive accidents. Crit Care Med 31(1): 84-8

Doolette DJ, Mitchell SJ (2003) Biophysical basis for inner ear decompression sickness. J Appl Physiol 94(6): 2145-50

Eckenhoff RG, Olstad CS, Carrod G (1990) Human dose-response relationship for decompression and endogenous bubble formation. J Appl Physiol 69(3): 914-8

Edmonds C, Freeman P, Tonkin J, Thomas RL, Blackwood FA (1973) Otological Aspects of Diving. Sidney, Australasian Medical Publishing Co

Hausler R (1995) Ski sickness. Acta Otolaryngol 115(1): 1-2

Klingmann C, Benton PJ, Ringleb PA, Knauth M (2003) Embolic inner ear decompression illness: correlation with a right-to-left shunt. Laryngoscope 113(8): 1356-61

Klingmann C, Praetorius M, Baumann I, Plinkert PK (2007) Barotrauma and decompression illness of the inner ear: 46 cases during treatment and follow-up. Otol Neurotol 28(4): 447-54

Moon RE, Camporesi EM, Kisslo JA (1989) Patent foramen ovale and decompression sickness in divers. Lancet 1(8637): 513-4

Newton HB (2001) Neurologic complications of scuba diving. Am Fam Physician 63(11): 2211-8

Ries S, Knauth M, Kern R, Klingmann C, Daffertshofer M, Sartor K, Hennerici M (1999) Arterial gas embolism after decompression: correlation with right-to-left shunting. Neurology 52(2): 401-4

Shupak A, Gil A, Nachum Z, Miller S, Gordon CR, Tal D (2003) Inner ear decompression sickness and inner ear barotrauma in recreational divers: a long-term follow-up. Laryngoscope 113(12): 2141-7

Strutz J (1993) Otorhinolaryngologic aspects of diving sports. HNO 41(8): 401-11

Strutz J (2001) Erkrankungen der Hör- und Gleichgewichtsorgane. Praxis der HNO-Heilkunde, Kopf- und Halschirurgie. J Strutz and Mann W. Stuttgart, Thieme-Verlag: 303-305

Wilmshurst PT, Byrne JC, Webb-Peploe MM (1989) Relation between interatrial shunts and decompression sickness in divers. Lancet 2(8675): 1302-6

Klinik der zentralen Gleichgewichtsregulation

Posturografie – Evaluation neuer sensomotorischer Trainingsmethoden bei Patienten mit peripher-vestibulärer Störung

A.-W. Scholtz

Pathophysiologischer Hintergrund

Körperkontrolle und Standstabilität werden durch ein komplexes Zusammenwirken verschiedener Systeme gewährleistet. Hierzu erhält das Individuum über die afferenten Bahnen propriozeptive, visuelle, vestibuläre, auditive und andere Informationen, die zentralnervös unter Einbeziehung des kognitiven Systems verarbeitet werden. Über abgestimmte motorische Reaktionen werden der Blick gerichtet und die Körperbalance innerhalb von Grenzen stabil gehalten. Dieser Regelkreislauf untersteht Kontrollmechanismen, die Informationen aus übergreifenden sensorischen Abläufen nutzen (Diener und Dichgans 1988; Scherer 2001; Stoll et al. 2004).

Die senorischen Afferenzen werden je nach Situation unterschiedlich gewichtet, wobei unter den Teilsystemen der Propriozeption die wohl größte Bedeutung zukommt (Scholtz et al. 2000).

Peripher- wie auch zentral-vestibuläre Störungen sind meist mit unerwarteten Abweichreaktionen bzw. Fallneigungen verbunden. Sie rufen eine tonische Imbalance hervor, die durch einen richtungsbestimmten Spontannystagmus und durch eine Standinstabilität mit bevorzugter Richtungstendenz gekennzeichnet ist.

Mit dem Auftreten eines derartigen Funktionsverlustes setzen sogleich Kompensationsvorgänge ein. Als Kompensation wird ein zentralnervöses Phänomen bezeichnet, bei dem aufgrund der neuronalen Plastizität ergänzende Funktionsabläufe ausgelöst werden. Einen wichtigen Mechanismus der Kompensation stellt hierbei die multisensorische Substitution durch die stellvertretende Neubewertung der Perzeption durch Regelkreise einer intermediären neuronalen Plastizität dar (Nashner et al. 1982; Brandt 1999; Baloh und Honrubia 2001).

Trainingskonzept

Dieser Prozess kann durch Trainingsprogramme beschleunigt werden. Hierbei ist zu beachten, dass Teile des sensomotorischen Systems nie selektiv gereizt werden können. Das Grundprinzip besteht in der wiederholten Aktivierung von vestibulären und nicht vestibulären Mechanismen, sodass eine Habituation erreicht werden kann. Diese Übungsprogramme trainieren also immer das sensomotorische System als Ganzes. Aus diesem Grunde wurde die Bezeichnung des sogenannten propriozeptiven Trainings durch den Terminus sensomotorisches Training ersetzt.

Die Kompensation im Rahmen von peripher-vestibulären Störungen wird maßgeblich vom Funktionszustand des zentral-vestibulären Systems und der sensomotorischen Ersatzsysteme bestimmt. Die Gabe von Antivertigenosa sollte sich auf die Frühphase einer peripher-vestibulären Störung begrenzen, da sie den Prozess der vestibulären Kompensation hemmen können.

Für die Praxis ist es notwendig, Trainingsprogramme zu entwickeln, die das sensomotorische System als Ganzes trainieren. Diese zielen auf eine schnelle und adäquate Reaktion auf unerwartete Impulse und führen so zu einer Optimierung der reflektorischen Bewegungskontrolle (Feedforward).

1946 stellten erstmals Cawthorne und Cooksey ein vestibuläres Trainingsprogramm mit definierten Blick-, Kopf- und Körperbewegungen vor, die mit Ballübungen kombiniert wurden. In den achtziger Jahren kamen insbesondere von McCabe et al. (1972), Dix (1976), Pfalz und Novak (1977), Norre und de Weerdt (1979) neue Überlegungen zum vestibulären Training. Auch andere Autoren, wie Brandt et al. (1983), Hamann und Bockmeyer (1983), Scherer (1984) und Stoll (1986), wiesen auf die Notwendigkeit des aktiven Übens zur Beschleunigung der Kompensation hin und gaben Vorschläge für gezielte Trainingsprogramme.

So wurden bisher in der Rehabilitation vestibulärer Erkrankungen verschiedene Übungen durchgeführt, die teils ohne oder mit Hilfsmitteln, wie Fixationsbrett, Kippplatte, Drehtrommel oder Drehstuhl, erfolgten. Die hier dargestellte Therapie zielt auf eine Verbesserung der gestörten Blickstabilisation durch willkürliche Augenbewegungen, auf eine Neubewertung des vestibulo-okulären Reflexes durch aktive Kopfbewegungen sowie auf eine verbesserte vestibulospinale Gang- und Haltungsreaktion.

Die vestibuläre Rehabilitation umfasst das sensomotorische Training, wobei optokinetische und Fixationsübungen sowie das Auslösen langsamer Blickfolgebewegungen im Vordergrund stehen. Das Fixationstraining bezweckt eine Unterdrückung des bestehenden Spontan- oder Provokationsnystagmus durch bewusstes Fixieren (Fixationssuppression). Statische Übungen beinhalten das Fixieren verschiedener ruhender Punkte bei Änderung von Kopf- und/oder Augenposition. Bei dynamischen Übungen wird entweder ein fester oder ein sich bewegender Punkt bei oszillierenden horizontalen und vertikalen Kopfbewegungen oder bei Drehungen auf einem Drehstuhl fixiert. Beim optokinetischen Training wird durch schnell bewegte Ziele ein optokinetischer Nystagmus ausgelöst, während langsame Blickfolgebewegungen durch das Verfolgen eines Pendels entstehen (Scherer 1996).

Neben Trainingsprogrammen, die unter Anleitung von Physiotherapeuten durchgeführt werden, ist es notwendig, den Patienten für Zuhause gezielte, aber leicht verständliche und einfach durchführbare Übungsabfolgen zu geben.

Das Schema nach Reiß und Reiß (2006) beinhaltet folgende Übungen:

1. Im Bett liegend: Augenbewegungen und Kopfbewegungen in Horizontal- und Sagittalebene erst langsam, dann schnell; Blickfixation des sich bewegenden Zeigefingers von der ausgestreckten Armposition bis zur Nase und umgekehrt.
2. Auf dem Stuhl sitzend ohne Armlehnen: Augenbewegungen wie unter 1., Kopfbewegungen in Horizontal-, Frontal- und Sagittalebene, Blickfixation des sich bewegenden Zeigefingers wie unter 1., Beugen des Oberkörpers und Kopfes nach vorn bei offenen und geschlossenen Augen.
3. Im Stehen: wie unter 2, zusätzlich Drehen des Oberkörpers in der Horizontalebene bei offenen und geschlossenen Augen, Werfen eines Balles von einer Hand zur anderen in Augen- und Kniehöhe.
4. Gehen durch das Zimmer und Stehen auf einem Fuß jeweils bei offenen und geschlossenen Augen.

Trotz der verschiedenen Therapieformen gibt es noch keine evidenz-basierten Rehabilitationskonzepte. Für ihre Erarbeitung ist es wichtig, dass umfangreiche und vielfältige Wahrnehmungs- und Bewegungsmuster in der Therapie von Schwindelpatienten Berücksichtigung finden. Hierbei gilt es, unterschiedlich schwierige, aber zugleich koordinativ anspruchvolle Bewegungsaufgaben zu entwickeln. Derartige Übungen sollten neu, ungewohnt und kompliziert sein. Auch ist es zweckmäßig, einfache Bewegungsabläufe durch Variationen und Kombinationen zu erschweren. Ein geeignetes Trainingsgerät stellt das FPZ 3D The Spacecurl® dar.

FPZ 3D: The Spacecurl®
Das Spacecurl wurde bisher in der Therapie und Rehabilitation neuromuskulärer Erkrankungen eingesetzt. Auch in der Rehabilitation von peripher-vestibulären Störungen könnte dieses Gerät, das ein dreidimensionales Training erlaubt, Anwendung finden, da neue sensomotorische Trainingsprogramme zu entwickeln und zu evaluieren sind. In dieser bisher einzigartigen Konfiguration sind aktive Bewegungen mit unterschiedlichen eigengesteuerten Geschwindigkeiten in allen Ebenen des Raumes möglich. Spezifisch wird dabei das sensomotorische System mit seinen Afferenzen stimuliert und die Körperbalance und Haltung verbessert.

Im Rahmen des Therapieablaufes stellt sich der Patient bei festgestellten Ringen auf die Plattform im inneren Ring und wird an den Füßen über dem Fußrücken fixiert. Die Plattform wurde zuvor entsprechend seiner Körpergröße und Massenverteilung in der Höhe justiert. Bei geschlossenem Beckenring jedoch ohne Beckenfixierung hat der Patient nun die Aufgabe, sich möglichst aufrecht zu halten sowie nach der nun folgenden Freigabe der Ringe die Plattform exakt in Mittelstellung zu bewahren und jede Abweichung auszugleichen. Aus der Mittelposition heraus wird nun der Bewegungsumfang gesteigert. Hierbei bewegt sich der Patient durch Gewichtsverlagerung in Positionen außerhalb der Lotrechten, anfangs bei langsameren Bewegungen mit kleinem Umfang sowie sauber kontrollierten Endpositionen. Mit zunehmender Körperkontrolle erweitert der Patient Geschwindigkeit und Bewegungsumfang. Schließlich wird der Patient aus der lotrechten Ausgangsposition mit dem Oberkörper zunächst 30° nach vorn bewegt. Seine Aufgabe besteht nun darin, in kürzester Zeit die lotrechte Ausgangsposition wieder zu erreichen. Das gleiche Vorgehen wird vom Patienten erwartet, nachdem er mit dem Oberkörper 30° nach hinten, 30° nach links und 30° nach rechts positioniert wurde (Abb. 1-3).

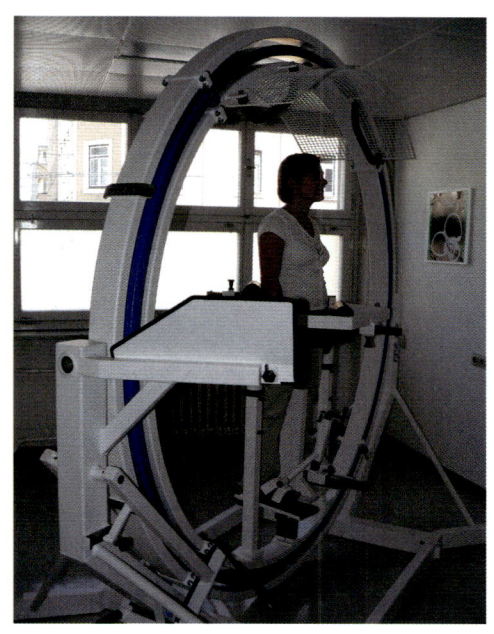

Abb. 1
Patient in der lotrechten Ausgangsposition.

Die Tests im Spacecurl basieren auf einer eigens für dieses Gerät entwickelten Messsoftware (3D Soft Spacecurl), mit der es möglich ist, die Lage des Patienten in Raum und Zeit genau zu erfassen und visuell darzustellen.

Als Messparameter dient die Zeitdauer zwischen der Ausgangsposition (jeweils 30° nach vorne, nach hinten, nach links und nach rechts) und dem Erreichen der lotrechten Stellung. Zusätzlich werden bei Bewegungen in der Frontalebene die Abweichungen nach vorne und hinten sowie in der Sagittalebene die seitlichen Abweichungen bestimmt (Variationsbreite in Grad) (Abb. 4).

In einer prospektiv angelegten experimentell kontrollierten Längsschnittuntersuchung bei Patienten mit Neuropathia vestibularis am Institut für Sportwissenschaft der Martin-Luther-Universität Halle-Wittenberg konnte festgestellt werden, dass die Standstabilität, die Haltungsregulation und die subjektive Empfindlichkeit signifikante Verbesserungen gegenüber einer Kontrollgruppe aufwiesen (Lauenroth et al. 2006).

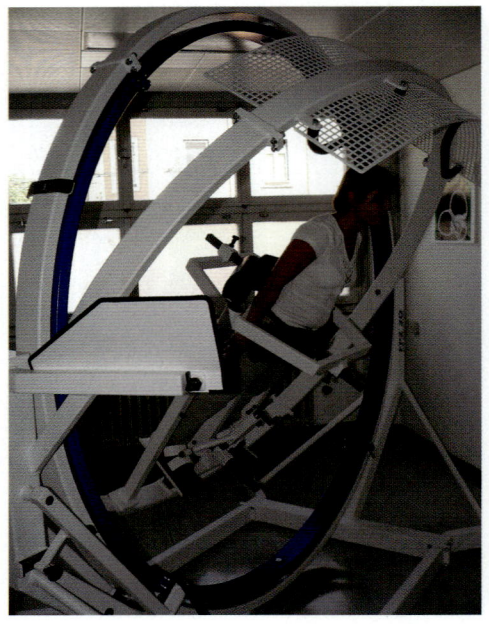

Abb. 2
Patient mit dem Oberkörper 30° nach vorn positioniert.

Abb. 3
Patient wird aus der lotrechten Ausgangsposition mit dem Oberkörper 30° nach rechts bewegt.

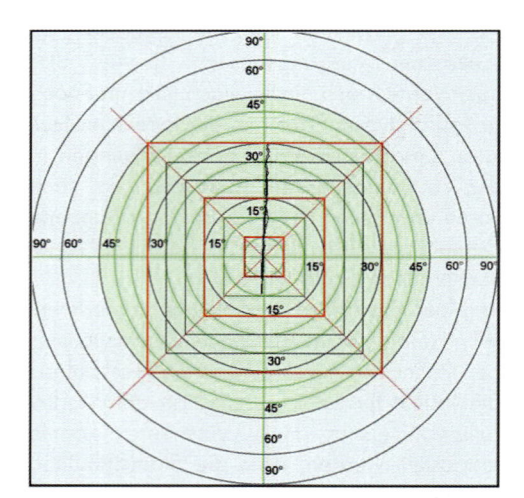

Abb. 4
Bewegungsbahn des Patienten aus der Position I (Neigung des Oberkörpers 30° nach vorn) in die Position II (Oberkörper lotrecht)

Untersuchungen an der Universitäts-HNO-Klinik Innsbruck konnten diese Ergebnisse bestätigen. Während des stationären Aufenthaltes erfolgte am 2., 4. und 6. Tag das standardisierte sensomotorische Training im Spacecurl. Eine Vergleichsgruppe von Patienten gleicher Diagnose führte stattdessen das bisherige Standardprogramm mit Steh- und Balanceübungen auf festem Boden und auf Schaumstoffunterlage bei offenen und geschlossenen Augen sowie im Einbeinstand durch. Am 2. und 7. Tag wurden posturografische Messungen vorgenommen (Abb. 5 und 6).

Posturografie

Die Posturografie stellt eine Messmethode zur Einschätzung der Sensomotorik bei der Regulation des Körpergleichgewichtes des Patienten dar und dient der Registrierung von Körperschwankungen (Allum und Shepard 1999).

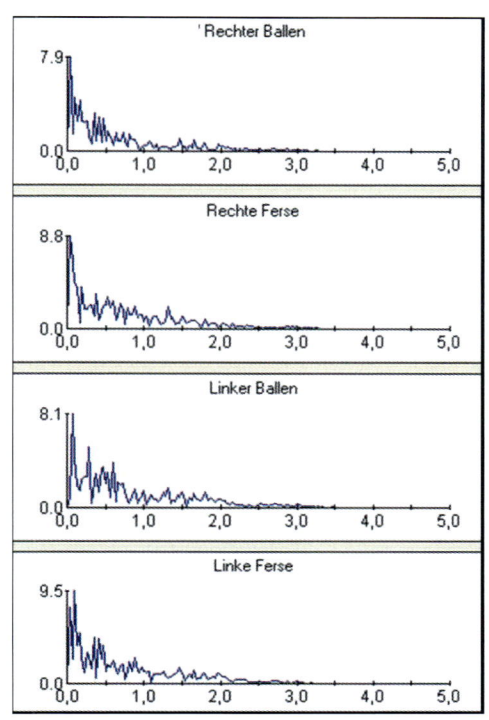

Abb. 5
Leistungsspektrum einer posturografischen Messung (Abszisse: Frequenz; Ordinate: Gesamtpower des Spektrums [Intensität]) vor sensomotorischer Therapie mit FPZ 3D: The Spacecurl®. Erhöhte Amplituden in den mittleren Frequenzen von 0,25 – 0,5 Hz weisen auf eine vestibuläre Störung hin.

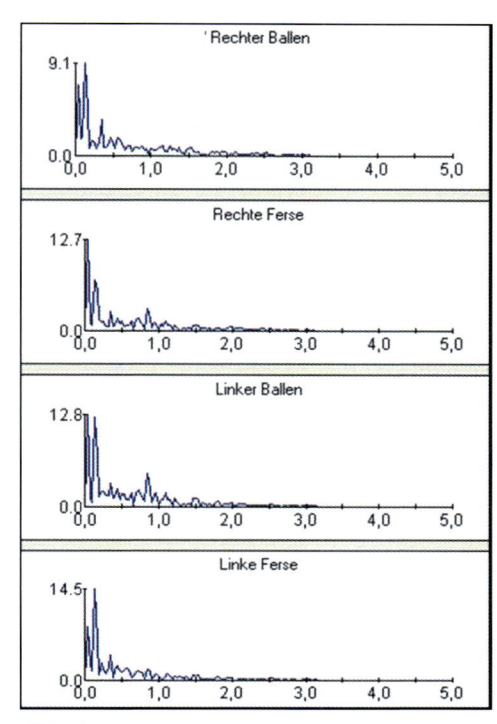

Abb. 6
Leistungsspektrum einer posturografischen Messung (Abszisse: Frequenz; Ordinate: Gesamtpower des Spektrums [Intensität]) nach sensomotorischer Therapie mit FPZ 3D: The Spacecurl®. Erhöhte Amplituden in den tiefen Frequenzen von 0,03 – 0,1 Hz und niedrigere Amplituden in den mittleren Frequenzen von 0,25 – 0,5 Hz weisen auf eine verbesserte posturale Kontrolle hin.

Interaktives Balancesystem (Tetrax®)
Das interaktive Balancesystem (IBS) beruht auf der Messung der jeweiligen vertikalen Druckschwankung, die von 4 unabhängigen Plattformen aufgenommen werden, wobei jeweils eine Platte für Ferse bzw. Ballen pro Fuß bestimmt ist (Kohen-Raz et al. 1998).
Der Vorteil dieses Messsystems ist, dass der Patient nicht als umgekehrtes Pendel angesehen wird und somit nur die Schwerpunktprojektion des Körpers erfasst wird.
Das IBS umfasst 8 Untersuchungsgänge, die jeweils 32 Sekunden dauern:

1. NO Augen geöffnet,
   Plattformunterlage stabil
2. NC Augen geschlossen,
   Plattformunterlage stabil
3. PO Augen geöffnet,
   stehend auf Schaumstoffunterlage
4. PC Augen geschlossen,
   stehend auf Schaumstoffunterlage
5. HR Augen geschlossen,
   Kopf 45° nach rechts rotiert
6. HL Augen geschlossen,
   Kopf 45° nach links rotiert
7. HB Augen geschlossen,
   Reklination des Kopfes um 30°
8. HF Augen geschlossen,
   Anteversion des Kopfes um 30°

Neben der Messung der Position des Fußdruckzentrums und der Projektion des Körperschwerpunktes ermöglicht dieses System die Bestimmung der Links-/Rechts- bzw. Fersen-/Ballenverteilung sowie den Vergleich der Druckwellensignale zwischen Ferse und kontralateralen Ballen und umgekehrt. Die Symmetrie ist ein Maß für die bipedale Verteilung der Körpermasse. Alle im IBS verwendeten Parameter sind dimensionslos. Der Stabilitätsindikator (ST) gibt den Zustand der Stabilität an und stellt den Quotienten aus der Summe der Amplitudenänderungen dividiert durch das Körpergewicht des Patienten an. Der Quotient steigt mit größerer Instabilität. Durch die Anwendung der Histogrammanalyse bzw. Foyer-Transformation lassen sich die Körperschwankungen in mehrere Frequenzbereiche einteilen, die auch für die Beurteilung der 3 maßgeblichen sensorischen Systeme – visuell, vestibulär, propriozeptiv – herangezogen werden können.

Vier Frequenzbereiche sind bedeutungsvoll. Frequenzen von 0 – 0,25 Hz weisen auf eine funktionelle Dominanz des visuell/vestibulären Systems hin, die für eine normale Standstabilität charakteristisch ist. Mittlere Frequenzen von 0,25 – 0,5 Hz deuten auf eine gesteigerte Aktivität des vestibulären Systems hin, typisch für einen intersensorischen Konflikt oder für eine vestibuläre Störung. Frequenzen von 0,5 – 1 Hz reflektieren eine Steigerung der propriozeptiven Reaktionen, die auftreten, wenn das vestibuläre System nicht in der Lage ist, die Standstabilität aufrecht zu erhalten oder Störungen der Rezeptoren insbesondere der unteren Extremitäten vorliegen. Frequenzen über 1 Hz weisen auf zentrale, ggf. zerebelläre Störungen oder einen posturalen Tremor hin.

Evidenz-basiertes sensomotorisches Therapiekonzept

Grundsätzlich setzt die Beurteilung eines evidenz-basierten Rehabilitationskonzeptes ein Messverfahren voraus, dass eine gewünschte Dimension misst, eine hohe Reliabilität, eine ausreichende Unterschiedssensitivität sowie eine einfache und leicht verständliche Praktikabilität aufweist, möglichst weit verbreitet und zur Qualitätskontrolle wiederholt anwendbar ist (Schwesig 2006).

Unsere Ergebnisse bestätigen, dass das IBS die Kompensations- und Trainingseffekte bei peripher-vestibulären Störungen erfasst, kontrollierte Reiz-Antwortmessungen zur Diagnostik von Störungen des vestibulospinalen Reflexes erzeugt und somit eine valide und reliable Messmethode zur Erprobung und Evaluation neuer, innovativer sensomotorischer Trainingskonzepte darstellt.

Derzeit ist es aber nicht möglich, das sensomotorische System als Ganzes mit Hilfe einzelner Messverfahren zu bestimmen. Alle bekannten Messmethoden erfassen nur Teilsysteme, solche wie die afferenten Inputs, die zentralnervöse Reizverarbeitung oder den motorischen Output.

Mit der vorgestellten Mess- und Therapieeinheit ergeben sich Möglichkeiten zur Erarbeitung evidenz-basierter Therapiekonzepte.

Literatur

Allum JH, Shepard NT (1999) An overview of the clinical use of dynamic posturography in the differential diagnosis of balance disorders. J Vestib Res 9: 223-252

Baloh RW, Honrubia V (2001) Clinical neurophysiology of the vestibular system. In: Gliman S and Herdman WJ (Hrsg). Contemporary neurology series. University Press, New York Oxford

Brandt T, Büchele W (1983) Augenbewegungsstörungen. Klinik und Elektronystagmographie. Gustav Fischer, Stuttgart New York

Brandt T (1999) Vertigo. Its multisensory syndrome. Springer, Berlin Heidelberg New York

Cawthorne T (1946) Vestibular injuries. Proc R Soc Med 39: 270-273

Cooksey FS (1946) Rehabilitation in vestibular injuries. Proc R Soc Med 39: 273-275

Diener HC, Dichgans J (1988) On the role of vestibular, visual and somatosensory information for dynamic postural control in humans. Prog Brain Res 76: 253-262

Dix MR (1976) The physiological basis and practical value of head exercises in the treatment of vertigo. Practitioner 217: 919-924.

Hamann KF, Bockmeyer M (1983) Behandlung vestibulärer Funktionsstörungen durch ein Übungsprogramm. Laryngol Rhinol Otol 62: 474-475

Kohen-Raz R, Sokolov A, Demmer M, Harel M (1998) Posturographic correlates of peripheral and central vestibular disorders, as assessed by electronystagmography (ENG) and the Tetrax Interactive Balance System. In: Reid A, Marchbanks RJ, Ernst A (eds) Intracranial and inner ear physiology and pathophysiology. Whurr, London, pp 231-236

Lauenroth A, Schwesig R, Pudszuhn A, Hottenrott K, Bloching M (2006) Stationäre Rehabilitation und deren Effekte bei peripher-vestibulären Störungen. 77. Jahrestagung der Deutschen HNO-Gesellschaft, Kopf- und Halschirurgie 24.-28.5.2006, Mannheim

McCabe BF, Ryu JH, Sekitani T (1972) Further experiments on vestibular compensation. Laryngoscope 82: 381-396

Nashner LM, Black FO, Wall C III (1982) Adaptation to altered support and visual conditions during stance: patients with vestibular deficits. J Neurosci 2: 536-544

Norré ME, de Weerdt W (1979) Principes et elaboration d'une technique de reeducation vestibulaire, la "Vestibular habituation training". Ann Otolaryngol Chir Cervicofac 96: 217-227

Pfaltz CR, Novak B (1977) Optokinetic training and vestibular habituation. ORL 39: 309-320

Reiß M, Reiß G (2006) Therapie von Schwindel und Gleichgewichtsstörungen. Uni-Med, Bremen

Scherer H (1984) Das Gleichgewicht. Springer, Berlin Heidelberg New York Tokyo

Scherer H (1996) Das Gleichgewicht. Springer, Berlin Heidelberg New York

Stoll W, Matz DR, Most E (1986) Schwindel und Gleichgewichtsstörungen. Thieme, Stuttgart New York

Stoll W, Most E, Tegenthoff M (2004) Schwindel und Gleichgewichtsstörungen. Thieme, Stuttgart New York

Scholtz AW, Federspiel T, Appenroth E, Thumfart WF (2000) Effects of standardized optokinetic stimuli on standing stability. Laryngorhinootologie 79: 315-319

Scholtz AW (2006) Stellenwert der Posturografie bei Diagnostik und Therapiekontrolle peripher-vestibulärer Störungen. In: Westhofen M (Hrsg). Vestibularisfunktion-Brücke zwischen Forschung und Praxis. 5. Hennig Symposium. Springer, Wien New York, S 29-39

Schwesig R (2006) Das posturale System in der Lebensspanne. Dr. Kovac, Hamburg

Störungen des Stehens und Gehens aus der Sicht des Neurologen

P. Schwenkreis

Einführung

Stehen und Gehen sind komplexe Funktionen, die ein Zusammenspiel verschiedener Anteile des zentralen und peripheren Nervensystems erfordern (Abb. 1). Visuelle, vestibuläre und propriozeptive Afferenzen liefern dabei Informationen über Haltung und Stellung von Kopf, Rumpf und Extremitäten im Raum, und sind als Rückkopplungsmechanismen für ein korrektes Stehen und Gehen unerlässlich. Auf der efferenten Seite kommt dem Kleinhirn eine zentrale Bedeutung als Koordinationszentrum für die Erhaltung des Gleichgewichtes und die Kontrolle des Muskeltonus sowie die zielgerichtete Ausführung von Willkürbewegungen

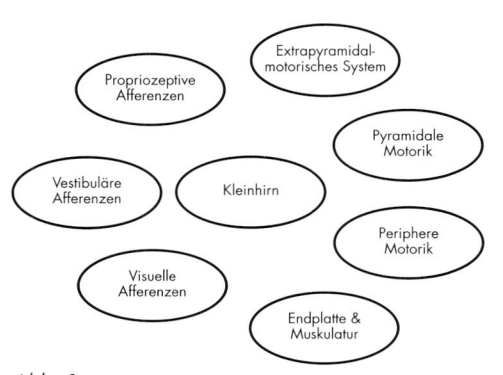

Abb. 1
Afferente und efferente Komponenten des zentralen und peripheren Nervensystems einschließlich Muskulatur, deren Zusammenspiel ein ungestörtes Stehen und Gehen gewährleistet. Neurologische Erkrankungen, die eine dieser Komponenten beeinträchtigen, können zu einer Stand- und/oder Gangstörung führen.

zu. Es erhält zu diesem Zwecke nicht nur multimodale Afferenzen, sondern auch Efferenzkopien willkürlicher Bewegungen vom motorischen Kortex. Es beeinflusst efferent via Hirnstamm und spinale Motoneurone die unwillkürliche Motorik, ist aber auch über Rückkopplungsschleifen zum motorischen Kortex in die Ausführung von Willkürbewegungen involviert. Für ein korrektes Stehen und Gehen ist aber auch die Intaktheit anderer efferenter Systeme unerlässlich, namentlich des pyramidalen sowie des extrapyramidalen Systems, der motorischen Vorderhornzellen nebst ihren efferenten Axonen, der neuromuskulären Synapse sowie der Muskeln.

Störungen des Stehens und Gehens können durch eine Vielzahl von neurologischen Erkrankungen ausgelöst werden, welche entweder am afferenten oder am efferenten Teil dieses komplexen Systems angreifen (Voermans et al. 2007). Dies soll nun im Folgenden systematisch besprochen werden.

Afferente Störungen

Erkrankungen des visuellen Systems

Störungen der visuellen Afferenzen unterschiedlichster Ursache können zu einer Verunsicherung in der Raumorientierung und über einen dadurch bedingten Schwindel zu einer Beeinträchtigung des Stehens und Gehens führen. Neben einer ganzen Reihe von Erkrankungen auf augenärztlichem Gebiet kommen dabei neurologischerseits zum einen

Störungen im Bereich der Sehbahn mit resultierender Visusminderung oder Gesichtsfelddefekten in Betracht, zum anderen aber auch Störungen der Okulomotorik mit damit verbundenen neu aufgetretenen Doppelbildern.

Störungen der Sehbahn
Eine Läsion des N. opticus kann dabei entzündliche (Optikusneuritis), metabolische (Vitamin B12-Mangel) oder toxische (Tabak-Alkohol-Amblyopie) Ursachen haben, aber auch auf eine direkte Kompression des N. opticus durch einen raumfordernden Prozess zurückzuführen sein. Läsionen des Chiasma opticum resultieren am häufigsten aus einer Kompression durch Hypophysentumoren und führen zu einer charakteristischen bitemporalen Hemianopsie. Retrochiasmale Schädigungen äußern sich als homonyme Hemianopsie zur gegenüberliegenden Seite und sind am häufigsten auf vaskuläre Läsionen (Infarkte oder Blutungen) zurückzuführen, können aber auch im Rahmen von chronisch-entzündlichen ZNS-Erkrankungen wie der Multiplen Sklerose auftreten.

Störungen der Okulomotorik
Störungen der Okulomotorik mit Doppelbildern treten auf bei Augenmuskelparesen, die am häufigsten durch Läsion eines der sog. okulomotorischen Hirnnerven (III, IV, VI) bedingt sind, etwa im Rahmen eines Traumas, aber auch bei entzündlichen Erkrankungen oder einer diabetischen Mononeuropathie. Sie können aber auch aus einer Störung der neuromuskulären Übertragung bei Myasthenia gravis resultieren, oder Folge einer direkten Erkrankung der Augenmuskeln z.B. bei okulärer Myositis sein. Auf der anderen Seite können auch zentrale Blickstörungen zu Doppelbildern und dadurch bedingtem okulärem Schwindel mit Stand- und Gangunsicherheit führen. Typisches Beispiel hierfür ist die internukleäre Ophthalmoplegie (INO) als Folge einer Läsion des Fasciculus longitudinalis medialis im Hirnstamm, welche bei jüngeren Patienten am häufigsten durch einen MS-Herd verursacht wird, bei älteren Patienten eher durch einen Hirnstamminfarkt.

Erkrankungen des vestibulären Systems

Peripher-vestibuläre Erkrankungen
Peripher-vestibuläre Erkrankungen können zu einer deutlichen Beeinträchtigung von Stehen und Gehen führen. Da diese Thematik jedoch bereits an anderer Stelle ausführlich behandelt wird, wird auf die entsprechenden Kapitel dieses Buches verwiesen.

Zentral-vestibuläre Erkrankungen
Zentral-vestibuläre Störungen führen zu einem Dreh- oder Schwankschwindel mit resultierender Stand- und Gangunsicherheit und meist gerichteter Fallneigung. Sie sind in der Regel Folge von Läsionen oder Funktionsstörungen der vestibulären Kerngebiete im Hirnstamm und ihrer Verbindungen sowie des Vestibulozerebellums. Seltener treten sie in Zusammenhang mit Läsionen oder Funktionsstörungen im Bereich der posterolateralen oder paramedianen Thalamuskerne bzw. des vestibulären Kortex im temporo-parietalen Übergangsbereich auf (Dieterich und Brandt 1993). Der zentral-vestibuläre Schwindel ist dabei typischerweise nicht isoliert vorhanden, sondern entweder klar definiertes Leitsymptom mit typischem Okulomotorikbefund (z.B. Down beat- oder Upbeat-Nystagmus), oder aber Teil eines komplexen neurologischen Syndroms mit begleitender Okulomotorikstörung und weiteren neurologischen Auffälligkeiten (z.B. im Rahmen eines Wallenbergsyndromes in Verbindung mit Dysarthrophonie, zentralem Horner-Syndrom, dissoziierten Sensibilitätsstörungen sowie Hemiataxie) (Dieterich 2002). Zentral-vestibuläre Störungen können kurzzeitig für Sekunden bis Minuten auftreten, etwas im Rahmen einer Basilarismigräne, einer vestibulären Epilepsie oder als TIA im vertebrobasilären Stromgebiet. Die Symptomatik kann aber auch länger anhaltend auftreten, wobei als Ursache dann vaskuläre Läsionen (Ischämie oder Blutung), entzündliche Läsionen (z.B. MS-Herd) oder Raumforderungen vermutet werden müssen. In jedem Fall ist bei Verdacht auf eine zentral-vestibuläre Störung des Stehens und Gehens eine zerebrale Bild-

gebung erforderlich, wobei nur eine MR-Tomographie die entsprechenden Strukturen im Hirnstammbereich mit ausreichender Genauigkeit dazustellen vermag.

Störungen der Propriozeption

Störungen der Propriozeption führen zu einer Beeinträchtigung des Stehens und Gehens im Sinne einer sensiblen Stand- und Gangataxie. Dabei sind vorwiegend die Extremitäten, weniger der Rumpf von der Ataxie betroffen, so dass sich beim Gehen der Rumpf weitgehend geordnet bewegt. Pathognomonisch ist die teilweise Kompensation der Störung durch visuelle Informationen, mit deutlicher Verschlechterung bei Augenschluss oder Dunkelheit, charakteristisch bei der klinischen Untersuchung ein herabgesetztes Vibrationsempfinden sowie ein gestörter Lagesinn. Störungen der Propriozeption treten auf sowohl bei Erkrankungen des peripheren Nervensystems (Polyneuropathien), als auch bei Erkrankungen des Rückenmarks mit Beteiligung der Hinterstränge.

Polyneuropathien
Eine diffuse Schädigung sensibler Fasern im Rahmen einer Polyneuropathie kann durch eine Vielzahl von Ursachen ausgelöst werden. Häufigste Ursache ist mit ca. 30% die diabetische Polyneuropathie, gefolgt von der äthyltoxischen Polneuropathie. Daneben kommen entzündliche (autoimmun vermittelt oder erregerbedingt), metabolische, exotoxische oder hereditäre Ursachen in Betracht. In ca. 20-30% der Fälle bleibt die Ätiologie trotz intensiven Suchens ungeklärt. Elektrophysiologische Methoden wie Elektroneurographie (ENG) und Elektromyographie (EMG) sichern die Diagnose.

Rückenmarkserkrankungen mit Beteiligung der Hinterstränge
Eine Schädigung der Hinterstränge kann auftreten im Rahmen einer funikulären Myelose bei Vitamin B12-Mangel, im Rahmen einer Tabes dorsalis als Manifestation der Lues im Quartärstadium, oder als erbliche Hinterstrangdegeneration im Rahmen einer Friedreich-Ataxie. Daneben können aber auch anderweitige entzündliche (z.B. MS), vaskuläre oder tumorbedingte Rückenmarkserkrankungen zu einer Hinterstrangschädigung führen. Neben der Bestimmung von Vitamin B12 im Serum sind insbesondere eine spinale MRT sowie eine Liquoruntersuchung die entscheidenden diagnostischen Maßnahmen, die eine ätiologische Klärung herbeiführen können.

Efferente Störungen

Erkrankungen des Kleinhirns

Erkrankungen des Kleinhirns führen aufgrund der oben schon angesprochenen zentralen Rolle bei der Koordination von Bewegungen zu einer ausgeprägten Störung des Standes und Ganges. Dabei besteht eine somatotope Gliederung: Mittelliniennahe Prozesse führen besonders zu einer Störung von Rumpfkontrolle und Koordination von Stand und Gang, wohingegen Prozesse im Bereich der Hemisphären insbesondere die Koordination der Extremitäten beeinträchtigen. Pathognomonisch für die zerebelläre Stand- und Gangataxie ist das unsichere, breitbasige Gangbild auch bei geöffneten Augen, was durch visuelle Kontrolle bzw. deren Ausschaltung nicht wesentlich beeinflusst wird. Das Gangbild kann am besten mit dem torkelnden Gangbild eines „Betrunkenen" verglichen werden. Fokale, einseitige Läsionen können eine Fallneigung zur Herdseite verursachen. Ätiologisch können fokale von nicht-fokalen Kleinhirnerkrankungen unterschieden werden.

Fokale Kleinhirnerkrankungen
Fokale Kleinhirnerkrankungen können entzündliche, vaskuläre oder tumorbedingte Ursachen haben. Diagnostisch wegweisend ist hier die zerebrale Bildgebung, bei Verdacht auf eine entzündliche Genese ergänzt durch eine Liquoruntersuchung.

Nicht-fokale Kleinhirnerkrankungen
Bei den nicht-fokalen Kleinhirnerkrankungen können erbliche degenerative Ataxien, nicht-erbliche degenerative Ataxien und symptomatische Ataxien unterschieden werden.

Die erblichen Ataxien werden nach ihrem Erbgang in autosomal-rezessive, mitochondriale und autosomal-dominante Ataxien weiter unterteilt. Häufigste erbliche Ataxie ist die Friedreich-Ataxie. Dabei steht pathogenetisch die Hinterstrangdegeneration gegenüber der Kleinhirndegeneration im Vordergrund, so dass es sich klinisch vorwiegend um eine sensible Ataxie handelt. Die Diagnose kann bei entsprechendem klinischem Verdacht durch eine molekulargenetische Untersuchung gesichert werden. Bei den autosomal-dominanten spinozerebellären Ataxien handelt es sich um eine klinisch, genetisch und pathophysiologisch heterogene Gruppe von Erkrankungen. Klinisch können rein zerebelläre Formen von Subtypen mit Multisystembeteiligung und entsprechenden neurologischen Begleitsymptomen unterschieden werden. Mittlerweile sind 26 genetisch determinierte Subtypen bekannt. Bei einem Teil davon ist eine direkte molekulargenetische Diagnosestellung durch Nachweis der entsprechenden Mutation möglich.

Auch bei den nicht-erblichen degenerativen Ataxien kann eine idiopathische zerebelläre Ataxie mit einer rein zerebellären Symptomatik von einer zerebellären Form der Multisystematrophie unterschieden werden, bei der weitere neurologische Symptome (autonome Störungen, Spastik, Zeichen der extrapyramidal-motorischen Beteiligung) hinzutreten. Vor Diagnosestellung sollten zunächst erbliche oder symptomatische Ataxieformen ausgeschlossen werden.

In die Gruppe der erworbenen symptomatischen Ataxien fallen die erworbene äthyltoxische Kleinhirndegeneration und Ataxien sonstiger toxischer Genese (z.B. durch Phenytoin), die paraneoplastische Kleinhirndegeneration (insbesondere bei kleinzelligem Bronchial-Ca, Ovarial- und Mamma-Ca sowie beim M. Hodgkin), Ataxien bei Malabsorptionssyndromen (Vitamin-E-Mangel), metabolische Ataxien (z.B. bei Hypothyreose), die zerebelläre Enzephalitis (erregerbedingt oder immunvermittelt), sowie Ataxien physikalischer Genese (z.B. beim Hitzschlag). Eine entsprechende gezielte Diagnostik ist wichtig, da diese Formen im Gegensatz zu den hereditären Ataxien unter Umständen einer kausal orientierten Therapie zugänglich sind.

Extrapyramidal-motorische Erkrankungen

Extrapyramidal-motorische Erkrankungen führen typischerweise zu ausgeprägten Störungen des Stehens und Gehens und ermöglichen in vielen Fällen per „Blickdiagnose" bereits Hinweise auf die zugrunde liegende Erkrankung. Es können hypokinetisch-hypertone Syndrome von hyperkinetisch-hypotonen Syndromen unterschieden werden.

Hypokinetisch-hypertone Syndrome
Prototyp eines hypokinetische-hypertonen Syndromes ist der M. Parkinson. Das Bild dieser Erkrankung mit ihren Kardinalsymptomen Rigor, Tremor und Akinese ist geprägt durch den im Krankheitsverlauf auftretenden kleinschrittig-schlurfenden Gang in vornübergebeugter Haltung, mit vermindertem Mitschwingen der Arme und Umdrehen mit vielen Zwischenschritten. Außerdem tritt bei fortschreitender Erkrankung zunehmend eine posturale Instabilität hinzu, welche sich aufgrund der verminderten Stellreflexe in einer Fallneigung nach vorne oder hinten äußert und durch rezidivierende Stürze zu Verletzungen und Frakturen führen kann. Von einem primären M. Parkinson diagnostisch abzugrenzen sind sekundäre Parkinsonsyndrome. Die Symptomatik ähnelt dabei der des M. Parkinson, ist allerdings nicht das Resultat eines progredienten neurodegenerativen Prozesses, sondern Folge der Schädigung von pathogenetisch relevanten Strukturen im Bereich der Basalganglien durch vaskuläre, postenzephalitische, traumatische, tumorbedingte, toxische oder metabolische Läsionen bzw. Prozesse. Besonderes erwähnenswert ist in diesem Zusammenhang das durch antidopaminerge Medikamente (z.B. Neuroleptika) induzierte Parkinsonoid, welches nach Absetzen des Medikamentes voll reversibel ist.

Der Vollständigkeit halber sollen noch die differenzialdiagnostisch abzugrenzenden und durch eine „Parkinson-Plus"-Symptomatik gekennzeichneten neurodegenerativen Erkrankungen Multisystematrophie (MSA) und progressive supranukleäre Paralyse (PSP) erwähnt werden. Dabei führt insbesondere die PSP bereits früh im Krankheitsverlauf zu einer Stand- und Gangunsicherheit mit ausgeprägter Retropulsionsneigung und häufigen Stürzen. Im Gegensatz zum M. Parkinson sind beide Erkrankungen durch ein nur geringes bzw. fehlendes therapeutisches Ansprechen auf eine dopaminerge Therapie gekennzeichnet.

Hyperkinetisch-hypotone Syndrome
Diese Erkrankungen sind gekennzeichnet durch unwillkürliche, einschießende phasische oder anhaltende tonische Bewegungen, welche bei entsprechender Ausprägung zu einer deutlichen Störung des Gehens und Stehens führen können. Unterschieden werden können dabei choreatiforme und athetotische Bewegungsstörungen, der Ballismus bzw. Hemiballismus, sowie dystone Syndrome. Ursächlich sind dabei Läsionen bzw. Funktionsstörungen im Bereich der Basalganglien, wobei primäre erblich oder sporadisch auftretende Formen von sekundären Formen abgegrenzt werden können, welche im Rahmen von entzündlichen, vaskulären, tumorbedingten oder metabolischen Schädigungen auftreten.

Störungen des pyramidalen motorischen Systems

Störungen des pyramidalen motorischen Systems, d.h. des motorischen Kortex und der dort entspringenden Pyramidenbahn mit ihrem Verlauf durch Hirnstamm und Rückenmark, führen typischerweise zu einer Lähmung vom zentralen (spastischen) Typ, mit spastischer Tonuserhöhung, gesteigerten Muskeleigenreflexen und Beeinträchtigung der Willkürmotorik. Daraus resultieren Veränderungen des Stehens und Gehens bis hin zu einer vollständigen Stand- und Gangunfähigkeit. Dabei existieren 2 charakteristische Gangstörungsbilder, welche in Abhängigkeit vom Schädigungsort besonders häufig anzutreffen sind: Dies ist zum einen bei unilateraler Pyramidenbahnschädigung die spastische Hemiparese mit ihrem typischen sog. Wernicke-Mannschen Gangbild, d.h. einer Zirkumduktion des gestreckten Beines bei gleichzeitiger Flexionshaltung in Ellenbogen-, Hand- und Fingergelenken. Zum anderen handelt es sich um die Paraspastik, mit ihrem typischen, hörbar schleifenden, steif wirkenden Gangbild, welcher eine bilaterale Pyramidenbahnschädigung zugrunde liegt.

Die Ursachen für beide Störungsbilder sind mannigfaltig, und Umfassen eine Vielzahl von differenzialdiagnostisch in Frage kommenden vaskulären, entzündlichen, traumatischen, tumorbedingten, erblichen und nicht-erblichen degenerativen sowie metabolischen Läsionen. In diesem Zusammenhang wichtig ist zu wissen, dass eine spastische Paraparese nicht in jedem Falle auf eine Rückenmarksläsion zurückgeführt werden muss, sondern beispielsweise auch im Rahmen eines sog. „Mantelkantensyndroms" durch eine bilaterale Kompression des Beinareales im motorischen Kortex in Folge eines in der Mantelkantenregion lokalisierten raumfordernden Prozesses hervorgerufen werden kann. Beim Auftreten einer bds. spastisch anmutenden Gangstörung in Kombination mit einer Harninkontinenz und einer Demenz muss außerdem differenzialdiagnostisch an einen Normaldruckhydrozephalus gedacht werden, und eine entsprechende zerebrale Bildgebung (CCT oder MRT) erfolgen.

Störungen des peripheren motorischen Systems, der neuromuskulären Synapse und der Muskulatur

Läsionen der motorischen Vorderhornzellen im Rückenmark sowie ihrer Axone samt deren Markscheiden führen ebenso wie Erkrankungen der neuromuskulären Synapse und der Muskulatur zu einem peripheren (schlaffen) Lähmungstyp. Dieser ist gekennzeichnet durch einen schlaffen Tonus, Atrophien der betroffenen Muskulatur, sowie abgeschwächte bzw. ausgefallene Reflexe. Eine genaue topodiagnostische Zuordnung ist dabei oft nur unter Zuhilfenahme von elektrophysiologischen Verfahren wie ENG und EMG möglich, welche eine Unterscheidung zwischen myogenen und neurogenen Paresen, sowie eine Differenzierung zwischen axonalen und demyelinisierenden Läsionen ermöglichen.

In Abhängigkeit vom Verteilungsmuster der Paresen können dabei relativ charakteristische Störungen des Gehens auftreten. So führen proximal betonte Paresen, wie sie insbesondere bei Myopathien häufig auftreten, aufgrund einer Insuffizienz der Hüftgelenksabduktoren mit Abkippen des Beckens zur Schwungbeinseite zu einem typischen „Watschelgang", dem Trendelenburg-Hinken. Wird dies durch eine übertriebene Verlagerung des Körperschwerpunktes auf die Standbeinseite versucht zu kompensieren, spricht man von einem Duchenne-Hinken. Bei distal betonten Paresen, die auch im Rahmen von generalisierten Prozessen wie Vorderhornerkrankungen oder Polyneuropathien zunächst oft bevorzugt die Fußheber betreffen, kann ein charakteristischer Steppergang resultieren. Ätiologisch dominieren bei den Vorderhornerkrankungen erbliche und sporadisch auftretende degenerative Prozesse, die mannigfaltigen Ursachen einer Polyneuropathie wurden oben schon erwähnt. Häufigste Störung der neuromuskulären Übertragung ist die autoimmune Myasthenia gravis, wohingegen bei den Myopathien Muskeldystrophien, Myositiden und metabolische Myopathien abgegrenzt werden können.

Zusammenfassung

Wie oben dargestellt, führen eine Vielzahl von neurologischen Erkrankungen zu einer Störung des Stehens und Gehens. Bestimmte charakteristische Störungsbilder lassen dabei bereits durch „Blickdiagnose" erste topodiagnostische Schlüsse zu, welche durch eine sorgfältige Anamnese und klinisch-neurologische Untersuchung sowie durch elektrophysiologische Verfahren erhärtet werden können. Eine genaue ätiologische Zuordnung ist allerdings in vielen Fällen erst durch weitere laborchemische und bildgebende Zusatzuntersuchungen möglich.

Literatur

Dieterich M (2002) Vaskulärer Schwindel. Nervenarzt 73: 1133-1142

Dieterich M, Brandt T (1993) Thalamic infarctions: differential effects on vestibular function in the roll plane (35 patients). Neurology 43: 1732-1740

Duus P (1995) Neurologisch-topische Diagnostik, 3.Aufl. Georg Thieme, Stuttgart New York

Mumenthaler M, Mattle H (1997) Neurologie, 10. Aufl. Georg Thieme, Stuttgart New York

Stoll W, Most E, Tegenthoff M (2004) Schwindel und Gleichgewichtsstörungen, 4. Aufl. Georg Thieme, Stuttgart New York

Voermans NC, Snijders HA, Schoon Y, Bloem BR (2007) Why old people fall (and how to stop them). Pract Neurol 7: 158-171.

Klinik und Therapie von Herzrhythmusstörungen

G. Mönnig

Herzrhythmusstörungen stellen ätiologisch wegen einer möglichen zerebralen Minderperfusion bei der Abklärung von Schwindelanfällen eine wichtige Differenzialdiagnose dar. Ihren hohen klinischen Krankheitswert gewinnen sie wegen der hohen Inzidenz von Schlaganfällen (15–20% bedingt durch Vorhofflimmern) sowie durch das Auftreten von plötzlichem Herztod (63% aller kardialen Todesfälle). Zusätzlich kann es als Folge einer gestörten diastolischen Füllung, einer mangelhaften Synchronität der Ventrikelaktion und einer verminderten Koronarperfusion zu rhythmogen bedingter Herzinsuffizienz mit den Begleitsymptomen Schwindel und Synkope kommen. In der folgenden Übersicht werden einige Aspekte der klinischen Präsentation sowie der modernen Therapie von Herzrhythmusstörungen zusammengefasst.

Grundlagen

Der Begriff Herzrhythmusstörungen fasst alle Rhythmen, die vom normalen Sinusrhythmus abweichen, zusammen. Arrhythmien werden in **Bradykardien** (<60/min) und **Tachykardien** (>100/min) unterteilt. Außerdem werden sie nach Lokalisation ihres Ursprungs in **supraventrikuläre** (oberhalb des HIS-Bündels) und **ventrikuläre** Arrhythmien (unterhalb des HIS-Bündels) unterschieden.
Pathophysiologisch können verschiedene Mechanismen zu Rhythmusstörungen führen. Als **Automatie** bezeichnet man die Eigenschaft von Fasern, spontan Impulse zu bilden (z.B. atriale Tachykardie). **Getriggerte Aktivität** ist ein durch einen vorangehenden Reiz ausgelöster Impuls (ventrikuläre Tachyarrhythmie vom Typ Torsade de Pointes). Tachykardien entstehen häufig aufgrund einer **Kreiserregung** (Reentry, z.B. Vorhofflattern, Atrioventrikuläre nodale Reentry Tachykardie, atrioventrikuläre Reentrytachykardie). Zusätzlich können verschieden **Erregungsleitungsstörungen** zu meist bradykarden Rhythmusstörungen führen (z.B. sinusatriale Blockierung, atrioventrikuläre Blockierung, Schenkelblöcke).

Klinische Präsentation

Die Symptomatik von Rhythmusstörungen hängt wesentlich von den hämodynamischen Auswirkungen der Arrhythmien ab. Bei Unter- oder Überschreiten einer kritischen Herzfrequenz, die in Abhängigkeit von der Ventrikelkontraktilität bereits bei einem Wert von < 40/min oder >140/min beginnt, kommt es zur Hypoperfusion des Myokards mit Ischämie sowie zu Hypotonie, Blutdruckabfall und den konsekutiven Zeichen kardialer und systemischer Minderperfusion. Sowohl diese Tachyarrhythmien als auch die Bradyarrhythmien führen zu einem für die Aufrechterhaltung der normalen Körperfunktionen unzureichenden Blutfluss mit der Möglichkeit einer plötzlichen Bewusstlosigkeit (rhythmogene Synkope). Dies kann zu folgenden Symptomen führe: Herzstolpern (Palpitationen), Herzrasen, Schwindel, Schweißausbruch, Panikattacken, Dyspnoe, Angina-pectoris-artigen Beschwerden, Adam-Stokes-Anfall (plötzliche Bewusstlosigkeit bei AV-Block III. Grades) bzw Synkope, plötzlicher Herzkreislaufstillstand (akuter Herztod). Es ist dabei wichtig, einen Zusammenhang zwischen den Beschwerden und der Art und Schwere der Herzrhythmusstörung herzustellen.

Diagnostik

Neben der klinischen Präsentation bietet die **Rhythmusanamnese** einen entscheidenden Wegweiser für die Klärung insbesondere tachykarder Rhythmusstörungen. Dabei sollten folgende Fragen geklärt werden: Wie häufig treten die Arrhtyhmien auf? Wie lange dauern sie an? Wann sind sie zuletzt aufgetreten, wie schnell war die Schlagfolge (ggf klopfen lassen)? Regelmäßig oder unregelmäßig? Welche Medikamente nimmt der Patient ein? Welche Grunderkrankung liegt vor? Es gibt auch anamnestische Hinweise zur Differenzierung von ventrikulären (VT, potentiell gefährlich) und supraventrikulären Tachykardien (SVT, meist harmlos). Für eine SVT sprechen ein spontaner, schlagartiger Beginn und abruptes Ende bei ansonsten Herzgesunden, sowie ein Alter unter 35 Jahren. Für eine VT sprechen ein vorausgegangener Infarkt, dokumentierter Schenkelblock sowie Synkope nach Infarkt oder anderer kardialer Grunderkrankung.

Eine **12 Kanal EKG-Dokumentation** der Arrhythmie ist der wichtigste Schritt bei der Diagnostik und prognostischen Beurteilung einer Rhythmusstörung, da hierdurch in über 90% die definitive Diagnose (insbesondere VT versus SVT) gestellt werden kann. Eine schmalkomplexige Tachykardie entspricht dabei fast immer einer (harmlosen) supraventrikulären Tachykardie. Eine Differenzierung anhand EKG-Charakteristika ist Abb. 1 und als Flussdiagramm Abb. 2 zu entnehmen.

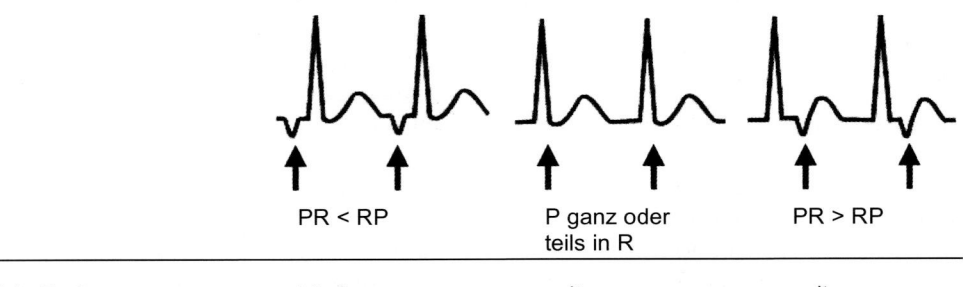

	PR < RP	P ganz oder teils in R	PR > RP
Atriale Tachy	häufig	selten	selten
AVNRT	selten	häufig	selten
AVRT, schnelle Bahn	nie	nie	häufig
AVRT, langsame Bahn	häufig	nie	nie

Abb. 1
EKG-Kriterien zur Differenzierung schmalkomplexiger regelmäßiger Tachykardien. AVNRT = Atrioventrikuläre nodale reentry Tachykardie; AVRT = Atrioventrikuläre reentry Tachykardie; Bahn = akzessorische Leitungsbahn; PR = Intervall von der P-Welle zur R-Zacke; RP = Intervall von der R-Zacke zur P-Welle

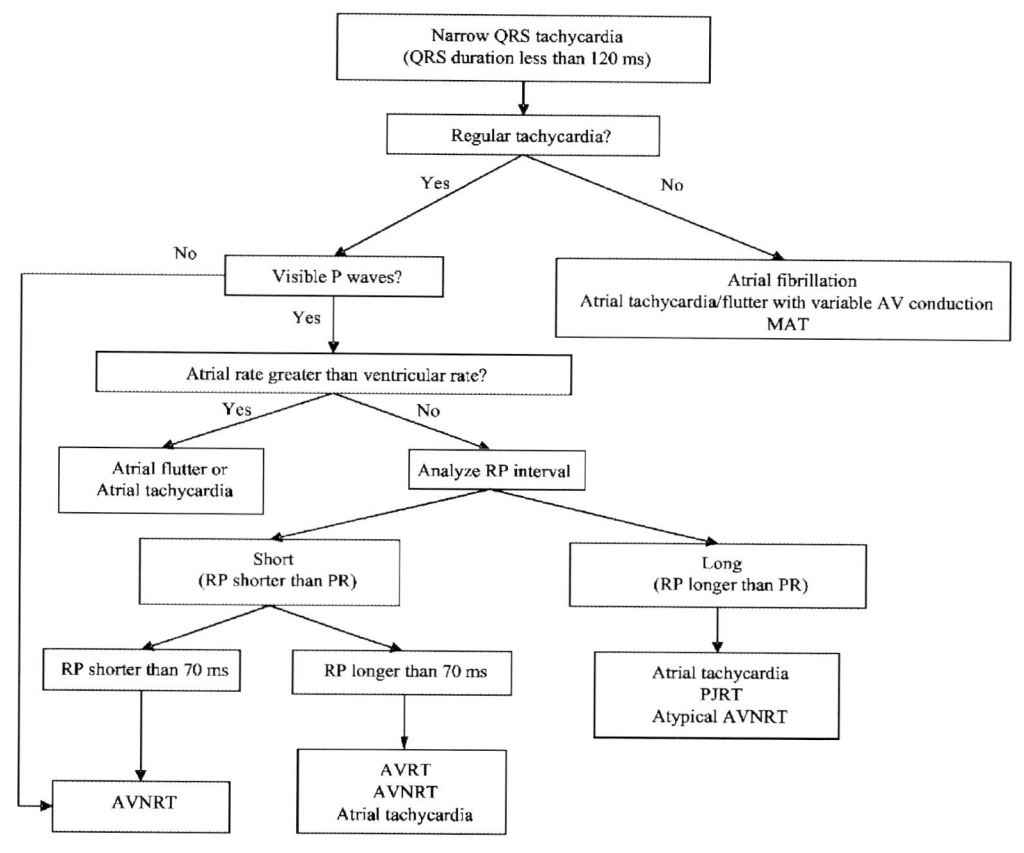

```
                    ┌─────────────────────────────┐
                    │   Narrow QRS tachycardia    │
                    │ (QRS duration less than 120 ms) │
                    └──────────────┬──────────────┘
                                   │
                       ┌───────────┴───────────┐
                       │  Regular tachycardia? │
                       └───────────┬───────────┘
                         Yes              No
```

Abb. 2
Differentialdiagnose schmalkomplexiger Tachykardien. AV = atrioventrikulär; AVNRT = atrioventrikuläre nodale reentry Tachykardie; AVRT, atrioventrikuläre reentry Tachykardie; MAT = multifokale atriale Tachykardie; ms, Millisekunden; PJRT = permanente Form einer junctionalen reentry Tachykardie; QRS = ventrikuläre Aktivierung im EKG. Modifiziert Circulation. 2003;108:1871-1909

Eine breitkomplexige Tachykardie (QRS-Komplex >0,12s) bedarf der weiteren Abklärung, da es sich meist um eine ventrikuläre Rhythmusstörung handelt, die eine potentielle Gefährdung hinsichtlich des plötzlichen Herztodes darstellt. Eine Ausnahme sind z.B. supraventrikuläre Tachykardien mit Aberranz (funktionellem Schenkelblock). Die genaue Differenzierung kann jedoch im Einzelfall sehr schwierig sein.

Bei den bradykarden Rhythmusstörungen sind die meist erworbenen AV-Blockierungen relevant. Eine Übersicht ist in Abb. 3 zusammengestellt.

Therapie

Es gibt akute Interventionsmöglichkeiten (Vagus-Manöver, externe Kardioversion/Defibrillation) sowie Maßnahmen der Prophylaxe (medikamentöse antiarrhythmische Therapie, Schrittmacher und implantierbarer Kardioverter/Defibrillator) und der kurativen/kausalen Therapie (Katheterablation). Unter therapeutischen Gesichtspunkten gewinnt bei Herzrhythmusstörungen die Behandlung der Grundkrankheit besonderen Stellenwert. Diese sollte stets angestrebt werden, da damit der zur Arrhythmie führende Ursachenprozess

AV-Block I. Grades
PR Intervall >0,2s ; jeder p-Welle folgt ein QRS-Komplex

**AV-Block II. Grades, Mobitz Typ I
(Wenckebach Block)**
Verlängerung des PR Intervalls und Verkürzung des RR-Intervalls bis eine P-Welle blockiert. PR Intervall nach blockiertem Schlag ist wieder kürzer

AV-Block II. Grades, Mobitz Typ II
Intermittierend blockierte P-Welle bei konstantem PR Intervall

hochgradiger AV-Block II. Grades
Überleitungsverhältnis von 3:1 oder mehr

AV-Block III. Grades
Dissoziation von atrialer und ventrikulärer Aktivierung; atriale Frequenz ist schneller als die ventrikuläre, die junktionalen oder ventrikulären Ursprung haben kann

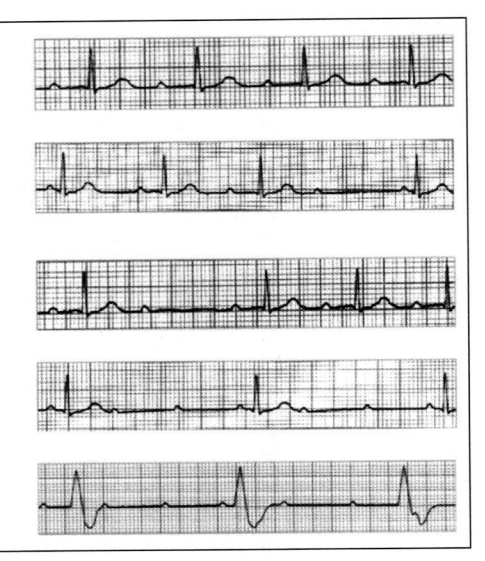

Abb. 3
Verschiedene Formen des AV-Blocks mit EKG-Beispiel

im Sinne einer Kausaltherapie im Nachhinein korrigiert werden kann. Dies würde bedeuten: Hochdrucktherapie beim Hochdruckherzen, Therapie der Herzinsuffizienz, Hypertrophieregression bei hypertrophierten Herzmuskelprozessen, antientzündliche Maßnahmen bei Myokarditis, antiischämische Maßnahmen bei der koronaren Herzkrankheit. Leider ist die Kausaltherapie nicht immer wirksam, da der Grundprozess oft mit anderen Krankheitsentitäten überlappt, zu weit fortgeschritten und/oder nicht nur monokausal verursacht ist. Insofern müssen medikamentöse, antiarrhythmische wie auch interventionelle Maßnahmen (Schrittmachertherapie bei bradykarden Arrhythmien, Ablationen bei tachykarden Arrhythmien) herangezogen werden.

Pharmakotherapie

Aus pharmakologischer, elektrophysiologischer und klinischer Sicht gibt es keine befriedigende Einteilung der Antiarrhythmika. Jede Substanz hat unterschiedliche Wirkungen auf Erregungsbildung und -leitung in den einzelnen Abschnitten und beeinflusst zudem das autonome Nervensystem. Die von Vaughan Williams vorgeschlagene und später erweiterte Klassifikation wird trotz mancher Mängel am häufigsten benutzt (Tabelle 1).

Bei einer antiarrhythmischen Therapie muss mit proarrhythmischen Komplikationen, insbesondere bei der Therapie mit Klasse I und III Antiarrhythmika, gerechnet werden. Durch eine zunehmende Sensibilisierung bezüglich dieser proarrhythmischer Nebenwirkungen von spezifischen Antiarrhythmika und der Etablierung nichtpharmakologischer Therapieoptionen haben sich in den letzten Jahren erhebliche Neuerungen sowohl im Bereich der Behandlung supraventrikulärer als auch ventrikulärer Rhythmusstörungen ergeben. Zur medikamentösen Behandlung supraventrikulärer Rhythmusstörungen bei Patienten ohne eine strukturelle Herzerkrankung stellen neben den β-Blockern die Antiarrhythmika der Klasse Ic eine wirkungsvolle und sichere Substanzgruppe dar. Diese können auch im ambulanten Bereich als „Pill-in-the-pocket-Therapie" zum Einsatz kommen. Amiodaron steht als sehr potente Substanz sowohl zur Akut- als auch zur Dauertherapie bei ventrikulären und supraventrikulären Tachykardien zur Verfü-

Substanz	Akuttherapie	Rezidiv-prophylaxe	Extrakardiale Nebenwirkungen	Kontraindikation
Klasse IA Natriumkanalblocker				
Chinidinsulfat	–	• 2mal 250–500 mg tgl. p. o. • bis 2,0 g tgl. p. o.	gastrointestinale Beschwerden, allergische hautreaktion, selten Fieber, Thrombopenie, Agranulozytose bei Überdosis: Neurotoxizität mit Tinnitus, Photophobie	Herzinsuffizienz, höhergradiger AV-Block, Chinitununverträglichkeit, QT-Verlängerung, Hyperkaliämie
Ajmalin (z. B. Gilurytmal®)	25–50 mg i.v.	bis 300 mg i.v. /12 h	Übelkeit, Kopfschmerzen, Hitzegefühl, Cholestase	Herzinsuffizienz, höhergradige AV-Blockierungen
Prajmaliumbitartrat (z. B. Neo-Gilurytmal®)	–	2- bis 4mal tgl. 10–20 mg p. o.	Cholestase, Übelkeit, Kopfschmerzen, Schwindel, Leberenzymanstieg, Thrombopenie	
Disopyramid (z. B. Norpace®)	1,5–2 mg/kg Kg v.	400–600 mg tgl. p. o.	Anticholinerge Effekte: Mundtrockenheit, Seh- und Miktionsstörungen	Herzinsuffizienz, höhergradige AV-Blockierungen
Klasse IB Natriumkanalblocker				
Lidocain (z. B. Xylocain®)	1,5– 2 mg/kg Kg i. v.	60–120 mg/i.v. max: 4 g/24 h	bei rascher Infusion/hoher Dosis: zentralnervöse Symptome: Schwindel, Krämpfe	Herzinsuffizienz, höhergradige AV-Blockierungen
Mexiletin (z. B. Mexitil®)	100–250 mg tgl. p. o.	600–900 mg tgl. p. o.	zentralnervöse Symptome, Geschmacksstörungen	
Phenytoin (z. B. Phenhydan®)	125 mg i.v. (bis 750 mg tgl/12 h)	2- bis 3mal tgl. p.o.	• dosisabhängig: zentralnervöse Symptome, Gingivahyperplasie, Hypertrichose • dosisunabhängig: Leukopenie, Lymphadenopathie, exfoliative Dermatis, Osteomalazie, Polyneuropathie	Porphyrie, Leukozytopenie, SA-Block und AV-Block 2. und 3. Grades, progressive Myoklonusepilepsie
Klasse IC Natriumkanalblocker				
Flecainid (z. B. Tambocor®)	1– 2 mg/kg Kg i. v.	2mal 50–100 mg tgl. p. o.	seltene Nebenwirkungen, Schwindel, Kopfschmerzen, Doppelsehen	Herzinsuffizienz, LVEF < 35%, Zustand nach Myokardinfarkt (innerhalb des ersten Jahres)
Propafenon (z. B. Rytmonorm®)	1– 2 mg/kg Kg v.	450–900 mg tgl. p. o.	Sehstörungen, Schwindel, gastrointestinale Beschwerden, Schlafstörungen	
Klasse II β-Rezeptorenblocker (Auswahl)				
Esmolol (z. B. Breviblock®)	0,5 mg/kg Kg über 2–3 min i. v.	0,1–0,2 mg/kg KG/min i. v.	Synkopen, Schwäche, Sehstörungen, Psychosen, Bronchospasmus	Gabe von MAO-Hemmstoffen, Leber- oder Nierenfunktionsstörung, Elektrolytentgleisung, Allergie, Psoriasis
Metroprolol (z. B. Beloc®)	5–10 mg i. v. (bis 20 mg)	1mal 50–200 mg tgl. p.o.	Bradykardie, Müdigkeit, Antriebsschwäche, Schlafstörungen, Schwindel, Kopfschmerz, Claudicatio intermittens	höhergradiger AV-Block, relativ: COPD, Diabetes mellitus, periphere arterielle Verschlußkrankheit
Klasse III Kaliumkanalblocker				
Solatol (z. B. Sotalex®)	20 mg i. v. über 5 min (bis 1,5 mg/kg KG)	2mal 80–160 mg tgl. p. o.	Hypotononie, Übelkeit, Mattigkeit	Siehe β-Blocker, Sinusknotensyndrom, Herzinsuffizienz
Amiodaron (z. B. Cordarex®)	300mg in **G5** über 20 min	200mg tgl. p.o. nach Aufsättig. (meist 10–15g mit 1g/d)	Gastrointestinale NW; Alpträume, Schwindel, peripher Neuropathie, Hypo-, Hyperthyreose, Lungenfibrose, meist asymptomatische Korneaablagerung	Hypokaliämie vermeiden, Torsade de pointes,
Klasse IV Calciumantagonisten				
Verapamil (z.B. Isoptin®)	5mg i.v. über 2–5 min	240–480mg in 3–4 Einzeldos.	i.v. Hypotonie, Bradykardie, Obstipation, Knöchelödem, Flush, Übelkeit, Schwindel	WPW-Syndrom, ventrikuläre Tachyakrdie

Tabelle 1
Vaughan Williams-Klassifikation von Antiarrhythmika mit Dosierung, Nebenwirkung und Kontraindikation. Alle Antiarrhythmika (insb. Klasse I und III weisen proarrhythmische Nebenwirkungen auf.

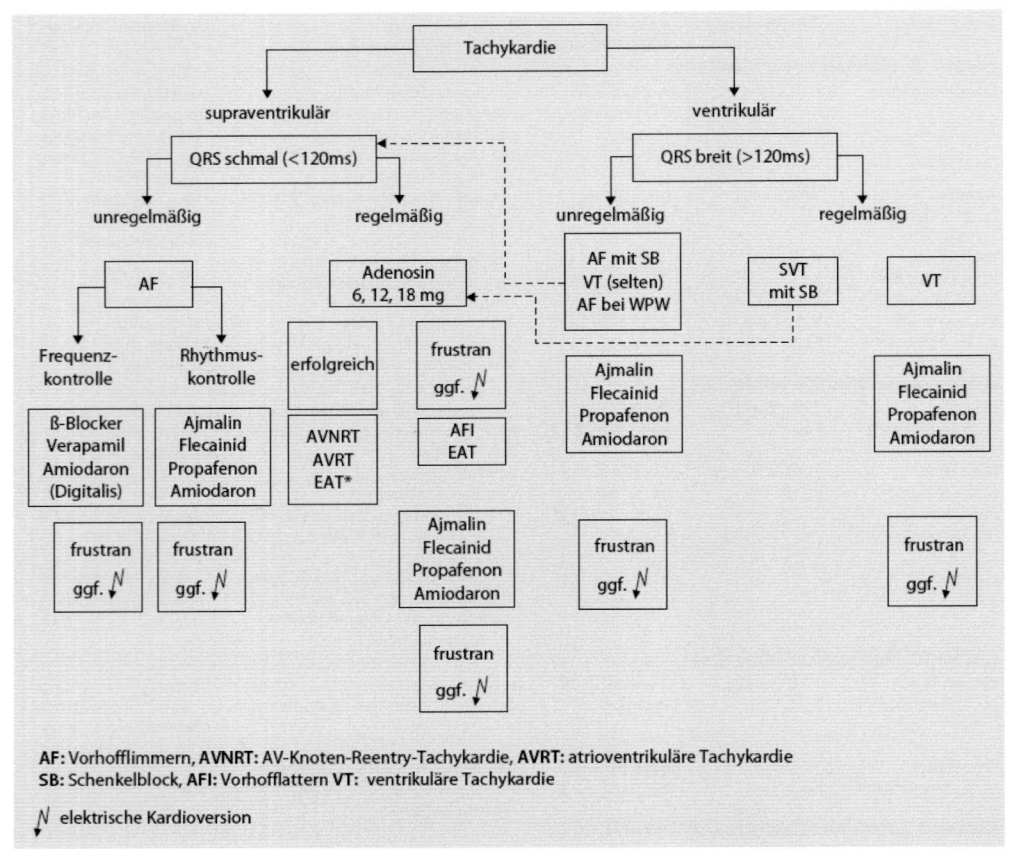

```
                          Tachykardie
           ┌──────────────────┴──────────────────┐
      supraventrikulär                      ventrikulär
    QRS schmal (<120ms)                   QRS breit (>120ms)
    ┌────────┴────────┐                   ┌────────┴────────┐
 unregelmäßig      regelmäßig          unregelmäßig      regelmäßig
      │                │                    │                │
     AF            Adenosin           AF mit SB          SVT    VT
                  6, 12, 18 mg        VT (selten)       mit SB
                                      AF bei WPW
```

Frequenz-kontrolle	Rhythmus-kontrolle	erfolgreich	frustran ggf. ↯	Ajmalin Flecainid Propafenon Amiodaron	Ajmalin Flecainid Propafenon Amiodaron
ß-Blocker Verapamil Amiodaron (Digitalis)	Ajmalin Flecainid Propafenon Amiodaron	AVNRT AVRT EAT*	AFl EAT		
frustran ggf. ↯	frustran ggf. ↯		Ajmalin Flecainid Propafenon Amiodaron	frustran ggf. ↯	frustran ggf. ↯
			frustran ggf. ↯		

AF: Vorhofflimmern, **AVNRT:** AV-Knoten-Reentry-Tachykardie, **AVRT:** atrioventrikuläre Tachykardie
SB: Schenkelblock, **AFl:** Vorhofflattern **VT:** ventrikuläre Tachykardie

↯ elektrische Kardioversion

Abb. 4
Medikamentöse Akuttherapie bei supraventrikulären und ventrikulären Rhythmusstörungen. Modifiziert nach Internist (2006) · 47: 1013–1023

gung, bedarf aber der sorgfältigen klinischen Nachbeobachtung bei ausgeprägtem Nebenwirkungsprofil. Die Anwendung von Amiodaron ist insbesondere bei Patienten mit struktureller Herzerkrankung sinnvoll, kann aber bei Patienten mit Herzinsuffizienz der NYHA-Klasse III und IV die Mortalität erhöhen. Als Erweiterung des antiarrhythmischen Spektrums steht wahrscheinlich in Kürze das vermutlich nebenwirkungsärmere Dronedaron zur Verfügung. Die medikamentöse antiarrhythmische Therapie ist auch heute für Akuttherapie (einen Überblick gibt Abb. 4) und Überbrückung bis zur nichtpharmakologischen Therapie unverzichtbar, aber als alleinige Dauertherapie von supraventrikulären und ventrikulären Arrhythmien mit Ausnahme von Vorhofflimmern von untergeordnetem bzw. ergänzendem Stellenwert.

Schrittmachertherapie

Moderne antibradykarde Schrittmacher, die bei Adams-Stokes-Anfällen, pathologischer Bradykardie, sinuatrialer Blockierung, Bradyarrhythmia absoluta, atrioventrikulärer Blockierungen II. und III. Grades, faszikulären Leitungsstörungen, Karotissinussyndrom und Sinusknotensyndrom indiziert sein können, sind programmierbar. Transkutan können Frequenz, Amplitude, Impulsdauer, Empfind-

I	II	III	IV	V
Ort der Stimulation	**Ort der Wahrnehmung**	**Betriebsart**	**Frequenzadaptation**	**Multifokale Stimulation**
0=keine	0=keine	0=keine	0=keine	0=keine
A=Atrium	A=Atrium	T=getriggert	R=rate modulation	A=Atrium
V=Ventrikel	V=Ventrikel	I=inhibiert		V=Ventrikel
D=Dual (A+V)	D=Dual (A+V)	D=Dual (T–I)		P=präventives pacing
S=single (A oder V)	S=single (A oder V)	(nur für Hersteller)		

Tabelle 2
Revidierter NBG Schrittmachercode. Modifiziert nach Pacing Clin Electrophysiol (2002); 25: 260.

lichkeit, Refraktärität sowie AV-Zeit verändert werden. Für die verschiedene Systeme wird ein Schrittmachercode verwendet (Tabelle 2).

Unterschieden werden Einkammersysteme, die nur im Vorhof (z.B. AAI) oder im Ventrikel (z.B. VVI) stimulieren und wahrnehmen können, von Zweikammesystemen (z.B. DDD), die sowohl in der Kammer als auch im Vorhof physiologisch stimulieren und wahrnehmen können. Frequenzadaptierte Schrittmachersysteme (z.B. DDD-R) ermöglichen zusätzlich die Anpassung der Stimulationsfrequenz an physiologische Belastungen. Neueste Geräte mit biventrikulärer Stimulation (sog. CRT-Geräte) ermöglichen bei herzinsuffizienten Patienten eine hämodynamisch optimierte (re)synchronisierte Stimulation der rechten und linken Kammer zur Verbesserung der Herzleistung.

Ein antitachykardes Schrittmachersystem ist der implantierbare Kardioverter-Defibrillator (kurz ICD). Er erkennt und terminiert Kammertachykardien oder Kammerflimmern automatisch. Dies kann er durch antitachykardes Pacing (ATP) oder durch die Abgabe eines Schocks erreichen. Indikationen sind stattgehabte Reanimationen, die nicht auf reversiblen oder transienten Ursachen beruhen, spontane anhaltende ventrikuläre Tachykardien bei struktureller Herzerkrankung. In der Primärprävention des plötzlichen Herztodes wird der ICD bei Patienten mit hochgradig eingeschränkter linksventrikulärer Ejektionsfraktion (EF < 30%) v.a. bei länger zurückliegendem Herzinfarkt empfohlen.

Katheterablation bei Herzrhythmusstörungen

Vor der Ära der transvenösen Katheterablation konnten medikamentös therapierefraktäre Herzrhythmusstörungen nur durch rhythmuschirurgische Eingriffe behandelt werden. Zu Beginn der 80er-Jahre wurde die Katheterablation erstmals mit Gleichstromschocks im kurativen Sinne klinisch eingesetzt. Durch die Einführung der Katheterablation mittels Hochfrequenzstrom (HFS) wurde die Größe der Koagulationsnekrose besser steuerbar und hat sich in den letzten 20 Jahren als Standardverfahren etabliert. Mittlerweile ist die HFS-Ablation die Therapie der Wahl bei einfachen elektrophysiologischen Substraten wie AV nodalen reentry Tachykardien, akzessorischen Leitungsbahnen, Vorhofflattern, ektopen atrialen Tachykardien und idiopathischen ventrikulären Tachykardien. Die Erfolgsraten bei der Behandlung dieser Herzrhythmusstörungen liegen bei über 95% bei geringem Risiko (<1% z.B. AV-Blockierung). Große Fortschritte sind insbesondere auf dem Gebiet der Katheterablation von Vorhofflimmern gemacht worden, wo sich in etwa 80% der Fälle ein reproduzierbarer Ablationserfolg erzielen lässt. Ablationszentren mit großer Erfahrung können therapierefraktären symptomatischen Patienten mit Vorhofflimmern die Katheterablation als kurative Option mittlerweile mit guter Aussicht auf eine erfolgreiche Behandlung anbieten. Die Kombination mit 3-D-Bildgebung erleichtert dabei die Orientierung im anatomisch-morphologisch komplexen Bereich des Überganges der Lungenvenen in den linken Vorhof (Abb. 5). Neue Ablationsenergien (Kryothermie, Ultraschallenergie etc.) mit „Single shot"-Ballontechnik sollen die notwendigerweise lückenlose Anlage linearer Läsionen (z. B. um die Ostien der Pulmonalvenen) weiter vereinfachen und die Prozedur verkürzen. Die modernen Navigationssysteme als neues Steuerungsverfahren erlaubt die Fernsteuerung des Ablationsprozesses, wodurch der Untersucher vor der Streustrahlung durch den Patienten geschützt wird. Erste Ergebnisse bei der Behandlung von supraventrikulären Tachykardien zeigen außerdem eine signifikante Reduktion der Gesamtstrahlenbelastung.

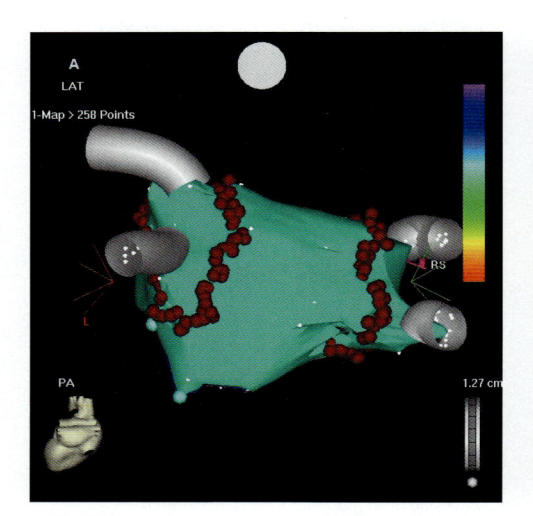

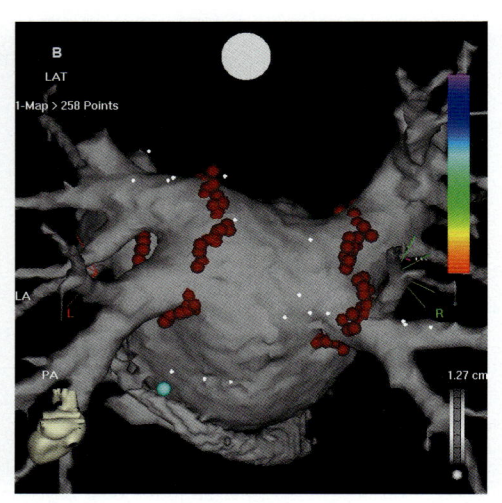

Abb. 5
PA-Ansicht eines elektro-anatomischen MAPs (A) und eines 3D-Computertomographie fusionierten linken Vorhofes (B) nach Pulmonalvenen-isolation bei Vorhofflimmern.
RSPV rechte obere, *LSPV* linke obere, *RIPV* rechte untere, *LIPV* linke untere Pulmonalvene, *CS* Coronarvenen Sinus, braune Punkte = Ablationspunkte um die PV-Ostien.

Differenzialdiagnose: Kopfschmerz

S. Evers

Einleitung

Kopfschmerzen stellen eines der häufigsten Symptome in der allgemeinärztlichen Praxis dar. Über 90% aller Menschen haben wenigstens einmal in ihrem Leben behandlungsbedürftige Kopfschmerzen. Dies ist die Basis für die internationale Klassifikation von Kopfschmerzen, die 1988 erstmals publiziert worden und 2004 in revidierter Fassung neu erschienen ist (Headache Classification Subcommittee 2004). Hierbei wird zwischen idiopathischen (=primären) und symptomatischen (=sekundären) Kopfschmerzen unterschieden. Über 95% aller Kopfschmerzen in der ärztlichen Praxis gehören zur Gruppe der idiopathischen, von denen die Migräne und der Kopfschmerz vom Spannungstyp die wichtigsten sind. Durch eine exakte Klassifikation der Kopfschmerzen ist auch eine moderne evidenzbasierte Therapie möglich, die in Form von Empfehlungen regelmäßig von der Deutschen Migräne- und Kopfschmerzgesellschaft (DMKG) publiziert wird (Keidel et al. 1998; Evers et al. 2002; Paulus et al. 2003; May et al. 2004; Diener et al. 2005; Evers et al. 2005; Straube et al. 2007). Im Folgenden sollen die wichtigsten idiopathischen Kopfschmerzformen in ihrer Klinik und Therapie kurz skizziert werden. Dabei wird jeweils auf die Kopfschmerzklassifikation und die aktuellen Therapieempfehlungen der DMKG Bezug genommen.

A. Mindestens 5 Attacken, welche die Kriterien B–D erfüllen.
B. Kopfschmerzattacken, die (unbehandelt oder erfolglos behandelt) 4 bis 72 Stunden anhalten.
C. Der Kopfschmerz weist wenigstens 2 der folgenden Charakteristika auf:
   1. einseitige Lokalisation
   2. pulsierender Charakter
   3. mittlere oder starke Schmerzintensität
   4. Verstärkung durch körperliche Routineaktivitäten (z.B. Gehen oder Treppesteigen) oder diese führen zu deren Vermeidung
D. Während des Kopfschmerzes besteht mindestens eines:
   1. Übelkeit und/oder Erbrechen
   2. Photophobie und Phonophobie
E. Nicht auf eine andere Erkrankung zurückzuführen.

Tabelle 1
Kriterien der IHS für die Migräne

Migräne

Diagnose

Die Diagnose der Migräne erfolgt nach den Kriterien der International Headache Society (IHS). Diese Kriterien haben zu einer einheitlichen Sprachregelung und einer Vereinheitlichung der Forschung geführt. So spricht man nur noch von zwei Hauptformen der Migräne: ohne und mit Aura. Unter einer Aura versteht man den vorübergehenden Funktionsausfall eines bestimmten Hirnareals, am häufigsten des occipitalen Kortex. Typischerweise beginnt dieser Ausfall in einem sehr kleinen Areal und breitet sich dann über Minuten allmählich aus. Eine normale Aura braucht wenigstens 4 Minuten, um die volle Symptomatik auszuprägen, sie dauert dann ca. 30 Minuten an und klingt allmählich wieder ab. Nach einer Pause von wenigstens mehreren Minuten beginnt dann die Kopfschmerzphase. In seltenen Fällen kann auch eine Aura isoliert ohne Kopfschmerzen auftreten. Es ist auch möglich, dass die Kopfschmerzen bereits beginnen, bevor die Aura abgeklungen ist. Die Kriterien für eine Migräne ohne Aura sind in Tabelle 1 dargestellt.

Die Diagnose einer typischen Migräne ohne Aura kann ausschließlich auf Grundlage einer ausführlichen Anamnese in Verbindung mit einer allgemeinmedizinischen und einer neurologischen körperlichen Untersuchung gestellt werden. Für eine genauere Differenzialdiagnose sowie für den Therapieverlauf ist das Führen eines Kopfschmerzkalenders sinnvoll. Bei atypischer Anamnese sowie bei einer Migräne mit Aura ist wenigstens einmalig eine fachärztlich-neurologische Untersuchung erforderlich. Bei einer typischen visuellen Aura reicht diese Untersuchung zur Diagnose aus. Bei allen anderen Auraformen sollte einmalig eine cerebrale Bildgebung mittels MRT erfolgen, um symptomatische Formen einer Aura (z.B. durch ein Kavernom) auszuschließen. Apparative Diagnostik zum Nachweis einer Migräne existiert nicht.

Akuttherapie

Akute Migräneattacken, die leicht- bis mittelgradig in ihrer Schmerzintensität sind, sollten in erster Linie mit sog. peripher wirksamen Analgetika bzw. nicht steroidalen Antirheumatika (NSAR) behandelt werden. Ca. 10 Minuten vor der Einnahme der Analgetika sollten Antiemetika zur Bekämpfung der Übelkeit und zur Steigerung der Resorptionsfähigkeit eingenommen werden. Hier werden Metoclopramid und Domperidon empfohlen. Anschließend sollte die hochdosierte und frühzeitige Gabe von Acetylsalicylsäure (ASS), Paracetamol, Ibuprofen, Diclofenac oder Naproxen erfolgen (auch in Kombination mit Coffein möglich). Es gibt bis heute keine Erkenntnisse darüber, welche dieser Substanzen am sinnvollsten eingesetzt wird. In der konkreten Empfehlung für einen Patienten sollte man sich neben der subjektiven Wirksamkeit und Präferenz durch den Patienten auch an dem Nebenwirkungsprofil und den Applikationsmöglichkeiten (z.B. rektal, Brausetabletten, Kautablette) der einzelnen Substanzen orientieren.

Schwere Migräneattacken werden mit einem Triptan behandelt. Die Wahl des geeigneten Triptans richtet sich nach der Applikationsform (oral, nasal, rektal, subkutan, Schmelztablette) und nach den Erfahrungen des Patienten, weniger nach den pharmakologischen Eigenschaften der jeweiligen Substanz. Die Ähnlichkeiten der Triptane in Bezug auf gute Wirksamkeit und geringe Nebenwirkungen überwiegen die Unterschiede in ihrer Pharmakologie bei weitem. Derzeit sind in Deutschland 7 Triptane erhältlich (in der Reihenfolge ihrer Zulassung: Sumatriptan, Zolmitriptan, Naratriptan, Rizatriptan, Almotriptan, Eletriptan, Frovatriptan). Prinzipiell sollten Triptane nicht an mehr als an 10 Tagen im Monat eingenommen werden. Naratriptan und Frovatriptan unterscheiden sich von den übrigen Triptanen durch einen etwas verzögerten Wirksamkeitseintritt, durch eine etwas geringere Wirksamkeit, aber auch durch eine längere Wirksamkeitsdauer. Die übrigen Triptane sind sich in ihrer Wirksamkeit so ähnlich, dass keine sichere Empfehlung für die erste Wahl gegeben werden kann. Eine Ausnahme stellt nur das subkutane Sumatriptan dar, welches am wirksamsten ist, aber auch eine hohe Wiederkehrrate der Kopfschmerzen aufweist. Es gibt Patienten, die auf bestimmte Triptane besser ansprechen als auf andere, so dass es sinnvoll sein kann, bei Versagen eines Triptans andere auszuprobieren.

Im ärztlichen Notdienst sollten initial 10 mg Metoclopramid i.v. gegeben werden gefolgt von 500 bis 1000 mg Lysin-ASS oder 6 mg Sumatriptan s.c. Alternativ kann auch 1000 mg Metamizol i.v. gegeben werden, dies jedoch mit großer Vorsicht wegen der Gefahr eines Schocks. Opioide sind nicht oder nur sehr schlecht wirksam, Benzodiazepine können im Status migränosus (d.h. Migräneattacken, die länger als drei Tage andauern) zur Sedierung hilfreich sein. Im Status migränosus hilft häufig auch eine Steroidtherapie (z.B. Prednison 200 mg oral pro Tag über 3 Tage).

Medikamentöse Prophylaxe

Bei einer Attackenfrequenz von mehr als drei Attacken pro Monat oder bei weniger Attacken, die aber mit der Akutmedikation nicht ausreichend beherrscht werden können (z.B. keine befriedigende Schmerzkupierung möglich oder sehr lange Aura mit ausgeprägten neurologischen Ausfallsymptomen) ist eine medikamentöse Prophylaxe der Migräne indiziert. Hierfür stehen mehrere Substanzen zur Verfügung. Prinzipiell sollte die prophylaktische Medikation wenigstens über drei Monate in ausreichender Dosierung genommen werden, bevor beurteilt werden kann, ob sie wirklich wirksam ist. Die meisten Substanzen müssen einschleichend dosiert werden, dies ist bei der Beurteilung des Therapieverlaufs zu berücksichtigen.

Initial	Metoclopramid 10-20 mg oral, rektal
	Domperidon 20-30 mg oral
10 Minuten später	Acetylsalicylsäure 1.000 mg oral
	Paracetamol 1.000 mg oral, rektal
	Ibuprofen 400-800 mg oral
	Naproxen 500-1.000 mg oral
	ASS 500 mg + Paracetamol 500 mg + Coffein 300 mg oral
	Diclofenac 200 mg
oder	Sumatriptan 50-100 mg oral, 25 mg rektal, 10-20 mg nasal, 6 mg s.c.
	Zolmitriptan 2,5-5 mg oral oder nasal
	Rizatriptan 10 mg oral (5 mg bei gleichzeitiger Propranololgabe)
	Naratriptan 2,5 mg oral
	Almotriptan 12,5 mg oral
	Eletriptan 40-80 mg oral
	Frovatriptan 2,5 mg oral
im Notfall	Lysin-Acetylsalicylsäure 1.000 mg i.v.
	Sumatriptan 6 mg s.c.
	Metamizol 1.000 mg i.v.
	Metoclopramid 10 mg i.v.
	Prednison bis 200 mg pro Tag oral oder i.v. (im Status migränosus)

Tabelle 2
Medikamente zur Therapie akuter Migräneattacken

Mittel der ersten Wahl sind Betablocker und Flunarizin. Propranolol und Metoprolol sind bei den Betablockern am besten erforscht, sie sollten mit einem abendlichen Schwerpunkt gegeben werden, bei vielen Patienten genügt eine einmalige Dosis am Tag (in retardierter Form). Das Hauptproblem der Betablocker ist, dass sie u.a. bei arterieller Hypotonie, Bradykardie oder Asthma nicht gegeben werden dürfen. Die Patienten beklagen am häufigsten eine Zunahme von Müdigkeit, Gewichtszunahme und Schlafstörungen (Alpträume, fraktionierter Schlaf). Ebenfalls Mittel der ersten Wahl ist Flunarizin, das nicht die kardiovaskulären Kontraindikationen aufweist wie die Betablocker. Allerdings treten neben den für die Betablocker typischen Nebenwirkungen noch in seltenen Fällen Depressionen oder extrapyramidale Bewegungsstörungen auf. In jüngerer Zeit sind Antiepileptika in den Mittelpunkt des klinischen Forschungsinteresses gerückt. Die beste Datenlage existiert dabei für Valproat und Topiramat, die in ihrer Wirksamkeit mit den Betablockern und Flunarizin vergleichbar sind. Topiramat ist für die Migräneprophylaxe auch zugelassen.

Für weitere Substanzen liegen weniger kontrollierte Studien vor oder ist die Wirksamkeit nicht so ausgeprägt wie bei den zuvor genannten. Diese Substanzen werden daher nur eingesetzt, wenn die Mittel der ersten Wahl nicht wirksam sind oder wenn Kontraindikationen vorliegen. Zu diesen Substanzen der zweiten Wahl gehören Naproxen, Pizotifen, Lisurid und ASS. Weiterhin gibt es dann noch Substanzen, deren Stellenwert nicht sicher geklärt ist, für die es jedoch wenigstens eine positive kontrollierte Studie gibt. Diese spielen bis auf wenige Ausnahmen in der täglichen Praxis so gut wie keine Rolle. Zu diesen Ausnahmen gehört Magnesium, welches wahrscheinlich eine prophylaktische Wirksamkeit bei leichteren Formen der Migräne hat und gut während der Schwangerschaft eingesetzt werden kann, wenn eine Prophylaxe dann notwendig sein sollte. Eine weitere neu erforschte Substanz ist Riboflavin, welches allerdings in sehr hohen täglichen Dosen (300 mg) eingenommen werden muss. Als pflanzliches Präparat kann Pestwurz (Petadolex) eingesetzt werden. Eine Übersicht über die verschiedenen Substanzen zur Migräneprophylaxe gibt Tabelle 3.

Substanzen der ersten Wahl:
Metoprolol (50-200 mg)
Propranolol (40-240 mg)
Flunarizin (5-10 mg)

Substanzen der zweiten Wahl:
Valproat (600-1.800 mg)
Topiramat (50-100 mg)
Pizotifen (1-3 mg)
Dihydroergotamin (1,5-6 mg)
Acetylsalicylsäure (300 mg)
Naproxen (2 x 250-500 mg)
Lisurid (3 x 0,025 mg)

Substanzen mit noch ungeklärtem Stellenwert (Auswahl):
Magnesium (2 x 300 mg)
Riboflavin (300 mg)
Petadolex (2 x 2 Kapseln)

Tabelle 3
Medikamente für die Prophylaxe der Migräne (tägliche Dosis)

Noch erwähnt werden soll die Möglichkeit einer Kurzzeitprophylaxe der menstruellen Migräneattacken entweder mit einem NSAR (am besten Naproxen in einer Dosis von 2 x 500 mg gegeben ab dem 4. Tag vor dem erwarteten Beginn der Menstruation bis zum 3. Tag danach) oder mit einem Hormonpflaster (100 µg Östradiol).

Nicht-medikamentöse Prophylaxe

Von besonderer Bedeutung für viele Patienten sind die nicht-medikamentösen Verfahren zur Migräneprophylaxe. Dazu gehört zum einen das Vermeiden von Triggerfaktoren (z.B. kein abrupter Kohlenhydratentzug, regelmäßiger Schlaf-Wach-Rhythmus, regelmäßiger Koffeinkonsum). Zum anderen gibt es einige Verfahren, die in kontrollierten Studien ihre Wirksamkeit zur Migräneprophylaxe belegt haben oder für die Metaanalysen von mehreren Studien eine Wirksamkeit nahelegen. Eine positive Evidenz gibt es dabei für die progressive Muskelrelaxation nach Jacobson, das thermale Biofeedback, das Vasokonstriktionstraining, die kognitive Verhaltenstherapie und Sporttherapie (Ausdauerbelastung). Höchste Wirksamkeit wird mit der Kombination solcher Verfahren erzielt (insbesondere Kombination von Biofeedback und Muskelrelaxation). Noch nicht geklärt ist der Stellenwert der Akupunktur; in den großen kontrollierten Studien hierzu war Akupunktur wirksam, jedoch unterschied sich die chinesische Akupunktur nicht von einer Placebo-Akupunktur. Unwirksam in kontrollierten Studien ist die Homöopathie.

Kopfschmerz vom Spannungstyp

Klinisches Bild

Die IHS unterscheidet drei verschiedene Verlaufsformen des Spannungskopfschmerzes. Zum einen der sporadisch auftretende episodische Spannungskopfschmerz, der an weniger als 12 Tagen im Jahr auftritt. Hierbei handelt es sich im Allgemeinen um kein relevantes Problem. Davon abgegrenzt wird der häufig auftretende episodische Spannungskopfschmerz, der zwischen 12 und 180 Tagen im Jahr auftritt. Hierbei handelt es sich um den typischen Spannungskopfschmerz, der häufig mit muskulären Beschwerden verbunden ist. Schließlich wird noch der chronische Kopfschmerz vom Spannungstyp definiert, der an mehr als 180 Tagen pro Jahr auftritt mit einer weltweiten Prävalenz von ca. 2%. Muskuläre Veränderungen spielen hier eine untergeordnete Rolle. Es handelt sich hierbei um eine spezifische Entität, deren Pathomechanismen von denen der anderen Spannungskopfschmerzen verschieden sind. Der chronische Spannungskopfschmerz ist häufig nur wenig

---

A. Wenigstens 10 Episoden, die die Kriterien B–D erfüllen.
B. Die Kopfschmerzdauer liegt zwischen 30 Minuten und 7 Tagen.
C. Der Kopfschmerz weist mindestens 2 der folgenden Charakteristika auf:
   1. beidseitige Lokalisation
   2. Schmerzqualität drückend oder beengend, nicht pulsierend
   3. leichte bis mittlere Schmerzintensität
   4. keine Verstärkung durch körperliche Routineaktivitäten wie Gehen oder Treppesteigen
D. Beide folgenden Punkte sind erfüllt:
   1. keine Übelkeit oder Erbrechen (Appetitlosigkeit kann auftreten)
   2. Photophobie oder Phonophobie, nicht jedoch beides kann vorhanden sein
E. Nicht auf eine andere Erkrankung zurückzuführen.

Tabelle 4
Kriterien der IHS für den episodischen Kopfschmerz vom Spannungstyp

moduliert und belastet die Betroffenen über Jahre hinweg ohne sichere therapeutische Möglichkeiten.

Bei typischen klinischen Bild muss der Spannungskopfschmerz nicht weiter differenzialdiagnostisch abgeklärt werden, die klinisch-neurologische Untersuchung ist immer unauffällig. Korrelationen zwischen Spannungskopfschmerzen und Veränderungen der HWS konnten bis heute nicht nachgewiesen werden. Beim chronischen Spannungskopfschmerz, der nicht durch therapeutische Maßnahmen beeinflusst werden kann, sollte einmalig durch bildgebende Verfahren eine intrakranielle Läsion ausgeschlossen werden.

Therapie

Der episodische Spannungskopfschmerz sollte mit nicht-medikamentösen Maßnahmen behandelt werden. Hierzu gehören Entspannungsverfahren, physikalische Maßnahmen und evt. psychotherapeutische Verfahren z.B. in Form von Biofeedback. Medikamentös können akute Schmerzspitzen mit einem NSAR behandelt werden, wobei dieselben Prinzipien wie bei der Migräne (s.o.) Anwendung finden. NSAR sollten an maximal 10 Tagen pro Monat eingenommen werden.

Der chronische Spannungskopfschmerz kann zusätzlich zu den o.g. Maßnahmen auch noch medikamentös prophylaktisch behandelt werden. Hierzu werden trizyklische Antidepressiva eingesetzt, die eine schmerzschwellenbeeinflussende Wirksamkeit haben. Die modernen selektiven Serotoninwiederaufnahmehemmer zeigen eine deutlich geringere Wirksamkeit. Als Substanzen werden Amitriptylin, Amitriptylinoxid, Desipramin, Imipramin, Maprotilin u.ä. empfohlen. Die Dosis sollte wenigstens 75 mg Amitripytlin (oder äquivalente Dosierung) betragen. Ein abendlicher Schwerpunkt der Einnahme ist empfehlenswert, um die Müdigkeit als unangenehme Nebenwirkung zu reduzieren. Ansonsten müssen die Nebenwirkungen und Kontraindikationen der trizyklischen Antidepressiva (insbesondere die Wechselwirkungen mit dem cholinergen System) beachtet werden. Die Eindosierung dieser Substanzen sollte langsam über mehrere Wochen erfolgen, um die Compliance der Patienten zu erhöhen, sie müssen wenigstens drei Monate gegeben werden, um beurteilen zu können, ob sie wirksam sind oder nicht.

Clusterkopfschmerz

Klinisches Bild

Der Clusterkopfschmerz (früher auch Bing-Horton-Neuralgie oder Erythroprosopalgie genannt) ist sehr einfach zu diagnostizieren, da er immer ein charakteristisches klinisches Bild aufweist und in einem typischen Zeitmuster auftritt. Die diagnostischen Kriterien für einen Clusterkopfschmerz sind in Tabelle 5 aufgeführt. Der Clusterkopfschmerz ist sicherlich die Schmerzerkrankung mit der stärksten Intensität. Die Betroffenen leiden extrem unter den Schmerzattacken, die auch nachts auftreten können und dann den Tagesablauf empfindlich stören. Die Suizidrate ist unter den Betroffenen erhöht, die Anfälligkeit für eine Abhängigkeit z.B. von Alkohol und Nikotin sowie von Medikamenten ist sehr hoch.

Der Clusterkopfschmerz tritt in 90% episodisch auf. Dabei haben die Patienten Kopfschmerzperioden (Clusterepisoden) mit einer Dauer von 7 Tagen bis zu einem Jahr (in der Regel zwischen 2 und 12 Wochen). Remissionen von wenigstens 14 Tagen sind zwischengeschaltet. Viele Clusterkopfschmerzpatienten haben ihre Episode immer zu derselben Jahreszeit (insbesondere Beginn des Frühjahrs und des Herbsts). In ca. 10% der Fälle verläuft der Clusterkopfschmerz chronisch.

Die Lebenszeitprävalenz des Clusterkopfschmerzes liegt weltweit zwischen 0,1% und 0,5% der Bevölkerung. Überwiegend sind Männer betroffen (ca. 4 zu 1). Typischerweise beginnt die Erkrankung zwischen dem 20. und 30. Lebensjahr, es sind jedoch auch Erstmanifestationen im frühen Kindesalter und über dem 70. Lebensjahr beschrieben worden.

Therapie

Die Therapie des Clusterkopfschmerzes nach den Empfehlungen der DMKG sollte akute am besten mit der Inhalation von reinem Sauerstoff (wenigstens 7 l/min über wenigstens 15 Minuten in aufrechter Position einatmen) erfolgen. Entsprechende tragbare Sauerstoffgeräte können nach vorheriger Zusage der Kostenübernahme den Patienten verschrieben werden. Sollte Sauerstoff nicht wirksam sein, ist Mittel der zweiten Wahl die subkutane Injektion von 6 mg Sumatriptan (Fertigspritzen). Diese sind für die Behandlung von Clusterattacken auch zugelassen. Sumatriptan hilft fast jedem Patienten, viele benötigen nur eine halbe oder eine drittel Spritze. Es darf nicht bei vaskulären Erkrankungen in der Vorgeschichte oder bei nicht eingestellten vaskulären Risikofaktoren gegeben werden. Weniger wirksam, aber auch hilfreich sind nasal verabreichte Triptane (Sumatriptan und Zolmitriptan). Orale Medikamente sind zur Kupierung akuter Clusterattacken im Allgemeinen wirkungslos.

Schwerpunkt der Therapie sollte die Prophylaxe des Clusterkopfschmerzes sein. Hier wird täglich ein Medikament gegeben, sobald die Episode mit Clusterattacken beginnt. Nach Ende des erwarteten Zeitraums mit Clusterattacken kann die Medikation dann wieder abgesetzt werden. Nur beim chronischen Clusterkopfschmerz muss die Prophylaxe dauerhaft gegeben werden. Mittel der ersten Wahl in der Prophylaxe ist Verapamil in einer Tagesdosis von 320 mg. Diese Dosis kann in schweren Fällen unter Beachtung der kardialen Kontraindikationen auch bis zur Nebenwirkungsgrenze gesteigert werden (z.T. werden Dosierungen von über 1000 mg verwendet). Mittel der zweiten Wahl sind dann Lithium (Serumspiegel 0,8-1,2 mmol/l) und Steroide (z.B. Prednisolon 200 mg pro Tag über 5 Tage, dann langsam ausschleichen). Auch Methysergid (2-6 mg pro Tag) ist sehr gut wirksam, sollte aber nur bei der episodischen Verlaufsform eingesetzt werden, da es wegen der Gefahr einer retroperitonealen Fibrose längstens 3 Monate gegeben werden darf. Es ist seit 2003 nicht mehr auf dem deutschen Markt erhältlich und muss über die Auslandsapotheke bezogen werden. Opioide sind beim Clusterkopfschmerz nicht wirksam. Nichtmedikamentöse Therapieverfahren haben beim Clusterkopfschmerz keinen Stellenwert. Operativ-destruktive Verfahren am N. trigeminus sollten vermieden werden, da die mittelfristigen Ergebnisse nicht überzeugend sind und die pharmakologische Therapie dann noch schlechter greift. Experimentelle Berichte über eine erfolgreiche Stimulation des Hypothalamus mittels tiefer Hirnelektroden zur Behandlung des Clusterkopfschmerzes sind vielversprechend, ihr Stellenwert für zukünftige Therapiestrategien kann gegenwärtig aber noch nicht eingeschätzt werden.

A. Wenigstens 5 Attacken, welche die Kriterien B-D erfüllen.
B. Starke oder sehr starke einseitig orbital, supraorbital und/oder temporal lokalisierte Schmerzattacken, die unbehandelt 15 bis 180 Minuten anhalten.
C. Begleitend tritt wenigstens eines der nachfolgend angeführten Charakteristika auf:
   1. ipsilaterale konjunktivale Injektion und/oder Lakrimation
   2. ipsilaterale nasale Kongestion und/oder Rhinorrhoe
   3. ipsilaterales Lidödem
   4. ipsilaterales Schwitzen im Bereich der Stirn oder des Gesichts
   5. ipsilaterale Miosis und/oder Ptosis
   6. körperliche Unruhe oder Agitiertheit
D. Attackenfrequenz liegt zwischen 1 Attacke jeden 2. Tag und 8/Tag
E. Nicht auf eine andere Erkrankung zurückzuführen.

Tabelle 5
Kriterien der IHS für einen Clusterkopfschmerz

Kopfschmerz bei Medikamentenübergebrauch

Patienten mit einem idiopathischen Kopfschmerz unterliegen dem Phänomen, dass sie einen Dauerkopfschmerz entwickeln, wenn sie zu viele Akutmedikamente gegen ihre Kopfschmerzen einnehmen. Ein solcher Mechanismus setzt ein, wenn die Einnahme von Akutmedikamenten (NSAR, Triptane, ergotaminhaltige Präparate, Coffein, Benzodiazepine, Barbiturate) an mehr als 10 Tagen pro Monat erfolgt. Nur eine Einnahme von NSAR-Monopräparaten ist weniger risikobehaftet. Neben dem (fast) täglichen dumpfen Kopfschmerz kann es trotzdem noch gelegentlich zu Exazerbationen kommen, z.B. in Form echter Migräneattacken. Gegen diese Kopfschmerzen helfen dann oft nur noch kurzfristig die Medikamente, die übermäßig eingenommen werden. Die Pathophysiologie dieser Kopfschmerzen ist wenig verstanden. Bemerkenswerterweise entwickeln die Schmerzpatienten, die aus anderen Gründen (z.B. rheumatische Schmerzen) täglich Schmerzmittel einnehmen, keinen Dauerkopfschmerz.

Die Therapie des Kopfschmerzes bei Medikamentenübergebrauch besteht in einer Entzugsbehandlung, die mit Ausnahme bei Benzodiazepinen und Barbituraten in einem abrupten Absetzen aller Schmerzmittel für ca. 14 Tage bestehen sollte. In manchen Fällen muss eine solche Behandlung stationär erfolgen. Während der Entzugsbehandlung können Schmerzspitzen z.B. mit Lysin-ASS i.v. abgefangen werden. Außerdem gibt es Hinweise, dass die zusätzliche Gabe von Steroiden (z.B. Prednison 100 mg über 3 bis 5 Tage) die Entzugssymptome mildert. Anschließend ist eine konsequente Behandlung des zugrundeliegenden primären Kopfschmerzes nach den o.g. Therapieempfehlungen erforderlich. Hierbei muss häufig auch ein prophylaktisches Medikament eingesetzt werden, mit dem bereits während der Entzugsbehandlung begonnen werden kann.

Literatur

Diener HC, Pfaffenrath V, Limmroth V, Brune K, Fritsche G, Evers S, Kropp, May A, Straube A (2005) Therapie der Migräneattacke und Migräneprophylaxe. Gemeinsame Leitlinie der Deutschen Gesellschaft für Neurologie und der Deutschen Migräne- und Kopfschmerzgesellschaft. In: Kommission Leitlinien der Deutschen Gesellschaft für Neurologie (Hrsg), 3. Aufl. Thieme, Stuttgart, S 494-508

Evers S, Pothmann R, Überall M, Naumann E, Gerber WD (2002) Therapie idiopathischer Kopfschmerzen im Kindesalter. Schmerz 16: 48-56

Evers S, Frese A, May A, Sixt G, Straube A (2005) Therapie seltener idiopathischer Kopfschmerzerkrankungen. Nervenheilkunde 24: 217-226

Headache Classification Subcommittee of the International Headache Society (2004) The international classification of headache disorders. Cephalalgia 24: 1-160

Keidel M, Neu I, Langohr HD, Göbel H (1998) Therapie des posttraumatischen Kopfschmerzes nach Schädel-Hirn-Trauma und HWS-Distorison. Schmerz 12: 352-372

May A, Evers S, Straube A, Pfaffenrath V, Diener HC (2004) Therapie und Prophylaxe von Clusterkopfschmerzen und anderen trigemino-autonomen Kopfschmerzen. Nervenheilkunde 23: 478-490

Paulus W, Evers S, May A, Steude U, Wolowski A, Pfaffenrath V (2003) Therapie und Prophylaxe von Gesichtsneuralgien und anderen Formen der Gesichtsschmerzen. Schmerz 17: 74-91

Straube A, May A, Kropp P, Katsarava Z, Haag G, Lampl C, Sándor PS, Diener HC, Evers S (2007) Therapie primärer chronischer Kopfschmerzen: Chronische Migräne, chronischer Kopfschmerz vom Spannungstyp und andere chronische tägliche Kopfschmerzen. Nervenheilkunde 26: 186-199

Die kardiovasculäre Gleichgewichtsregulation – Klinische Relevanz bei Schwindel und Synkope

E. Most

Regulationsmechanismen des Herz-Kreislaufsystems

Die Mechanismen der Herz-Kreislaufregulation haben das Ziel, eine adäquate Blutversorgung der Organsysteme durch optimale Abstimmung von Herzleistung und peripherer Kreislauffunktion zu garantieren. Bezogen auf Schwindel und Synkope spielt hierbei die zentrale Hirnperfusion eine besondere Rolle. Unter Ruhebedingungen beträgt der cerebrale Blutfluss 50 bis 60 ml pro Minute pro 100 g Hirngewebe.

Dem vegetativen Nervensystem kommt die Aufgabe zu, über den Nervus sympathicus eine ergotrope Anpassung im Sinne der Leistungssteigerung zu garantieren. Der Parasympathicus regelt trophotrope Vorgänge im Hinblick auf die Regeneration. Differenziert abgestimmt besteht auf Herz- und Gefäßebene zwischen beiden Systemen ein Antagonismus aber auch ein funktioneller Synergismus.

Am Herzen steigert der Sympathicus über die Beta-I-Rezeptoren die Sinusknotenfrequenz, die Leitungsgeschwindigkeit im His-Purkinje-System, die Automatie sowie die Kontraktilität der Vorhöfe und Ventrikel. Die Überleitungszeit wird reduziert. Der Parasympathicus supprimiert sowohl das Frequenzverhalten wie auch die Kontraktilität und steigert die Überleitungszeit im AV-Knoten. Auf das His-Purkinje-System und den Ventrikel hat er nur einen sehr geringen Einfluss.

Der Sympathicus führt über die Alpha-I-Rezeptoren zur Kontraktion der Haut- und Nieren-, über die Beta-II-Rezeptoren zu einer Dilatation von Muskel- und Lebergefäßen, während der Parasympathicus nur eine geringe Gefäßdilatation auslöst.

Auf molekularer Ebene sind die zellulären Signalsysteme heute gut untersucht und bilden die rationale Grundlage für viele medikamentöse Therapieansätze.

Die myocardiale Funktion wird durch die Vorlast (preload), die Nachlast (afterload), die Kontraktilität als primäre Determinante der Auswurfleistung des Herzmuskels sowie durch die Herzfrequenz und den Herzrhythmus reguliert. Weiterhin spielen Druckrezeptoren (z. B. in der Arteria carotis, Aorta) wie auch extra- und intracardiale Hormone eine wesentliche Rolle.

Definitionen

a) Der Schwindel ist als plötzliche Benommenheit ohne Bewusstseinspause unterschiedlicher Dauer definiert.
b) Unter Präsynkope versteht man das Prodromalstadium einer Synkope mit Benommenheit, Schwitzen, Sehstörungen, Kopfschmerzen, Übelkeit und tiefer Atmung. Eine scharfe Abgrenzung gegenüber dem Schwindel ist in manchen Fällen klinisch nicht möglich.
c) Unter Synkope versteht man den plötzlich bzw. abrupt einsetzenden (ohne Prodromi), spontan reversiblen Bewusstseins- und Tonusverlust bis hin zu Krämpfen. Die Dauer liegt in der Regel unter 20 Sekunden.

Klassifikation von Schwindel und Synkope

Grundsätzlich sind Schwindel und Synkope keine Erkrankungen sui generis, sondern klinische Symptome. Hieraus ergibt sich eine enge, interdisziplinäre Zusammenarbeit der Fächer Hals-Nasen-Ohren-Heilkunde, Neurologie, Innere Medizin, Augenheilkunde und Psychiatrie.

a) Schwindel:
Systematisch werden der peripher vestibuläre, der zentral bedingte, der psychogene und der nicht vestibuläre (asystematischer Schwindel) unterschieden. Letzterer fällt vor allem in den Arbeitsbereich der Inneren Medizin mit ihren verschiedenen Schwerpunkten.

b) Synkopen:
Hier werden die autonom-nerval vermittelten Synkopen (Reflexsynkope, vagale Synkope wie Carotissynkope, viscerale Synkope, Emotionssynkope u. a.) von den durch orthostatische Hypotonie ausgelösten Synkopen, den kardiogenen Synkopen (rhythmogen, mechanisch), den cerebrovasculären Synkopen (Steal-Syndrome), den medikamentös induzierten Synkopen (u. a. proarrhythmischer Effekt der Antiarrhythmika) und letztlich den ungeklärten Synkopen unterschieden.

Die Häufigkeitsverteilung der kardiovasculären Synkopen ist in Tabelle 1 zusammengefasst.

• Neurokardiogene Synkope	23%
• Orthostatische Synkope	8%
• Rhythmogene Synkope	14%
• Mech. Ursachen bei strukturellen Herz-Gefäßerkrankungen	4%

Tabelle 1
Häufigkeitsverteilung kardiovasculärer Synkopen

Ursache von Schwindel und Synkopen

Während der Synkope als plötzlich einsetzendes Symptom eine vorrübergehende, globale, cerebrale Minderperfusion zugrunde liegt, kann der Schwindel zusätzlich auch durch metabolisch-hormonelle Faktoren ausgelöst werden (Abb. 1)

Diagnostische Verfahren bei Schwindel und Synkope:

Trotz der Etablierung hoch differenzierter, diagnostischer Verfahren haben nach wie vor die Anamnese und körperliche Untersuchung einen entscheidenden Stellenwert.

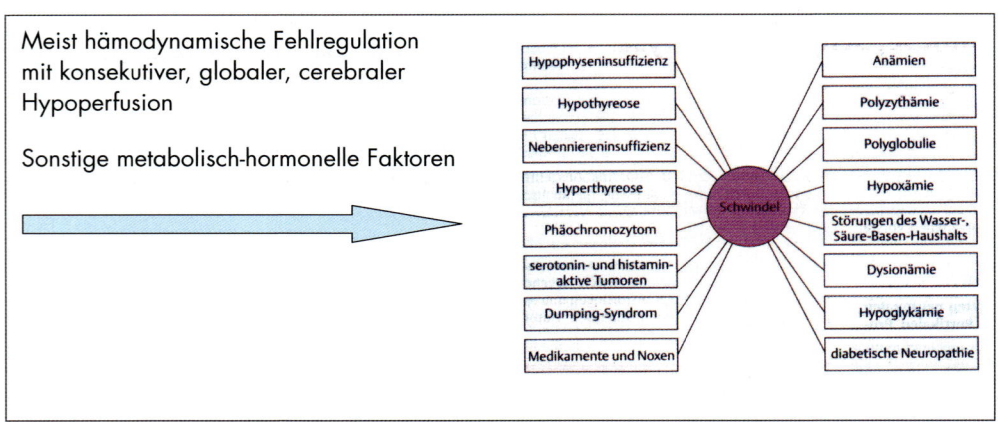

Abb. 1
Hämodynamische und metabolisch-hormonelle Schwindelursachen

Abb. 2

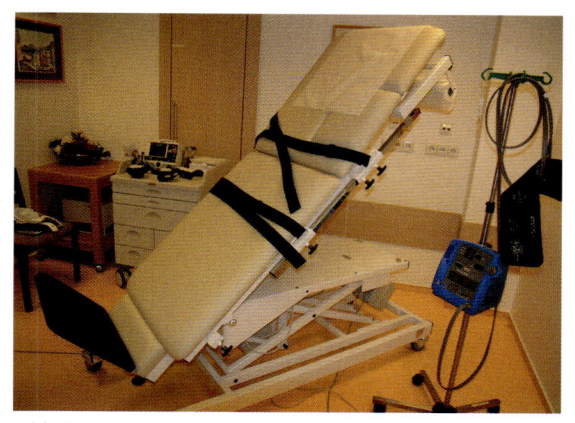

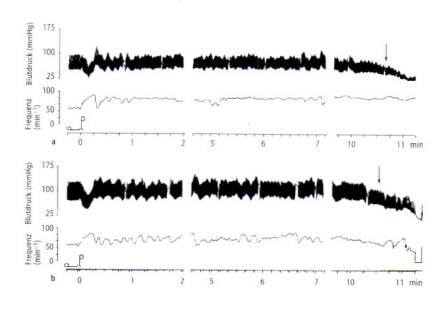

RR- und Frequenzverhalten
Oben: rein vasodepressorisch,
– Unten: gemischt

Für die Analyse von Herzrhythmusstörungen stehen uns verschiedene elektrokardiographische Verfahren bis hin zu implantierbaren Ereignisrekordern zur Verfügung. Sorgfältig sollte bei rhythmogener Synkope die Indikation zur elektrophysiologischen Untersuchung gestellt werden.

Die Kipptischuntersuchung ist bei ungeklärter, einmaliger Synkope mit hohem Gefährdungspotential, bei rezidivierenden Synkopen ohne und mit organischer Herzerkrankung sowie bei neurokardiogener Genese von Nutzen. Mit entsprechender apparativer Ausrüstung ist ein systematisches Vorgehen einschließlich Provokationsmethoden (Nitroglycerin, Isoprenalin) notwendig (Abb. 2). Echokardiographie, Belastungsteste und Labor ergänzen die Diagnostik.

Die Erfolgsrate verschiedener diagnostischer Verfahren bei Synkope ist Tabelle 2 zu entnehmen.

Testverfahren	Erfolgsrate	Literatur
Anamnese	49–85%	[7,8]
EKG	2–11%	[8]
Langzeit-EKG	2%	[9]
Externer Ereignisrekorder	20%	[9]
Kipptisch-Untersuchung	11–87%	[2–11]
EPU bei Patienten ohne strukturelle Herzerkrankung	11%	[10]
EPU bei Patienten mit struktureller Herzerkrankung	49%	[10]
Implantierbarer Ereignisrekorder: REVEAL	65–88%	[9,12]

Tabelle 2
Erfolgsrate verschiedener diagnostischer Verfahren bei der Synkopendiagnostik

Praktische Beispiele

Herzrhythmusstörungen

Bradykarde Herzrhythmusstörungen:
Beispiel: Sinusknotenstillstand mit junctionalem Ersatzrhythmus (Abb. 3)

Tachykarde Herzrhythmusstörungen:
Beispiel: Kammertachykardie (Torsade-de-pointes) (Abb. 4)
Beide Rhythmusstörungen führten zu einer Synkope. Therapeutisch erhielt der Patient mit dem Sinusknotenstillstand eine DDD-Herz-

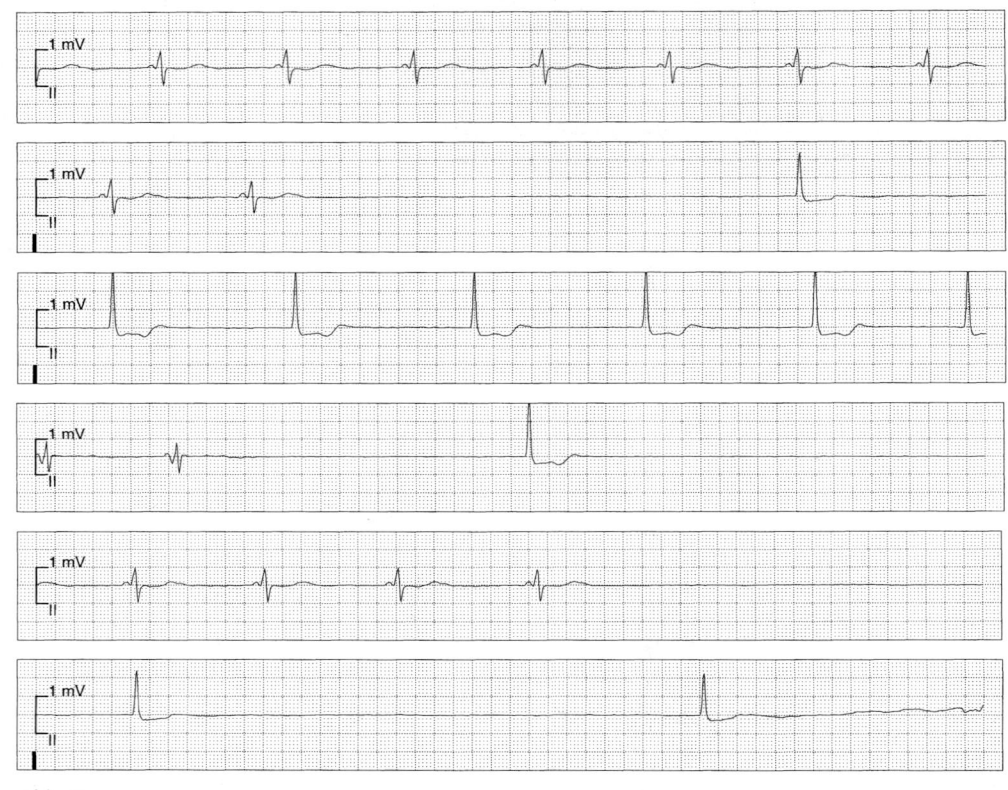

Abb. 3
Sinusknotenstillstand mit junktionalem Ersatzrhythmus

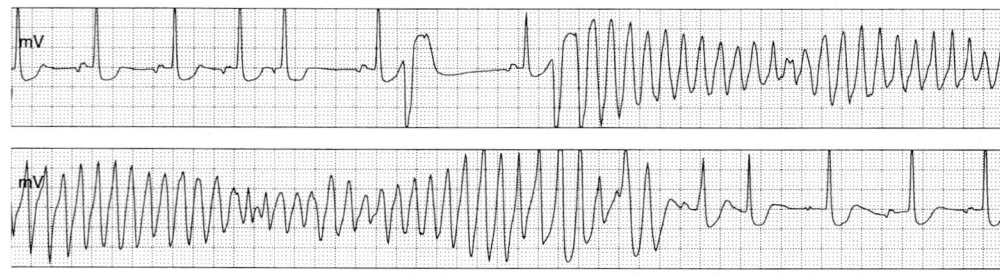

Abb. 4
Kammertachykardie (Torsade-de-pointe)

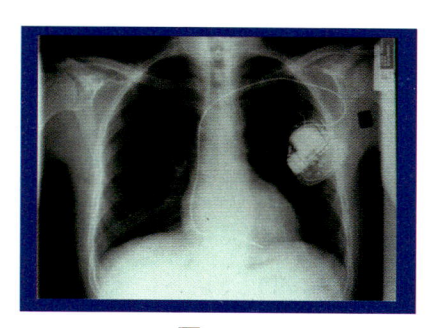

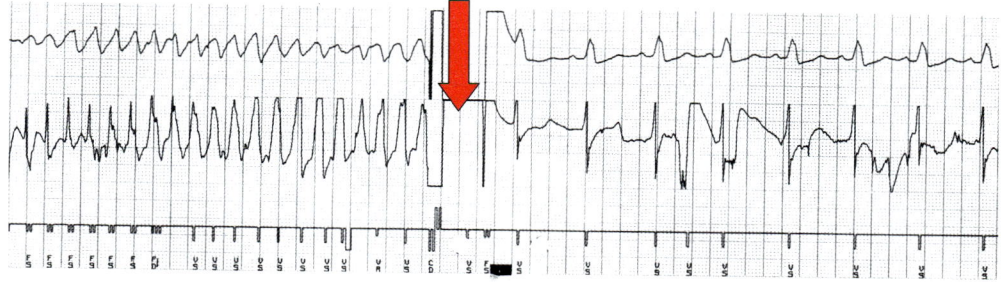

Abb. 5
Beendigung von Kammerflimmern durch internen Defibrillator

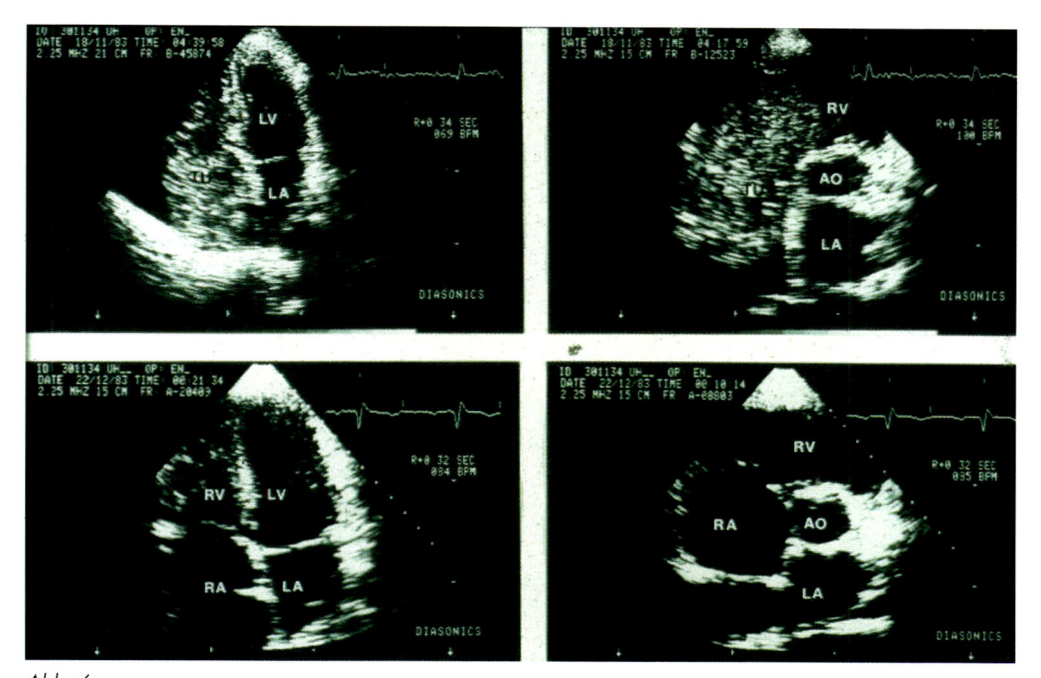

Abb. 6
Zweidimensionales Echokardiogramm eines rechtsatrialen Myxoms (oben) und nach operativer Entfernung (unten) in der langen und kurzen linksparasternalen Projektionsachse

schrittmacher. Torsade-de-pointes-Tachykardien sowie Kammerflimmern erfordern den Einsatz von implantierbaren Defibrillatoren (Abb. 5) Als Beispiel einer mechanisch ausgelösten kardiovasculären Synkope wird ein rechtsatriales Vorhofmyxom vorgestellt, das den Ausflusstrakt des rechten Ventrikels und den Truncus pulmonalis blockierte. Nach operativer Entfernung war der Patient völlig beschwerdefrei (Abb. 6, 7).

Als cerebrovasculäre Durchblutungsstörung wird das Subclavian Steal-Syndrom gezeigt, das Schwindel oder Synkope auslösen kann (Abb. 9).

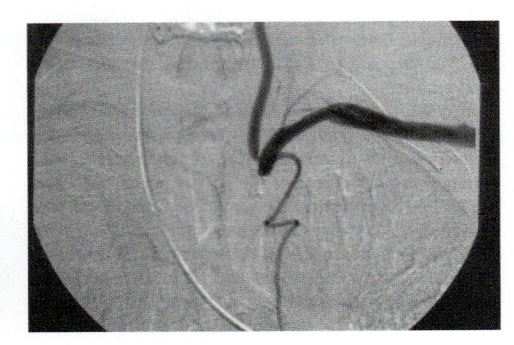

Abb. 9
Subclavian-steal-Syndrom

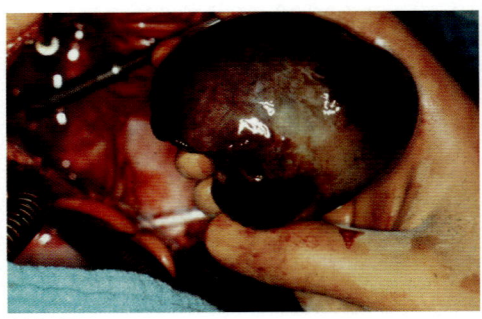

Abb. 7
Operationspräparat des Myxoms

Bei schweren Kontraktionsstörungen des linken Ventrikels z. B. bei einer dilatativen Kardiomyopathie kann nach Ausschöpfen der konservativen Maßnahmen bis hin zur biventriculären Kammerstimulation eine Herztransplantation die cerebrale Durchblutung so stabilisieren, dass Schwindel nicht mehr zu erwarten ist (Abb. 8).

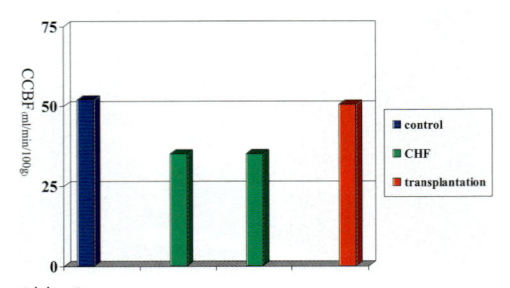

Abb. 8
Cerebraler Blutfluss bei chronischer Herzinsuffizienz und nach Herztransplantation

Zusammenfassung

1. Die kardiovasculäre Gleichgewichtsregulation unterliegt einer sehr differenzierten, vegetativen, humoralen und mechanischen Steuerung.
2. Störungen dieser Regulation können zu klinisch relevantem Schwindel und zu Synkopen führen.
3. Präzise klinische, apparative und blutchemische Untersuchungen sind auch aus prognostischen Gründen für gezielte therapeutische Maßnahmen unerlässlich. Hierdurch können der plötzliche Herztod bei Herzerkrankungen (Jahresmortalität von 24 %) und schwerwiegende Sturzverletzungen verhindert werden.

Literatur

Braunwald E (2005) Normale und gestörte Myocardfunktion. In: Harrison TR: Innere Medizin Band 1, 1457. ABW Wissenschaftsverlag, Berlin

Brignole M et al (2004) Guidelines on management (diagnosis und treatment) of syncope. Update 2004. Europace 6(6): 467

Brignole M et al (2006) A new management of syncope: prospective systematic guideline-base evaluation of patients referred urgently to general hospitals. Eur Heart J 27: 76

Linzer M et al (1997) Diagnosing syncope, Part 1. Ann Intern Med 126: 989
Linzer M et al (1997) Diagnosing syncope, Part 2. Ann Intern Med 127: 76
Most E (2004) Herz-Kreislauferkrankungen. In: Stoll W, Most, E, Tegenthoff M (Hrsg.) Schwindel und Gleichgewichtsstörungen. Thieme, Stuttgart New York

Seidl K et al (2005) Kommentar zu den Leitlinien zur Diagnostik und Therapie von Synkopen der europäischen Gesellschaft für Kardiologie 2001 und dem Update 2004. Z. Kardiol 94: 592
Strickberger SA et al (2006) AHA/ACCF Scientific statement on the evaluation of syncope. Circulation 113: 316
Übersicht Synkope Klinikarzt 2 (2007)

Klinik der HWS unter besonderer Berücksichtigung von Tinnitus

Juristische Grundbegriffe für die Begutachtung

M. Stoll

Bei einem Symposium über die „Klinik der menschlichen Sinne" geht es in erster Linie um die effektive Behandlung der Patienten. Krankheiten und Gesundheitsstörungen stehen aber stets auch in einem sozialen Kontext; berufliche und familiäre oder partnerschaftliche Belange werden davon berührt. Sobald und soweit Gesundheitsstörungen und etwaige daraus resultierende Leistungseinschränkungen als Voraussetzungen von Sozialleistungen in Betracht kommen, sind Mediziner nicht nur als behandelnde Ärzte gefragt, sondern auch als unabhängige Sachverständige: Sie müssen dann die medizinischen Erkenntnisse und Schlussfolgerungen liefern, die für die Versicherungs- oder Versorgungsträger Grundlage einer entsprechenden Verwaltungsentscheidung sein sollen.

Im Streitfall, insbesondere bei der hier allein vom Verfasser diskutierten sozialgerichtlichen Auseinandersetzung, kommt der medizinischen Begutachtung erhöhte Begutachtung zu. Nach wie vor dürften etwa in zwei Dritteln aller sozialgerichtlichen Verfahren ein oder mehrere medizinische Gutachten eingeholt werden.[1] Da sich die Gerichte einer eigenen Fachsprache bedienen, sollte jeder medizinische Sachverständige zumindest die wichtigsten juristischen Grundbegriffe kennen. Dazu gibt es eine kaum noch überschaubare Literatur; auf die gängigen Lehrbücher und die Broschüren der Sozialversicherungsträger kann verwiesen werden.[2] Die Richter der Sozialgerichtsbarkeit orientieren sich allerdings ganz überwiegend an der Rechtsprechung des Bundessozialgerichts. Diese Rechtsprechung entwickelt sich fort, und dies rechtfertigt es, vermeintlich längst bekannte und weitgehend „ausdiskutierte" Grundbegriffe im Lichte der neueren Rechtsprechung erneut vorzustellen. Deshalb sei hier der zentrale Begriff der „Kausalität", wie er vor allem in der gesetzlichen Unfallversicherung und im sozialen Entschädigungsrecht eine Rolle spielt, nochmals aufgegriffen (die folgenden Ausführungen beziehen sich schwerpunktmäßig auf das Gebiet der Unfallversicherung, gelten entsprechend aber auch für das Gebiet der sozialen Entschädigung).

Früher war es insofern üblich, von einer Ursachenkette „versicherte Tätigkeit (führt zum) Unfallereignis (führt zu) Unfallfolgen" zu sprechen. Diese Reihung ist mittlerweile mit einem weiteren Zwischenschritt zu der

---

[1] Die einzige zuverlässige Quelle ist nach wie vor Rohwer-Kahlmann, Rechtstatsachen zur Dauer des Sozialprozesses, Berlin 1979

[2] Beispielsweise Schönberger/Mehrtens/Valentin, Arbeitsunfall und Berufskrankheit, 7. Aufl., 2003; Verband Deutscher Rentenversicherungsträger, Sozialmedizinische Begutachtung für die gesetzliche Rentenversicherung, 6. Aufl., Berlin Heidelberg 2003; für HNO-Ärzte nach wie vor wertvoll das vom Hauptverband der gewerblichen Berufsgenossenschaften herausgegebene Königsteiner Merkblatt, 4. Aufl., 1996; vgl. auch Stoll, Das neurootologische Gutachten, Stuttgart New York, 2002

verfeinerten Formel entwickelt worden: „Versicherte Tätigkeit (führt zum) Unfallereignis (führt zum) Gesundheitserstschaden (führt zu) länger dauernden Unfallfolgen". Bis zum dritten Bindeglied dieser Kette wird auch von **„haftungsbegründender"** Kausalität gesprochen, weil bei deren Vorliegen ein Rechtsgrund für die Haftung besteht; zwischen dem dritten und vierten Bindeglied besteht die so genannte **„haftungsausfüllende"** Kausalität, nach der sich der Umfang der zu gewährenden Sozialleistungen richtet. Einen größeren Nutzen hat diese Unterscheidung allerdings nicht.

Die Ursachenkette kann in beide Richtungen verlängert werden: Vor der Ausübung der versicherten Tätigkeit wird beispielsweise im Regelfall die Begründung eines Beschäftigungsverhältnisses stehen und aus den festgestellten Unfallfolgen können sich – am anderen Ende der Ursachenkette – im Laufe der Zeit „Spätschäden" entwickeln. Ferner können zwischen dem Erstschaden (beim Arbeitsunfall meist eine Verletzung auf chirurgisch-orthopädischem Fachgebiet) und den länger dauernden Unfallfolgen (beispielsweise auch auf neurologisch-psychiatrischem Fachgebiet) weitere, voneinander abgrenzbare Gesundheitsstörungen eingetreten sein.

Um die medizinischen Zusammenhänge rechtlich in den Griff zu bekommen, muss man sich Sinn und Zweck der gesetzlichen Unfallversicherung oder des sozialen Entschädigungsrechts vergegenwärtigen: Die gesetzliche Unfallversicherung soll die zivilrechtliche Haftpflicht des Unternehmers (Arbeitgebers) gegenüber den Beschäftigten (Arbeitnehmern) durch verschuldensunabhängige sozialversicherungsrechtliche Ansprüche ablösen, und beim sozialen Entschädigungsrecht tritt der Staat für bestimmte Risiken ein, denen seine Bürger (Soldaten, Opfer von Gewalttaten, etc.) ausgesetzt sind. Wegen der Unbegrenztheit aller Ursachen kann aber nicht jede naturwissenschaftlich-philosophische Ursache einen Leistungsanspruch begründen. Ursachen in diesem weiten Sinne sind nämlich bei einem typischen Wegeunfall beispielsweise auch die Umstände, dass der Versicherte überhaupt geboren wurde, dass einmal ein Baum an einer Straße gepflanzt wurde und dass in einer Fabrik ein Auto hergestellt wurde, mit dem der Versicherte dann an den Baum gefahren ist. Es gilt, unter Berücksichtigung von Sinn und Zweck der gesetzlichen Unfallversicherung oder des sozialen Entschädigungsrechts die **rechtlich wesentlichen** Ursachen herauszufiltern, und dies wird im gesamten Bereich des Sozialrechts mit der **„Theorie der wesentlichen Bedingungen"** geleistet:

Von allen Ursachen, die nicht hinweg gedacht werden können, ohne dass der Erfolg entfiele (conditio sine qua non), werden danach nur diejenigen „rechtlich wesentlichen" Ursachen berücksichtigt, die wegen ihrer besonderen Beziehung zum Erfolg zu dessen Eintritt wesentlich mitgewirkt haben.[3]

Welche Ursache wesentlich ist und welche nicht, muss aus der Auffassung des praktischen Lebens über die besondere Beziehung der Ursache zum Eintritt des „Erfolgs" (gemeint sind hiermit die Unfallfolgen) begründet werden. Weder aus der „Auffassung des praktischen Lebens" noch aus der „Wesentlichkeit" einer Ursache lassen sich jedoch praktische Maßstäbe für die Beurteilung herleiten. Immerhin ergibt sich daraus aber, dass es sich bei der Zuordnung von rechtlich-wesentlichen Ursachen um eine **juristische**

---

[3] Ständige Rechtsprechung seit BSGE 1, 150,156; aus jüngerer Zeit BSG, Urteil vom 9. Mai 2006, B 2 U 1/05 R

Wertung handelt. Für diese Wertung kann und darf der medizinische Sachverständige nur die Entscheidungsbasis liefern (erfahrene Sachverständige mögen zwar häufig durchaus in der Lage sein, eine fundierte rechtliche Würdigung abzugeben; im Rechtsstreit helfen entsprechende Äußerungen aber nicht weiter; sie provozieren nur den Prozessbeteiligten, der durch die betreffenden rechtlichen Darlegungen benachteiligt ist).

Die Frage nach der Kausalität ist einfach zu beantworten, wenn die in Rede stehende Unfallfolge (Schädigungsfolge, Gesundheitsstörung) eindeutig auf ein bestimmtes schädigendes Ereignis (Arbeitsunfall, Berufskrankheit, Schädigung, etc.) zurückgeführt werden kann. Wenn ein Fußgänger beispielsweise auf dem Weg zur Arbeit von einem Auto angefahren wird, er dabei mehrere Brüche des Beines erleidet und das Bein später amputiert werden muss, ist die Ursachenkette eindeutig. Probleme entstehen aber, wenn mehrere Ursachen konkurrieren; dies gilt insbesondere, wenn geraume Zeit nach dem schädigenden Ereignis psychische Gesundheitsstörungen auftreten. Insofern gilt: Ist eine Ursache A oder sind mehrere Ursachen A, B, C gemeinsam gegenüber einer anderen Ursache D von überragender Bedeutung, dann ist die Ursache D nicht als „wesentlich" einzustufen. Häufig hat man es hierbei mit einer so genannten **„Gelegenheitsursache"** zu tun: Eine bereits vorhandene krankhafte Anlage ist so leicht ansprechbar, dass es zum Eintritt akuter Gesundheitsstörungen nicht des konkreten Arbeitsunfalls (oder des sonst schädigenden Ereignisses) bedurfte, sondern auch jedes andere alltäglich vorkommende Ereignis diese Gesundheitsstörungen hervorgerufen hätte. Das beschuldigte schädigende Ereignis ist als **unwesentlich** einzustufen, wenn die geltend gemachten Gesundheitsstörungen wahrscheinlich auch eingetreten wären

– etwa zur selben Zeit,
– etwa im selben Umfang und
– bei einem äußeren Ereignis, welches das Maß alltäglicher Belastung nicht überschreitet.[4]

In diesem Zusammenhang hat das Bundessozialgericht im Jahre 2006 klargestellt, dass zunächst geprüft werden muss, ob ein Ereignis nach wissenschaftlichen Erkenntnissen überhaupt geeignet ist, eine bestimmte körperliche oder seelische Störung hervorzurufen; die Beurteilung medizinischer Ursache-Wirkungs-Zusammenhänge müsse auf dem aktuellen wissenschaftlichen Erkenntnisstand aufbauen.[5] Kann der Sachverständige einen solchen eindeutigen wissenschaftlichen Kenntnisstand nicht feststellen, weil beispielsweise unterschiedliche Lehrmeinungen bestehen, hat er dies gegenüber dem Auftraggeber offenzulegen. Er darf sich dann unter Abwägung der maßgeblichen Gesichtspunkte einer Lehrmeinung anschließen, sofern es sich dabei nicht um eine absolute Außenseitermeinung handelt. Wichtig ist, dass der Sachverständige „mit offenen Karten spielt" und das Gericht dadurch in die Lage versetzt, auf der Grundlage des Gutachtens entweder zu einer abschließenden Entscheidung zu kommen oder in sachgerechte weitere Ermittlungen einzutreten.

Soweit es dem Verfasser als medizinischem Laien möglich ist, seien die vorstehenden Überlegungen am Beispiel des Tinnitus einmal verdeutlicht:

Beispiel 1: Ein Patient erleidet bei einem leichten Verkehrsunfall Stauchungen und Prellungen der unteren Extremitäten; ein Halswirbelsäulen-Schleudertrauma oder eine Schädigung des Ohres werden unstreitig nicht festgestellt. Er wird noch am Unfalltag wieder aus dem Krankenhaus entlassen. Nach einer Woche tritt ein Tinnitus auf. – In diesem Fall wird der Sachverständige sehr genau disku-

---

[4] Ricke in Kasseler Kommentar, Stand: März 2007, Rdnr. 27 zu § 8 SGB VII
[5] Lehrbuchmäßig geschrieben, dadurch aber auch für den Laien gut lesbar das schon unter (3) erwähnte Urteil des BSG vom 9. Mai 2006, B 2 U 1/05 R

tieren müssen, ob der Unfall seiner Art nach überhaupt geeignet war, den festgestellten Tinnitus hervorzurufen. Es wird weiter vom Verfasser unterstellt, dass es wissenschaftliche Erkenntnisse über den Ursachenzusammenhang zwischen Stauchungen und Prellungen an den unteren Extremitäten und dem Auftreten eines Tinnitus nicht gibt. Fehlen aber sonstige typische Begleiterscheinungen, wird der Sachverständige hier mangels einschlägiger medizinischer Erkenntnisse zu dem Ergebnis kommen, dass der Tinnitus nicht auf den Unfall zurückgeführt werden kann.

Beispiel 2: Es handelt sich wieder um einen leichten Verkehrsunfall mit denselben Befunden wie im Beispiel 1 (kein HWS-Schleudertrauma, keine Schädigung des Ohres). Der Patient gibt nun aber an, dass er vor einiger Zeit schon mehrfach einen Hörsturz erlitten hat; er hatte außerdem häufiger Entzündungen des betroffenen Ohrs und war im Übrigen jahrelang in seiner Freizeit starkem Lärm ausgesetzt. Selbst wenn der Tinnitus hier am Tag nach dem Unfall aufgetreten sein sollte, ist das Beispiel doch so konstruiert, dass der Tinnitus nach allgemeinen wissenschaftlichen Erkenntnissen nicht wesentlich auf den Unfall zurückgeführt werden kann. Hier wird man das schädigende Ereignis als so genannte „Gelegenheitsursache" werten; die krankhafte Veranlagung des Patienten hätte auch durch ein anderes alltägliches Ereignis etwa zu diesem Zeitpunkt ausgelöst werden können.

Beispiel 3: Schwieriger wird es, wenn sich der Patient aus Beispiel 2 bei dem Unfall auch ein Halswirbelsäulen-Schleudertrauma zugezogen hat oder wenn es auch zu einer erheblichen Verletzung des Innenohrs kam. Hier kommt es auf den Einzelfall an. Je nach Schadensanlage und äußerer Einwirkung wird man mit **„hinreichender Wahrscheinlichkeit"** annehmen können, dass der Unfall neben der besonderen individuellen Disposition des Patienten zum Eintritt des Tinnitus wesentlich mitgewirkt hat; damit ist diese Gesundheitsstörung als unfallbedingt zu werten.

Je geringer die krankhafte Veranlagung des Geschädigten war und je heftiger das schädigende Ereignis auf ihn einwirkte, desto eher wird man von einer rechtlich-wesentlichen Verursachung des schädigenden Ereignisses ausgehen können. Umgekehrt gilt, dass bei großer Schadensanlage und geringfügiger Einwirkung des schädigenden Ereignisses die Umstände eher für eine rechtlich unwesentliche Ursache sprechen.

Mit dieser Abwägung wird dem medizinischen Sachverständigen oftmals eine sehr schwierige Arbeit abverlangt, die zudem im sozialgerichtlichen Verfahren die richterliche Entscheidung maßgeblich beeinflusst. Umso mehr muss von dem Sachverständigen verlangt werden, dass er mit seinen Ausführungen auf den Boden der wissenschaftlichen Medizin bleibt. Soziale Erwägungen sind hier unangebracht. Ist der medizinische Erkenntnisstand so, dass er keine klaren Antworten zum Ursachenzusammenhang erlaubt, ist auch dies im Gutachten kenntlich zu machen. Die Unmöglichkeit, bestimmte medizinische Fragen zu beantworten, darf in diesem Zusammenhang nicht mit einer vermeintlichen Unfähigkeit des Sachverständigen gleichgesetzt werden, aus einem vorgegebenen Sachverhalt verwertbare Schlussfolgerungen zu ziehen. Denn diese Unmöglichkeit kann sich beispielsweise auch daraus ergeben. dass die Schwere der äußeren Einwirkung bei einem schädigenden Ereignis im Nachhinein nicht mehr genau nachvollzogen oder dass ein Unfallhergang insgesamt nicht mehr eindeutig rekonstruiert werden kann. Für den Richter ergeben sich daraus keine besonderen rechtlichen Probleme: Wenn entscheidungserhebliche Tatsachen nicht bewiesen werden können, ist nach der so genannten **Beweislastregel** zu entscheiden (die anspruchsbegründenden Tatsachen hat grundsätzlich der Versicherte zu beweisen).

Abschließend sei noch der gerade verwendete Begriff der „hinreichenden Wahrscheinlichkeit" erläutert. In der Rechtsprechung aller Instanzen der Sozialgerichtsbarkeit herrscht hierzu keine klare Terminologie; selbst das Bundessozialgericht gebraucht stets neue Formulierungen. Der Begriff der „hinreichenden Wahrscheinlichkeit" wird im Sozialrecht jedenfalls nur in Bezug auf den Ursachenzusammenhang gebraucht. Unterschieden werden zunächst die Beweisgrade des **Vollbeweises** und der **(bloßen) Möglichkeit**. Der Vollbeweis ist gegeben, wenn entweder eine Tatsache absolut gewiss ist oder wenn bei einer an Gewissheit grenzenden Wahrscheinlichkeit kein vernünftiger Mensch noch zweifelt. Anspruchsbegründende Tatsachen, die die im Gesetz normierten Voraussetzungen erfüllen sollen, müssen grundsätzlich durch Vollbeweis nachgewiesen werden. Demgegenüber genügt die bloße Möglichkeit, bei der Tatsachen entweder vorliegen oder auch nicht, niemals, um einen Rechtsanspruch zu begründen.

Die „hinreichende Wahrscheinlichkeit" wird häufig auch als „überwiegende Wahrscheinlichkeit" bezeichnet. Dies ist ungenau! Von einer überwiegenden Wahrscheinlichkeit spricht man, wenn mehr Gründe für als gegen das Vorliegen einer Tatsache sprechen, aber gewisse Zweifel fortbestehen. So wird im Allgemeinen die **Glaubhaftmachung** im Sinne des § 294 der Zivilprozessordnung umschrieben, die nur dann als Beweisgrad ausreicht, wenn dies in einem Gesetz ausdrücklich festgelegt wurde. Bei der „hinreichenden Wahrscheinlichkeit" im Sinne des Sozialrechts müssen jedoch darüber hinaus die für einen Ursachenzusammenhang sprechenden Umstände so stark überwiegen, dass die Entscheidung darauf gegründet werden kann. Die für den Kausalzusammenhang sprechenden Umstände haben demnach ein deutliches Übergewicht; ernste Zweifel dürfen bei der „hinreichenden Wahrscheinlichkeit" nicht bleiben.[6]

Die unterschiedlichen Beweisgrade können demnach in eine Reihenfolge gebracht werden:
– bloße Möglichkeit,
– Glaubhaftmachung,
– hinreichende Wahrscheinlichkeit,
– an Sicherheit grenzende Wahrscheinlichkeit,
– Gewissheit.

Noch einmal sei aber betont, dass die abschließende Bewertung Teil einer juristischen Entscheidungsfindung ist; den guten Sachverständigen zeichnet es aus, wenn er die rechtliche Problematik erkennt, sich aber gleichwohl auf die Darstellung der medizinischen Erkenntnisse und Schlussfolgerungen beschränkt.

---

6 Vgl. beispielsweise Meyer-Ladewig,/Keller/Leitherer, SGG, 8. Aufl., Rdnr. 3a bis 3e zu § 128

Schalldruckbelastung von Pkw-Insassen durch Airbags

M. Rohm

Einleitung

Die Ausrüstungsrate von Front-Airbags liegt mittlerweile bei fast 100 %. Von den Herstellern wird ausschließlich das Schutzpotential dieser Rückhalteeinrichtung beworben. Ein nach dem Stand der Technik nicht zu verhinderndes Gefahrenpotential wird – zumindest in Deutschland – nicht publiziert.

Verletzungen sind jedoch auf Grund des energiereichen Systems nicht grundsätzlich auszuschließen. In diesem Fall kommt es dann in der Regel zu einem Rechtsstreit, da den Insassen dieses Risiko nicht bewusst war. Im Jahr 2000 hat das OLG Hamm möglicherweise richtungsweisend einem Kläger Schmerzensgeld zugesprochen, weil er infolge der ausgelösten Airbags einen Tinnitus erlitten haben soll. In der Literatur gibt es jedoch wenig Angaben dazu, wie belastend die Schalldruckbelastung infolge einer Airbag-Auslösung ist, so dass von unabhängiger Seite Klärungsbedarf besteht. Allein den Angaben der Hersteller zu folgen, erscheint nicht sinnvoll. Deshalb wurde die vorliegende Arbeit durchgeführt.

Die Ausarbeitung soll das Ausmaß möglicher Hörschäden aufzeigen, die sich durch die Explosion eines Airbags einstellen können. Im Rahmen von Versuchen wurde dabei der innerhalb eines Fahrzeugs wirkende Schalldruck gezündeter Front-Airbag-Module messtechnisch erfasst und durch ein spezielles Bearbeitungsprogramm bewertet.

Grundlagen

Bewertungskriterien

Die Schalldruckbelastungen von Pkw-Insassen wurden bisher u. a. von Rouhana et al. (1998) in Amerika und der Suva (Schweizerische Unfallversicherungsanstalt) (1998) in Europa untersucht. Abweichend von diesen Versuchen haben die Automobilhersteller jedoch einen eigenen Standard entwickelt (AKZV 01) (Arbeitskreis Zielvereinbarung 2001), um die akustische Insassenbelastung zu beurteilen. Da die bisherigen Untersuchungen diesen Standard nicht erfüllen, wurde bei den vorliegenden Versuchen die Firma Müller BBM (München) hinzugezogen, die Messungen auf Grundlage dieser Anforderungen durchführen kann.

Basis der Beurteilung ist ein mathematisch aufgebautes Modell des Ohres, das die komplexen Eigenschaften der einzelnen Ohr-Bestandteile nachempfindet (Price und Kalb 2004). Nach den Entwicklern des sog. Human Ear Model ist der Vorgang einer Gehörschädigung mit dem Fall einer mechanischen Ermüdung gleichzusetzen. Wenn bestimmte Bestandteile des Innenohrs zu stark beansprucht werden, führt dies zu einer Schädigung. Auf das Ohr einwirkende Wellenverläufe und Spitzendrücke eines Schallereignisses sind dabei ausschlaggebende Eingangsgrößen, die durch das Modell verarbeitet werden. Das Ziel dieses menschlichen Ohr-Modells ist es, Verschiebungen der Basilarmembran im Innenohr durch einwirkende Impulse zu berechnen und aus diesem eine Gefahrenvorhersage abzuleiten. Ein nach diesem Modell arbeitender Rechenalgorithmus bewertet die für das Gewebe gefährlichen Druckspitzen und Verläufe der Schalldrucke unter Berücksichtigung der Wellenform und -dauer. Das Ergebnis dieses errechneten Beschädigungsindex wird in „Auditory Damage Unit" (ADU) angegeben. Je höher der errechnete Gefahrenwert ausfällt, desto höher ist das Risiko einer Hörschädigung. Mit diesem Grundmodell sind Gehörschädigungen wesentlich korrekter und weitaus genauer vorherzusagen, als mit herkömmlichen Methoden, weshalb diese Beurteilung von den Automobilherstellern auch gewählt wurde.

Um das Risiko einer Hörschädigung für die Pkw-Insassen zu bewerten, wurde der ADU-Wert berechnet. Ein Impulsverlauf mit einem Wert von bis zu 500 ADU liegt dabei noch im sicheren Bereich. Hier tritt eine zeitweilige Hörschwellenverschiebung bis zu 25 dB(A) auf, wobei jedoch noch kein permanenter Hörverlust entsteht.

Als Besonderheit berücksichtigt das Berechnungsmodell einen sog. „gewarnten Zustand" des Ohres. Hiermit wird die Möglichkeit bezeichnet, dass das Innenohr über einen Selbstschutz verfügt. Für eine störfreie Übertragung der Schallwellen aus der Luft sind die Gehörknöchelchen über Sehnen schwebend aufgehängt. Um jedoch aktiv in den Hörverlauf eingreifen zu können, befinden sich an dem Knöchelchen zwei Muskeln. Einer dieser Muskel zieht über eine Sehne am sog. Hammerstiel und sorgt somit für eine Spannung des Trommelfells, wobei der zweite Muskel am Steigbügel befestigt ist. Durch das Zusammenwirken der beiden Muskeln können die Gehörknöchelchen gegeneinander gezogen werden, wodurch das Spiel der Knöchelchen zueinander verringert wird. Bei hohen Schallpegeln wird die wichtigere Funktion der Muskeln deutlich: Überschreitet der übertragene Schall einen gewissen Wert, kommt es zu einer stärkeren Anspannung der beiden Muskeln, wodurch das Trommelfell stärker gespannt wird. Als Folge dieser Anspannung wird die Reflexion der Schallwellen am Trommelfell erhöht und die Steigbügelauslenkung eingeschränkt. Durch die verminderte Steigbügelauslenkung sind die im Innenohr liegenden Sinneszellen vor einer Beschädigung durch zu hohe Schalldruckamplituden geschützt. Beide Muskeln benötigen allerdings eine gewisse Ansprechzeit, bis sie zum vollen Schutz angespannt sind. Diese Zeit ist vom Schall abhängig und beträgt ca. 35 ms bei hohen Schallpegeln von etwa 130 dB und bis zu 150 ms bei niedrigen Schallpegeln (Ganzer und Arnold 2004; Hugemann 2003) (Abb. 1).

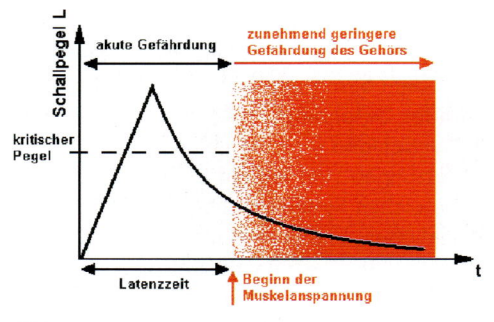

Abb. 1
Kontraktion der Mittelohrmuskeln

Die Mittelohrmuskeln erfüllen aus diesem Grund nur einen unzureichenden Schutz des Innenohrs vor plötzlich auftretenden lauten Schallereignissen, wie z. B. einen Knall. Der Schalldruckpegel eines Schallereignisses kann einen für das Innenohr gefährlichen Höchstwert erreichen, bevor die Mittelohrmuskeln zum Schutz in den angespannten Zustand versetzt werden.

Medizinische Grundlagen

Aus medizinischer Sicht unterscheidet man zwischen einem Knall-, einem Explosions- und einem akuten Lärmtrauma. Für die Beurteilung akustischer Einwirkung auf die Menschen sind der Schalldruck – über der Frequenz – sowie die Dauer der Einwirkung maßgeblich. Zur Beurteilung der akustischen Insassenbelastung durch Airbags ist das Knalltrauma maßgeblich. Es entsteht durch eine einmalige oder wiederholte Einwirkung einer Schalldruckwelle, deren Druckspitze zwischen 160 und 190 dB(A) liegt. Bei einer Zeitspanne der Druckwelle von 1 bis 3 ms bleibt das Trommelfell intakt und es tritt lediglich eine Schädigung des Innenohres ein. Der impulsartige Anstieg der Druckwelle verursacht im Innenohr so hohe Druckschwankungen, dass diese zu starken Verschiebungen der Basilarmembran führen und es hierdurch zu Beschädigungen von Haarzellen kommt. Die geschädigte Person empfindet sofort eine Vertäubung der Ohren, verbunden mit Ohrensausen und oft einem stechenden Schmerz. Eine anfänglich erhebliche Schwerhörigkeit zeigt schon nach kurzer Zeit eine Besserung, welche in der Regel nach einigen Tagen bis Wochen abgeschlossen ist und sich der Normalzustand einstellt. Die ausschließliche Schädigung des Innenohrs ist das Kennzeichen des Knalltraumas. Bei einem der Schallquelle zugewandten Ohr ist die Schädigung ausgeprägter als auf der anderen Seite, da das abgewandte Ohr durch die Schattenwirkung des Kopfes etwas geschützt ist. Die häufigsten Ursachen für Knalltraumen sind Schießübungen mit Handfeuerwaffen und Geschützen [5].

Häufig wird im Zusammenhang mit Airbag-Explosionen ein Tinnitus diagnostiziert. Tinnitus ist der medizinische Fachausdruck für Ohrengeräusche oder Ohrensausen. Von betroffenen Personen wird jedes Geräusch als Pfeifen, Rauschen, Zischen oder Summer erlebt. Tinnitus ist jedoch lediglich ein Symptom und keine detaillierte Diagnose. Ein Tinnitus wirkt sich nicht immer gleich aus, so dass er nach unterschiedlichen Kriterien klassifiziert wird (Ganzer und Arnold 2004):

– Entstehungsmechanismus: *objektiv-subjektiv*
  Bei einem objektiven Tinnitus existiert eine körpereigene physikalische Schallquelle in der Nähe des Ohres, deren Schallaussendungen gehört werden. Hierzu gehören gefäß- oder muskelbedingte Geräusche. Der objektive Tinnitus kann auch von Außenstehenden gehört werden. Beim subjektiven Tinnitus liegt eine fehlerhafte Informationsbildung im Hörsystem ohne Einwirkung eines akustischen Reizes vor. Diese Form des Tinnitus wird nur von Betroffenen selbst wahrgenommen und ist nur schwer nachzuweisen. Durch standardisierte audiometrische Tinnitus-Untersuchungen lässt sich dieser jedoch – in Grenzen – objektivieren (Hugemann 2003).

– Zeitverlauf
  Ein Tinnitus kann akut, subakut oder chronisch verlaufen. Beim akuten Zeitverlauf klingen die Symptome in weniger als drei Monaten wieder ab. Von einem subakuten Zeitlauf spricht man bei einer Zeitdauer zwischen drei Monaten und einem Jahr. Ein Tinnitus wird chronisch, wenn er länger als ein Jahr besteht.

– Sekundäre Symptomatik: *kompensiert – dekompensiert*
  Ein Tinnitus kann kompensiert werden, indem der Patient das Ohrgeräusch registriert, mit diesem jedoch umgehen kann, ohne dass zusätzliche Symptome auftreten. Es besteht kein oder nur ein geringer Leidensdruck. Die Lebensqualität ist nicht wesentlich beeinträchtigt. Im dekompensierten Fall kann das Ohrgeräusch massive Auswirkungen auf sämtliche Lebensbereiche haben, so dass es zur Entwicklung einer Sekundär-Symptomatik – wie Angstzustände, Schlafstörungen, Konzentrationsstörungen oder sogar Depressionen – kommen kann. Es besteht ein hoher Leidensdruck, der die Lebensqualität wesentlich beeinträchtigt.

Als Ursache für einen Tinnitus können viele Ereignisse in Betracht kommen. Ein Tinnitus kann isoliert in Folge von Lärm, Stress, Belastungen wie Ängste bzw. nach einem Hörsturz auftreten oder in Verbindung mit einer Krankheit (Mittelohrentzündung). Auch Probleme mit der Halswirbelsäule oder im Zahn-/Kieferbereich können auslösende oder verstärkende Ursachen sein, wobei es noch weitere, zahlreich erforschte und theoretische Ansätze zur Tinnitus-Entstehung gibt.

Eine Schädigung des Hörsystems äußert sich ausschließlich durch zwei Symptome: Das Hören wird schlechter und/oder es tritt ein Tinnitus auf. Jeder Defekt im Hörsystem kann auch zu einem Tinnitus führen. Jedoch lässt sich eine Hörschädigung leichter diagnostizieren, da es sich beim Tinnitus in den meisten Fällen um einen subjektiven Tinnitus handelt.

Wenn ein Tinnitus in Folge eines Unfalls auftritt, lässt er sich in der Regel durch Erstellen eines Tonaudiogramms objektivieren. Hierbei tritt in einigen Fällen eine messbare Hörstörung auf, die sich durch einen Hochtonabfall lokalisieren lässt (Feldmann 2001).

Versuche

Für die Versuchsreihen zur Schalldruckerfassung von Front-Airbags wurden zwei Versuchs-Fahrzeuge verwendet; in beiden Fahrzeugen waren einstufige Generatoren mit Natriumzellulose als Treibstoff verbaut.

Es wurde ein klein- und großvolumiges Fahrzeug gewählt, um das Innenraumvolumen als Parameter zu berücksichtigen. Der Kleinwagen (Ford Fiesta) verfügte werkseitig über einen Fahrer-Airbag und das großvolumige Fahrzeug, ein Ford Mondeo Turnier, über einen Fahrer- und Beifahrer-Airbag (Tabelle 1). Die verwendete Messtechnik wurde vollständig von der Firma Müller-BBM zur Verfügung gestellt und während der Messung bedient. Um den Schalldruck zu messen, wurden ein Kunstkopf mit speziellen Mikrofonen verwendet (Abb. 2a und 2b).

Um den Schalldruck realitätsnah zu erfassen, wurde der Kunstkopf bei den Versuchsreihen in den Fahrzeugen auf einem Hybrid-Dummy II positioniert. Über die Versuchsmatrix sollte untersucht werden, inwiefern Fahrzeugvolumen, Sitzbelegung, Messort sowie Anzahl der gezündeten Airbags einen Einfluss auf das Messergebnis haben (Tabelle 2).

In einem weiteren Versuch wurde der Schalldruck innerhalb eines Fahrzeuges während einer Kollision erfasst (ohne dass ein Airbag gezündet wurde). Mit dem rein kollisionsbedingten Schalldruck sollte ermittelt werden, ob der Airbagknall im Crashgeräusch untergeht oder den Schalldruckpegel tatsächlich signifikant erhöht.

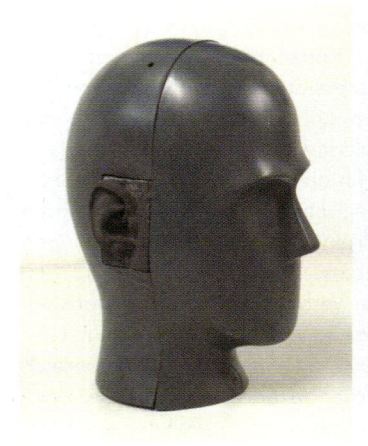

Abb. 2a
Kunstkopf mit zwei Mikrofonen

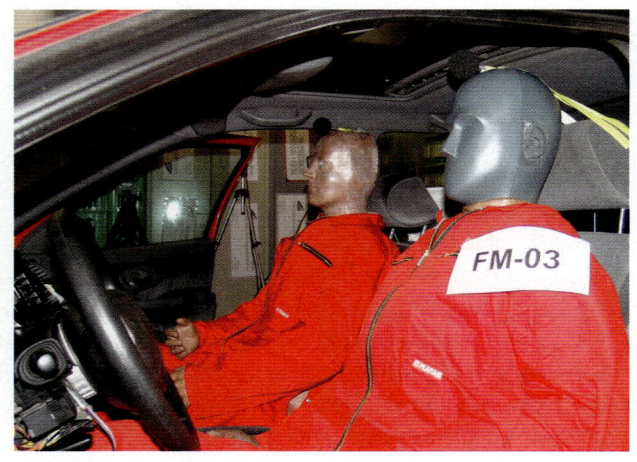

Abb. 2b
Dummy mit Kunstkopf

Ergebnisse

Der gesamte Verlauf einer Airbag-Explosion mit anschließender Luftsack-Entfaltung benötigt einen Zeitraum von ca. 250 ms. Bei den durchgeführten Versuchen wurden maximale Schallpegel zwischen 155,6 dB bis 170,4 dB gemessen, die bei jeder Messung schon innerhalb der ersten 10 ms nach dem Zündzeitpunkt erreicht wurden und sich nur über einen Bruchteil von 1 ms halten konnten (Abb. 3). Die kurze Zeit des Druckanstiegs und der ebenso abrupte Abfall bewirken gerade das Erreichen des Spitzendruckes, der im weiteren Verlauf starke Schwankungen bis weit in den Unterdruckbereich mit sich zieht. Durch diesen intensiven Verlauf des Schalldruckes innerhalb der ersten 30 ms ist der Luftsack nach weiteren 20 ms voll entfaltet. Das entstehende Luftsack-Volumen bewirkt einen leichten Anstieg des Innenraumdruckes, so dass sich der Verlauf der Schallwelle zwischen 20 und 45 ms auf leichtem Überdruckniveau von ca. 400 Pascal einschwingt. Dieser Innendruck steigt bei einer zusätzlichen Luftsackentfaltung um weitere 300 bis 400 Pascal.

Der erfasste Spitzendruck der einzelnen Versuche hängt dabei von der Entfernung der Schallquelle zum Mikrofon, von schallreflektierenden Gegebenheiten in unmittelbarer Nähe sowie vom Volumen des Innenraums ab. Im Fahrzeug mit dem kleineren Innenraumvolumen konnten etwas höhere Drücke gemessen werden, als im Fahrzeug mit dem größeren Volumen. Ein geöffnetes Fenster hingegen lässt den Schalldruck entweichen, wodurch sich geringere Drücke ergeben. Da beim geöffneten Fenster kein Überdruck durch das entstehende Luftsackvolumen entsteht, schwingen die Druckverläufe in diesem Fall um die Nulllinie.

Um die mögliche Hörschädigung zu berechnen, wurden die Signale ausgewertet und der ADU-Wert berechnet.

Wenn die Schallimpulse auf ein ungewandtes Ohr treffen, stellt sich für jede der durchgeführten Messung eine mögliche Verschiebung der Hörschwelle ein (Abb. 4). Eine Hörschwellenverschiebung von über 25 dB kann bei allen Airbag-Auslösungen – bis auf einen Fall – auf dem linken Ohr festgestellt werden, was zu einem permanenten Hörverlust führen kann.

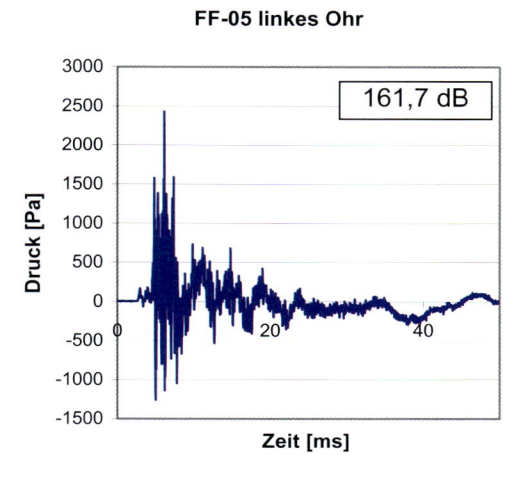

FF-05 linkes Ohr

161,7 dB

gewarnt: 187 ADU
ungewarnt: 880 ADU

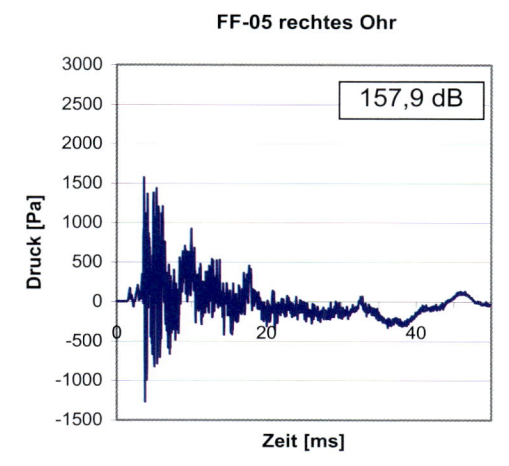

FF-05 rechtes Ohr

157,9 dB

gewarnt: 194 ADU
ungewarnt: 693 ADU

Abb. 3
Vergleich FF-05 linkes/rechtes Ohr

Fahrzeuge		
Hersteller	FORD	FORD
Modell	Fiesta	Mondeo Turnier
Baujahr	1996	1994
Typ-Bezeichnung	GFJ	BNP
Leergewicht	845 kg	1295 kg
Hubraum	1119 cm3	1597 cm3
Anzahl der Türen	3	5
Innenraumvolumen	ca. 2,3 m3	ca. 3,4 m3
Interne Fzg.-Nr.	2067	2159
laufende Versuchs-Nr.	FF	FM

Tabelle 1
Fahrzeuge für Airbagmessungen

Fahrzeug	Versuchs-Nr.	Messort	Auslösen-der Airbag	Sitzbele-gung	Randparameter	Anzahl der Messun-gen
Ford Fiesta	FF-01/ FF-02	Fahrersitz	Fahrerairbag	nur Fahrersitz	Fenster geschlossen, normale Sitzposition	2
	FF-03	Fahrersitz	Fahrerairbag	Fahrer- und Beifahrersitz	Fenster geschlossen, normale Sitzposition	1
	FF-04	Beifahrer-sitz	Fahrerairbag	Fahrer- und Beifahrersitz	Fenster geschlossen, normale Sitzposition	1
	FF-05	Fahrersitz	Fahrerairbag	nur Fahrersitz	Fenster geöffnet, nor-male Sitzposition	1
	FF-06	Fahrersitz	Fahrerairbag	nur Fahrersitz	Fenster geschlossen, Kopf zum Seitenfenster gedreht	1
Ford Mondeo	FM-01	Fahrersitz	Fahrerairbag	nur Fahrersitz	Fenster geschlossen, normale Sitzposition	1
	FM-02	Fahrersitz	Fahrer- und Beifahrer-airbag	nur Fahrersitz	Fenster geschlossen, normale Sitzposition	1
	FM-03	Fahrersitz	Fahrer- und Beifahrer-airbag	Fahrer- und Beifahrersitz	Fenster geschlossen, normale Sitzposition	1
	FM-04	Beifahrer-sitz	Fahrer- und Beifahrer-airbag	Fahrer- und Beifahrersitz	Fenster geschlossen, normale Sitzposition	1

Tabelle 2
Matrix der Airbagmessungen

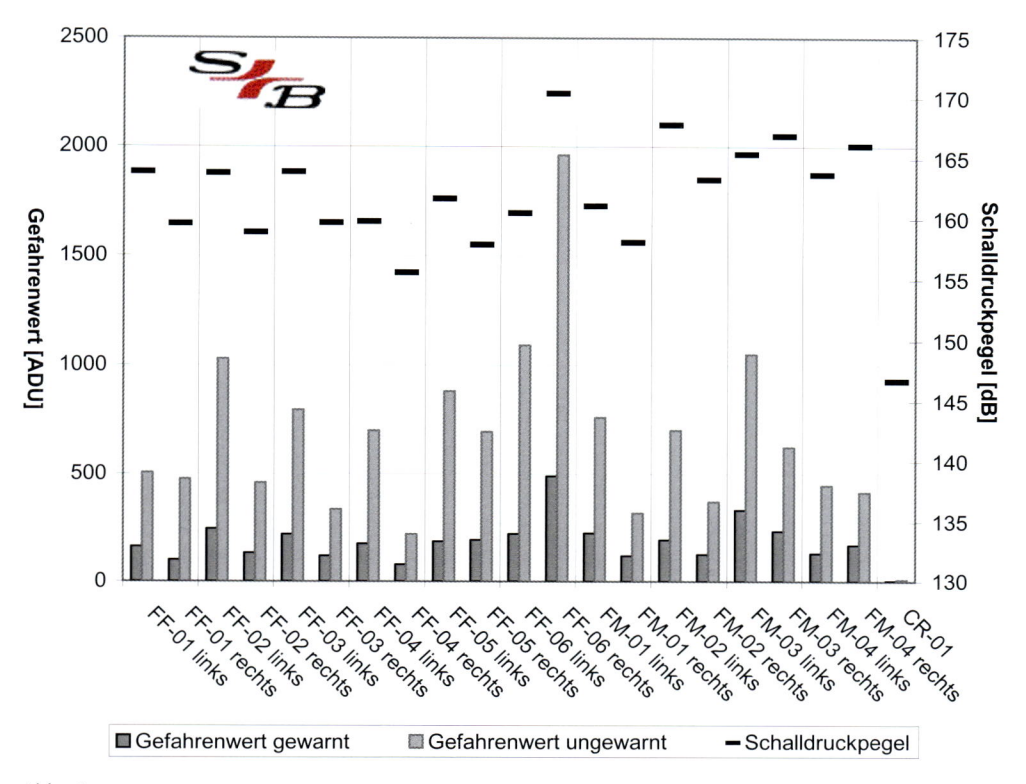

Abb. 4
Darstellung der Messergebnisse

Wenn das Mittelohr durch eine simulierte Anspannung der Muskeln in den gewarnten Zustand versetzt wird, so überschreitet keiner der errechneten Gefahrenwerte einen Wert von 500 ADU. Problematisch ist jedoch, dass die Latenzzeit für den Selbstschutzmechanismus des Ohrs größer ist, als die Zeitdauer zwischen Schallbeginn und Spitzenschallpegel. Um den Selbstschutzmechanismus letztenendes in der Praxis nutzen zu können, ist es deshalb notwendig, Pre-Crash-Sensoren zu benutzen, um das Ohr über ein externes Signal, z. B. der Audioanlage, in den gewarnten Zustand zu versetzen.
Der gemessene Schalldruck einer Pkw-Pkw-Frontalkollision innerhalb der Fahrgastzelle gibt nach der Auswertung einen ADU-Wert von 4 bzw. 8 bei einem Spitzenpegel von 146,7 dB(A). Durch diese geringen Werte entsteht für eine betroffene Person kein Risiko einer Hörschädigung und somit keine Verschiebung der Hörschwelle. Im Vergleich zu einem explodierenden Airbag verläuft das Innengeräusch der Frontalkollision über eine längere Zeitspanne und zeitversetzt; das Kollisionsgeräusch erreicht das Ohr ca. 40 ms später als der maximale Schalldruckpegel der Airbag-Explosion (Abb. 5).
Die aufgeführten, möglichen Verschiebungen der Hörschwelle entstehen nach dem Human Ear Model durch Schädigungen der Haarzellen im Innenohr. Der Definition nach ist die alleinige Schädigung des Innenohrs das Merkmal eines Knalltraumas. Ob gemessene Schallverläufe auch zu Trommelfellrissen und anderen Mittelohrschädigungen führen

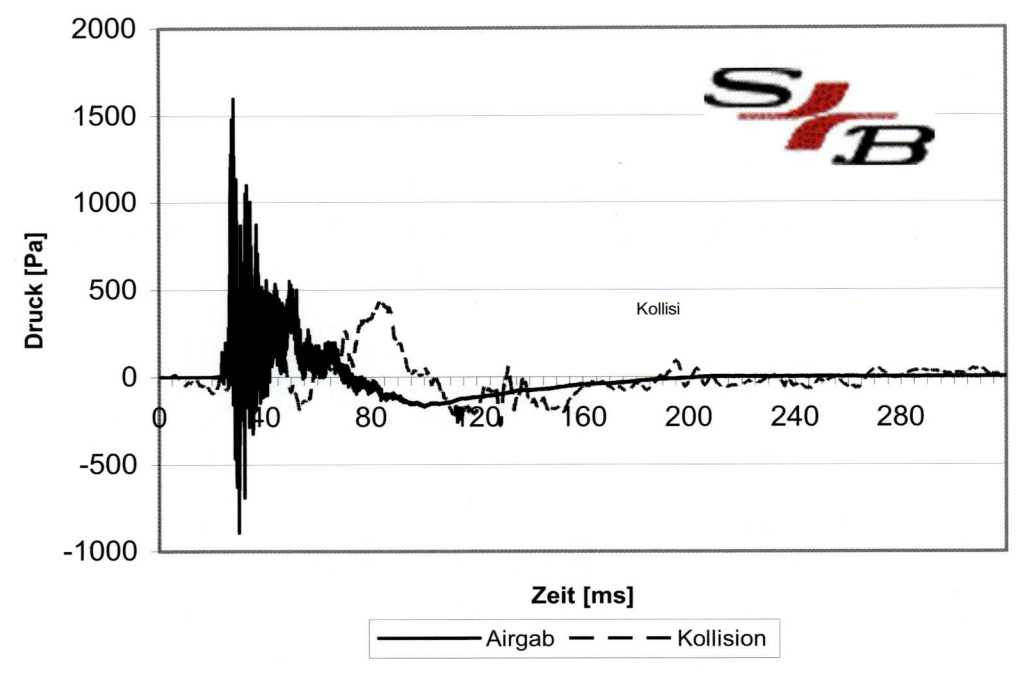

Abb. 5
Überlagerung von Kollisionsgeräusch und Airbagexplosion

können oder einen Tinnitus mit sich ziehen, wird aus der Bewertung des Programms nicht sichtbar. Da sich das Auswerteprogramm auf eine direkt nach der Einwirkung einstellende Hörschwellenverschiebung bezieht, kann aus technischer Sicht keine Aussage über die Zeitspanne eines möglichen Hörverlustes gemacht werden. Eine zusätzliche Beurteilung aus medizinischer Sicht ist somit sinnvoll.

Literatur

Rouhana SW, Dunn VC, Webb SR (1998) Investigation Into the Noise Associated With Air Bad Deployment: Part II – Injury Risk Study Using a Mathematical Model of the Human Ear. SAE P-337, 42nd Stapp Car Crash Conference Proceedings, pp 267-285

Hohmann B (1998) Gehörschäden durch Airbag. Schweizerische Unfallversicherungsanstalt Suva, Bereich Akustik, Fortschritte der Akustik – Tagungsbericht zur DAGA 1998 in Zürich. DEGA, Oldenburg

Arbeitskreis Zielvereinbarung (2001) Pyrotechnische Rückhaltesysteme im Fahrwerk, AK-ZV 01. Arbeitskreis der Firmen: Audi AG, BMW AG, Daimler Chrysler AG, Porsche AG und Volkswagen AG, März 2001

Price GR, Kalb JT (2004) Using the Auditory Hazard Assessment Algorithm (AHAAH). URL: http://www.arl.army.mil/ARL-Directorates/HRED/AHAAH/ (02.11.2004)

Feldmann H (2001) Das Gutachten des Hals-Nasen-Ohren-Arztes, 5., überarb. U. erw. Aufl. Thieme, Stuttgart New York

Ganzer U, Arnold W (2004) Leitlinie Tinnitus. URL: http://www.uni-duesseldorf.de/WWW/AWMF/ll/hno_ll63.htm (14.10.2004)

Hugemann C (2003) Der Tinnitus als Unfallfolge: Physischer oder psychischer Schaden? Neue Zeitschrift für Verkehrsrecht, Sonderdruck aus NZV 9/2003

Der unfallanalytische Beitrag zur interdisziplinären Begutachtung eines HWS-Schleudertraumas, Schutzhaltung RISP (Rear Impact Self Protection)

M. Becke

Die Aufgabe des Technikers im Zusammenhang mit der HWS-Problematik betrifft folgende Frage: Wie hoch war die biomechanische Belastung des Insassen während des Unfalls? Nach wie vor ist der klassische „HWS-Unfall" die Heckkollision. Dieses ist die Unfallart, bei der am meisten HWS-Beschwerden beklagt werden. Aber HWS-Beschwerden werden auch bei Frontalkollisionen, Seitenkollisionen, Streifkollisionen und auch bei Unfallhergängen ohne Kollisionen beschrieben. Dabei kann genannt werden, ein starker Bremsvorgang, ein starker Ausweichvorgang, ein Bordsteinkontakt und vieles mehr.

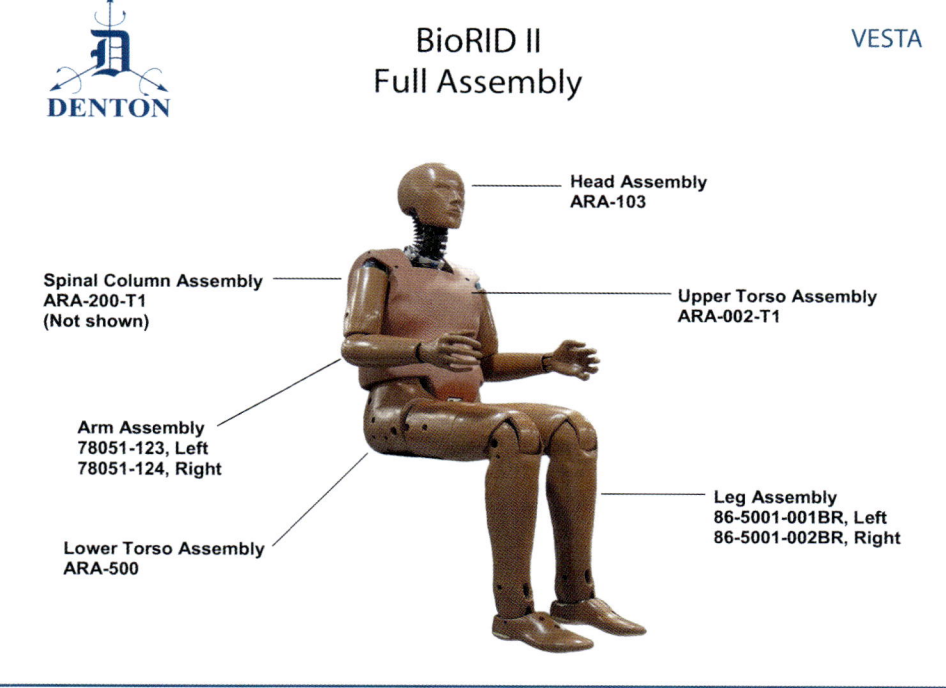

Abb. 1

Obwohl nach wie vor der Mechanismus nicht geklärt ist, wie es zu einem sogenannten HWS-Schleudertrauma kommt, hat man zur Verbesserung der Fahrzeugsitze zunächst einen speziellen Dummy gebaut, den sogenannten BioRID 2 (Abb. 1). Dieser weist u.a. eine bewegliche Halswirbelsäule auf (Abb. 2). An diesem Dummy werden Kopfbeschleunigungen, Brustbeschleunigungen und verschiedene Kräfte und Beschleunigungen im Bereich der Halswirbelsäule gemessen.

Man hat bestimmte Kriterien festgelegt, wie man Messwerte zu deuten hat, das heißt, wann ein Sitz gut und wann er schlecht ist. Dies hat dazu geführt, dass in über dreijähriger Arbeit Experten aus Europa, Nordamerika und Australien ein weltweit einheitliches Prüfverfahren für Sitze entwickelt haben. Mit diesem Verfahren wurden z.B. 111 Sitze im Forschungszentrum Thatcham in England getestet. Nach den festgelegten Kriterien schnitten mehr als 60 % aller getesteten Modelle insgesamt mäßig oder schlecht ab. Bei nahezu 20 % der Sitze konnten nicht einmal die Kopfstützen so eingestellt werden, dass sie oben mit der Oberkante des Kopfes abschließen.

Würde man sich den Testmethoden der Sitze annähern, so müsste der Techniker dem Mediziner Kopf- und Brustbeschleunigung, möglicherweise verschiedene Kräfte und den relativen Verlauf beider Signale liefern und dieses aktuell zu jedem Verkehrsgeschehen.

Eine derartige Forderung ist im Rahmen eines Gutachtens nicht realisierbar. Zur Beschreibung der biomechanischen Belastung wird derzeit weltweit die mittlere Beschleunigung bzw. die kollisionsbedingte Geschwindigkeitsänderung der Änderung der Fahrgastzelle des Fahrzeuges angegeben, in dem der Betroffene saß. Der Zusammenhang zwischen der mittleren Beschleunigung und der Geschwindigkeitsänderung ist trivial. Die mittlere Beschleunigung ist definiert als Geschwindigkeitsänderung dividiert durch die Kollisionsdauer. Dabei wird häufig eingeräumt, dass die Kollisionsdauer stark differiert. Für normale Heckkollisionen ist dies indes nicht der Fall. Sie liegt in der Regel in der Größenordnung von 0,11 s. Lediglich bei deutlich vom Vollstoß abweichenden Kollisionen, wie z.B. bei Streifkollisionen, ist auf die dabei besonders abweichende Kollisionsdauer einzugehen.

Fasst man das zuvor Gesagte zusammen, so ist die Angabe eines delta v-Wertes nur eine sehr grobe Beschreibung der Insassenbelastung, da der Einfluss der Sitzposition und der Sitzgestaltung nicht berücksichtigt wird. Nimmt man unsere Studienergebnisse, die insbesondere Ende der 90er Jahre entstanden, so handelte es sich dabei keineswegs um besonders gute Sitze, da die Fahrzeuge seinerzeit schon vergleichsweise alt waren und es sich um ganz normale Großserien-Fahrzeuge der Fa. Opel und VW handelte. Bei der jetzigen Sitzuntersuchung wären derartige Sitze sicherlich schlecht beurteilt worden. Da die Studienergebnisse lediglich den Zusammenhang zwischen Beschwerdefreiheit und Angabe der kollisionsbedingten Geschwindigkeitsänderung aufzeigen, ist in dem Zusammenhang zu sagen, dass Insassen mit besseren Sitzen vermutlich höhere delta v-Werte ertragen können.

Zur Zeit kann der Techniker im Rahmen einer Begutachtung, die in der Regel interdisziplinär erfolgen sollte, nur den delta v-Wert bzw. die mittlere Beschleunigung der Fahrgastzelle angeben, ergänzt zu Angaben bezüglich der Relativbewegung zum Innenraum.

Abb. 2

Ausgangsmaterial:
- **Schadengutachten mit Lichtbildern**
- **Fotos**
- **Reparaturrechnung/ -kalkulation**
- **Informationen der Polizei**
- **Besonderheiten (Beladung etc.)**

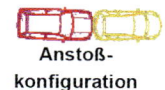

Schäden   Anstoß-
                 konfiguration

Abb. 3

Wie die Praxis zeigt, ist auch dieses nicht ohne weiteres möglich. Zunächst einmal mangelt es häufig an geeignetem Ausgangsmaterial (Abb. 3). Der Sachverständige wünscht sich Schadengutachten mit
 Lichtbildern
 Fotos
 Reparaturrechnungen / Kalkulationen
 Informationen der Polizei
 Angaben zur Anzahl der Insassen und zur Beladung sowie anderen Besonderheiten.
Anders als bei der Rekonstruktion eines Unfallhergangs interessieren die tatsächlichen Geschwindigkeiten der Fahrzeuge nicht. Für die Größe der kollisionsbedingten Geschwindigkeitsänderungen hängt es bei nicht abgleitenden Stößen, wie z.B. bei Heckkollisionen, Frontalkollisionen oder Seitkollisionen in ein stehendes Fahrzeug lediglich von der Relativgeschwindigkeit ab.

Häufig wird nicht verstanden, was mit der kollisionsbedingten Geschwindigkeitsänderung gemeint ist. Steht ein Fahrzeug still, das heißt, es hat die Geschwindigkeit 0 km/h, und wird es von hinten angestoßen, so dass es auf eine Geschwindigkeit von beispielsweise 10 km/h beschleunigt wird, beträgt die kollisionsbedingte Geschwindigkeitsänderung dieses Fahrzeugs 10 km/h – 0 km/h = 10 km/h. Würde dieses Fahrzeug mit 100 km/h auf der Autobahn fahren und von hinten angestoßen werden, wodurch sich die Geschwindigkeit auf 110 km/h erhöhen würde, wäre die kollisionsbedingte Geschwindigkeitsänderung genauso groß und zwar 110 km/h – 100 km/h = 10 km/h. Es handelt sich demzufolge um die Geschwindigkeitszunahme bzw. Geschwindigkeitsabnahme eines Fahrzeugs durch die Kollision.

Wie das oben genannte Beispiel schon zeigt, ist das Ergebnis keineswegs von dem Geschwindigkeitsniveau abhängig, sondern nur von der Relativgeschwindigkeit der Fahrzeuge. Dabei handelt es sich um den Geschwindigkeitsunterschied zwischen zwei Fahrzeugen. Steht ein Fahrzeug still und fährt ein anderes Fahrzeug mit 20 km/h auf, so beträgt die Relativgeschwindigkeit 20 km/h. Genauso verhält es sich auf der Autobahn, wenn das vordere Fahrzeug mit 100 km/h fährt und das hintere mit 120 km/h aufprallt. Auch hier beträgt die Relativgeschwindigkeit 20 km/h.

Weiß man erst die Relativgeschwindigkeit, so ist durch mathematische Zusammenhänge sofort die kollisionsbedingte Geschwindigkeitsänderung und auch die mittlere Beschleunigung anzugeben.

Es stellt sich nun die Frage, wie der Techniker diese Relativgeschwindigkeit und damit das delta v bestimmen kann. Die erste Methode ist sicherlich die, die auch von technischen Laien am besten kontrolliert werden kann. Es wird ein Crashtest durchgeführt, der im Ergebnis zu gleichen Beschädigungen führt (Abb. 4). Im

Beseitigung der Wissenslücke durch Pkw-Pkw Crashtest

v_{rel} = 28,0 km/h
ΔV_1 = 13,4 km/h ΔV_2 = 18,4 km/h

Abb. 4

Crashtest kann die Relativgeschwindigkeit per Lichtschranke oder dergleichen gemessen werden. Auch die kollisionsbedingte Geschwindigkeitsänderung kann mit Hilfe von UDS (Unfalldatenspeicher-Aufzeichnungen) über die Fahrzeug-Beschleunigungen ausgewertet werden.

Die zweite Methode erfordert sogenannte EES-Angaben. Es handelt sich dabei nicht um eine tatsächlich gefahrene Geschwindigkeit während des Unfallgeschehens sondern nur um eine Beschreibung der Energieaufnahme, die sich in Form von Beschädigungen an einem Fahrzeug ausdrückt. EES ist eine Abkürzung für energy-equivalent speed, übersetzt energie-äquivalente Geschwindigkeit. Der EES-Wert ist ungefähr mit der Geschwindigkeit gleichzusetzen, mit der man mit einem Fahrzeug gegen ein nicht energieaufnehmendes feststehendes Hindernis prallen muss, um vergleichbare Beschädigungen zu erzeugen. Fährt man beispielsweise gegen einen sehr schweren Betonklotz, der sich weder verrücken lässt, noch Energie aufnimmt, ist die gesamte kinetische Energie, die das Fahrzeug mit der Geschwindigkeit, beispielsweise 30 km/h vor der Kollision inne hatte, in Deformationsenergie umgewandelt worden. Das Fahrzeug steht vor dem Klotz. Es ist deformiert. Es hat eine Energieumwandlung stattgefunden. Wie viel Energie umgewandelt wurde, wird mit diesem EES-Wert beschrieben $E_{Form} = \frac{1}{2} \cdot m \cdot EES^2$. Wie man sieht, geht der EES-Wert mit dem Quadrat ein.

Die Problematik bei dieser Methode trifft vor allem die technischen Sachverständigen, die die EES-Werte ohne zur Hilfenahme von Crashtests aufgrund ihrer Erfahrung abschätzen. Hat der technische Sachverständige wenige Vergleichsmöglichkeiten in der Vergangenheit gehabt, wird die Schätzung möglicherweise stark vom tatsächlichen Ergebnis abweichen. Besser ist es, sich im Vergleich mit Crashtests an den tatsächlichen EES-Wert anzunähern. Letzten Endes geht kein Weg an Versuchsergebnissen vorbei, entweder direkt oder über den Umweg mit Hilfe von Vergleichs-Crashtests.

Kommt man zunächst zu der ersten Methode zurück, so bietet sich hier noch der Vorteil, dass man auch mit Hilfe von nur einem einzigen Schadensbild eine Aussage machen kann. Wird ein Crashtest mit genau baugleichen Fahrzeugen durchgeführt und ist das Ergebnis bei dem einen Fahrzeug, bei dem Schadensbilder zur Verfügung standen, gut vergleichbar, so ist in der Regel auch dann eine Aussage möglich. Teilweise konnte man lesen, dass technische Sachverständige der Meinung waren, dass eine delta v-Angabe nicht möglich ist, solange man nur von einem der beteiligten Fahrzeuge Lichtbilder hat. Diese Aussage ist nur bedingt richtig.

Die Fahrzeugstrukturen der beteiligten Fahrzeuge sind durchaus unterschiedlich. Es gibt weiche und auch harte Strukturen. Eine weiche Struktur ist beispielsweise das Heck eines alten Audi 80. Prallt man hier mit einem Geländewagen alter Bauart auf, so wird man an dem Geländewagen kaum eine Veränderung feststellen, während der Audi 80 möglicherweise um 20 cm kürzer ist. Würde man nur Lichtbilder von dem Geländewagen haben, an dem man nichts sieht, so ist damit natürlich keine sichere Aussage möglich. Wünschenswert wären somit Lichtbilder von dem „weichen" Fahrzeug.

Eine große Hilfe bietet das Internetportal www.crashtest-service.com (Abb. 5). Es handelt sich dabei um eine Crashtest-Datensammlung mit deren Hilfe sowohl Fahrzeug-Fahrzeug-Kollisionen als auch EES-Werte in vielen Fällen gut eingeschätzt werden können. Diese Internet-

v_{rel}, Δv durch den Vergleich mit Pkw-Pkw Crashtest Ergebnissen

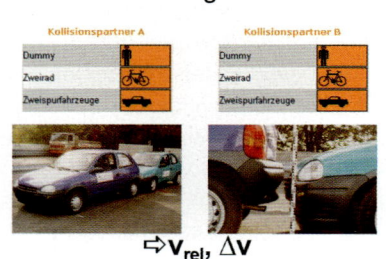

Abb. 5

Datenbank weist zurzeit ca. 2.700 Crashtests auf, die von jedermann weltweit gegen Gebühr dort abgerufen werden können. Bei der Ermittlung der Relativgeschwindigkeit mit Hilfe der zweiten Methode benötigt man bei einer Fahrzeug-Fahrzeug-Kollision zunächst einen EES-Wert vom Fahrzeug 1 und einem EES-Wert vom Fahrzeug 2, ferner die Fahrzeuggewichte, wobei die Beladung und die Insassenbesetzung eine Rolle spielen.

Schließlich ist aus Versuchen noch der sogenannte k-Faktor in Grenzen bekannt. Dieser k-Faktor gibt den Grad der Teilelastizität der Kollision an. Mit Hilfe des Energieerhaltungssatzes lässt sich nun die Relativgeschwindigkeit errechnen.

Es sei noch einmal darauf hingewiesen, dass die Bestimmung der Relativgeschwindigkeit und damit auch die kollisionsbedingte Geschwindigkeit nur dann gut gelingt, wenn geeignetes Referenzmaterial zur Verfügung steht, wie die soeben vorgestellten Crash-Versuche. Ist dies nicht der Fall, so kommt es zu sehr großen Abweichungen bei der Bestimmung der delta v-Werte.

In einer Untersuchung von Fallenberg und Castro aus dem Jahr 2001 wurden zwei Studien (Abb. 6) durchgeführt, bei der zunächst in der ersten Studie 38 Sachverständige beauftragt wurden, einen Fall zu bearbeiten. Dabei handelte es sich allerdings um einen Crashtest, für den die tatsächlichen Werte genau bekannt waren. In der ersten Studie war ein Wert von delta v = 5,5 km/h zu ermitteln. Die Schwankungsbreite der Ergebnisse lag in der Regel zwischen 3 km/h und 12 km/h, reichte in Ausnahmefällen sogar bis zu 20 km/h.

Aufgrund dieses Ergebnisses wurde darüber nachgedacht, ob die Auswahl der Sachverständigen nicht für diese große Streubreite verantwortlich wäre. Daher wurden Sachverständige ausgewählt, von denen davon ausgegangen werden konnte, dass diese mit einer derartigen Thematik häufiger konfrontiert sind. An dieser Studie nahmen wiederum 37 Sachverständige teil. Auch hier wurde ein Crashtest zur Bearbeitung offeriert. Der tatsächliche delta v-Wert lag bei 16,7 km/h. Die angegebenen Ergebnisse schwankten zwischen 8 km/h und 23 km/h. Diese große Bandbreite kann nur damit erklärt werden, dass viele der Sachverständigen nicht über geeignetes Referenzmaterial verfügten, bzw. es nicht für notwendig erachteten, darauf zurück zu greifen. An dieser Stelle sei besonders darauf hingewiesen, dass Sachverständige dieses Referenzmaterial mit ins Gutachten aufnehmen müssten, damit eine Kontrolle durch visuellen Vergleich seitens der Juristen möglich ist. Hierauf sollten die Juristen bestehen.

Bei der Heckkollision sind noch zwei Untersuchungen zu nennen, einmal die FIP-Studie und zum anderen eine Studie zur Reboundbewegung. Bei der FIP-Untersuchung handelt es sich um eine Untersuchung zur vorgelagerten Sitzposition (FIP = forward inclined position). Hier wurden drei verschiedenen Positionen untersucht, eine normale Sitzposition, eine

Ermittlung von Δv in n Büros
Untersuchung von Fallenberg und Castro, 2001

Δv [km/h]
Studie 1
n = 38

Δv [km/h]
Studie 2
n = 37

★ = Extremer Wert

Abb. 6

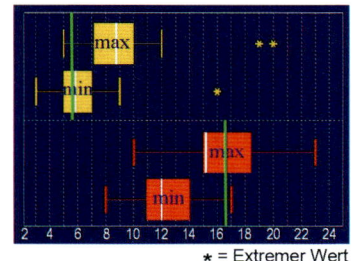

Heckkollision (FIP)

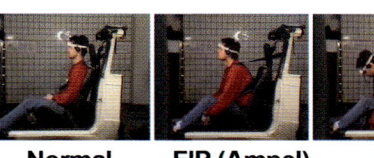

Normal   FIP (Ampel)   FIP

Δv = 7,0 bis 7,7 km/h

Abb. 7

leicht vorgebeugte Position und eine stark vorgebeugte Position bei Heckauffahrkollisionen mit einem delta v-Wert zwischen 7,0 und 7,7 km/h (Abb. 7).

Schon häufig war zuvor formuliert worden, dass sich ein großer Abstand zwischen Kopf und Kopfstütze negativ auswirken würde. Daher wurde von Seiten der Anwälte teilweise auch schriftsätzlich niedergelegt, dass der Mandant sich gerade vorgebeugt habe, als es zur Heckauffahrkollision kam, in der Meinung, hierdurch eine Verschlechterung der Situation zu beschreiben. Tatsächlich waren wir auch zunächst von einem derartigen Zusammenhang ausgegangen. Es zeigte sich dann aber, dass es aufgrund der vorgebeugten Sitzposition zu einem gänzlich anderen Bewegungsverhalten des Insassen kam. Es kam zu einer Abrollbewegung des Rückens auf der Rückenlehne. Zu dem Zeitpunkt, als die normale Sitzposition erreicht war, war die Geschwindigkeit schon entsprechend angeglichen, so dass es teilweise gar nicht mehr zu einem Aufprall des Kopfes auf der Kopfstütze kam. Der Aufprall war umso geringer, je stärker die vorgebeugte Haltung war. Man konnte formulieren, dass bis zu delta v-Werten von 7,7 km/h keine erhöhte biomechanische Belastung aufgrund einer vorgebeugten Sitzposition vorhanden ist. Wie sich dieses bei höheren kollisionsbedingten Geschwindigkeitsbereichen verhält, muss zunächst offen bleiben.

Schließlich ist noch auf die Rebound-Bewegung einzugehen. Unter der Rebound-Bewegung versteht man die Sekundär-Bewegung, die der Insasse erfährt, nachdem er zunächst bei einer Heckkollision die Rückenlehne stark nach hinten belastet hat, diese sich elastisch vorspannt und den Insassen schließlich wieder nach vorn katapultiert (Abb. 8). Wir haben einen sogenannten Rebound-Faktor formuliert. Da der Kopf den größten Bogen beschreibt, wird der Kopf mit großer Geschwindigkeit wieder nach vorn geschleudert. Je nach Fahrzeug können dieses etwa knapp 70 bis nahezu 100 % der ursprünglichen kollisionsbe-

Heckkollision (Rebound)

Untersuchungen zur Rebound-Bewegung

Abb. 8

dingten Geschwindigkeitsänderung sein. Relativ weit vom Drehpunkt entfernt befindet sich auch die Schulter. Diese erreicht noch etwa knapp 30 bis 50 %, während an der Hüfte nur Werte zwischen knapp 20 und 30 % auftreten. Bleibt man beim Hals zwischen Kopf und Schulter, so erreicht die Relativbewegung des Halses beim Rebound etwa 50 bis 70 % der bei der Heckkollision erreichten kollisionsbedingten Geschwindigkeitsänderung.

Diese Kenntnisse sind bei einer Reihen-Heckauffahrkollision von Interesse. Nehmen wir an, dass drei hintereinander fahrende Fahrzeuge so miteinander kollidieren, dass zunächst einmal das dritte auf das zweite Fahrzeug aufprallt und anschließend das zweite nochmals auf das davor befindliche erste. Bei der zeitlich ersten Kollision werden die Insassen des zweiten Pkw einer heckseitigen Belastung ausgesetzt, während in der nachfolgenden Kollision eine frontale Belastung stattfindet. Nun kann es vom zeitlichen Zusammenhang gerade so zusammentreffen, dass die Rebound-Bewegung mit der Frontal-Kollision zusammenfällt. Dann addieren sich die Belastungen aus der Rebound-Bewegung und aus der ohnehin vorliegenden frontalen Kollision.

An dieser Stelle kann man zur Frontalkollision übergehen. In der Vergangenheit sind diverse Gurtschlitten von Berufsgenossenschaften und Verbänden und Vereinen gebaut und betrieben worden. Wir hatten einige zur Kontrolle bei uns (Abb. 9). Es wurden kollisionsbedingte Geschwindigkeitsänderungen von 8,9 bis 14,9 km/h bei mittleren Zellenverzögerungen zwischen 3,5 g und 21 g, also zwischen ca.

Frontalkollision
Gurtschlitten
Messergebnisse (3 verschiedene Gurtschlitten)

- Δv = 8,9 bis 14,9 km/h
- a_m = 3,5 bis 21 g
- Δt = 0,02 bis 0,07 s

Abb. 9

35 bis 210 m/s² gemessen. Die Kollisionsdauern waren teilweise atemberaubend kurz (zwischen 0,02 und 0,07 s). Zum Vergleich: eine normale Fahrzeug-Fahrzeug-Auffahrkollision weist eine Kollisionsdauer von etwa 0,11 s auf. Dieses führt zu dem Ergebnis, dass die mittleren Beschleunigungen, die zu den delta v-Werten gehören, unverhältnismäßig groß sind. An dieser Stelle zeigt sich wieder, dass nicht etwa am Menschen gemessen wird, sondern dass es sich um die Fahrgastzelle handelt, hier den Schlitten. Über das Sitz- und Gurtsystem, das ebenfalls elastisch ist, ergeben sich dann völlig andere Belastungen für den Insassen selbst. Zu den Gurtschlitten ist zu sagen, dass sie mehr als 20 Jahre im Einsatz sind und auch heute noch mindestens 20 Schlitten in Betrieb sind. Man kann davon ausgehen, dass pro Schlitten ca. 100.000 Teilnehmer belastet wurden. Dieses bedeutet, ca. 2. Mio. Versuche dürften stattgefunden haben. Verletzungen der Halswirbelsäule sind dabei nicht bekannt geworden.

Kommen wir zum Thema Seitenkollisionen. Hier ist zunächst auf einen prinzipiellen Unterschied hinzuweisen. Man muss unterscheiden, ob der Insasse auf der stoßabgewandten Seite im Fahrzeug sitzt oder auf der stoßzugewandten Seite. Filmbeiträge zeigen den unterschiedlichen Bewegungsablauf eines stoßabgewandten Insassen bei einer kollisionsbedingten Geschwindigkeitsänderung in Querrichtung von 8 km/h. Der gesamte Oberkörper kann zusammen mit dem Kopf weit ausschwingen. Es kommt zu keinen Anstoßmechanismen. Auf der stoßzugewandten Seite wird der Bewegungsablauf für eine kollisionsbedingte Geschwindigkeitsänderung von 3,2 km/h gezeigt. Deutlich wird, dass in Abhängigkeit von der Körpergröße und der Innenraumkontur sogar bei dieser Belastung ein Kopfanstoß und Schulteranprall stattfindet. Durch den Kopfanprall wird eine deutliche Abknickbewegung der Halswirbelsäule eingeleitet. Die Kollisionsdauer bei einer Seitenkollision kann speziell bei einer Kollision mit zwei bewegten Fahrzeugen ganz erheblich von der Kollisionsdauer bei einer Heckauffahrkollision abweichen. Das Beispiel (Abb. 10) zeigt eine Kollisionsdauer von nahezu 0,37 s, wobei die wesentlichen Belastungen in Quer- und in Längsrichtung nicht einmal zeitgleich auftreten. Während sich die Belastung in Querrichtung in der Hauptsache am Anfang der Kollision ausdrückt, kommt es zur höchsten Längsbelastung erst, wenn eine zufällige Verhakung stattfindet.

Bei derartig ausgedehnten Kollisionen muss man unterscheiden zwischen der Kollisionsdauer und der Hauptbelastungsdauer, die hier in Querrichtung ebenfalls den Zeitraum einer relativ normalen Kollisionsdauer einnimmt. Die Hauptbelastungsdauer in diesem Beispiel beträgt beispielsweise 0,08 s.

Man kann untersuchen, bis zu welcher kollisionsbedingten Geschwindigkeitsänderung ein

Seitenkollision

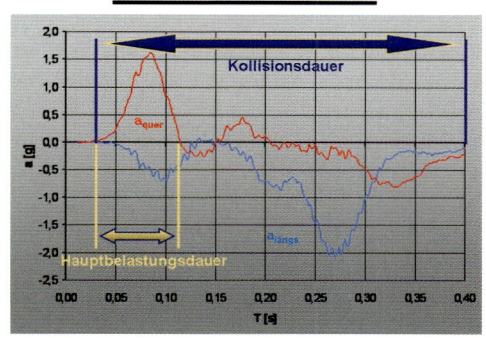

Abb. 10

Seitenkollision
Abhängikkeit der seitlichen Auslenkung von der kollisionsbedingten Geschwindigkeitsänderung

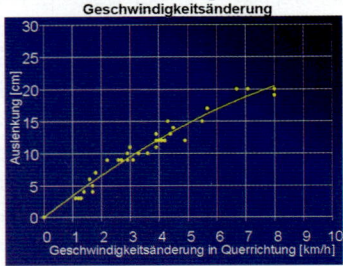

Abb. 11

Kontakt mit dem Innenraum nicht stattfinden wird. Zu diesem Zweck wurde eine größere Anzahl von Seitenkollisionen (stoßabgewandt) mit Hilfe eines Schlittens durchgeführt, bei dem es sich um einen Teil einer Fahrgastzelle handelt. Man erkennt, dass eine nahezu lineare Abhängigkeit zwischen der seitlichen Auslenkung im Bereich des Kopfes und der Geschwindigkeitsänderung in Querrichtung existiert (Abb. 11). Auf diese Weise kann man unter Berücksichtigung der Raum- und Größenverhältnisse eine Aussage machen, ob ein Anstoß stattfinden wird oder nicht.

An dieser Stelle soll ein Beispiel dargestellt werden, bei dem ein VW Passat in die Seite eines fahrenden Honda Civic hineinprallte. Die Fahrerin des Honda Civic beklagte ein HWS-Schleudertrauma und war arbeitsunfähig. Aufgrund der beruflichen Situation der Fahrerin ging es hier um hohe Schadensersatzforderungen. In der ersten Instanz wurde ein HWS-Schleudertrauma nicht zugestanden. Eine offene Verletzung am Kopf wurde so erklärt, dass man der Person diese Verletzung beim Transport zugefügt haben dürfte, die Tür des Krankenwagens sei der Fahrerin gegen den Kopf gestoßen worden.

Im Rahmen der Berufung stellte sich heraus, dass sich nie jemand ernsthaft mit der Höhe der Belastung beschäftigt hatte. Zwar ist die beherrschbare Insassenbelastung für einen Insassen auf der stoßabgewandten Seite, wie im vorliegenden Fall, durchaus höher.

HWS – Thematik ohne Techniker:

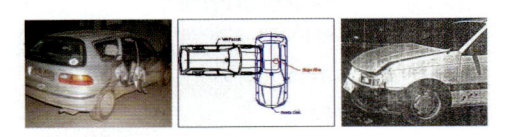

Es folgen mehrere hundert Seiten Gerichtsakten in zwei Prozessen mit sehr vielen medizinischen Gutachten

Abb. 12

HWS – Thematik ohne Techniker:

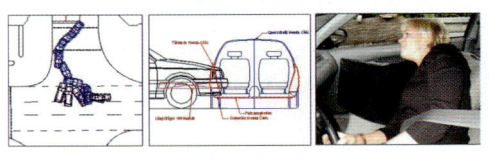

VW Passat ~ 45 – 50 km/h

Honda Civic ~ 30 km/h

Abb. 13

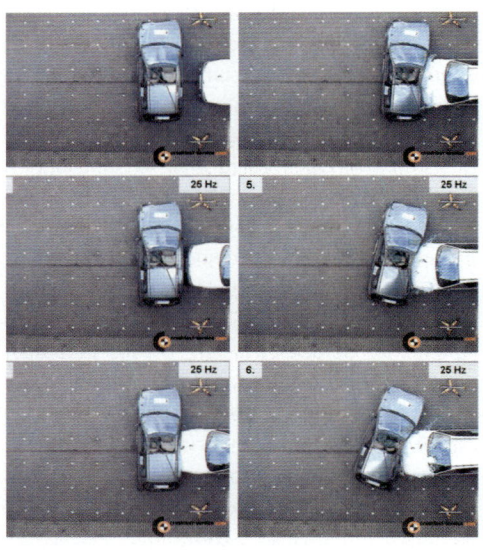

Abb. 14

Es zeigte sich jedoch, dass eine Belastungshöhe vorhanden war, die mit der HWS-Problematik gar nichts mehr gemeinsam hat. Es zeigte sich bei der Analyse, dass der VW Passat mit ca. 45 km/h bis 50 km/h dem mit ca. 30 km/h fahrenden Honda Civic in die

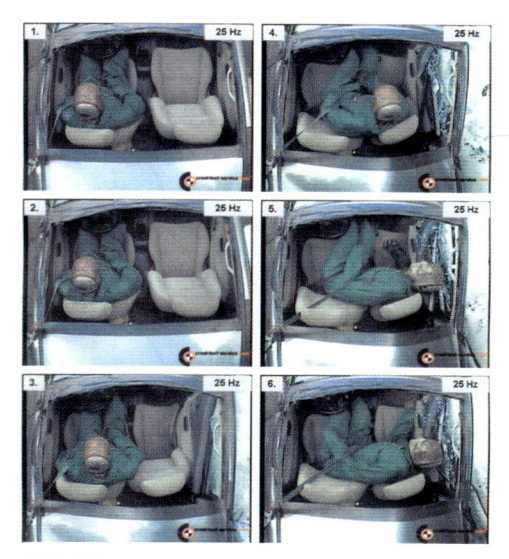

Abb. 15

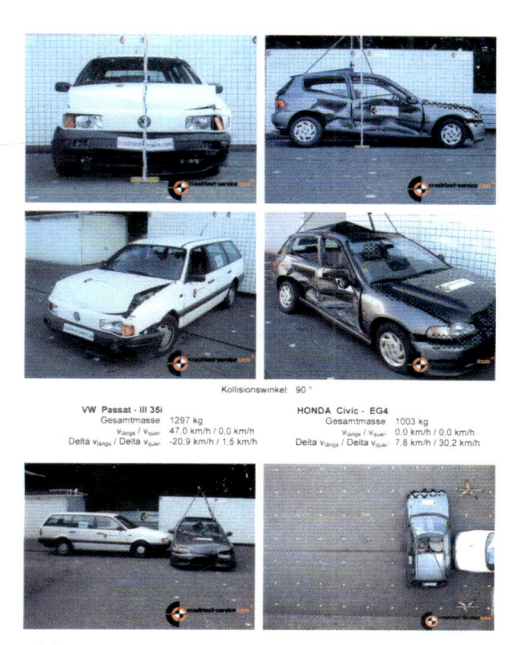

Abb. 16

Seite gefahren war (Abb. 13). Die seitliche Belastung war in diesem Fall in einer Größenordnung von delta v = 25 bis 30 km/h anzusiedeln.

Um eine Vorstellung darüber zu vermitteln, was bei einer derartigen Kollision passiert, ist von uns ein entsprechender Versuch durchgeführt worden (Abb. 14). Durch das aufgeschnittene Dach wurde mit einer Top-Kamera gefilmt. Es stellte sich heraus, dass der auf der stoßabgewandten Seite sitzende Dummy mit dem Kopf bis auf die gegenüber liegende Fahrzeugseite schlug (Abb. 15 und 16). Dynamisch wurde die Beifahrertür so weit in das Fahrzeug eingedrückt, dass der Kopf auf die Oberkante der Tür prallte. Damit war auch die äußere Kopfverletzung dieser Person problemlos zu erklären.

Bei vielen Kollisionen beim Einbiegen kommt es zu sogenannten schief-frontalen Kollisionen, bei denen eine frontale Belastung einer seitlichen Belastung überlagert wird (Abb. 17). Dieses führt zu einer diagonalen Beanspruchung des Fahrzeugs und damit auch zu einer Insassenbewegung schräg in den Raum, was auch in einem speziellen Schlitten nachgestellt werden kann (Abb. 18). Die Proble-

Schief-frontale-Kollision

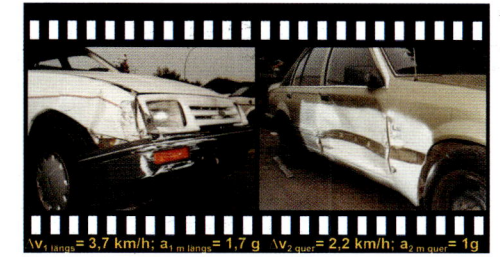

Abb. 17

Schief-frontale-Kollision

Versuchsschlitten

Abb. 18

Alltägliche Belastung
Streifkollision

Anstoßkonfiguration

Schäden

Abb. 19

Ausgangsmaterial:
- Schadengutachten mit Lichtbildern
- Fotos
- Reparaturrechnung/ -kalkulation
- Informationen der Polizei
- Besonderheiten (Beladung etc.)

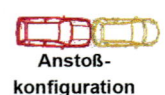

Schäden

Anstoß-konfiguration

Abb. 20

Alltägliche Belastung
Vergleich der Beschleunigungen

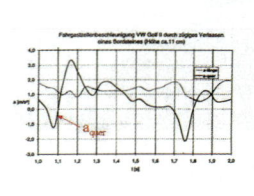

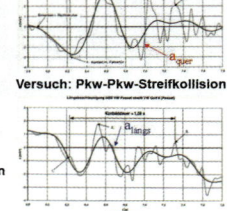

Versuch: Anfahrvorgang vom Bordstein

Versuch: Pkw-Pkw-Streifkollision

Abb. 21

matik für den Techniker besteht hier darin, den Quer- und Längsanteil der Belastung zu beschreiben. Auch dieses gelingt am ehestes mit Hilfe von Vergleichs-Crashtests. Besonders gut wird dieses bei häufig auftretenden Belastungen deutlich, bei der ein Fahrzeug die Spur wechselt und dem anderen in die Seite fährt (Abb. 19). Eine derartige Belastung kann mit Hilfe von entsprechenden Messgeräten am ehesten verglichen werden mit einer Belastung, die auftritt, wenn man mit einem Fahrzeug zügig von einem Bordstein herunter fährt (Abb. 20 und 21).

Schutzhaltung RISP (Rear Impact Self Protection)

Beim Flugzeugabsturz bzw. bei einer Notlandung wird eine ganz klare Empfehlung ausgesprochen. Der Oberkörper soll so weit wie möglich nach vorn und der Kopf nach unten genommen werden (Abb. 22).

Schutzhaltung Notlandung

Abb. 22

Obgleich das „HWS-Schleudertrauma" in aller Munde ist, für die Betroffenen massive Einschnitte in ihrem Leben bedeuten kann und für die Versicherungswirtschaft ein sehr hohes Schadenspotenzial darstellt, ist bislang über eine Schutzhaltung bei drohendem Heckauffahrunfall nahezu nichts bekannt geworden.
Eine Empfehlung für eine Schutzhaltung des Insassen ergibt sich logisch schon aus den Bedingungen für einen guten Sitz (Thatcham). Eine Bedingung ist, dass die Kopfstütze ausreichend weit herausgezogen sein muss.
Unter Sicherheitsaspekten kann nur empfohlen werden, die Rückenlehne möglichst steil zu stellen, womit automatisch die Kopfstütze näher an den Hinterkopf kommt (Abb. 23).

**Einfluss der
Rückenlehnenneigung**

Abb. 23

Schon durch eine derartige Maßnahme wird die Zeit, bis der Kopf auf der Kopfstütze prallt, vermindert, wodurch die Aufprallgeschwindigkeit des Kopfes verringert wird und damit auch geringere Hals-Scherkräfte zu erwarten sind.

Die Kopfstütze sollte vor der Fahrt so eingestellt werden, dass der Kopf immer an der Kopfstütze anliegt. Bei den heutigen Fahrzeugsitzen ist dies konstruktiv häufig nicht möglich, auch sprechen Komfortgesichtspunkte dagegen.
Der Autor empfiehlt:
Vor der Fahrt:
– Stellen Sie die Kopfstützenhöhe ein.
– Stellen Sie die Rückenlehne nicht unnötig schräg, sondern möglichst steil.
Bei drohender Heckkollision:
Nehmen Sie die folgend formulierte Schutzhaltung RISP ein:
– Drücken Sie sich mit den Armen vom Lenkrad weg nach hinten.
– Pressen Sie dadurch den Rückenbereich kräftig in die Polsterung der Rückenlehne.
– Drücken Sie den Kopf dabei so weit nach hinten, bis sie einen deutlichen Anpressdruck zwischen Kopf und Kopfstütze verspüren, so dass die Kopfstützenpolsterung eingedrückt wird.
– Sie sind jetzt mit Kopf und Rückenbereich gegenüber der Sitz/Kopfstützenkonstruktion verspannt und nehmen die Schutzhaltung RISP ein (Abb. 24–26).

**Vergleich normale Sitzposition/
Schutzhaltung RISP**

Abb. 24

normale Sitzposition

Abb. 25

Schutzhaltung RISP

Abb. 26

Erfolgt in dieser Position eine Heckkollision, so sind folgende Vorteile zu erwarten:
- Vorliegen einer guten Geometrie Kopf/ Kopfstütze
- Ausbleiben einer Kollision zwischen Kopf und Kopfstütze
- Gleichzeitige Teilnahme des Kopfes und des Oberkörpers an der Kollision über Kopfstütze und Lehne, d. h. die Zeit der head-restrained-contact-Grenze ist mit „0"ms deutlich kleiner als 70 ms
- Relativbewegungen durch zeitlich nacheinander einsetzendes Abstützen von Schulter und Kopf werden vermieden
- Relativbewegungen durch Eintauchen des Kopfes und des Rückens in unterschiedlich weiche Oberpolsterungen werden vermieden
- Wirkt unabhängig von der Belastungshöhe

Nach Formulierung der Schutzhaltung RISP durch den Autor als Ergebnis obiger Diskussion wurde Sie anschließend im Rahmen von Versuchen mit Freiwilligen (9 Frauen, 9 Männer) im Vergleich mit zwei anderen Sitzpositionen auf ihre Wirksamkeit hin überprüft. Diese Arbeit ist zur Publikation eingereicht. Das Ergebnis wird kurz dargestellt.

Die Schutzhaltung RISP wurde mit einer instinktiv eingenommenen Schutzhaltung eines Verunfallten und einer normalen Sitzposition verglichen.

Die Änderung des Extensionswinkels durch die Kollision war bei der Schutzhaltung RISP im Mittel mit 12,4° jedoch erheblich geringer als bei beiden anderen Sitzpositionen (SH INSTINKT 25,5°, NORMAL 21,9°).

Bei der Befragung der Teilnehmer direkt nach Durchführung der Prüfstöße wurde von keinem der Teilnehmer eine HWS- oder sonstige Beschwerdesymptomatik angegeben. Nach dem subjektiven Empfinden ergaben sich keine deutlichen Unterschiede zwischen den beiden Ausgangspositionen NORMAL und SH INSTINKT. Die Probanden empfanden den fehlenden Anprall der Kopfstütze an den Hinterkopf bei SH RISP jedoch als deutlich angenehmer.

Literatur

Becke M (2007) Schutzhaltung RISP (Rear Impact Self Protection). Verkehrsunfall und Fahrzeugtechnik 45(11)

Becke M (2006) Probleme, Fehler und Besonderheiten bei der EES-Einstufung. Verkehrsunfall und Fahrzeugtechnik, vorgesehen 09

Becke M (2006) HWS-Sitztests zur Vermeidung des HWS-Schleudertraumas. UREKO-Spiegel 7

IIWPG (2006) RCAR-IIWPG Seat/Head restraint evaluation protocol, Version 2.5, September 2006

Mazotti I, Kandaouoff TM, Castro WHM (2004) „Überraschungseffekt" – Ein verletzungsfördernder Faktor für die HWS bei der Heckkollision? NZV 7: 335-337

Piro T, Fürbeth V, Grosser W, Weidner C, Schellmann B (2004) Gefahr erkannt Risiko gebannt? Verkehrsunfall und Fahrzeugtechnik 42(7/8): 161-170

Strzeletz R, Johannsen H, Dzewas M (2004) HWS-Verletzungen beim Motorradfahren. In: Tagungsband Orthopädisches Forschungsinstitut Hamburg/Schwerin: Standortbestimmung zum „HWS-Schleudertrauma". Berlin

Becke M (2003) Qualitätssicherung von verkehrstechnischen Gutachten. Neue Zeitschrift für Verkehrsrecht 01

Becke M, Castro WHM (2002) Das „HWS-Schleudertrauma" – einige kritische orthopädische/unfallanalytische Anmerkungen. Zeitschrift für Schadensrecht 08

Becke M (2002) Heckkollision – ist Delta v out? UREKO-Spiegel 3

Becke M Was versteht man unter Delta v und Relativgeschwindigkeit? In: Orthopädisches Forschungsinstitut (Hrsg.) Beurteilung und Begutachtung von Wirbelsäulenschäden. OFI, Steinkopff-Verlag, Darmstadt

Krause R, Hesse M, Becke M (2002) Lassen sich die bei einer Pkw-Pkw-Heck-Kollision auftretenden Beanspruchungen mit Alltagsbelastungen vergleichen? Verkehrsunfall und Fahrzeugtechnik 02

Castro WHM, Mazzotti I, Becke M (2001) Wissenswerte Informationen für eine interdisziplinäre Begutachtung beim „HWS-Schleudertrauma" – eine „Wunschliste" aus verkehrstechnischer und orthopädischer Sicht. Neue Zeitschrift für Verkehrsrecht 03

Kalthoff W, Meyer S, Becke M (2001) Die Insassenbewegung bei leichten Pkw-Heckanstößen. Verkehrsunfall und Fahrzeugtechnik 07/08: 199 – 206

Kalthoff W, Becke M (2000) Die Stoßzahl bei Auffahrkollisionen – Ein wesentlicher Parameter zur Bestimmung der HWS-Belastung. Verkehrsunfall und Fahrzeugtechnik 10

Becke M, Castro WHM (2000) Zur Belastung von Fahrzeuginsassen bei leichten Seitenkollisionen, Teil II. Verkehrsunfall und Fahrzeugtechnik 07/08

Becke M, Castro WHM, Hein M, Schimmelpfennig KH (2000) HWS-Schleudertrauma 2000 – Standortbestimmung und Vorausblick. NZV – Neue Zeitschrift für Verkehrsrecht 6

Winninghoff M, Walter B, Becke M (2000) Gurtschlitten – Untersuchung der Biomechanischen Belastung. Verkehrsunfall und Fahrzeugtechnik 02

Becke M, Castro WHM, Aswegen A von, Meyer S (1999) Zur Belastung von Fahrzeuginsassen bei leichten Seitenkollisionen. Verkehrsunfall und Fahrzeugtechnik 11

Becke M (1999) Drei Crashtestreihen zur Ermittlung von Kollisionsgeschwindigkeiten. Verkehrsunfall und Fahrzeugtechnik 02

Meyer S, Becke M, Kalthoff W, Castro WHM (1999) FIP – Forward Inclined Position, Insassenbelastung infolge vorgebeugter Sitzposition bei leichten Heckkollisionen. Verkehrsunfall und Fahrzeugtechnik 7/8: 213-218

Obelieniene W, Schrader H, Bovim G. et al (1999) Pain after whiplash. A prospecitve controlled inception cohort study. J Neurol Neurosurg Psychiatry 66: 279-283

Becke M (1998) Grundlagen der verkehrstechnischen Begutachtung. In: Castro WHM, Kügelgen B, Luldolph E, Schroeter F (Hrsg.) Das „Schleudertrauma" der Halswirbelsäule. Enke

Bigi, Hertig, Steffan, Eichberger (1998) A comparison study of active headrestraints for neck protection in rear-end collsion. University of Technology Graz, Austria, Paper Nr. 98-S5-0-15, Vortrag 1998 bei der 16. NHTSA–ESV-Conference in Windsor, Canada

Castro WHM, Schilgen M, Meyer S, Weber M, Peuker C, Wörtler K (1997) Do „whiplash injuries" occur in low-speed rear impacts? Eur Spine J 6: 366 – 375

Meyer M, Hugemann W, Weber M (1994) Zur Belastung der Halswirbelsäule durch Auffahrkollisionen (Teil 1 und 2). Verkehrsunfall und Fahrzeugtechnik 32 (1) und (7/8): 15-21, 187 – 191

Meyer S, Mazotti I, Becke M (2007) HWS – Belastung beim Heckanstoß – Erkenntnisse zur Schutzhaltung für Pkw-Insassen. Verkehrsunfall und Fahrzeugtechnik (zur Publikation eingereicht)

Das „HWS-Schleudertrauma" aus orthopädisch-traumatologischer Sicht

U. Lepsien und I. Mazzotti

Einleitung

Vor der eigentlichen Diskussion des Themas ist kurz auf den Begriff des „HWS-Schleudertraumas" einzugehen. Hierbei handelt es sich im klassischen Sinne um ausgeprägte subjektive HWS-assoziierte Beschwerdebilder bei Verkehrsunfallopfern, ohne dass eine objektivierbare strukturelle morphologische Schädigung als Ursache dieser Beschwerdebilder nachgewiesen werden könnte. Es existieren zahlreiche Klassifikationen des so genannten „HWS-Schleudertraumas", in der internationalen Literatur hat sich insbesondere die Klassifikation der Quebec Task Force durchgesetzt. Das klassische „HWS-Schleudertrauma" entspricht unter Zugrundelegung dieser Klassifikation aus hiesiger orthopädischer Sicht einem Grad I / II. Bereits beim Grad III dieser Klassifikation, wenn die darin beschriebenen neurologischen Symptome auf objektivierbare Veränderungen des Nervengewebes zurückgeführt werden können, insbesondere jedoch beim Grad IV, bei dem es sich gemäß dieser Klassifikation um Frakturen oder sonstige objektivierbare Veränderungen (z. B. Luxationen) handelt, ist nicht mehr von einem klassischen „HWS-Schleudertrauma" zu sprechen. Wenn objektivierbare Unfallfolgen nachgewiesen werden können, besteht in der Regel zumindest aus gutachtlicher Sicht hinsichtlich der Kausalitätsfrage wenig Diskussionsbedarf.

Bei der gutachtlichen Beurteilung der Frage, ob Beschwerden auf eine nicht-objektivierbare Verletzung im Bereich der Halswirbelsäule zurückgeführt werden können, ist es daher umso wichtiger, einen orthopädisch-traumatologischen Grundsatz zu beachten, nach dem eine unfallbedingte Verletzung grundsätzlich nur dann auftreten kann, wenn die unfallbedingt einwirkende biomechanische Belastung höher ist als die individuelle Belastbarkeit des Betroffenen bzw. der betroffenen Struktur zum Unfallzeitpunkt. Hieraus ergibt sich, dass bei der orthopädisch-traumatologischen Begutachtung zunächst die Frage zu beantworten ist, ob bei einem streitgegenständlichen Verkehrsunfall überhaupt eine Verletzungsmöglichkeit für die Halswirbelsäule vorgelegen haben kann. Wird bereits das Vorliegen einer derartigen Verletzungsmöglichkeit aufgrund eines fehlenden Missverhältnisses zwischen einwirkender biomechanischer Belastung und individueller Belastbarkeit zum Zeitpunkt der Einwirkung dieser biomechanischen Belastung verneint, so gilt dieses dann in der Regel auch konsekutiv für das Auftreten einer Verletzung, so dass Verletzungsfolgen nicht weiter zu diskutieren sind. Ist das Vorliegen einer Verletzungsmöglichkeit hingegen nachvollziehbar, ist dann im Rahmen der weiteren Begutachtung Stellung zu beziehen zur Frage, ob und wenn ja, welche Verletzung dann aufgetreten ist sowie zu den Folgen dieser Verletzung. Es ergibt sich somit, dass bei der gutachtlichen Beurteilung eines „HWS-Schleudertraumas" die folgenden drei Fragen zu beantworten sind:

1. Bestand bei dem streitgegenständlichen Unfall überhaupt die Möglichkeit, eine Verletzung der HWS hervorzurufen?

2. Falls eine Verletzungsmöglichkeit anzunehmen ist, ist dann auch tatsächlich eine Verletzung anhand der unfallnahen klinischen und gegebenenfalls radiologischen Befunde nachvollziehbar?
3. Wie sind die Folgen (z. B. Dauer bis zur Ausheilung) einer gegebenenfalls festgestellten Verletzung zu bewerten?

Zum Vorliegen einer Verletzungsmöglichkeit

Zur Beantwortung der Frage, ob überhaupt eine Verletzungsmöglichkeit vorgelegen hat, muss beim klassischen „HWS-Schleudertrauma" die einwirkende biomechanische Belastung der individuellen Belastbarkeit des Unfallopfers gegenübergestellt werden. Dies bedeutet, dass die Frage nach einer unfallbedingten Verletzung der Halswirbelsäule nicht beantwortet werden kann, indem allein eine verkehrstechnische Analyse zur Ermittlung der einwirkenden biomechanischen Belastung durchgeführt wird. Zwar wird diesbezüglich im BGH-Urteil vom 28.01.2003 sinngemäß ausgeführt, dass allein der Umstand, dass sich ein Unfall mit einer geringen kollisionsbedingten Geschwindigkeitsänderung („Harmlosigkeitsgrenze") ereignet hat die tatsächliche Überzeugungsbildung nach § 286 ZPO von seiner Ursächlichkeit für eine HWS-Verletzung nicht ausschließt, diese höchstrichterliche Rechtsprechung wird jedoch nach hiesiger Einschätzung in der juristischen Praxis in zahlreichen Fällen nicht ausreichend umgesetzt bzw. gewürdigt. Eine Befragung von technischen Sachverständigen hat ergeben, dass trotz des oben erwähnten Urteils des BGH immer noch in ca. 40 % der Fälle die Frage nach einer unfallbedingten HWS-Verletzung allein unter Zugrundelegung der ermittelten biomechanischen Belastungen beantwortet wird, ohne dass die individuelle Belastbarkeit bzw. das Vorliegen von verletzungsfördernden Faktoren zum Unfallzeitpunkt berücksichtigt wird, so dass letztendlich „Pauschalurteile" gefällt werden, die dem Einzelfall nicht gerecht werden. Die Einschätzung der individuellen Belastbarkeit eines Unfallopfers kann nicht durch einen technischen Sachverständigen erfolgen, sondern ist stets Aufgabe des medizinischen Sachverständigen (Mazzotti und Castro 2002 b). Hieraus ergibt sich dann, dass nur der medizinische Sachverständige anhand der ihm vorliegenden Beurteilungsgrundlagen überprüfen kann, ob verletzungsfördernde Faktoren für die Halswirbelsäule zum Unfallzeitpunkt vorgelegen haben und somit letztendlich nur der medizinische Sachverständige zum Vorliegen einer unfallbedingten Verletzungsmöglichkeit und selbstverständlich auch zu einer Verletzung der HWS Stellung beziehen kann.

Zur biomechanischen Belastung

Nicht nur die so genannte „klassische" Heckkollision kann zu Beschleunigungsmechanismen für die Halswirbelsäule führen, derartige Beschleunigungsmechanismen können ebenso bei Frontal- und Seitkollisionen und / oder bei zweidimensional einwirkenden biomechanischen Belastungen (bei denen es z. B. zu einer Überlagerung einer frontalen und einer seitlichen Belastungskomponente kommt) auftreten. Auch nach derartigen Unfallkonstellationen werden von den Unfallopfern Halswirbelsäulen-assoziierte Beschwerden beklagt. Eine Analyse im Rahmen einer Doktorarbeit des Orthopädischen Forschungsinstitutes (OFI) konnte diesbezüglich aufzeigen, dass bei 600 interdisziplinären Gutachtenfällen neben 59 % (gerundete Werte) Heckkollisionen auch 41 % andere Unfallkonstellationen (21,5 % Kollisionen mit frontaler oder maßgeblich frontaler Belastung, 10,7 % Kollisionen mit seitlicher oder maßgeblich seitlicher Belastung, 8,7 % Streifkollisionen) zu Grunde lagen.

In der Regel wird die kollisionsbedingte Geschwindigkeitsänderung („delta-v") als geeignetes Maß der biomechanischen Insassenbelastung angesehen (Meyer et al 1994). Bei dieser kollisionsbedingten Geschwindigkeitsänderung handelt es sich um die Änderung der Ausgangsgeschwindigkeiten der an einem Unfall beteiligten Fahrzeuge, bedingt durch eine Kollision (Beispiel: wird ein stehendes Fahrzeug von hinten angefahren, so würde diejenige Geschwindigkeit, welche das zuvor stehende Fahrzeug durch diesen Heckanstoß erreicht, der heckseitig einwirkenden kollisionsbedingten Geschwindigkeitsänderung entsprechen). Eine aktuell durchgeführte Untersuchung mit der Frage, ob die Angaben von Unfallopfern zur einwirkenden biomechanischen Belastung mit der tatsächlich nach verkehrstechnischer Analyse ermittelten einwirkenden biomechanischen Belastung übereinstimmen, hat ergeben, dass die subjektiven Angaben der Unfallopfer nicht aussagekräftig sind, da sie weit oberhalb der tatsächlich für die Beantwortung der Beweisfrage im Rahmen einer Begutachtung relevanten einwirkenden biomechanischen Belastung liegen (Lepsien und Mazzotti 2007). Es konnte hierbei aufgezeigt werden, dass die subjektiven Einschätzungen der Unfallopfer sowohl bei den Heckkollisionen als auch bei andersartigen Unfällen etwa sechsmal höher waren als die tatsächlich ermittelten kollisionsbedingten Geschwindigkeitsänderungen. Aus dieser Untersuchung ergibt sich, dass die Durchführung einer verkehrstechnischen Analyse, welche als Grundlage für die weitere medizinische Beurteilung einer Verletzungsmöglichkeit / Verletzung der Halswirbelsäule dient, auch nach wie vor ihren Stellenwert besitzt.

Im Folgenden sollen die charakteristischen Merkmale verschiedener Unfallkonstellationen kurz erläutert werden. Bei einer Heckkollision wird das gestoßene Fahrzeug nach vorne beschleunigt. Diese Beschleunigung führt zu einer Bewegung des Fahrzeuginsassen relativ zur Fahrgastzelle nach hinten und zu einer anschließenden, energieärmeren Sekundärbewegung (= Reboundbewegung) mit relativem Vorschwingen in den Gurt. Eine Studie von Castro et al. (1997) konnte hierzu aufzeigen, dass die Primärbewegung sechs Phasen unterscheidet. Es kommt zu einer Extensions- / Translationsbewegung im Bereich der HWS, eine Hyperextension des Kopfes tritt bei einer körpergerecht eingestellten Kopfstütze nicht auf (eine derartige Hyperextension des Kopfes wird jedoch im Autoscooter beobachtet). Bei dieser interdisziplinären Studie wurden 19 Probanden klinisch, ultraschallgesteuert und kernspintomographisch vor, direkt nach und vier bis fünf Wochen nach 20 durchgeführten Heckkollisionen untersucht. Als Ergebnis konnte aufgezeigt werden, dass unterhalb einer kollisionsbedingten Geschwindigkeitsänderung von 11 km/h von den Probanden weder Beschwerden geäußert wurden, noch klinisch oder kernspintomographisch unfallbedingte auffällige Befunde feststellbar waren.

Im Gegensatz zu der Heckkollision kommt es bei einer Frontalkollision zu einer Fahrzeugverzögerung und zunächst zu einer Bewegung des Insassen relativ zur Fahrgastzelle nach vorne, die Vorwärtsbewegung des Oberkörpers wird beim angeschnallten Insassen durch die Gurtwirkung unterbrochen, während die sogenannte „freischwebende" Halswirbelsäule eine Hyperflexion durchführt. Aus der Literatur ist bezüglich einer Frontalkollision bekannt, dass die Halswirbelsäule bei der Frontalkollision im Vergleich zur Heckkollision als belastbarer einzuschätzen ist. Von Schuller und Eisenmenger (1993) werden diesbezüglich die biomechanischen Toleranzgrenzen für junge Versuchspersonen mit gesunder Halswirbelsäule mit einer Fahrzeugverzögerung mit 5 g bzw. mit einer kollisionsbedingten Geschwindigkeitsänderung von etwa 20 km/h angegeben. Um das Ausmaß der Insassenbelastung bei einer Frontalkollision einschätzen zu können, kann auch noch auf Erfahrungen aus den Gurtschlittentests verwiesen werden, welche seit den 70er Jahren eingesetzt werden, um die Wirkung und Akzeptanz von 3-Punkt-Sicherheitsgurten zu testen. Von Winninghoff et al. (2000) wurden in diesem Zusammenhang drei repräsentative Gurtschlitten hinsichtlich der auftretenden Belastung untersucht. Hierbei konnten kollisionsbedingte Geschwindigkeitsänderungen zwischen 8,9 und 14,9 km/h festgestellt werden. Ferner wurde hierin beschrieben, dass aufgrund der kürzeren Kollisionsdauer gegenüber einer Pkw-Pkw-Kollision im Gurtschlitten deutlich höhere Beschleunigungswerte bzw. Verzögerungen auftreten. Die Teilnahme bei diesen Gurtschlittentests wurde in der oben erwähnten Arbeit mit ca. 25.000 Freiwilligen pro Jahr eingeschätzt. Nach hiesigem Kenntnisstand sind jedoch keine Halswirbelsäulenverletzungen nach Teilnahme an derartigen Gurtschlittentests beschrieben worden.

Eine Besonderheit bezüglich der Insassenbewegung stellen die so genannten Seitkollisionen dar. Bei diesen Kollisionen ist die Sitzposition des Insassen in Relation zum Anstoßort von besonderer Bedeutung, da es bei einer stoßzugewandten Sitzposition trotz angelegtem Sicherheitsgurt bereits im Niedriggeschwindigkeitsbereich zu einem Schulter- und / oder Kopfanstoß kommen kann. Ein derartiger Schulter- und / oder Kopfanprall im Fahrzeuginnenraum ist jedoch nicht gleichzusetzen mit einer erhöhten Verletzungsanfälligkeit für die HWS, da die Höhe der einwirkenden biomechanischen Belastung, jedoch auch die Größe des Insassen und die Fahrzeuginnenraumgeometrie zu beachten sind. Anstoßbedingt kann es zu einer abrupt gegenläufigen Relativbewegung zwischen Kopf und Rumpf und somit zu einer Translationsbewegung im Bereich der Halswirbelsäule kommen, so dass ein Anstoß im Fahrzeuginnenraum durchaus eine Verletzungsrelevanz für die Halswirbelsäule darstellen kann. Untersuchungen von Becke und Castro (2000) haben diesbezüglich gezeigt, dass je nach Fahrzeuginnenraum, Konstruktion und Einstellung des Sitzes sowie nach Größe des Insassen bereits ab einer kollisionsbedingten Geschwindigkeitsänderung von 3 km/h ein Schulter- und / oder Kopfanstoß auftreten kann. Ein besonderes Augenmerk ist bei der Begutachtung auf die Frage nach dem Vorliegen von äußeren Verletzungszeichen im Bereich des Kopfes und / oder der Schulter zu richten, wobei neben den Angaben der Unfallopfer selbstverständlich die unfallnah ärztlich dokumentierten Befunde zu berücksichtigen sind. Bei einem stoßabgewandt sitzenden Insassen (d. h. der Betroffene sitzt von der Kollision abgewandt; Beispiel: beim Fahrer, welcher in eine Kollision auf der Beifahrerseite verwickelt ist) tritt im Falle einer Seitkollision in der Regel kein Schulter- und / oder Kopfanstoß auf, da es hierbei kollisionsbedingt zu einer Bewegung des Oberkörpers und des Kopfes in den freien Fahrgastraum kommt. Auch hierbei sind jedoch translatorische Bewegungen zu beobachten. Anders als beim stoßzugewandten Fahrzeuginsassen kann der Bewegungsablauf eines stoßabgewandten Fahrzeuginsassen mehr oder weniger mit einer seitlichen Kollision im Autoscooter verglichen werden.

Zur zweidimensional einwirkenden biomechanischen Belastung liegen nach hiesigem Kenntnisstand spezifische oder umfangreiche Untersuchungen bisher nicht vor. Bei der komplexen Einschätzung des Ausmaßes der biomechanischen Insassenbelastung bei einer zweidimensionalen Kollision müssen die einzelnen Belastungskomponenten (häufig frontal und seitlich einwirkend) sowie deren Überlagerung im Sinne einer resultierenden kollisionsbedingten Geschwindigkeitsänderung berücksichtigt werden.

Zur individuellen Belastbarkeit

Wie bereits ausgeführt, ist neben der einwirkenden biomechanischen Belastung bei der Beantwortung der Frage, ob unfallbedingt eine Verletzungsmöglichkeit vorgelegen hat, insbesondere die individuelle Belastbarkeit des Verunfallten zum Unfallzeitpunkt zu betrachten, welche nur durch den medizinischen Sachverständigen eingeschätzt werden kann. Es gilt hierbei insbesondere zu prüfen, ob sich unter Zugrundelegung der Aktenlage, der persönlichen Begutachtung sowie der vorliegenden Bildgebung Hinweise auf Faktoren ergeben, welche zu einer Herabsetzung der individuellen Belastbarkeit der Halswirbelsäule eines Unfallopfers zum Unfallzeitpunkt geführt haben können. Als Beispiele für derartige Faktoren wären z. B. eine Muskel- oder Bindegewebsschwäche sowie auch eine verminderte Knochendichte aufzuführen. Bei der Beurteilung einer Verletzungsmöglichkeit sowie der „Wertung" dieser Faktoren sind jedoch die individuellen Kollisionsumstände zu berücksichtigen, so dass Faktoren, welche „pauschal" die Verletzungsanfälligkeit der HWS erhöhen würden, an dieser Stelle nicht aufgeführt werden können. Es kann jedoch darauf hingewiesen werden, dass nicht selten individuelle Umstände / Faktoren oder eine individuelle Unfallsituation als verletzungsfördernd vorgetragen werden, obwohl diese nicht auf wissenschaftlichen Erkenntnissen beruhen, sondern – wenngleich auf den ersten Blick unter Umständen plausibel erscheinend – lediglich den Stellenwert einer hypothetischen Vorstellung besitzen. Im Folgenden sollen daher einige Faktoren besprochen werden, welche häufig in Zusammenhang mit der Diskussion eines „HWS-Schleudertraumas" als verletzungsfördernd vorgetragen werden:

a) eine abweichende Kopfhaltung zum Unfallzeitpunkt

Nicht selten wird eine abweichende (z. B. im Sinne einer verdrehten, geneigten oder vorgebeugten) Kopfhaltung zum Kollisionszeitpunkt als verletzungsbegünstigend vorgetragen. Es wird auch von einer so genannten „Out-of-Position"-Sitzposition gesprochen. Untersuchungen, welche sich mit dem Thema einer abweichenden Kopfhaltung bei Heckkollisionen befasst haben, sprechen jedoch nicht dafür, dass es sich hierbei um einen verletzungsfördernden Faktor für die Halswirbelsäule handeln würde, welcher unkritisch übernommen werden kann. Dies gilt zumindest bei Kollisionen im Niedriggeschwindigkeitsbereich. Untersuchungen von Deutscher (1994) und Obelieniene et al. (1999) haben sich mit dieser Problematik beschäftigt. Unter Zugrundelegung der Ergebnisse dieser Untersuchungen kann aus hiesiger orthopädischer Sicht nicht als wissenschaftlich bewiesen gelten, dass eine von der Norm abweichende Kopfhaltung zum Zeitpunkt einer Heckkollision prinzipiell mit einer erhöhten Verletzungsanfälligkeit der Halswirbelsäule einhergehen würde (Mazzotti und Castro 2002 a).

Auch die bereits oben genannte Auswertung von 600 interdisziplinären Gutachten, bei denen unter anderem auch der Aspekt Kopfhaltung zum Zeitpunkt einer Heckkollision überprüft wurde, ergab keine eindeutigen Anhaltspunkte für eine erhöhte Verletzungsanfälligkeit der HWS bei einer „Out-of-Position"-Sitzposition (Mazzotti et al. 2004 b). Aus den oben stehenden Ausführungen ergibt sich somit, dass nach hiesiger Einschätzung nicht zwangsläufig von einem verletzungsfördernden Faktor für die HWS aufgrund einer abweichenden Kopfhaltung zum Unfallzeitpunkt auszugehen ist. Wie bereits eingangs ausgeführt, sind jedoch bei der Beantwortung dieser Frage die individuellen Gegebenheiten im Einzelfall - somit auch das Ausmaß und die Art einer abweichenden Kopfhaltung -, sonstige individuelle Gegebenheiten sowie auch das Ausmaß der einwirkenden biomechanischen Insassenbelastung zu berücksichtigen.

b) eine vorgebeugte Sitzposition zum Zeitpunkt einer Heckkollision

Bei einer vorgebeugten Sitzposition wäre auf den ersten Blick vorstellbar, dass es im Rahmen einer Heckkollision durch ein vermehrtes „Schwungholen" auf Grund eines vergrößerten Abstandes zwischen Kopf und Kopfstütze zu einer höheren Anprallintensität des Kopfes an der Kopfstütze kommt, was wiederum zu einer erhöhten Verletzungsanfälligkeit für die HWS führen könnte. Unter dieser Annahme wurde eine Untersuchung zu vorgebeugten Sitzpositionen bei Heckkollisionen durchgeführt. Aus der Arbeit von Meyer et al. (1994) ging hierzu wider Erwarten hervor, dass bei einer kollisionsbedingten Geschwindigkeitsänderung zwischen 6,7 und 7,7 km/h die Anprallintensität der Kopfstütze an den Kopf in der „forward inclined position" (= vorgebeugte Sitzposition) deutlich geringer ist als bei der normalen Sitzposition. Es wurde in dieser Arbeit auch noch auf Folgendes hingewiesen: „Aufgrund der festgestellten eindeutigen Tendenz im Hinblick auf die mit zunehmender Vorbeugung abnehmende Anprallintensität der Kopfstütze an den Kopf ist in Verbindung mit den Erfahrungen bei Autoscooterfahrten auf dem Jahrmarkt diesseits auch bei Geschwindigkeitsänderungen bis 10 km/h keine Umkehrung der eindeutigen Ergebnisse dieser Studie zu erwarten." Im Niedriggeschwindigkeitsbereich ist somit nicht von einer erhöhten Verletzungsanfälligkeit der HWS bei einer vorgebeugten Sitzposition auszugehen, zu höheren kollisionsbedingten Geschwindigkeitsänderungen wurden nach hiesigem Kenntnisstand keine aussagekräftigen Untersuchungen durchgeführt.

c) zum so genannten „Überraschungseffekt"

Eine erhöhte Verletzungsanfälligkeit der HWS aufgrund des so genannten „Überraschtseins" wird nicht selten vorgetragen unter der Annahme, dass ein überraschter Insasse verletzungsanfälliger ist, da er sich nicht auf die Kollision z. B. durch eine Abstützungsreaktion oder verstärkte Muskelanspannung einstellen könne. Es werden jedoch auch hierzu völlig konträre Argumentationen vorgetragen, nach denen ein vorbereiteter Insasse aufgrund einer verstärkten Anspannung und eines Verkrampfungszustandes sogar verletzungsanfälliger sein soll. Weder für die Annahme einer erhöhten Verletzungsanfälligkeit eines überraschten Insassen noch für die Annahme einer erhöhten Verletzungsanfälligkeit eines vorbereiteten Insassen existieren jedoch wissenschaftlich gesicherte Beweise aus diesbezüglichen spezifischen Untersuchungen.
Es lassen sich jedoch Aspekte aufzeigen, welche gegen die Annahme einer erhöhten Verletzungsanfälligkeit der HWS auf Grund eines „Überraschungsmomentes" sprechen. So treten auch bei Frontalkollisionen, bei denen sich der Insasse, insbesondere der Fahrer / die Fahrerin, in der Regel auf den Aufprall einstellen kann, in Abhängigkeit von der einwirkenden biomechanischen Insassenbelastung und der individuellen Belastbarkeit, HWS-assoziierte Beschwerdebilder auf. Zum Muskelzustand ist festzuhalten, dass auch beim überraschten Insassen nicht von einer völlig muskelentspannten Person auszugehen ist, da eine gewisse Grundanspannung der Muskulatur, zumindest beim wachen und aufrecht sitzenden Insassen, Voraussetzung ist, um die Kopfhaltearbeit zu leisten. Darüber hinaus wurde bei den Probanden in der Studie von Castro et al. (1997) der „Überraschungseffekt" nachgeahmt, in dem sie per Abdunkelungsbrille und per Kopfhörer visuell und akustisch abgeschirmt wurden. Der Muskelspannungszustand wurde kontinuierlich mittels EMG gemessen. Es stellte sich heraus, dass zu einer Grundspannung der Muskulatur eine Reaktion der Nackenmuskulatur schon auftritt, bevor der Kopf des Insassen kollisionsbedingt überhaupt in Bewegung gerät. Ferner ergibt sich aus der oben genannten Untersuchung von Castro et al., dass die biomechanische Insassenbelastung im Autoscooter und im Pkw bei der Heckkollision durchaus vergleichbar ist (der Bewegungsablauf unterscheidet sich jedoch in der Regel aufgrund einer fehlenden Kopfstütze im Autoscooter). Es kommt aber bei diesen Autoscooterkollisionen ebenfalls zu überraschenden heckseitigen – jedoch auch zu anderen mannigfaltig gerichteten – Anstößen. Ferner ließen sich anhand der oben erwähnten Analyse von 600 interdisziplinären Gutachten, bei der auch der „Überraschungseffekt" überprüft wurde, keine sicheren Anhaltspunkte dafür aufzeigen, dass der überraschte Insasse bei der Heckkollision verletzungsanfälliger ist, als der Insasse, der sich auf die Kollision vorbereiten kann (Mazzotti et al. 2004 a).

d) Zum Stellenwert verschleißbedingter Veränderungen im Bereich der Halswirbelsäule

In Zusammenhang mit der Diskussion des sogenannten „HWS-Schleudertraumas" ist festzustellen, dass die Frage, ob die degenerativ veränderte Halswirbelsäule als verletzungsanfälliger einzuschätzen ist, in der Literatur seit langem kontrovers diskutiert wird. Hinz (1970) trägt vor, dass in erster Linie die am meisten vorgeschädigten Segmente verletzt werden. Laut Krämer (1978) können anhaltende lokale Beschwerden nach leichteren Verletzungen auf degenerative Vorschädigungen der Halswirbelsäule zurückgeführt werden, die schließlich die Symptomatik bestimmen. Die Verletzung führe dann zur vorübergehenden, nicht richtunggebenden, d. h. zeitlich abgrenzbaren Verschlimmerung eines unfallunabhängigen Leidens. Die Arbeitsgruppe um Wittenberg (1998) hat in einem Experiment mit Extensionsbelastung von acht Halswirbelsäulenpräparaten festgestellt, dass mit einer Ausnahme alle Verletzungen (Bandscheiben und vorderes Längsband) in den Segmenten der unteren HWS bei C5 / C6 und C6 / C7 auftraten, d. h. in den Segmenten, die auch klinisch am häufigsten und schwersten von der Degeneration betroffen sind. Die Ergebnisse von Bylund und Björnstig (1998) anlässlich einer Untersuchung über die Arbeitsunfähigkeit bei Verkehrsunfällen bei 16- bis 64-Jährigen sowie die Ergebnisse von Münker und Mitarbeitern (1995) anlässlich einer Analyse von 15.000 Pkw-Pkw-Kollisionen deuten eher in eine andere Richtung. Wenn man die verschiedenen Argumentationen betrachtet, so spricht aus hiesiger orthopädischer Sicht schon allein von Seiten der Statistik (acht experimentelle Untersuchungen im Vergleich mit 15.000 Pkw-Pkw-Kollisionsauswertungen) mehr dagegen als dafür, dass die degenerativ veränderte Halswirbelsäule per definitionem als verletzungsanfälliger betrachtet werden müsste. Ferner ist zu beachten, dass „Verschleiß an sich" nicht zwangsläufig einen krankhaften Zustand bezeichnet. „Verschleiß" ist Ausdruck eines individuellen Alterungsprozesses, so dass dem alleinigen Nachweis degenerativer Veränderungen anhand der Bildgebung zunächst einmal kein Krankheitswert beizumessen ist (Boden et al. 1990 haben verschleißbedingte Veränderungen der HWS bei asymptomatischen Personen auch kernspintomographisch nachgewiesen). Eine Gleichsetzung der Begriffe „Verschleiß" und „Vorschaden" ist somit nicht gerechtfertigt. Bei jeder Begutachtung sollte dennoch die Bildgebung, soweit vorhanden, sorgfältig ausgewertet werden, denn unter Umständen finden sich verschleißbedingte Veränderungen, welche zu einer vollständigen Überbrückung eines Halswirbelsäulensegmentes im Sinne eines Blockwirbels geführt haben. Eine hierauf zurückzuführende erhöhte Verletzungsanfälligkeit der HWS – in Abhängigkeit vom Ausmaß der einwirkenden biomechanischen Belastung – kann dann unter Umständen nicht ausgeschlossen werden. Ursächlich für diese Einschätzung ist, dass es durch eine Blockwirbelbildung (welche auch angeboren oder nach einer so genannten „Versteifungs-Operation" vorliegen kann) zu einer Änderung der statischen Verhältnisse und der biomechanischen Bewegungsabläufe im Bereich der Halswirbelsäule kommt, wodurch die Verletzungsanfälligkeit der Halswirbelsäule beeinflusst werden kann. Dies bedeutet, dass dann nicht der „Verschleiß an sich" zu einer unter Umständen erhöhten Verletzungsanfälligkeit der HWS führt, sondern die „Blockwirbelbildung an sich". Es ergibt sich somit, dass ein „pauschales Ablehnen" oder ein „pauschales Anerkennen" einer erhöhten Verletzungsanfälligkeit der verschleißbedingt veränderten HWS nicht zu rechtfertigen ist, sondern dass es sich um eine individuelle Betrachtung des konkreten Einzelfalles handelt, welche letztendlich nur durch einen medizinischen Sachverständigen eingeschätzt werden kann.
Darüber hinaus ist an dieser Stelle darauf hinzuweisen, dass auch in der Bildgebung nachgewiesene Bandscheibenveränderungen nicht zwingend einen Krankheitswert aufwei-

sen müssen. Ein anhand der Bildgebung nachgewiesener Bandscheibenvorfall, welcher im Verlauf nach einem Verkehrsunfall festgestellt wird, kann ohne Weiteres ebenso als Zufallsbefund eingeschätzt werden. Dennoch wird regelmäßig diskutiert, ob ein derartiger isolierter Bandscheibenvorfall, d. h. ein Bandscheibenvorfall ohne Verletzung der angrenzenden Wirbelstrukturen, als Unfallfolge einzuschätzen ist (bejahendenfalls könnte jedoch nach hiesiger Einschätzung dann nicht mehr von einem so genannten „klassischen HWS-Schleudertrauma" gesprochen werden!). Auch wenn die Diskussion des isolierten traumatischen Bandscheibenvorfalles letztendlich die Diskussion des „HWS-Schleudertraumas" überschreitet, soll hierauf im Folgenden noch eingegangen werden.

Durch welchen Unfallmechanismus ein isolierter traumatischer Bandscheibenvorfall an der HWS überhaupt hervorgerufen werden kann, unterliegt anhand wissenschaftlicher Untersuchungen letztendlich reinen Mutmaßungen. Es gibt hierzu lediglich für die Bandscheibenvorfälle der Lendenwirbelsäule einige weiterführende Literaturangaben. Brinckmann (1997) hat eine Übersichtsarbeit mit folgendem Titel „Was wissen wir über die Ursache des Vorfalles lumbaler Bandscheiben?" publiziert. Er gibt darin an, dass nur bei Hyperflexion, d. h. einer Vorbeugung über die physiologische Grenze hinaus, der Faserring der Bandscheibe im dorsalen Bereich reißen oder sich von der Endplatte lösen kann; Adams und Hutton (1982) sahen im Laborversuch bei Hyperflexion und gleichzeitiger hoher axialer Belastung bei einem Teil der untersuchten Präparate einen Bandscheibenvorfall; der von Adams und Hutton demonstrierte Mechanismus erklärt Bandscheibenvorfälle, zum Teil kombiniert mit einem Ausriss des knöchernen Endplattenrandes, die gelegentlich als Unfallfolge gesehen werden (Epstein und Epstein 1991); ein typisches Unfallereignis im Sport ist laut Brinckmann (1997) beispielsweise ein missglückter Absprung vom Gerät mit hoher Belastung beim Auftreffen auf den Boden und gleichzeitiger Hyperflexion des Oberkörpers; es besteht jedoch kein Anlass zu der Annahme, dass die hier geschilderte Belastungssituation für die Entstehung der Mehrzahl der in der Bevölkerung beobachteten Bandscheibenvorfälle verantwortlich sein könnte.

In einer aktuellen experimentellen Untersuchung zur Frage, bei welchen Belastungskombinationen und Grad der Bandscheibendegeneration das höchste Risiko für einen Bandscheibenvorfall besteht beschreiben Schmidt et al. (2007) als Ergebnis einer Finite-Elemente-Studie, dass bei der Kombination einer Lateralflexion und axialen Rotation in einer leicht degenerativ veränderten Bandscheibe das Risiko eines lumbalen Bandscheibenvorfalles am Größten ist.

Brinckmann (1997) und Schmidt et al. (2007) beziehen sich auf die Bandscheiben der Lendenwirbelsäule. Für die Halswirbelsäule gibt es, soweit aus hiesiger Sicht bekannt, keine vergleichbaren Angaben. Aus einer Arbeit von Nightingale et al. (2000) resultiert, dass bei axialer Kompression der Halswirbelsäule kurze Beugungen feststellbar sind; Flexionsverletzungen können auftreten. Hinzuweisen ist noch auf Untersuchungen von Kathrein et al. (1999), welche bei einer Untersuchung von 47 HWS-Präparaten von verstorbenen Unfallopfern keine frischen Bandscheibenvorfälle nachweisen konnten. Aus all diesen Daten kann nunmehr primär abgeleitet werden, dass das Auftreten eines isolierten Bandscheibenvorfalles – allein zurückzuführen auf ein Unfallgeschehen – als extremst selten einzuschätzen ist.

Insbesondere unter Zugrundelegung der oben stehenden Ausführungen, dass in der Literatur über die Genese eines isolierten traumatischen Bandscheibenvorfalles der Halswirbelsäule wenig wissenschaftlich fundierte Erkenntnisse vorliegen, ist bei der Beantwortung der Frage nach einem derartigen isolierten traumatischen Bandscheibenvorfall den unfallnah angegebenen Beschwerden sowie den unfallnah ärztlich dokumentierten Beschwerden, Auffälligkeiten und Befunden eine besondere Bedeutung beizumessen. Hierbei ist zu überprüfen, ob ein anhand der Bildgebung nachgewiesener Bandscheibenvorfall unter Berücksichtigung des betroffenen Segmentes sowie unter Umständen der Seitenbetonung überhaupt in Einklang zu bringen ist mit den unfallnah angegebenen und ärztlich dokumentierten Beschwerden und Befunden. Ferner ist in Bezug auf den bildgebenden Befund zu beachten, ob sich ansonsten degenerative Veränderungen im betroffenen Segment, in einem anderen Segment oder auch in mehreren Halswirbelsäulensegmenten nachweisen lassen, oder ob es sich um einen isolierten Bandscheibenvorfall einer morphologisch altersentsprechenden Bandscheibe handelt. Nur wenn sämtliche Kriterien (Unfallmechanismus, unfallnah vorgetragene und ärztlich dokumentierte Beschwerden und Befunde sowie bildgebende Aspekte) gemeinsam betrachtet werden, kann letztlich die Frage nach einem isolierten traumatischen Bandscheibenvorfall beantwortet werden. Dieser ist zwar als extremst selten anzusehen, lässt sich aber dennoch sicher nicht pauschal ausschließen! Darüber hinaus muss die Frage diskutiert werden, ob ein zuvor asymptomatischer Bandscheibenvorfall durch ein Unfallereignis unter Umständen symptomatisch geworden ist. Auch hierbei spielt die Beurteilung der unfallnah angegebenen Beschwerden sowie der unfallnah ärztliche dokumentierten Beschwerden und Befunde unter Berücksichtigung des bildgebenden Befundes die entscheidende Rolle bei der Beantwortung dieser Frage.

Zur Patientenversorgung bei Vorliegen eines „HWS-Schleudertraumas"

Bei der Anamneseerhebung nach einem Verkehrsunfall sollte nicht nur nach den Beschwerden gefragt werden, es sollte versucht werden, die individuellen Gegebenheiten des Unfalles möglichst exakt zu erfassen, da diese unter Umständen – Jahre später – in einem Gutachtenverfahren von großer Bedeutung sein können. In diesem Zusammenhang sind unter anderem die Schilderung des Unfallherganges, die Sitzposition und die Blickrichtung zum Kollisionszeitpunkt zu nennen, ferner die Dokumentation eines unter Umständen aufgetretenen Kopf- und/oder Schulteranpralles im Fahrzeuginnenraum mit möglicherweise äußerlich sichtbaren Verletzungszeichen sowie die Frage nach vorbestehenden Beschwerden.

Nach einer körperlichen, orthopädisch-manualmedizinischen sowie einer grobneurologischen Untersuchung sollten dann – in Abhängigkeit von den erhobenen Befunden – ggf. Zusatzuntersuchungen z. B. auf neurologischem oder HNO-ärztlichem Fachgebiet erfolgen.

Die Bedeutung einer Röntgennativdiagnostik in 2 Ebenen kann durchaus hinterfragt werden, da bei einem klassischen „HWS-Schleudertrauma" in der Regel keine objektivierbaren unfallbedingten Verletzungen feststellbar sind. Dennoch wird man wahrscheinlich - insbesondere aus forensischen Gründen - auf die Durchführung einer derartigen Untersuchung nicht verzichten können. Die Durchführung einer kernspintomographischen oder einer computertomographischen Untersuchung ist bei Vorliegen eines klassischen „HWS-Schleudertraumas" (ohne neurologische Defizite und ohne nativradiologisch nachgewiesene Verletzung) in der Regel nicht indiziert.

In der akuten Behandlungsphase (innerhalb der ersten sechs Wochen) ist nach hiesiger Einschätzung einer aufklärenden und beruhigenden Patientenführung eine wesentliche Bedeutung beizumessen. Den Patienten sollte die Befürchtung genommen werden, dass eine „schlimme Verletzung" vorliegt, sie sollten über die in der Regel gute Prognose informiert werden und sollten nach hiesiger Einschätzung eher ermutigt werden, ihre Alltagsaktivitäten fortzuführen, unter Umständen begleitet von einer frühfunktionellen Behandlung. In einer Untersuchung von Borchgrevink et al. (1998) wurden in diesem Zusammenhang die Ergebnisse von „HWS-Schleudertrauma"-Patienten, welchen in den ersten 14 Tagen nach dem Unfall empfohlen wurde, ihre Aktivitäten des täglichen Lebens fortzusetzen, verglichen mit den Ergebnissen von Patienten, welche in den ersten 14 Tagen krankgeschrieben und weitgehend immobilisiert wurden. Es konnten nach einem Follow-Up von 6 Monaten signifikant bessere Ergebnisse in der „act-as-usual"-Gruppe nachgewiesen werden. Eine „zwingende" Empfehlung zur Durchführung des oben genannten Behandlungskonzeptes ist jedoch unter Zugrundelegung der Literatur nicht zu begründen, denn eine aktuell durchgeführte Untersuchung (Kongstedt et al. 2007), welche die Behandlungsergebnisse bei Versorgung mittels Halskrawatte, bei einem zurückhaltenden Behandlungskonzept („act as usual") sowie bei einer aktiven Mobilisierungsbehandlung verglichen hat, konnte nach einem Jahr keine signifikanten Unterschiede zwischen diesen unterschiedlichen Behandlungskonzepten nachweisen. Bezogen auf die Schmerzreduktion, auf die Beeinträchtigungen sowie auf die Arbeitsfähigkeit wurden bei dieser Untersuchung vergleichbare Ergebnisse aufgezeigt, so dass das diesseits empfohlene Therapiekonzept letztendlich unter Zugrundelegung der Literatur nicht als „einzig richtig" zu bezeichnen ist. Aufgrund der oben genannten Ausführungen lässt sich jedoch vermuten, dass die Patientenführung (aufklärend und beruhigend) für den Behandlungserfolg möglicherweise sogar von größerer Bedeutung ist, als die durchgeführte Behandlung selbst.

Bei Patienten mit chronischen Beschwerden nach einen „HWS-Schleudertrauma" besitzt nach hiesiger Einschätzung eine intensive Betreuung im Rahmen eines interdisziplinären Behandlungsprogrammes einen zentralen Stellenwert, wenngleich jedoch die empirische Grundlage für diese Therapiekonzepte in der Literatur dürftig ist.

Es könnten an dieser Stelle noch zahlreiche in der Literatur beschriebene Behandlungskonzepte aufgeführt werden, die Problematik besteht jedoch darin, dass die wissenschaftliche Aussagekraft der überwiegenden Untersuchungen zu dieser Thematik als begrenzt einzuschätzen ist. Eine aktuelle Auswertung (Verhagen et al. 2007) von 23 Studien mit 2344 Teilnehmern hat gezeigt, dass die Methodik dieser Studien insgesamt eine geringe Qualität aufwies. Aus diesem Grunde können auch laut der oben erwähnten Auswertung keine „klaren" Behandlungsstrategien empfohlen werden.

Fazit

Bei der Beantwortung der Frage, ob unfallbedingt vorgetragene Beschwerden im Falle eines „HWS-Schleudertraumas" auf eine strukturelle morphologische Verletzung der Halswirbelsäule zurückgeführt werden können, ist der Beurteilung der Verletzungsmöglichkeit eine wesentliche Bedeutung beizumessen. Die Frage, ob eine Verletzungsmöglichkeit für die HWS bei einem Verkehrsunfall vorgelegen hat sowie die Frage, ob ein „HWS-Schleudertrauma" nachvollziehbar unfallbedingt eingetreten ist (es ist vollständigkeitshalber darauf hinzuweisen, dass das Vorliegen einer Verletzungsmöglichkeit nicht zwangsläufig zum Eintreten einer Verletzung führen muss) kann letztendlich nur durch einen medizinischen Sachverständigen unter Würdigung der Aktenlage, der persönlichen Begutachtung und der Beurteilung der vorliegenden Bildgebung gutachtlich beurteilt werden. Bei der Diskussion einer nicht-objektivierbaren Verletzung wie bei einem „HWS-Schleudertrauma" kann eine verkehrstechnische Analyse als wertvolle Grundlage für diese medizinische Einschätzung dienen. Unter Berücksichtigung des BGH-Urteils vom 28.01.2003 kann auf keinen Fall allein aufgrund einer verkehrstechnischen Analyse die Frage nach dem Eintreten einer Halswirbelsäulenverletzung entschieden werden, da weder der technische Sachverständige noch der Jurist die individuelle Belastbarkeit des Unfallopfers fachkompetent einschätzen können und somit die entscheidende Frage nach dem Auftreten einer Verletzung (eine derartige Verletzung wird ja in der Regel als Unfallfolge vorgetragen und ist somit Gegenstand der gerichtlichen Auseinandersetzung) nicht abschließend wertend beantworten können.

Literatur

Adams MA, Hutton WC (1982): Prolapsed intervertebral disc. A hyperflexion injury. Spine 7: 134

Becke M, Castro WHM (2000) Zur Belastung von Fahrzeuginsassen bei leichten Fahrzeugkollisionen – Teil II. Verkehrsunfall und Fahrzeugtechnik 7/8: 225-228

Boden SD, McCowen PR, Davis DO et al. (1990) Abnormal magnetic-resonance scans of the cervical spine in asymptomatic subjects. J Bone Joint Surg 72-A: 1178-1184

Borchgrevink GE, Kaasa A, McDonagh D, Stiles TC, Haraldseth O, Lereim I (1998) Acute treatment of whiplash neck sprain injuries. A randomized trial of treatment during the first 14 days after a car accident. Spine 23(1): 25-31

Bylund O, Björnstig U (1998) Sick leave and disability pension among passenger car occupants injured in urban traffic. Spine 23(9): 1023-1028

Brinckmann P (1997) Was wissen wir über die Ursache des Vorfalles lumbaler Bandscheiben. Manuelle Therapie 1: 19-22

Castro WHM, Schilgen M, Meyer S et al (1997) Do „Whiplash injuries" occurs in low-speed rear impacts? Eur Spine J 6: 366-375

Deutscher G (1994) Bewegungsablauf von Fahrzeuginsassen beim Heckaufprall. Eurotax (International) AG, Freienbach

Epstein NE, Epstein JA (1991) Limbus lumbar vertebral fractures in 27 adolescents and adults. Spine 16(8): 962-966

Hinz P (1970) Die Verletzung der Halswirbelsäule durch Schleuderung und durch Abknickung. Die Wirbelsäule in Forschung und Praxis, Bd. 47. Hippokrates, Stuttgart

Kathrein A et al (1999) Die Pathomorphologie der verletzten Bandscheibe. In: Wilke HJ, Claes LE (Hrsg.) Hefte zu Der Unfallchirurg 271: 145-156

Kongstedt A et al (2007) Neck collar, „act-as-usual" or active mobilization for whiplash injury? A randomized parallel-group trial. Spine 32(6): 618-626

Krämer J (1978) (Hrsg.) Bandscheibenbedingte Erkrankungen. Thieme, Stuttgart

Lepsien U, Mazzotti I (2007) Wie aussagekräftig sind die eigenen Angaben von Unfallopfern hinsichtlich der einwirkenden biomechanischen Belastung bei einer Fahrzeugkollision? NZV 5: 226-227

Mazzotti I, Castro WHM (2002 a) „Out-of-Position" – Ein verletzungsfördernder Faktor beim „HWS-Schleudertrauma"? Schadenpraxis 1: 9-11

Mazzotti I, Castro WHM (2002 b) Bedarf es zur Beurteilung des „HWS-Schleudertrauma" noch die Hinzuziehung eines medizinischen Sachverständigen? NZV 11: 499-501

Mazzotti I, Kandaouroff TM, Castro WHM (2004 a) „Überraschungseffekt" – Ein verletzungsfördernder Faktor für die HWS bei der Heckkollision? NZV 7: 335-337

Mazzotti I, Kandaouroff TM, Castro WHM (2004 b) „Out-of-Position" - Ein verletzungsfördernder Faktor für die HWS bei der Heckkollision? Gibt es neue Erkenntnisse? NZV 11: 561-563

Meyer S, Hugemann RE, Weber M (1994) Zur Belastung der HWS durch Auffahrkollisionen. Verkehrsunfall und Fahrzeugtechnik 32: 15-21 und 187-199

Münker H, Langwieder K, Chen E et al (1995) HWS-Beschleunigungsverletzungen – eine Analyse von 15.000 PKW-PKW-Kollisionen. In: Kügelgen B (Hrsg.) Neuroorthopädie 6. Springer, Berlin Heidelberg

Nightingale RW, Camacho DL, Armstrong AJ et al (2000) Innertial properties and loading rates affert buckling modes and injury mechanism in the cervical spine. Journal of Biomechanics 33: 191-197

Obelieniene W, Schrader H, Bovim G et al (1999) Pain after whiplash. A prospective controlled inception cohort study. J Neurol Neurosurg Psychiatry 66: 279-283

Schmidt H et al (2007) Intradiscal pressure, shear strain, and fiber strain in the intervertebral disc under combined loading. Spine 32(7): 748-755

Schuller E, Eisenmenger W (1993) Die verletzungsmechanische Begutachtung des HWS-Schleudertraumas. Unfall- und Sicherheitsforschung Straßenverkehr 89: 193-196

Verhagen A et al (2007) Conservative treatments for whiplash. Cochrane Database Syst Rev. 18(2): CD003338

Winninghoff M, Walter B, Becke M (2000) Gurtschlitten – Untersuchung der biomechanischen Belastung. Verkehrsunfall und Fahrzeugtechnik 2: 45-48

Wittenberg RH, Shea M, Edwards C et al (1998) In-vitro-Hyperextensionsverletzungen der HWS. Vortrag während der 46. Jahrestagung der Vereinigung Süddeutscher Orthopäden e. V. Baden-Baden

Tinnitus nach HWS-Schleudertrauma

O. Michel und T. Brusis

Einleitung

Im Rahmen der Begutachtung von angegebenen HWS-Distorsionstraumen werden sehr unterschiedliche Formen ein- oder doppelseitiger Schwerhörigkeit, sowie ein- oder beidseitig empfundene Ohrgeräusche als Unfallfolge angeschuldigt.

Meist ist es schwierig, zum Zusammenhang Stellung zu nehmen, da keine Vorbefunde vorliegen und erst im Zusammenhang mit einer medizinischen Behandlung nach der angeschuldigten HWS-Distorsion Hörminderung oder Ohrgeräusch aufgedeckt werden.

Bei Durchsicht der Literatur fällt auf, dass zum Thema „Tinnitus nach HWS-Distorsion" keine fundierten anatomischen Arbeiten existieren, die einen Zusammenhang beweisen würden. Zur Verbindung Schwindel – HWS-Trauma lassen sich dagegen weit mehr Arbeiten finden.

Teleologisch betrachtet, lassen sich Verbindungen zwischen den Kopfgelenken der HWS und den Gleichgewichtskernen eher erklären, da der HWS eine wichtige Rolle in der Statik, der Erkennung der Lage im Raum und zur Einstellung der Augen bei Bewegungen zukommt. Aber auch diese Verbindungen werden häufig überbetont (Hamann 1985).

Ein solcher Sinn erschließt sich nicht, wenn man eine mögliche Verbindung zwischen HWS und dem Auftreten von Ohrgeräuschen betrachtet. Eher wäre noch eine Verbindung zwischen dem Hörsinn und der HWS herzustellen, wenn man die Funktion des Richtungshörens betrachtet.

Symptome

Nach Hülse (1982) und Feldmann (2006) folgt das Ohrgeräusch nach einer Halswirbelsäulenverletzung keinem einheitlichen Muster und auch nicht dem für eine Hörminderung nach Halswirbelsäulen-Trauma typischen Verlauf, der aus

– Einseitigkeit,
– Tieftonhörverlust oder flachem Kurvenverlauf und
– Beginn spätestens nach einigen Stunden

besteht. Dementsprechend ist ein Ohrgeräusch, welches nach einem Unfall angegeben wird, schwer nach seinem Erscheinungsbild einzuordnen. Subjektives lässt sich nicht im Sinne von „Diagnosen" objektivieren (Reuber 2007).

Ein Zusammenhang mit verschiedenen Verletzungsmechanismen wie

– Aufprall eines anderen Fahrzeugs von hinten (**Be**schleunigung)
– Aufprall gegen ein anderes Fahrzeug (**Ent**schleunigung)
– Seitlicher Aufprall durch ein anderes Fahrzeug
– Stauchung durch Stoß von oben (z.B. Gegenstand fällt auf den Kopf)
– Stauchung durch Stoß von unten (z.B. Sprung vom Dach)

besteht nach der Literatur und eigenen Erfahrungen aus Begutachtungen derartiger Unfälle ebenfalls nicht.

Eigentümlicherweise lässt sich in Auswertungen derartiger Unfälle kein adäquater Zu-

sammenhang zwischen Stärke des Traumas und Auftreten von Beschwerden herstellen. Hierauf wird in der Literatur mehrfach verwiesen (Wyrwich und Heyde 2006).
Nach schweren Traumen wird häufig überhaupt kein Ohrgeräusch angegeben (z.B. Passagiere nach Flugzeugabstürzen, Rennfahrer, Rasanzunfälle). Eigentümlicherweise werden Ohrgeräusche immer von den Opfern eines Verkehrsunfalls angegeben, niemals aber vom Verursacher – unabhängig von der Schwere der Verletzungen.

Anatomisch-pathologische Erklärungsmöglichkeiten

Klassifikation

Zur Klassifikation von HWS-Distorsionstraumen sind von verschiedenen Autoren und Konsensus-Gruppen Einteilungen vorgeschlagen worden, die sich überwiegend an den anatomischen Veränderungen orientieren, die durch das Trauma eingetreten sind. Hierunter sind die Klassifikation der Quebec Task Force (Hartling et al. 2001) oder verschiedene Modifikationen nach Erdmann (Erdmann 1973, 1983; Schröter 1995; Kügelgen 2002). Das Vorhandensein eines Ohrgeräusches wird jedoch in diesen Klassifikationen nicht erwähnt.

Verletzungsfolge Durchblutungsstörungen

Selbst nach schweren Traumen oder bei massiven degenerativen Veränderungen an der Halswirbelsäule werden die Blut zuführenden Gefäße der Halswirbelsäule in der Regel nicht so stark beeinträchtigt, dass daraus eine Mangeldurchblutung der Kochlea mit entsprechender Schädigung abgeleitet werden kann. Die Insuffizienz der Aa. vertebri mit Ausbildung einer Hörstörung und Tinnitus ist ein extrem seltenes Geschehen (Biesinger 1987, 2001). Dafür spricht auch, dass nach einem HWS-Trauma kaum ein Patient in der Lage ist, ein Ohrgeräusch durch Provokation hervorzurufen (s.a. Tabelle 1).

Verletzungsfolge Ligamente

Strukturdefekte in den Ligamenta alaria wurden von Volle und Montazem in einer kernspintomographischen Untersuchung nach schweren HWS-Distorsionstraumen gesehen (Volle und Montazem 1997). Bei Strukturläsionen wurde in bis zu 80% der Patienten ein Tinnitus beobachtet, ohne nachweisbare Strukturläsion waren es 38,4%. Eine Erklärung dieser Beobachtung gaben die Verfasser nicht. Auch von Johannsen und Mitarb. wurden Veränderungen in der Kernspintomographie gesehen, allerdings nur bei Schwerverletzten (Johansson 2006). Insgesamt ist die Erkenntnislage bei leichten Traumen jedoch sehr dünn.

- Fluktuiert das Ohrgeräusch bezüglich der Lautstärke?
- Fluktuiert das Ohrgeräusch in Bezug auf die Tonhöhe?
- Tritt das Ohrgeräusch nur in bestimmter Position auf?
- Kann das Ohrgeräusch in Bezug auf Intensität und Frequenz durch Kopfbewegungen beeinflusst werden?
- Wird das Ohrgeräusch durch statische Beanspruchung (z.B. langes Sitzen) beeinflusst?
- Gibt es Druckpunkte am Kopf oder im Nacken, die das Ohrgeräusch beeinflussen können?
- Hat sich das Ohrgeräusch nach Massage, Krankengymnastik o.ä. einmal geändert?
- Beeinflussen Verspannungen im Nacken das Ohrgeräusch?
- Beeinflussen sportliche Betätigung oder körperliche Arbeit das Ohrgeräusch?

Tabelle 1
Klinik: Fragenkatalog zum Ohrgeräusch, um einen möglichen Zusammenhang zur Halswirbelsäule herzustellen. Eine Beantwortung der jeweiligen Frage mit „ja" deutet auf einen Zusammenhang hin (nach Biesinger 2001).

Irritation des sympathischen Nervengeflechts

Nach dem Untersuchungsmanual von Biesinger (2001) kann es sich bei dem Auftreten eines Tinnitus nach einer HWS-Distorsion um eine Irritation des sympathischen Nervengeflechtes handeln. Auch andere Krankheitserscheinungen lassen sich nach dieser Publikation auf diesen Mechanismus zurückführen:
– die Pseudo-Schwerhörigkeit
– die Otalgia cervicalis
– Sensibilitätsstörung des Ohres im Sinne einer schmerzhaften Irritation, vielleicht noch mit einer leichten Schwerhörigkeit
– eine echte Schwerhörigkeit nach Distorsionstrauma

Die Afferenzen aus der Halswirbelsäule werden hauptsächlich über die Wurzel C2 und C3 nach zentral weitergeleitet. Biesinger spricht deshalb auch vom C2/C3- Syndrom, das außer Hörstörungen und Tinnitus auch Gleichgewichtsstörungen und atypische Gesichtsschmerzen beinhalten kann (Biesinger 1987).

Ohrgeräusche ohne fassbaren Organschaden

Ohrgeräusche, die kein fassbares (durch Bildgebung, körperliche Untersuchung oder Audiologie) Substrat aufweisen, sind häufig Gegenstand einer gutachterlichen Beurteilung. Sie sind schwierig zu erklären oder einzuordnen (Michel und Brusis 2007b, c).
Nach neuroanatomischen Untersuchungen von Neuhuber u. Mitarb. (Neuhuber und Zenker 1989; Neuhuber 2005) sowie Arvidsson und Pfaller (1990) sollen neuronale Verbindungen zwischen der Halswirbelsäule und den Kerngebieten des akustischen Systems bestehen. Letztere untersuchten diese Verbindungen in der Ratte. In einem Tiermodell lässt sich Tinnitus jedoch nicht darstellen, so dass der wissenschaftliche Beweis, dass diese Verbindungen auch ein Ohrgeräusch bewirken können, nicht erbracht ist.
Levine (1999) beschäftigte sich in seinen Untersuchungen mit einer Erklärung, die er in einer Interaktion von nicht-hörbedingten Einflüssen mit der Hörbahn vermutet. Nach seinen Überlegungen lässt die einseitige Charakteristik des nach HWS-Traumen auftretenden Tinnitus vermuten, dass die Interaktion mit der Hörbahn in Höhe des Nucleus cochlearis stattfindet. Hier ist die einzige Stelle der afferenten zentralen Hörbahn vor der ersten Kreuzung auf die Gegenseite (Abb. 1). Über diese Modulation sollen sich somatische Störungen auf das zentrale akustische System auswirken, was wiederum die efferente Steuerung des peripheren Hörorgans beeinflussen könnte.
Diese somatischen Störungen können seiner Auffassung nach in sensorischen Informationen bestehen, die
(1) vom Gesicht über den N. trigeminus (V),
(2) vom äußeren Ohr und dem Mittelohr über den N. facialis (VII), N. glossopharyngeus (IX), N. vagus (X) und
(3) vom Hals über die Dorsalwurzel (C2) und den Fasciculus cuneatus (FC) kommend
in die medullären somatosensorischen Nuclei einstrahlen, von denen aus Fasern zum ipsilateralen Nucleus cochlearis dorsalis projizieren.
Über diese neuroanatomisch belegten Bahnen ließen sich die Einseitigkeit des Ohrgeräusches und die oft geringen nachweisbaren Strukturschäden beim Tinnitus erklären. Ein nicht-auditorischer Input über die medullären somatosensorischen Nuclei würde somit mit dem auditorischen System interagieren und neurale Entladungen verursachen, die dann kortikal als Tinnitus interpretiert werden.
Die Modulation auf der Ebene der medullären Cochleariskerne mit Enthemmung der Aktivität des ipsilateralen Nucleus cochlearis dorsalis wird im übrigen auch von Levine für die Entstehung des Lärm-induzierten Tinnitus herangezogen. Hier ist lediglich der Input otogen und stammt von geschädigten Haarzellen.
Die von Levine getroffene Unterscheidung der beiden Tinnitusformen lässt sich am besten mit „oto**genen** Tinnitus" im Falle einer Haarzellenschädigung und „somato**genen** Tinnitus" im Falle einer gestörten sensorischen Informationszufuhr auf anderen Signalwegen übersetzen.

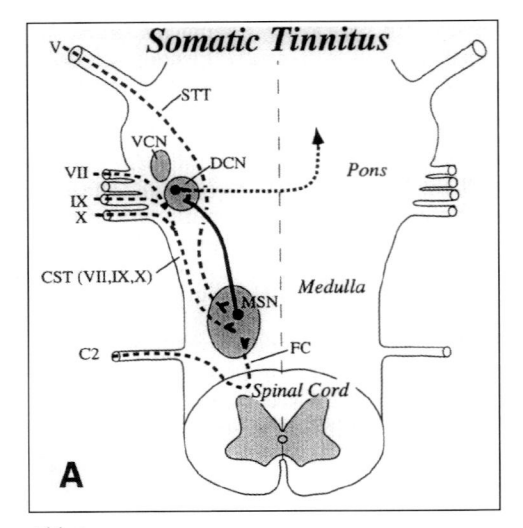

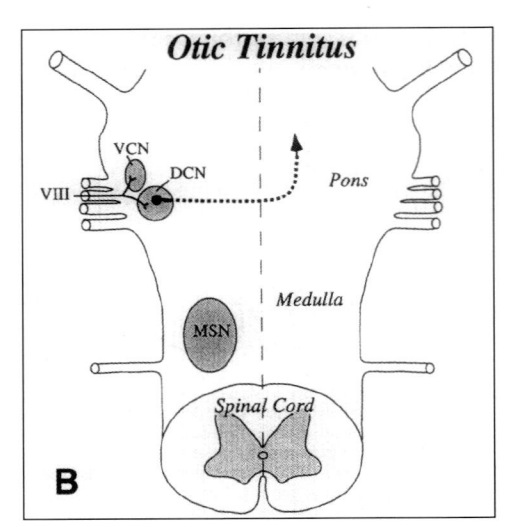

Abb. 1
Schema nach Levine (1999).

Enthemmung des Nucleus cochlearis dorsalis (dorsal cochlear nucleus = DCN), über Aktivierung der medullären somatosensorischen Nuclei (MSN), die zum ipsilateralen Nucleus cochlearis dorsalis projizieren.
A. Beim **somatogenen** Tinnitus kommen sensorische Informationen vom Gesicht (1) durch den N. trigeminus (V), äußeren Ohr und dem Mittelohr (2) über den N. facialis (VII), N. glossopharyngeus (IX), N. vagus (X) und den Hals (3) über die Dorsalwurzel (C2) und den Fasciculus cuneatus (FC) in den medullären somatosensorischen Nuclei zusammen, von denen aus Fasern zum ipsilateralen Nucleus cochlearis dorsalis projizieren.
B. Beim **otogenen** Tinnitus führt der Verlust von Input durch den Hörnerven zur Enthemmung des Nucleus cochlearis dorsalis (DCN).

Zusammenhangsfrage

In einem Urteil des OLG Hamm vom 13.11.2002 (13 U 61/02), in der die Zusammenhangsfrage zwischen Unfallereignis und Unfallfolge Tinnitus erörtert wurde, wurde die Auffassung vertreten, dass die biomechanische Belastung, welcher der Kläger durch den Unfall ausgesetzt war, auch nach technischen Gesichtspunkten ausreichend sein müsse (Walter und Wienke 2003). Es müsse eine Korrelation zwischen dem Unfallhergang, der Stärke des Traumas und der nachfolgenden Symptomatik geben.
Auch das Landessozialgericht (LSG) Schleswig-Holstein urteilte am 14. 4. 2005 (Aktenzeichen L 1 U 168/03), dass ein Tinnitus mit Wahrscheinlichkeit nur dann auf ein Halswirbelsäulen-Schleudertrauma zurückzuführen ist, wenn gleichzeitig weitere pathologische Befunde am Hör- oder Gleichgewichtsorgan aufgetreten sind. Es muss also ein Organschaden nachgewiesen sein, um einen Zusammenhang zwischen Ohrgeräusch und Unfallereignis herzustellen („somato**gener Tinnitus**").
Ferner ist die zeitliche Latenz zwischen dem Unfall und dem Auftreten der ersten Beschwerden zu berücksichtigen. Nach Hülse ist der Begriff der Latenz der Beschwerden nach einem Beschleunigungstrauma sehr eng zu fassen. Dies bedeutet, dass eine initiale Symptomatik mit schmerzhafter Mus-

kelverspannung, Nackenschmerzen, eingeschränkter Kopfbeweglichkeit innerhalb von 24 Stunden bis spätestens 48 Stunden eingetreten sein muss. Latenzen von Wochen oder im Sinne eines „Late Whiplash" (Gargan und Bannister 1994) seien nicht zu belegen.

Ohne ein adäquates Unfallgeschehen und ohne nachweisbare körperliche Schäden ist von einem „somato**formen Tinnitus**" auszugehen, der unter der ICD-10 Klassifizierung F45.0 geführt wird (Sauer und Eich 2007; Michel und Brusis 2007a) (Tabelle 3).

Fazit

– Die funktionelle Bedeutung neuroanatomischer Verbindungen zwischen HWS und Tinnitus generierenden Strukturen des Hirnstammes und der Hörbahn ist schwer nachzuweisen.
– Typische Merkmale (Tonhöhe, Lautstärke, und Qualität) für den Tinnitus nach HWS-Distorsion existieren nicht. Vielmehr ist eine Einseitigkeit wie bei der Hörstörung möglich.

Autor, Jahr	n=	Fallzahlen (Tinnitus)	Häufigkeit
(Decher, 1976)	500	164	Fast 33%
(Hülse, 1982)	124	31	25%
(Oosterveld et al., 1991)	262	35	14 %
(Gargan und Bannister, 1994)	50	5	10%
(Hülse und Hölzl, 2000)	67	35	52%
(Ernst et al., 2001)	63	40	63%
(Claussen, 2003)	110	82	74,6 %

Tabelle 2
Häufigkeit von Ohrgeräuschen nach Distorsionstraumen der Hals-Wirbelsäule oder funktionellen Kopfgelenksstörungen. Auffällig ist, dass die Häufigkeit des Auftretens von Ohrgeräuschen zwischen 10 % und fast 75 % schwankt.

Trauma	
verursacht	
Körperlicher Schaden z.B. Haarzellschaden ↓	**Psychischer Schaden** z.B. Schreck/ Schock ↓
Somatogener Tinnitus z.B. otogener Tinnitus ▼	**Somatoformer Tinnitus** z.B. psychogener Tinnitus ▼
nach ICD-10: H 93.1 Tinnitus aurium	nach ICD-10: F45.9 Somatoforme Störung

Tabelle 3
Übersicht der Nomenklatur verschiedener Tinnitusformen

- Nach leichten Traumen werden eher Ohrgeräusche vorgetragen als nach schweren Traumen.
- Kurze Latenzzeiten (<24 Std.) bis zum Auftreten des Tinnitus sind über sich entwickelnde Muskel- und Gelenkschwellungen eher erklärbar als lange Latenzen (> 48 Std.)
- Für einen Zusammenhang des Ohrgeräusches mit einem angeschuldigten HWS-Trauma spricht ein gleichzeitig aufgetretener Hörschaden.
- Ansonsten ist ein somatoformer psychogener Tinnitus anzunehmen.

Literatur:

Arvidsson J, Pfaller K (1990) Central projections of C4-C8 dorsal root ganglia in the rat studied by anterograde transport of WGA-HRP. J Comp Neurol 292:349-362
Biesinger E (1987) Diagnostik und Therapie des vertebragenen Schwindels. Laryngol Rhinol Otol (Stuttg) 66: 32-36
Biesinger E (2001) Tinnitus und Störungen der Halswirbelsäule. In: Ohrgeräusche. Psychosomatische Aspekte des komplexen chronischen Tinnitus. Medizin & Wissen, S 279-290
Claussen C (2003) Neurootologische Aspekte des HWS-Schleudertraumas. forum HNO 5: 9-20
Decher H (1976)Morbus Menière und zervikale Syndrome. Arch Oto-Rhino-Laryng 212: 369-374
Erdmann H (1973) Die Schleuderverletzung der Halswirbelsäule. Schriftenreihe: Die Wirbelsäule in Forschung und Praxis, Bd. 56
Erdmann H (1983) Versicherungsrechtliche Bewertungen des Schleudertraumas. Neuro-Orthopädie
Ernst A, Seidl RO, Nölle C, Pudszuhn A, Ganslmeier A, Ekkernkamp A, Mutze S (2001) Hör- und Gleichgewichtsstörungen nach Kopfanpralltraumen. Trauma Berufskrankh 3: 27-31
Feldmann H (2006) Das Gutachten des Hals-Nasen-Ohren-Arztes. Thieme, Heidelberg
Gargan MF, Bannister GC (1994) The rate of recovery following whiplash injury. Eur Spine J 3: 162-164
Hamann KF (1985) Kritische Anmerkungen zum sogenannten zervikogenen Schwindel. Laryngol Rhinol Otol (Stuttg) 64: 156-157
Hartling L, Brison RJ, Ardern C, Pickett W (2001) Prognostic value of the Quebec Classification of Whiplash-Associated Disorders. Spine 26: 36-41
Hülse M (1982)Differentialdiagnose der Schwindelbeschwerden bei funktionellen Kopfgelenksstörungen und bei vertebrobasilärer Insuffizienz. HNO 30: 440-446
Hülse M, Hölzl, M (2000) Vestibulospinale Reaktionen bei der zervikogenen Gleichgewichtsstörung. Die zervikogene Unsicherheit. HNO 48: 295-301
Johansson BH (2006) Whiplash injuries can be visible by functional magnetic resonance imaging. Pain Res Manag 11: 197-199
Kügelgen B (2002) HWS-Schleudertrauma. Manuelle Med 40: 101-110
Levine RA (1999) Somatic (craniocervical) tinnitus and the dorsal cochlear nucleus hypothesis. Am J Otolaryngol 20: 351-362
Michel O, Brusis T (2007a) Bewertung von somatoformen (psychogenen) Tinnitus als Gesundheitsschaden in der privaten Unfallversicherung. Laryngo-Rhino-Otologie (in Vorbereitung)
Michel O, Brusis T (2007b) Invaliditätsgrade in der Bewertung von Tinnitus als Körperschaden in der privaten Unfallversicherung. Versicherungsmedizin 59: 73-80
Michel O, Brusis T (2007c) Zur Bewertung von Tinnitus in der privaten Unfallversicherung. Laryngo-Rhino-Otologie 86: 27-36
Neuhuber WL (2005) Besonderheiten der Innervation des Kopf-Hals-Bereiches. In: Biesinger I (Hrg.) HNO-Praxis heute 23: 1-14
Neuhuber WL, Zenker W (1989) Central distribution of cervical primary afferents in the rat, with emphasis on proprioceptive projections to vestibular, perihypoglossal, and upper thoracic spinal nuclei. J Comp Neurol 280: 231-253
Oosterveld WJ, Kortschot HW, Kingma GG, de Jong HA, Saatci MR (1991) Electronystagmographic findings following cervical whiplash injuries. Acta Otolaryngol 111: 201-205
Reuber WE (2007) Somatoforme Störungen und Funktionsstörungen. Leserbrief. Dtsch Ärztebl 104: C1701
Sauer N, Eich W (2007) Somatoforme Störungen und Funktionsstörungen. Dtsch Ärztebl 104: A45-A54
Schröter F (1995) Bedeutung und Anwendung verschiedener Einteilungsschemata der HWS-Verletzungen. Neuroorthopädie 23-35
Volle E, Montazem A (1997) Strukturdefekte der Ligamenta alaria in der offenen Funktionskernspintomographie. Man Med 35: 188-193
Walter O, Wienke A (2003) Tinnitus nach HWS-Schleudertrauma durch Verkehrsunfall. Laryngo-Rhino-Otologie 82: 520-521
Wyrwich W, Heyde CE (2006) Gutachterliche Probleme nach Beschleunigungsverletzungen der Halswirbelsäule. Orthopäde 35: 319-330

Das chronische HWS-Beschleunigungstrauma

I. W. Husstedt

Zusammenfassung

Viele Faktoren, die zum chronischen HWS-Beschleunigungstrauma führen, sind bislang nicht ausreichend analysiert. In Ländern ohne Versicherungsschutz ergeben sich ein Jahr nach dem Unfall bezüglich Nackenschmerzen klinisch keine Differenzen zwischen einem Kollektiv nach HWS-Beschleunigungstrauma und der Normalbevölkerung. Änderungen im Versicherungssystem führten zur Halbierung der Prozessdauer. Die Behandlung in der Akutphase muss Risikopatienten frühzeitig erkennen und durch interdisziplinäre Therapie den Übergang in ein chronisches HWS-Beschleunigungstrauma verhindern. Untersuchungen mittels SPECT weisen bei Patienten mit HWS-Beschleunigungstrauma Stoffwechselalterationen in den gleichen Arealen wie bei depressiven Patienten nach. Auch bei einem „Placebo-HWS-Beschleunigungstrauma" klagen Patienten über nicht organisch bedingte Symptome wie Konzentrationsstörungen, Fatigue-Syndrom, Schlaflosigkeit, Schwindel und Rückenschmerzen. Im Gegensatz hierzu absolvieren Car-Crash-Rallyefahrer sehr viele Kollisionen ohne anhaltende Beschwerden. Kognitive Störungen nach HWS-Beschleunigungstrauma sind oft auf persistierende Schmerzen zurückzuführen. Suboptimales Leistungsverhalten wird in Begutachtungssituationen auch von Patienten mit HWS-Beschleunigungstrauma dargeboten. Psychische Vorerkrankungen stellen einen wesentlichen Risikofaktor der Chronifizierung des HWS-Beschleunigungstraumas dar. Interdisziplinäre Arbeitsgruppen und Schwerpunktzentren sind notwendig, um die Chronifizierungsrate nach HWS-Beschleunigungstrauma zu reduzieren.

Einleitung

Bereits im 19. Jahrhundert herrschte eine lebhafte Diskussion über Schäden des Rückenmarks bei normalem Fahrbetrieb der Eisenbahn. Während einerseits „Kompensationsneurosen" als Ursachen der Beschwerden angenommen wurden, sollten andererseits die leichten permanenten Erschütterungen zu „molekularen Störungen" oder einer „Anämie" im Rückenmark führen und so die Basis bleibender Behinderungen bilden. Auch beim HWS-Beschleunigungstrauma reißen Argumentationsketten dieser Färbung bis heute nicht ab. Andere Bezeichnungen für das HWS-Beschleunigungstrauma lauten: „Peitschenschlagtrauma", „HWS-Distorsion", „Zervikalsyndrom", „Zervikobrachial- und Zervikozephal-Syndrom" oder „Beschleunigungsverletzung". Bereits die Definition des HWS-Beschleunigungstraumas ist in der Literatur unterschiedlich. Als typisch für das chronische HWS-Beschleunigungstrauma werden persistierende Kopfschmerzen, Nackenschmerzen, Bewegungsverlust der Halswirbelsäule, Parästhesien in Armen und Fingern, psychische Symptome, Gedächtnisstörungen, Verlust der Konzentration, Angst und Erschöpfung angesehen (Karsch et al. 2001). Die internationale Klassifikation von Kopfschmerzerkrankungen der Internationalen Kopfschmerzgesellschaft (IHS) unterscheidet einen akuten und einen chronischen Kopfschmerz nach HWS-Beschleunigungstrauma. Neben den diagnostischen Kriterien, die ausführen, dass der Kopfschmerz innerhalb von 7 Tagen nach dem HWS-Beschleunigungstrauma auftritt, eine entsprechende Anamnese vorhanden ist und die Beschwerden entweder innerhalb von 3 Monaten sistieren (akut IHS 5.3) oder persistieren (chronisch IHS 5.4), sind die Kommentare länger als die Beschreibung selbst und weisen damit bereits auf die bis heute bestehenden Kontroversen hin (Evers et al. 2003).

Der akute Kopfschmerz nach HWS-Beschleunigungstrauma weist Symptome auf, die sowohl von der Halswirbelsäule als auch von extrazervikalen Strukturen herrühren und ebenso Störungen der Neurosensorik, des Verhaltens, der Kognition und des Affekts beinhalten. Das Erscheinungsbild und die Art der Entwicklung kann dabei sehr variabel sein. Es besteht ein wichtiger Unterschied in der Inzidenz des HWS-Beschleunigungstraumas in verschiedenen Ländern, was möglicherweise im Zusammenhang mit der zu erwartenden Entschädigung zu sehen ist.

Der Kommentar zum chronischen Kopfschmerz nach HWS-Beschleunigungstrauma führt aus, dass der Zusammenhang zwischen Rechtsstreitigkeiten bzw. einer noch ausstehenden Regelung von finanziellen Entschädigungen und dem zeitlichen Verlauf chronisch posttraumatischer Kopfschmerzen noch nicht eindeutig geklärt ist. Es gibt keinen Beweis, dass eine noch ausstehende Regelung finanzieller Ansprüche Einfluss auf die Chronifizierung dieser Kopfschmerzen hat. Es ist aber wichtig, den Patienten im Hinblick auf eine mögliche Simulation und/oder den Wunsch nach einer überhöhten Kompensation zu beurteilen (Evers et al. 2003).

Allein für Deutschland werden die Folgekosten des HWS-Beschleunigungstraumas auf 1 Milliarde Euro pro Jahr geschätzt (Fruth et al. 2005). Für die industrialisierten Länder beträgt die Inzidenz 1/1000 Einwohner und die chronischen Verläufe besitzen einen Anteil von 15 % bis 20 % (Urscheler et al. 2004). Retrospektive Untersuchungen in Litauen, wo keine entsprechende Versicherung besteht, ergaben, dass bis zu 3 Jahren nach dem Unfall Nackenschmerzen bei 35 % der Unfallopfer, aber auch bei 33 % der Vergleichsgruppe ohne HWS-Beschleunigungstrauma bestehen (Schrader et al. 1996). Prospektive Untersuchungen über ein Jahr ergaben, dass Nackenschmerzen an mehr als 8 Tagen pro Monat bei 4% der Unfallopfer, jedoch auch bei 6,2 % der Kontrollgruppe ohne HWS-Beschleunigungstrauma bestehen (Obelieniene et al. 1999).

HWS-Beschleunigungstrauma

Pathomechanismus, klinisches Bild und Symptome bei HWS-Beschleunigungstrauma

Das HWS-Beschleunigungstrauma wird durch eine oft unerwartet einsetzende abrupte, passive Bewegung des Kopfes und des Halses ausgelöst, die durch indirekte Energieeinwirkung meistens eine Retro- und Anteflexionsbewegung hervorruft, jedoch auch seitliche Translationen in beliebige Richtungen sind möglich. Zur Verletzung führt die Beschleunigung des Rumpfes, wobei trägheitsbedingt eine gegenläufige Translation des Kopfes mit Extension und Flexion der Halswirbelsäule (HWS) eintritt. Bei Drehungen zwischen der HWS und dem Rumpf wird durch eine Rotation um die Längsachse des Körpers der Bewegungsablauf verkompliziert. Die Kraftentwicklung bei der Beschleunigung führt zur mechanischen Belastungen der Halsmuskulatur, des Bandapparates und in schweren Fällen auch der Gelenke und des Skeletts. Das zentrale oder periphere Nervensystem wird nur sehr selten geschädigt.

Symptome, Klinik und Untersuchungsbefunde

Ca. 25 % bis 30 % der Betroffenen sind initial beschwerdefrei. Mit einer Latenz von bis zu 2 Tagen treten verschiedener Symptome auf, deren Höhepunkt erst nach einigen Tagen erreicht wird. Folgen des HWS-Beschleunigungstraumas können Schmerzen und Spannungsgefühl bei Belastung und Dehnung des Nackens, Verletzungen von Bändern, Gelenkstrukturen und Bandscheiben, peripheren Nerven, ggf. auch des Rückenmarks sein. Dissektionen von Halsschlagadern setzen ein erhebliches Delta V voraus und sind meistens gut abzugrenzen. Tabelle 1 listet typische Symptome auf (Keidel et al. 1992; Radanov et al. 1995). Die Primärversorgung erfolgt im Allgemeinen durch Chirurgen, Unfallchirurgen und Orthopäden. Die Untersuchung muss einen muskuloskeletalen und neurologischen Status umfassen.

Neben den Röntgenaufnahmen der Halswirbelsäule sind je nach klinischer Befundkonstellation Computertomographie, Kernspintomographie, Elektromyographie, evozierte Potenziale, Elektroenzephalographie und ggf. auch eine Liquoruntersuchung indiziert. Je nach Umfang und Ausmaß der Beschwerden und der spezifischen Befundkonstellation ist eine enge Kooperation zwischen Chirurgen, Unfallchirurgen, Orthopäden, Neurologen HNO-Ärzten und Neurochirurgen sowie ggf. Psychiatern notwendig. Bereits bei der Erstuntersuchung sollte das HWS-Beschleunigungstrauma nach den bekannten Klassifikationssystemen eingestuft werden, so dass Beschwerdeumfang und -ausmaß sowie schwerwiegendere Verletzungen klar dokumentiert sind (Tabelle 2).

Symptome nach Keidel et al. 1992, 1998, 2001		Symptome nach Radanov et al. 1995	
Sehstörungen	20 %	Verschwommensehen	21 %
Kreuzschmerz	25 %	Rückenschmerzen	38 %
Schwindel	39 %	Schwindel	15 %
Kopfschmerz	87 %	Kopfschmerz	57 %
Nackenschmerz	100 %	Nackenschmerz	92 %

Tabelle 1
Symptome nach HWS-Beschleunigungstrauma in absteigender prozentualer Häufigkeit gem. verschiedener Autoren

Quebec-Task-Force-Klassifikation			
Schweregrad	Beschwerden	Klinische Befunde	Radiologische Befunde
0	Keine Nackenbeschwerden	Keine physischen Befunde	Unfallunabhängig
I	Nackenbeschwerden	Keine physischen Befunde	Unfallunabhängig
II A	Nackenbeschwerden	Muskuloskeletale Befunde, normale HWS-Beweglichkeit	Evtl. Weichteileinblutungen, Ödeme
II B	Nackenbeschwerden	Muskuloskeletale Befunde, eingeschränkte HWS-Beweglichkeit	Evtl. Weichteileinblutungen, Ödeme
III	Nackenbeschwerden	Neurologische Befunde	Evtl. Weichteileinblutungen, Ödeme
IV	Nackenbeschwerden	Frakturen/Dislokationen	Frakturen/Dislokationen

Tabelle 2
Einteilung von HWS-Beschleunigungsverletzungen nach Schweregraden (Spitzer et al. 1995)

Behandlung in der Akutphase

Wesentlich ist die Kontinuität der Patientenführung nach der Erstversorgung, die am bestens durch den Hausarzt garantiert wird. Alle Beschwerden sind ernst zu nehmen, eine sachliche Information und Kooperation insbesondere mit den Physiotherapeuten ist in Absprache mit dem Patienten notwendig (Tabelle 3). Das Risiko des Übergangs vom akuten in den chronischen Kopfschmerz nach HWS-Beschleunigungstrauma resultiert aus dem Zusammentreffen unterschiedlicher Risikofaktoren.

Klinischer Verlauf

Nach den Kriterien der IHS ist ein Kopfschmerz nach HWS-Beschleunigungstrauma, der mehr als 3 Monate persistiert, als chronisch zu werten (Evers et al. 2003). Kaum Probleme bereitet die Gruppe, bei denen organisch nachweisbare Läsionen vorhanden sind. Im Gegensatz zur Definition der IHS wird in der Literatur von einem chronischen HWS-Beschleunigungstrauma gesprochen, wenn die Symptome mehr als 6 Monate nach dem Unfall persistieren (Karsch et al. 2001; Radanov et al. 1995; Spitzer et al. 1995).

- Fast immer konservativ, allenfalls einige Tage immobilisierend, dann aktivierend; aktive Einbeziehung des Patienten in die Therapie
- Anlage eines Schanz-Kragens oder anderer mechanisch ruhig stellender Vorrichtungen ist meist überflüssig (Ausnahme: Instabilität, massivster Bewegungsschmerz), kann Chronifizierung fördern
- Während akuter Schmerzphase keine passiv mobilisierenden Maßnahmen
- Ausreichende, aber befristete (nicht länger als 4 Wochen) Analgesie, z. B. mit nichtsteroidalen Antirheumatika (z. B. Paracetamol 1,5 g/d; ASS 1g/d; Diclofenac 150 mg/d, Ibuprofen 600 mg/d, Naproxen 1 g/d)
- Ggf. zusätzliche befristete (nicht länger als 2 Wochen) Gabe von Muskelrelaxanzien (z. B. Tetrazepam 100 mg/d) oder ausnahmsweise Methylprednisolon (innerhalb von 8 Stunden für wenige Tage)
- Ggf. Wärme, Massagen, Elektrotherapie, später aktive Bewegungs- und Lockerungsübungen
- Im Fall neurologischer Ausfälle gezielte physiotherapeutische Beübung und engmaschige Kontrolle
- So bald wie möglich rasche Regulierung evtl. Rechtsstreitigkeiten
- So früh wie möglich berufliche Reintegration
- Konsequente psychische Führung (Psychagogik) unter Hinweis auf die fast immer günstige Prognose
- Krankschreibungen nur kurzfristig, bei Bedarf wiederholt, basierend auf körperlichen Befunden

Tabelle 3
Therapie bei HWS-Beschleunigungstrauma

- Vorherige Schmerzerkrankungen
- Lange Arbeitslosigkeit
- Belastung durch Familie, Arbeitsplatz, Partnerschaft
- Hohes persönliches Anspruchsdenken
- Psychische Erkrankungen

Tabelle 4
Risikofaktoren, die eine Entwicklung zum chronischen HWS-Beschleunigungstrauma begünstigen (Evers et al. 2003; Ferrari et al. 2001, 2005; Karsch et al. 2001; Obelieniene et al. 1999)

Die Faktoren, die für die Entwicklung vom akuten zum chronischen HWS-Beschleunigungstrauma ausschlaggebend sind, werden in Tabelle 4 dargestellt. Die Kombination mehrerer dieser Faktoren führt dazu, dass die Remissionszeit 362 Tage bei Frauen über 60 Jahren beträgt im Vergleich zu 17 Tagen bei Männern im Alter von 20 Jahren (Suissa et al. 2001). Prospektive Untersuchungen über ein Jahr an einem Kollektiv von Patienten mit HWS-Beschleunigungstrauma ergaben, dass nach einem Jahr 7,8 % der Betroffenen nicht wieder an den Arbeitsplatz zurückgekehrt waren oder aber den Arbeitsumfang reduziert hatten. Als der beste prognostische Faktor stellte sich die Beweglichkeit der Halswirbelsäule heraus, die mit einer Spezifität von 91 % Hinweise auf die Prognose gab. Von dieser Gruppe nahmen 18 % innerhalb des ersten Monats und 38 % bis zum dritten Monat ein Gerichtsverfahren auf (Karsch et al. 2001). Untersuchungen zur Remission der Beschwerden nach HWS-Beschleunigungstrauma bei Fortsetzung des gewohnten Alltagsablaufs im Vergleich zur Krankschreibung und dem Tragen einer Orthese ergaben, dass die Gruppe, die ihren normalen Alltagsablauf beibehalten hatte, wesentlich weniger unter Schmerzen, Störungen der Konzentration, des Gedächtnisses und Beschwerden im Nacken litt (Borchgrevink et al. 1998).

PET und SPECT bei chronischem HWS-Beschleunigungstrauma

Patienten mit chronischem HWS-Beschleunigungstrauma (6 bis 18 Monate nach dem Unfall) wiesen in der PET eine statistisch signifikant reduzierte Aufnahme des Tracers im fronto-polaren und lateralen temporalen Kortex sowie im Putamen auf. Umfang und Ausmaß dieser Alterationen korrelierten signifikant mit dem Beck-Depressions-Inventar. Die gleichen Veränderungen finden sich bei Patienten mit Depression ohne HWS-Beschleunigungstrauma (Bicik et al. 1998).

Das akute Placebo-HWS-Beschleunigungstrauma

Mit 51 Freiwilligen wurde ein „Placebo-Auffahrunfall" konstruiert, bei dem direkt vor und nach dem Unfall sowie im Verlauf klinische und psychologische Untersuchungen durchgeführt wurden. Die applizierte Beschleunigung betrug 0,03 g, was ca. 20 % der Beschleunigung entspricht, die beim ersten Schritt vom Stand zum Dauerlauf übertragen wird. Direkt nach dem „Placebo-Auffahrunfall" berichteten 18 % der Patienten über typische Symptome eines akuten HWS-Beschleunigungstraumas, bei der Nachfolgeuntersuchung 3 Tage später klagte ein Patient über Konzentrationsverlust und ein Patient über ein Fatigue-Syndrom. Mit einer Spanne von 2 bis 27 Tagen nach dem „Placebo-Auffahrunfall" berichteten 9,8 % der Patienten über Parästhesien der Arme, der Lippen, Kraftlosigkeit der Arme, Nacken- und Kopfschmerzen, Schwindel und Rückenschmerzen. Die Beschwerden hielten zwischen 1 und 28 Tagen an. Umfangreiche psychologische Untersuchungen zwischen den Gruppen mit und ohne Beschwerden nach dem „Placebo-Auffahrunfall" ergaben Hinweise auf psychosomatische Erkrankungen und emotionale Instabilität in der Gruppe mit Beschwerden nach diesem akuten Placebo-HWS-Beschleunigungstrauma (Castro et al. 2001).

Das akute HWS-Beschleunigungstrauma im Autoscooter und bei Car-Crash-Rallyefahrern

Biomechanische Untersuchungen weisen nach, dass frappierende Ähnlichkeiten bezüglich Delta V bei Auffahrunfällen im Straßenverkehr und bei Autoscootern bestehen. Für den Autoscooter sind Auffahrunfälle mit Geschwindigkeiten von bis zu 15 km/h typisch, ohne dass jemals über ein akutes HWS-Beschleunigungstrauma berichtet worden ist (Castro et al. 1997). Interessant sind auch die Untersuchungen an Car-crash-Rallyefahrern, die im Schnitt 30-mal Rennen fuhren. Pro Fahrer kam es im Durchschnitt zu 52 Kollisionen pro Veranstaltung. Die mittlere Kollisionsgeschwindigkeit betrug 42 km/h, maximal 72 km/h. Nur 2 von 30 Fahrern berichteten, dass gravierende Nackenschmerzen mehr als 3 Monate andauerten. 10 Fahrer berichteten über chronische Nackenschmerzen, die bereits von der Teilnahme an Car-crash-Rallyes bestanden (Simotas et al. 2005). Diese auffälligen Untersuchungsergebnisse bedürfen dringend weiterer Analyse, um zum besseren Verständnis des chronischen HWS-Beschleunigungstraumas zu gelangen.

Kognitive Störungen

Neuropsychologische Untersuchungen direkt nach dem Unfall, nach 6 und 12 Wochen bei akutem HWS-Beschleunigungstrauma für die Parameter Aufmerksamkeit, Konzentration, Kognition, verbales und visuelles Gedächtnis ergaben in der Akutphase Ergebnisse unterhalb des individuellen Leistungsniveaus. Die Defizite für die Parameter Aufmerksamkeit und Konzentration normalisierten sich innerhalb von 6 Wochen, die anderen Parameter erst nach 12 Wochen (Keidel et al. 1992). Testpsychologische Untersuchungen bei chronischem HWS-Beschleunigungstrauma zeigen, dass kognitive Beeinträchtigungen indirekt mit der Stärke der persistierenden Schmerzen korrelierten, da bei stärkeren Schmerzen mehr Zeit zur Lösung der Aufgaben notwendig ist (Antepohl et al. 2003).

Suboptimales Leistungsverhalten

Betonung, Aggravation und Simulation sind bei Gutachten nicht selten. Untersuchungen mittels des Amsterdamer Gedächtnistests und anderer allgemein verbreiteter Verfahren ergaben, dass im Zusammenhang mit Gerichtsverfahren suboptimales Leistungsverhalten bei 61 % festzustellen ist im Gegensatz zu 29 % anderer ambulanter Patienten. Hierzu werden Testverfahren eingesetzt, die das Niveau von Patienten mit geschlossenem Schädel-Hirn-Trauma als Standard vorgeben. Patienten mit HWS-Beschleunigungstrauma ohne jegliche organische Läsion wiesen gleich schlechte Ergebnisse auf wie Patienten mit geschlossenem Schädel-Hirn-Trauma. Daraus ergibt sich, dass insbesondere bei rechtlichen Auseinandersetzungen suboptimales Leistungsverhalten in testpsychologischen Untersuchung häufiger nachweisen lässt, als allgemein angenommen (Schmand et al. 1998).

Biopsychosoziale Aspekte

Vergleichende Untersuchungen zum akuten HWS-Beschleunigungstrauma in Kanada und Deutschland zeigten, dass die Symptome des akuten HWS-Beschleunigungstraumas in beiden Ländern in gleicher Häufigkeit genannt wurden. Im Gegensatz zu Deutschland waren jedoch 50 % der Kanadier der Auffassung, dass die Symptome Monate bis Jahre anhielten, während in nur geringem Umfang in Deutschland Befragte davon ausgingen, dass die Beschwerden persistieren würden. Die Ursache dieser unterschiedlichen Auffassungen ist bislang unklar, es ist jedoch davon auszugehen, dass die Erwartung keiner chronischen Beschwerden auch mit verantwortlich ist für die geringe Chronifizierungsrate in Deutschland im Vergleich zu Kanada (Ferrari et al. 2005). Die ständige Erwartung, dass ein HWS-Beschleunigungstrauma zu bleibenden Problemen führt, induziert, dass die Betroffenen in besonderem Ausmaß jegliche Veränderung im Körper als abnorm interpretieren und sich diese Empfindungen so verstärken, dass eine Symptomamplifikation eintritt (Ferrari et al. 2001).

Ausblick

Bei Patienten mit chronischem HWS-Beschleunigungstrauma ohne nachweisbare strukturelle Läsionen führen besondere Faktoren zu kontinuierlichen Schmerzen. Neben den unterschiedlichen soziokulturellen Aspekten ist es auffällig, dass gerade Patienten mit leichten HWS-Beschleunigungstraumata die meisten prozessualen Auseinandersetzungen führen. Die Schmerzerwartung und die Zuordnung aller nach dem Trauma auftretenden

Beschwerden als Unfallfolge führt zur Fokussierung aller Befindlichkeitsstörungen auf das HWS-Beschleunigungstrauma und dient so der Untermauerung der juristischen Auseinandersetzung, von der eine möglichst hohe Entschädigung erwartet wird. Symptomaggravation und direkte Simulation werden im Laufe der Auseinandersetzung fester Bestandteil der Präsentation in der Begutachtung.

Diese vielfältigen Facetten des chronischen HWS-Beschleunigungstraumas machen es unbedingt notwendig, interdisziplinäre Arbeitsgruppen aus Orthopäden, Unfallchirurgen, Neurologen und Ärzten für Psychiatrie/Psychosomatik/Psychotherapie, Psychologen medizinischen Assistenzberufen als wissenschaftliche Schwerpunktversorgungseinrichtung zu etablieren, um den z. T. deletären chronischen Verläufen frühzeitig entgegenzusteuern und eine gezielte Behandlung einzuleiten, die den Beschwerden der Patienten gerecht wird und die den Fehleinsatz wertvoller Ressourcen aus allen Sozialsystemen reduziert.

Literatur

Antepohl W, Kiviloog L, Andersson J, Gerdle B (2003) Cognitive impairment in patients with chronic whiplash-associated disorder – a matched control study. NeuroRehabilitation 18: 307-315

Borchgrevink GE, Kaasa A, McDonagh D, Stiles TC, Haraldseth O, Lereim I (1998) Acute treatment of whiplash neck sprain injuries. A randomized trial of treatment during the first 14 days after a car accident. Spine 23(1): 25-31

Cassidy JD, Carroll LJ Cote P, Lemstra M, Berglund A, Nygren A (2000) Effect of eliminating compensation for pain and suffering on the outcome of insurance claims for whiplash injury. N Engl J Med 342: 1179-1186

Castro WHM, Meyer SJ, Becke ME, Nentwig CG, Hein MF, Ercan BI, Thomann S, Wessels U, Du Chesne AE (2001) No stress – no whiplash? Int J Legal Med 114: 316-322

Castro WHM, Schilgen M, Meyer S, Weber M, Folker C, Wörtler K (1997) Do whiplash injuries occur in low speed rear impacts? Eur Spine J 6: 366-375

Eisenmenger W (2006) Die Distorsion der Halswirbelsäule

Evers S, Göbel H (2003) Internationale Klassifikation von Kopfschmerzen. Nervenheilkunde 11: 545-670

Ferrari R, Lang C (2005) A Cross-Cultural Comparison Between Canada and Germany of Symptom Expectation for Whiplash Injury. J Spinal Disorders & Techniques 18: 92-97

Ferrari R, Schrader H (2001) The late whiplash syndrome: a biopsychosocial approach. JNNP 70: 722-726

Fruth KG (2005) Einfluss der Beschleunigungscharakteristik auf das Verletzungsrisiko bei der HWS-Beschleunigungsverletzung. Med. Disseration

Karsch H, Bach FW, Jensen TS (2001) Handicap after acute whiplash injury. Neurol 56: 1637-1643

Keidel M, Rieschke P, Stude P, Eisentraut R, van Schayck R, Diener H (2001) Antinociceptive reflex alteration in acute posttraumatic headache following whiplash injury. Pain 92: 319-326

Keidel M, Yagüez L, Wilhelm H, Diener HC (1992) Prospektiver Verlauf neuropsychologischer Defizite nach zervikozephalem Akzelerationstrauma. Der Nervenarzt 63: 731-740

Keidel M (1998) Schleudertrauma der Halswirbelsäule. In: Brandt T, Dichgans H, Diener HC (Hrsg.) Therapie und Verlauf neurologischer Erkrankungen, 3. Aufl. Kohlhammer, Stuttgart, S 69-84

Obelieniene D, Schrader H, Bovim G, Miseviciene I, Sand T (1999) Pain after whiplash: a prospective controlled inception cohort study. J Neurol Neurosurg Psychiatry 66: 279-283

Radanov BP, Sturzenegger M, DiStefano G (1995) Long-term outcome after whiplash injury. A two years follow-up considering features of injury mechanism and somatic, radiologic and psychosocial findings. Medicine 74: 281-297

Schmand B, Lindeboom J, Schagen S (1998) Cognitive complaints in patients with whiplash injury: the impact of malingering. J Neurol Neurosurg Psychiatry 64: 339-343

Schnabel M, Ferrari R, Vassilio T, Kaluza G (2004) Randomized controlled outcome study of active mobilisation compared with therapy for whiplash injury. Emerg Med J 21: 306-310

Schrader H, Obelieniene D, Bovim G, Surkiene D, Mickeviciene D, Miseviciene I, Sand T (1996) Natural evolution of late whiplash syndrome outside the medicolegal context. Lancet 347: 1207-1211

Simotas A, Shen T (2005) Neck Pain in Demolition Derby Drivers. Arch Phys Med Rehabil 86: 693-696

Spitzer WO, Skovron ML, Salmi LR, Cassidy JD, Duranceau J, Suissa S, Zeiss E (1995) Scientific monograph of the Quebec Task Force on Whiplash-Associated Disorders: redefining „whiplash" and its management. Spine 20: 1S-73S

Suissa S, Harder S, Veilleux M (2001) The relation between initial symptoms and signs and the prognosis of whiplash. Eur Spine J 10: 44-49

Urscheler N, Ettlin T (2004) Fundierte Differentialdiagnostik bildet die Voraussetzung für die Therapie. Neurologie & Psychiatrie 2: 16-20

Springer und Umwelt

ALS INTERNATIONALER WISSENSCHAFTLICHER VERLAG sind wir uns unserer besonderen Verpflichtung der Umwelt gegenüber bewusst und beziehen umweltorientierte Grundsätze in Unternehmensentscheidungen mit ein.

VON UNSEREN GESCHÄFTSPARTNERN (DRUCKEREIEN, Papierfabriken, Verpackungsherstellern usw.) verlangen wir, dass sie sowohl beim Herstellungsprozess selbst als auch beim Einsatz der zur Verwendung kommenden Materialien ökologische Gesichtspunkte berücksichtigen.

DAS FÜR DIESES BUCH VERWENDETE PAPIER IST AUS chlorfrei hergestelltem Zellstoff gefertigt und im pH-Wert neutral.